市政工程材料系列丛书

市政工程材料学习辅导及习题解答

陈宝璠　编著

中国建材工业出版社

图书在版编目(CIP)数据

市政工程材料学习辅导及习题解答/陈宝璠编著.
—北京:中国建材工业出版社,2012.2
(市政工程材料系列丛书)
ISBN 978-7-5160-0073-1

Ⅰ.①市… Ⅱ.①陈… Ⅲ.①市政工程—建筑材料—自学参考资料 Ⅳ.①TU5

中国版本图书馆CIP数据核字(2011)第279962号

内 容 简 介

本书是《市政工程材料》的配套学习辅导及习题解答。共11章,每章由学习指导、典型题解、习题及习题解答四部分组成,学习指导是对知识点进行归纳和提炼,帮助读者梳理清楚各章脉络,统揽全局;典型题解是对典型习题作了详细的分析和提纲挈领的点评;习题及习题解答包括本章知识点的名词解释、判断题、填空题、单项选择题、多项选择题、问答题和计算题7种题型并进行解答,方便读者迅速掌握各章的重点和难点。

本书适用面广,可作为高等院校市政工程技术、工程监理、工程造价、工程管理等相关专业的教学用书和参考用书;也可供广大市政工程设计人员、施工技术人员、科研人员、市政工程管理人员、市政监理技术人员从事市政工程和参加国家相关资格考试等参考阅读使用。

市政工程材料学习辅导及习题解答
陈宝璠 编著

出版发行:中国建材工业出版社
地 址:北京市西城区车公庄大街6号
邮 编:100044
经 销:全国各地新华书店
印 刷:北京雁林吉兆印刷有限公司
开 本:787mm×1092mm 1/16
印 张:18.25
字 数:448千字
版 次:2012年2月第1版
印 次:2012年2月第1次
定 价:**40.00**

本社网址:www.jccbs.com.cn
本书如出现印装质量问题,由我社发行部负责调换。联系电话:(010)88386906

前　言

随着我国国民经济的快速发展，人们对城市生活水平与质量的要求在不断提高，城市功能在不断增强，市政基础设施也日臻完善。根据我国当前一些大中城市的实际市政情况，市政基础设施工程内涵不断拓宽，已包括城市道路、桥梁、给排水、燃气、供热、电力、通信等多个领域，这正需大量的市政工程技术人员。而无论是进行市政工程设计还是进行市政工程施工或管理，首先都必须熟悉市政工程材料基本知识，为此，编著者编写了《市政工程材料》及配套学习辅导书《市政工程材料学习辅导及习题解答》。本书是《市政工程材料》的配套学习辅导及习题解答。共11章，每章由学习指导、典型题解、习题及习题解答四部分组成，学习指导是对知识点进行归纳和提炼，帮助读者梳理清楚各章脉络，统揽全局；典型题解是对典型习题作详细的分析和提纲挈领的点评；习题及习题解答包括本章知识点的名词解释、判断题、填空题、单项选择题、多项选择题、问答题和计算题7种题型并进行解答，方便读者迅速掌握各章的重点和难点。

本书适用面广，可作为高等院校市政工程技术、工程监理、工程造价、工程管理等相关专业的教学用书和参考用书，也可供广大市政工程设计人员、施工技术人员、科研人员、市政工程管理人员、市政监理技术人员从事市政工程和参加国家相关资格考试等参考阅读使用。

本书由黎明职业大学教师陈宝瑶撰写。在撰写过程中，承蒙黎明职业大学教授、博士林松柏校长的大力支持和指导，深表感谢！对蔡振元、蔡小娟、陈璇祺、卓玲、朱海平、庄碧蓉、李云龙、戴汉良、陈乙江、欧阳娜、柯爱菇、郭华良、李志彬、李晓耕、蔡益兴、房琼莲、陈远宏、吴良友、陈玉庆、陈金聪、洪申我、杨白菡和陈卫华等同志的大力帮助，深表谢忱！

由于市政工程的新材料、新技术、新设备、新工艺的不断涌现，各行各业的技术标准不统一，加之笔者水平有限，不妥与疏漏之处在所难免，敬请读者批评指正。

编　者
2011年10月

目　　录

第1章　绪论 ·· 1
　1.1　学习指导 ·· 1
　　1.1.1　市政工程材料的概念 ·· 1
　　1.1.2　工程材料的分类 ·· 1
　　1.1.3　工程材料的标准化 ··· 2
　　1.1.4　工程材料的发展趋势 ·· 2
　1.2　典型题解 ·· 2
　1.3　习题 ·· 2
　　1.3.1　判断题 ·· 2
　　1.3.2　填空题 ·· 2
　　1.3.3　单项选择题 ·· 3
　　1.3.4　问答题 ·· 3
　1.4　习题解答 ·· 3
　　1.4.1　判断题解答 ·· 3
　　1.4.2　填空题解答 ·· 3
　　1.4.3　单项选择题解答 ··· 3
　　1.4.4　问答题解答 ·· 3

第2章　市政工程材料的基本性质 ·· 5
　2.1　学习指导 ·· 5
　　2.1.1　市政工程材料的物理性质 ·· 5
　　2.1.2　市政工程材料与水有关的性质 ·· 7
　　2.1.3　市政工程材料的热工性质 ·· 8
　　2.1.4　市政工程材料的力学性质 ·· 8
　　2.1.5　市政工程材料的耐久性 ··· 10
　　2.1.6　市政工程材料的辐射指数 ·· 10
　2.2　典型题解 ·· 10
　2.3　习题 ·· 11
　　2.3.1　名词解释 ··· 11

2.3.2　判断题 ··· 12
　　2.3.3　填空题 ··· 13
　　2.3.4　单项选择题 ··· 14
　　2.3.5　多项选择题 ··· 17
　　2.3.6　问答题 ··· 17
　　2.3.7　计算题 ··· 18
　2.4　习题解答 ··· 19
　　2.4.1　名词解释解答 ··· 19
　　2.4.2　判断题解答 ··· 20
　　2.4.3　填空题解答 ··· 20
　　2.4.4　单项选择题解答 ··· 21
　　2.4.5　多项选择题解答 ··· 21
　　2.4.6　问答题解答 ··· 21
　　2.4.7　计算题解答 ··· 23

第3章　砂石材料 ·· 27
　3.1　学习指导 ··· 27
　　3.1.1　岩石的组成与分类 ··· 27
　　3.1.2　岩石的主要技术性质 ··· 28
　　3.1.3　集料的技术性质和技术标准 ······································· 33
　　3.1.4　工业废渣 ··· 37
　　3.1.5　矿质混合料 ··· 38
　3.2　典型题解 ··· 39
　3.3　习题 ··· 42
　　3.3.1　名词解释 ··· 42
　　3.3.2　判断题 ··· 42
　　3.3.3　填空题 ··· 43
　　3.3.4　单项选择题 ··· 44
　　3.3.5　多项选择题 ··· 46
　　3.3.6　问答题 ··· 46
　　3.3.7　计算题 ··· 47
　3.4　习题解答 ··· 48
　　3.4.1　名词解释解答 ··· 48
　　3.4.2　判断题解答 ··· 49
　　3.4.3　填空题解答 ··· 49
　　3.4.4　单项选择题解答 ··· 50
　　3.4.5　多项选择题解答 ··· 50
　　3.4.6　问答题解答 ··· 50

  3.4.7 计算题解答 ·········· 54
第4章 土的工程性质和工程分类 ·········· 55
4.1 学习指导 ·········· 55
  4.1.1 土的三相组成与粒度成分 ·········· 55
  4.1.2 土的物理性质 ·········· 57
  4.1.3 土的力学性质 ·········· 62
  4.1.4 土的工程分类 ·········· 63
  4.1.5 稳定土 ·········· 64
4.2 典型题解 ·········· 66
4.3 习题 ·········· 68
  4.3.1 名词解释 ·········· 68
  4.3.2 判断题 ·········· 68
  4.3.3 填空题 ·········· 69
  4.3.4 单项选择题 ·········· 70
  4.3.5 多项选择题 ·········· 72
  4.3.6 问答题 ·········· 72
4.4 习题解答 ·········· 72
  4.4.1 名词解释解答 ·········· 72
  4.4.2 判断题解答 ·········· 73
  4.4.3 填空题解答 ·········· 73
  4.4.4 单项选择题解答 ·········· 74
  4.4.5 多项选择题解答 ·········· 74
  4.4.6 问答题解答 ·········· 74

第5章 石灰与水泥 ·········· 76
5.1 学习指导 ·········· 76
  5.1.1 气硬性胶凝材料——石灰 ·········· 76
  5.1.2 水硬性胶凝材料——水泥 ·········· 77
5.2 典型题解 ·········· 86
5.3 习题 ·········· 89
  5.3.1 名词解释 ·········· 89
  5.3.2 判断题 ·········· 89
  5.3.3 填空题 ·········· 91
  5.3.4 单项选择题 ·········· 93
  5.3.5 多项选择题 ·········· 96
  5.3.6 问答题 ·········· 98
  5.3.7 计算题 ·········· 99
5.4 习题解答 ·········· 99
  5.4.1 名词解释解答 ·········· 99

  5.4.2 判断题解答 …………………………………………………………………… 100
  5.4.3 填空题解答 …………………………………………………………………… 100
  5.4.4 单项选择题解答 ………………………………………………………………… 101
  5.4.5 多项选择题解答 ………………………………………………………………… 102
  5.4.6 问答题解答 …………………………………………………………………… 102
  5.4.7 计算题解答 …………………………………………………………………… 107

第6章 普通混凝土和砂浆 …………………………………………………………… 109
 6.1 学习指导 ……………………………………………………………………………… 109
  6.1.1 概述 ……………………………………………………………………………… 109
  6.1.2 混凝土的组成材料 ……………………………………………………………… 110
  6.1.3 水泥混凝土主要技术性能 ……………………………………………………… 118
  6.1.4 混凝土的质量控制与强度评定 ………………………………………………… 123
  6.1.5 水泥混凝土配合比设计 ………………………………………………………… 125
  6.1.6 路面水泥混凝土 ………………………………………………………………… 132
  6.1.7 其他功能混凝土 ………………………………………………………………… 136
  6.1.8 建筑砂浆 ………………………………………………………………………… 138
 6.2 典型题解 ……………………………………………………………………………… 141
 6.3 习题 …………………………………………………………………………………… 145
  6.3.1 名词解释 ………………………………………………………………………… 145
  6.3.2 判断题 …………………………………………………………………………… 146
  6.3.3 填空题 …………………………………………………………………………… 147
  6.3.4 单项选择题 ……………………………………………………………………… 150
  6.3.5 多项选择题 ……………………………………………………………………… 154
  6.3.6 问答题 …………………………………………………………………………… 155
  6.3.7 计算题 …………………………………………………………………………… 157
 6.4 习题解答 ……………………………………………………………………………… 160
  6.4.1 名词解释解答 …………………………………………………………………… 160
  6.4.2 判断题解答 ……………………………………………………………………… 161
  6.4.3 填空题解答 ……………………………………………………………………… 161
  6.4.4 单项选择题解答 ………………………………………………………………… 163
  6.4.5 多项选择题解答 ………………………………………………………………… 163
  6.4.6 问答题解答 ……………………………………………………………………… 164
  6.4.7 计算题解答 ……………………………………………………………………… 171

第7章 钢材 ……………………………………………………………………………… 178
 7.1 学习指导 ……………………………………………………………………………… 178
  7.1.1 市政工程用钢材的冶炼和分类 ………………………………………………… 178
  7.1.2 市政工程用钢材的技术性能 …………………………………………………… 179
  7.1.3 钢材的化学成分对钢材性能的影响 …………………………………………… 180

7.1.4	钢材的冷加工及热加工		181
7.1.5	钢材的标准和选用		182
7.1.6	钢材的腐蚀与防止		185

- 7.2 典型题解 …… 185
- 7.3 习题 …… 187
  - 7.3.1 名词解释 …… 187
  - 7.3.2 判断题 …… 187
  - 7.3.3 填空题 …… 188
  - 7.3.4 单项选择题 …… 189
  - 7.3.5 多项选择题 …… 193
  - 7.3.6 问答题 …… 194
  - 7.3.7 计算题 …… 195
- 7.4 习题解答 …… 196
  - 7.4.1 名词解释解答 …… 196
  - 7.4.2 判断题解答 …… 196
  - 7.4.3 填空题解答 …… 197
  - 7.4.4 单项选择题解答 …… 197
  - 7.4.5 多项选择题解答 …… 197
  - 7.4.6 问答题解答 …… 198
  - 7.4.7 计算题解答 …… 204

第8章 沥青材料 …… 206

- 8.1 学习指导 …… 206
  - 8.1.1 沥青 …… 206
  - 8.1.2 乳化沥青 …… 209
  - 8.1.3 改性沥青 …… 210
- 8.2 典型题解 …… 212
- 8.3 习题 …… 213
  - 8.3.1 名词解释 …… 213
  - 8.3.2 判断题 …… 213
  - 8.3.3 填空题 …… 214
  - 8.3.4 单项选择题 …… 215
  - 8.3.5 多项选择题 …… 217
  - 8.3.6 问答题 …… 217
  - 8.3.7 计算题 …… 218
- 8.4 习题解答 …… 218
  - 8.4.1 名词解释解答 …… 218
  - 8.4.2 判断题解答 …… 219
  - 8.4.3 填空题解答 …… 219

  8.4.4 单项选择题解答 ………………………………………………… 219
  8.4.5 多项选择题解答 ………………………………………………… 220
  8.4.6 问答题解答 ……………………………………………………… 220
  8.4.7 计算题解答 ……………………………………………………… 221

第9章 沥青混合料 …………………………………………………………… 223
 9.1 学习指导 ………………………………………………………………… 223
  9.1.1 概述 ……………………………………………………………… 223
  9.1.2 沥青混合料的组成材料 ………………………………………… 224
  9.1.3 沥青混合料的结构与强度理论 ………………………………… 224
  9.1.4 沥青混合料的技术性质和技术要求 …………………………… 224
  9.1.5 沥青混合料的配合比设计 ……………………………………… 226
 9.2 典型题解 ………………………………………………………………… 228
 9.3 习题 ……………………………………………………………………… 229
  9.3.1 名词解释 ………………………………………………………… 229
  9.3.2 判断题 …………………………………………………………… 229
  9.3.3 填空题 …………………………………………………………… 230
  9.3.4 单项选择题 ……………………………………………………… 230
  9.3.5 多项选择题 ……………………………………………………… 231
  9.3.6 问答题 …………………………………………………………… 231
 9.4 习题解答 ………………………………………………………………… 231
  9.4.1 名词解释解答 …………………………………………………… 231
  9.4.2 判断题解答 ……………………………………………………… 232
  9.4.3 填空题解答 ……………………………………………………… 232
  9.4.4 单项选择题解答 ………………………………………………… 232
  9.4.5 多项选择题解答 ………………………………………………… 232
  9.4.6 问答题解答 ……………………………………………………… 232

第10章 市政给排水管道材料 ……………………………………………… 235
 10.1 学习指导 ……………………………………………………………… 235
  10.1.1 给水塑料管材及管件 ………………………………………… 235
  10.1.2 给水金属管材及管件 ………………………………………… 242
  10.1.3 排水塑料管材及管件 ………………………………………… 244
  10.1.4 混凝土管 ……………………………………………………… 249
 10.2 典型题解 ……………………………………………………………… 250
 10.3 习题 …………………………………………………………………… 252
  10.3.1 名词解释 ……………………………………………………… 252
  10.3.2 判断题 ………………………………………………………… 253
  10.3.3 填空题 ………………………………………………………… 255
  10.3.4 单项选择题 …………………………………………………… 257

- 10.3.5 多项选择题 ... 259
- 10.3.6 问答题 ... 260
- 10.4 习题解答 ... 261
  - 10.4.1 名词解释解答 ... 261
  - 10.4.2 判断题解答 ... 263
  - 10.4.3 填空题解答 ... 263
  - 10.4.4 单项选择题解答 ... 264
  - 10.4.5 多项选择题解答 ... 264
  - 10.4.6 问答题解答 ... 264

第11章 电力电缆与通信电缆 ... 269
- 11.1 学习指导 ... 269
  - 11.1.1 电力电缆 ... 269
  - 11.1.2 通信电缆 ... 271
  - 11.1.3 通信光缆简介 ... 271
- 11.2 典型题解 ... 273
- 11.3 习题 ... 274
  - 11.3.1 名词解释 ... 274
  - 11.3.2 判断题 ... 274
  - 11.3.3 填空题 ... 274
  - 11.3.4 单项选择题 ... 275
  - 11.3.5 多项选择题 ... 275
  - 11.3.6 问答题 ... 275
- 11.4 习题解答 ... 275
  - 11.4.1 名词解释解答 ... 275
  - 11.4.2 判断题解答 ... 276
  - 11.4.3 填空题解答 ... 276
  - 11.4.4 单项选择题解答 ... 276
  - 11.4.5 多项选择题解答 ... 276
  - 11.4.6 问答题解答 ... 276

参考文献 ... 278

10.3.5 实验题解答	259
10.3.6 问答题	260
10.4 习题解答	261
10.4.1 名词解释题答	261
10.4.2 判断题解答	263
10.4.3 填空题解答	263
10.4.4 单项选择题解答	264
10.4.5 多项选择题解答	264
10.4.6 问答题解答	264
第11章 电力电缆与通信电缆	269
11.1 学习指导	269
11.1.1 电力电缆	269
11.1.2 通信电缆	271
11.2 典型题解	273
11.3 习题	274
11.3.1 名词解释	274
11.3.2 判断题	274
11.3.3 填空题	274
11.3.4 单项选择题	275
11.3.5 多项选择题	275
11.3.6 问答题	275
11.4 习题解答	275
11.4.1 名词解释解答	275
11.4.2 判断题解答	276
11.4.3 填空题解答	276
11.4.4 单项选择题解答	276
11.4.5 多项选择题解答	276
11.4.6 问答题解答	276
参考文献	278

第1章 绪 论

市政基础设施在日臻完善,内涵也在不断拓宽,现已包括城市道路、桥梁、给排水、电力、通信、燃气、供热等多个工程领域。

1.1 学习指导

市政工程材料就是构成市政工程的所有材料的统称。它包括道路、桥梁、排水、给水、电力、供热、环卫设施等工程所用到的各种材料。

1.1.1 市政工程材料的概念

1. 市政工程的定义

市政工程是一个相对的概念,随着社会经济的发展和城市化的推进,城市的功能日益增加,市政工程也在不断拓展其内涵和外延。这些市政工程都是由国家投资(包括地方投资)兴建,是城市的基础设施,是供城市生产和人民生活的公用工程,通常称为市政公用设施,简称市政工程。

2. 市政工程研究范围

凡是与城市基础设施工程有关的内容都是市政工程所研究的范围,它主要包括城市的道路、桥涵、隧道、给排水、供电、物资供应、防洪堤坝、燃气、邮政电信、防灾工程、集中供热及绿化等工程。其研究对象主要是城市基础设施工程的规划、设计、施工和维修等。

3. 市政工程研究的内容

市政工程又称市政工程基础设施,内容有广义和狭义之分。

(1)广义的市政工程基础设施,主要包括给水工程、排水工程、交通桥梁工程、电力工程、燃气工程、集中供热工程、消防工程、防洪工程、环境保护工程、城市绿化工程、城市防空工程、环境卫生工程等。

(2)狭义的市政工程基础设施,主要是指城市建成区及规划区范围内的道路、桥梁、排水、给水、电力、供热、环卫设施等工程,这些是城市基础设施最主要、最基本的内容。

4. 市政工程材料的概念

市政工程材料就是构成市政工程的所有材料的统称。它包括道路、桥梁、给水、电力、供热、环卫设施等工程所用到的各种材料。

1.1.2 工程材料的分类

(1)按化学成分可分为无机材料、有机材料和复合材料3大类;

(2)按材料来源,可分为天然材料和人工材料;

(3)按材料在工程结构物中的使用部位,可分为饰面材料、承重材料、屋面材料、墙体材料和地面材料等;

(4)按使用功能可分为承重和非承重材料、保温和隔热材料、吸声和隔声材料、防水材料、装饰材料等。

1.1.3 工程材料的标准化

我国标准分为4级:国家标准(GB),行业标准(JC、JG),地方标准(DB),企业标准(QB)。

其他标准有:国际标准(ISO),美国材料试验学会标准(ASTM),日本工业标准(JIS),德国工业标准(DIN),英国标准(BS),法国标准(NF)等。

1.1.4 工程材料的发展趋势

(1)轻质高强;(2)节约能源;(3)利用废渣;(4)智能化;(5)多功能化;(6)绿色化。

1.2 典型题解

【例1-2-1】 市政工程对材料一般有哪些要求?

【解】 市政工程材料是市政工程的物质基础,市政工程材料费用一般要占市政工程总造价的50%左右,有的高达70%。市政工程对材料一般有如下要求:

(1)必须具备足够的强度,能安全地承受设计荷载;

(2)材料自身的质量以轻为宜,以减小下部结构和地基的负荷;

(3)具有与使用环境相适应的耐久性,以减少维修费用;

(4)一定的装饰性;

(5)相应的功能性,如隔热、防水、隔声等。

【评】 市政工程材料是市政工程的物质粮食。只有材料满足要求,才能保证市政工程质量。

1.3 习 题

1.3.1 判断题

1—1 ( )随着加入WTO,国际标准ISO也已经成为我国的一级技术标准。

1—2 ( )企业标准只能适用于本企业。

1.3.2 填空题

2—1 按化学成分分类,材料可以分为_____、_____和_____。

2—2 在我国,技术标准分为4级:_____、_____、_____和_____。

2—3 国家标准的代号为_____。

1.3.3 单项选择题

3—1 材料按其化学组成可以分为哪几种？（ ）
  A. 无机材料、有机材料
  B. 金属材料、非金属材料
  C. 植物质材料、高分子材料、沥青材料、金属材料
  D. 无机材料、有机材料、复合材料

3—2 某栋普通楼房建筑造价 1000 万元，据此估计建筑材料费用大约为下列哪一项？（ ）
  A. 250 万元   B. 350 万元   C. 450 万元   D. 500～600 万元

1.3.4 问答题

4—1 简述市政工程建设中控制材料质量的方法与过程。
4—2 综述市政工程材料的发展趋势。

1.4 习题解答

1.4.1 判断题解答

1—1 （×）
1—2 （√）

1.4.2 填空题解答

2—1 有机材料   无机材料   复合材料
2—2 国家标准   行业标准   地方标准   企业标准
2—3 GB

1.4.3 单项选择题解答

3—1 （D）
3—2 （D）

1.4.4 问答题解答

4—1 【答】 市政工程实际中对材料进行质量控制的方法主要有：
(1)通过对材料有关质量文件的书面的检验，初步确定其来源及基本质量状况；
(2)对工程拟采用的材料进行抽样验证试验。根据检验所得的技术指标来判断其实际质量状况，只有相关指标达到相应技术标准规定的要求时，才允许其在市政工程中使用；
(3)在使用过程中，通过监测材料的使用功能、成品或半成品的技术性能，从而评定材料在市政工程中的实际技术性能表现；

(4)在使用过程中,材料技术性能出现异常时,应根据材料的有关知识判定其原因,并采取措施避免其对市政工程质量产生不良的影响。

4—2 【答】 (1)研制高性能材料。例如研制轻质、高强、高耐久、优异装饰性和多功能的材料,以及充分利用和发挥各种材料的特性,采用复合技术,制造出具有特殊功能的复合材料。

(2)充分利用地方材料,尽量少用天然资源,大量使用尾矿、废渣、垃圾等废弃物作为生产市政工程材料的资源,以及保护自然资源和维护生态环境的平衡。

(3)节约能源。采用低能耗、无环境污染的生产技术,优先开发、生产低能耗的材料以及能降低建筑物使用能耗的节能型材料。

(4)材料生产中不得使用有损人体健康的添加剂和颜料,如甲醛、铅、镉、铬及其化合物等,同时要开发对人体健康有益的材料,如抗菌、灭菌、除臭、除霉、防火、调温、消磁、防辐射、抗静电等。

(5)产品可再生循环和回收利用,无污染废弃物以防止二次污染。

第2章 市政工程材料的基本性质

市政工程材料的基本性质是市政工程材料的基本知识,是正确选择与合理使用市政工程材料的基础。

2.1 学习指导

2.1.1 市政工程材料的物理性质

1. 密度

市政工程材料在绝对密实状态下,单位体积的质量称为密度,即

$$\rho = \frac{m}{V}$$

式中 ρ——市政工程材料的密度,g/cm^3;
m——市政工程材料在干燥状态下的质量,g;
V——市政工程材料在绝对密实状态下的体积,cm^3。

绝对密实状态下的体积是指不包括市政工程材料内部孔隙在内的体积。在密度测定中,应把含有孔隙的市政工程材料破碎并磨成细粉,烘干后用李氏比重瓶测定其密实体积。

2. 表观密度

市政工程材料单位表观体积所具有的质量称为表观密度或视密度。表观体积包括两个部分:一部分是绝对密实的固体体积;另一部分则是指封闭孔隙体积。表观密度用下式表示:

$$\rho' = \frac{m}{V'} = \frac{m}{V + V_C}$$

式中 ρ'——市政工程材料的表观密度,g/cm^3 或 kg/m^3;
m——市政工程材料的质量,g 或 kg;
V'——市政工程材料的表观体积,cm^3 或 m^3;
V_C——市政工程材料体积内封闭孔隙体积,cm^3 或 m^3。

3. 体积密度

市政工程材料在自然状态下,单位体积的质量称为体积密度或毛体积密度,即:

$$\rho_0 = \frac{m}{V_0} = \frac{m}{V + V_C + V_B}$$

式中 ρ_0——市政工程材料的体积密度，g/cm^3 或 kg/m^3；

V_B——开口孔隙体积，cm^3 或 m^3；

V_0——市政工程材料的自然体积，市政工程材料在自然状态下的体积（包括固体物质所占体积 V、开口孔隙体积 V_B 和封闭孔隙体积 V_C），cm^3 或 m^3。

4. 堆积密度

散粒状的市政工程材料（指粉料和粒料）在自然堆积状态下，单位体积的质量称为堆积密度，即：

$$\rho'_0 = \frac{m}{V'_0}$$

式中 ρ'_0——散粒状的市政工程材料堆积密度，kg/m^3；

m——散粒状的市政工程材料的质量，kg；

V'_0——散粒状的市政工程材料的堆积体积，m^3。

5. 密实度

市政工程材料体积内被固体物质所充实的程度称为密实度 D，即：

$$D = \frac{V}{V_0} \times 100\% \text{ 或 } D = \frac{\rho_0}{\rho} \times 100\%$$

6. 孔隙率

市政工程材料的孔隙率是指市政工程材料内部孔隙体积占市政工程材料在自然状态下体积的百分率，又称真气孔率，即：

$$P = \frac{V_0 - V}{V_0} \times 100\% = \left(1 - \frac{V}{V_0}\right) \times 100\% = \left(1 - \frac{\rho_0}{\rho}\right) \times 100\%$$

$$D + P = 1$$

式中 P——市政工程材料的孔隙率，%。

孔隙率的大小反映了市政工程材料的致密程度。

市政工程材料内部孔隙有连通与封闭之分，连通孔隙不仅彼此连通且与外界相通，而封闭孔隙则不仅彼此互不连通，且与外界隔绝。孔隙本身有粗细之分，粗大孔隙、细小孔隙和极细微孔隙。粗大孔隙虽然易吸水，但不易保持。极细微开口孔隙吸入的水分不易流动，而封闭的不连通孔隙，水分及其他介质不易侵入。因此，我们说孔隙结构及孔隙率对市政工程材料的体积密度、强度、吸水率、抗渗性、抗冻性及声、热、绝缘等性能都有很大影响。

7. 空隙率

散粒状的市政工程材料的空隙率是指散粒状的市政工程材料在堆积状态下，颗粒间的空隙体积占堆积体积的百分率，即：

$$P' = \left(\frac{V'_0 - V_0}{V'_0}\right) \times 100\% = \left(1 - \frac{V_0}{V'_0}\right) \times 100\% = \left(1 - \frac{\rho'_0}{\rho_0}\right) \times 100\%$$

$$D' + P' = 1$$

式中 P'——散粒状的市政工程材料的空隙率,%;
D'——散粒状的市政工程材料的填充率,%。

空隙率的大小表征着散粒状的市政工程材料颗粒间相互填充的致密程度。

2.1.2 市政工程材料与水有关的性质

1. 吸湿性

市政工程材料在湿空气中吸收水分的性质称为吸湿性。用含水率表示,即:

$$W_{含} = \frac{m_{含} - m}{m} \times 100\%$$

式中 $W_{含}$——市政工程材料的含水率,%;
m——市政工程材料在干燥状态下的质量,g;
$m_{含}$——市政工程材料含水时的质量,g。

2. 吸水性

市政工程材料在水中吸收水分的性质称为吸水性。市政工程材料吸水能力的大小用吸水率表示,即:

$$W = \frac{m_1 - m}{m} \times 100\%$$

式中 W——市政工程材料的质量吸水率,%;
m——市政工程材料在干燥状态下的质量,g;
m_1——市政工程材料吸水饱和状态下的质量,g。

3. 耐水性

市政工程材料长期在饱和水的作用下抵抗破坏,保持原有功能的性质称为耐水性。市政工程材料的耐水性常用软化系数 K_R 表示:

$$K_R = \frac{f_b}{f_g}$$

式中 K_R——市政工程材料的软化系数;
f_b——市政工程材料在吸水饱和状态下的极限抗压强度,MPa;
f_g——市政工程材料在绝干状态下的极限抗压强度,MPa。

4. 抗渗性

市政工程材料在压力水作用下,抵抗渗透的性质称为抗渗性。市政工程材料的抗渗性一般用渗透系数 K 表示:

$$K = \frac{Qd}{AtH}$$

式中 K——渗透系数,cm/h;
Q——渗水总量,cm³;
d——试件厚度,cm;

A——渗水面积,cm^2;

t——渗水时间,h;

H——静水压力水头,cm。

抗渗性也可用抗渗等级(记为 P)表示,即以规定的试件在标准试验条件下所能承受的最大水压(MPa)来确定,即:

$$P = 10H - 1$$

式中　P——抗渗等级;

H——试件开始渗水时的水压,MPa。

2.1.3　市政工程材料的热工性质

1. 导热性

热量在市政工程材料中传导的性质称为导热性。导热性能是市政工程材料的一个非常重要的热物理指标,它说明市政工程材料传递热量的一种能力。市政工程材料的导热能力用导热系数 λ 表示,即:

$$\lambda = \frac{Qd}{(t_1 - t_2)FZ}$$

式中　λ——导热系数,$W/(m \cdot K)$;

Q——传导热量,J;

d——市政工程材料厚度,m;

$(t_1 - t_2)$——市政工程材料两侧温度差,K;

F——市政工程材料传热面积,m^2;

Z——传热时间,s。

导热系数的物理意义是指在稳定传热条件下,1m 厚的材料,两侧表面的温差为 1K,在 1 小时内,通过 $1m^2$ 面积传递的热量,单位为 $W/(m \cdot K)$。因此,λ 值越小,市政工程材料的绝热性能越好。习惯上,把导热系数不大于 $0.175W/(m \cdot K)$ 的市政工程材料称为绝热市政工程材料。

2. 温度稳定性

温度稳定性是指市政工程材料在受热作用下保持其原有性能不变的能力。通常用其不致丧失保温隔热性能的极限温度来表示。

2.1.4　市政工程材料的力学性质

1. 市政工程材料的强度

市政工程材料的强度是指市政工程材料在外力作用下,抵抗破坏的能力。

根据外力作用方式不同,市政工程材料强度分为:抗压强度[见图 2-1(a)]、抗拉强度[见图 2-1(b)]、抗弯强度[见图 2-1(c)]和抗剪强度[见图 2-1(d)]等。

第2章 市政工程材料的基本性质

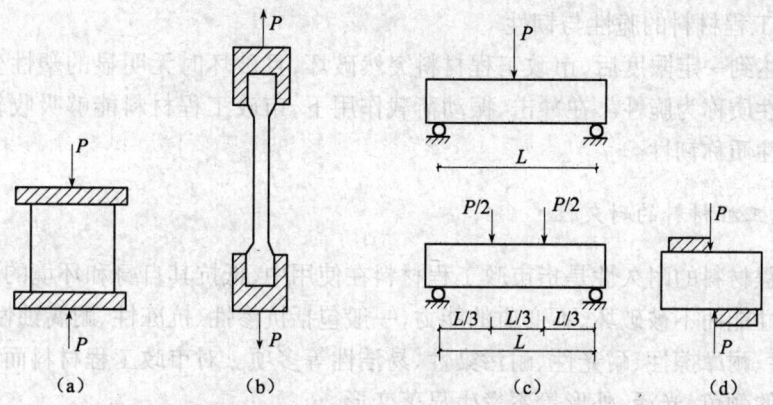

图 2-1 市政工程材料所受外力示意图
(a)抗压强度；(b)抗拉强度；(c)抗弯强度；(d)抗剪强度

市政工程材料的抗压强度、抗拉强度、抗剪强度的计算公式如下：

$$f = \frac{P}{F}$$

式中　f——市政工程材料强度，MPa；
　　　P——市政工程材料破坏时的最大荷载，N；
　　　F——市政工程材料受力截面面积，mm^2。

市政工程材料受弯时其应力分布比较复杂，强度计算公式也不一致。一般是将条形试件放在两支点上，中间加一集中荷载。对矩形截面的试件，其抗弯强度按下式计算：

$$f_{弯} = \frac{3PL}{2bh^2}$$

有时可在跨度的三分点上加两个相等的集中荷载，此时其抗弯强度按下式计算：

$$f_{弯} = \frac{PL}{bh^2}$$

式中　$f_{弯}$——市政工程材料的抗弯强度，MPa；
　　　P——市政工程材料弯曲破坏时的最大荷载，N；
　　　L——两支点间的距离，mm；
　　　b, h——试件横截面的宽及高，mm。

2. 市政工程材料的弹性与塑性

市政工程材料在外力作用下产生变形，当外力除去后变形随即消失，完全恢复原来形状的性质称为弹性，这种可完全恢复的变形称为弹性变形。

市政工程材料在外力作用下，当应力超过一定限值时产生显著变形，但不产生裂缝或断裂，外力取消后，仍保持变性后的形状和尺寸的性质称为塑性。这种不能恢复的变形称为塑性变形。

3. 市政工程材料的脆性与韧性

当外力达到一定限度后,市政工程材料突然破坏,且破坏时无明显的塑性变形,市政工程材料的这种性质称为脆性。在冲击、振动荷载作用下,市政工程材料能够吸收较大的能量,不发生破坏的性质称韧性。

2.1.5 市政工程材料的耐久性

市政工程材料的耐久性是指市政工程材料在使用中,抵抗其自身和环境的长期破坏作用,保持其原有性能而不被破坏、不变质的能力,一般包括抗渗性、抗冻性、耐腐蚀性、抗老化性、耐热、耐溶蚀性、耐摩擦性、耐光性、耐污染性、易洁性等多项。对市政工程材料而言,主要要求市政工程材料的颜色、光泽、外形等不发生显著变形。

2.1.6 市政工程材料的辐射指数

市政工程材料的辐射指数所反映的是市政工程材料的放射性强度。在选择市政工程材料时,应注意其放射性,尽可能将这种伤害降至最低限度。

2.2 典型题解

【例 2-2-1】 某装饰现场所用市政工程材料的密度为 2.65g/cm³、体积密度为 2.61g/cm³、堆积密度为 1680kg/m³,计算该市政工程材料的孔隙率与空隙率。

【解】 该市政工程材料的孔隙率 P 为:

$$P = \frac{V_0 - V}{V_0} \times 100\% = \left(1 - \frac{\rho_0}{\rho}\right) \times 100\% = \left(1 - \frac{2.61}{2.65}\right) \times 100\% = 1.51\%$$

该市政工程材料的空隙率 P' 为:

$$P' = \frac{V'_0 - V}{V'} \times 100\% = \left(1 - \frac{V_0}{V'}\right) \times 100\% = \left(1 - \frac{\rho'}{\rho_0}\right) \times 100\% = \left(1 - \frac{1.68}{2.61}\right) \times 100\% = 35.63\%$$

【评】 市政工程材料的孔隙率是指市政工程材料内部孔隙的体积占该市政工程材料总体积的百分率。空隙率是指散粒状市政工程材料在其堆积体积中,颗粒之间的空隙体积所占的比例。计算式中 ρ——市政工程材料密度;ρ_0——市政工程材料的体积密度;ρ'——市政工程材料的堆积密度。

【例 2-2-2】 某一市政工程材料,在吸水饱和状态下质量为 2900g,其绝干质量为 2550g。假设该市政工程材料的尺寸为 240mm×115mm×53mm,经干燥并磨成细粉后取 50g,用排水法测得绝对密实体积为 18.62cm³。试计算该市政工程材料的吸水率、密度、孔隙率。

【解】 该市政工程材料的吸水率为:

$$W_m = \frac{m_1 - m}{m} \times 100\% = \frac{2900 - 2550}{2550} \times 100\% = 13.73\%$$

该市政工程材料的密度为:

$$\rho = \frac{m}{V} = \frac{50}{18.62} = 2.69 \, (\text{g/cm}^3)$$

该市政工程材料的体积密度为：

$$\rho_0 = \frac{m}{V_0} = \frac{2550}{24 \times 11.5 \times 5.3} = 1.74 \, (\text{g/cm}^3)$$

该市政工程材料的孔隙率为：

$$P = \left(1 - \frac{\rho_0}{\rho}\right) \times 100\% = \left(1 - \frac{1.74}{2.69}\right) \times 100\% = 35.3\%$$

【评】 质量吸水率是指市政工程材料在吸水饱和时，所吸水量占材料在干燥状态下的质量百分比。

【例 2-2-3】 某市政工程使用的石材在气干、绝干、水饱和情况下测得的抗压强度分别为 174MPa、178MPa、165MPa，计算该装饰石材的软化系数。

【解】 该市政工程使用的石材的软化系数为：

$$K_R = \frac{f_b}{f_g} = \frac{165}{178} = 0.93$$

【评】 软化系数为市政工程材料吸水饱和状态下的抗压强度与市政工程材料在绝对干燥状态下的抗压强度之比，与市政工程材料在气干状态下的抗压强度无关。

【例 2-2-4】 影响市政工程材料强度测试结果的试验条件有哪些？

【解】 影响市政工程材料强度测试结果的因素很多。如小尺寸试件测试的强度值高于大尺寸试件；加载速度快时测得的强度值高于加载速度慢的；立方体试件的测得强度值高于棱柱体试件；受压试件与加压钢板间无润滑作用的（如未涂石蜡等润滑物时），测得的强度值高于有润滑作用的；表面平整试件的测得强度值高于表面不平整的等。

【例 2-2-5】 选择题：选择正确的答案填在括号内。

对于同一市政工程材料，各种密度参数的大小排列为（　　）。

A. 密度 > 堆积密度 > 体积密度　　　　B. 密度 > 体积密度 > 堆积密度
C. 堆积密度 > 密度 > 体积密度　　　　D. 体积密度 > 堆积密度 > 密度

【解】 B. 密度 > 体积密度 > 堆积密度

【评】 市政工程材料的各种密度与不同状态的体积有关。

2.3 习　　题

2.3.1 名词解释

1—1　密度　　　　1—2　体积密度　　　1—3　堆积密度　　　1—4　密实度
1—5　孔隙率　　　1—6　空隙率　　　　1—7　吸水性　　　　1—8　吸水率
1—9　含水率　　　1—10　耐水性　　　　1—11　软化系数　　　1—12　抗渗性

1—13 抗冻性　　1—14 吸湿性　　1—15 塑性　　1—16 脆性
1—17 韧性　　1—18 弹性　　1—19 耐久性　　1—20 比强度
1—21 热容量　1—22 比热容　1—23 导热系数

2.3.2 判断题

2—1 （　）软化系数越大的市政工程材料，其耐水性能越差。

2—2 （　）吸水率小的市政工程材料，其孔隙率一定小。

2—3 （　）市政工程材料受潮或冰冻后，其导热系数都降低。

2—4 （　）具有粗大孔隙的市政工程材料，其吸水率较大；具有细微且连通孔隙的市政工程材料，其吸水率较小。

2—5 （　）市政工程材料的孔隙率越大，其抗冻性越差。

2—6 （　）市政工程材料的抗冻性仅与市政工程材料的孔隙率有关，与孔隙中的水饱和程度无关。

2—7 （　）相同种类的市政工程材料，其孔隙率越大，强度越低。

2—8 （　）在市政工程材料进行抗压试验时，小试件较大试件的试验结果偏大。

2—9 （　）市政工程材料进行强度试验时，加荷速度快者较加荷速度慢者的试验结果值偏大。

2—10 （　）把某种有孔的市政工程材料，置于不同湿度的环境中，分别测得其表观密度，其中以干燥条件下的表观密度最小。

2—11 （　）某些市政工程材料虽然在受力初期表现为弹性，达到一定程度后表现出塑性特征，这类市政工程材料称为塑性市政工程材料。

2—12 （　）市政工程材料在气干状态的表观密度，为干表观密度。

2—13 （　）在空气中吸收水分的性质称为市政工程材料的吸水性。

2—14 （　）市政工程材料的导热系数越大，其保持隔热性能越好。

2—15 （　）装饰混凝土及砂浆等市政工程材料的抗渗性用渗透系数表示。

2—16 （　）含粗大孔隙的市政工程材料，吸水率较低。

2—17 （　）市政工程材料在干燥状态下的表观密度最小。

2—18 （　）市政工程材料吸水饱和状态时水占的体积可视为开口孔隙体积。

2—19 （　）软化系数≥1。

2—20 （　）市政工程材料的孔隙率越小，密度越大。

2—21 （　）市政工程材料的性质是由市政工程材料的组成决定的。

2—22 （　）市政工程材料的性质是由市政工程材料的结构决定的。

2—23 （　）含水率为4%的湿砂质量为100g，其中水的质量为4g。

2—24 （　）热容量大的市政工程材料，其导热性也大。

2—25 （　）市政工程材料的孔隙率相同时，连通粗孔者比封闭微孔者的导热系数大。

2—26 （　）同一种市政工程材料，其体积密度越大，则其孔隙率越大。

2—27 （　）将某种含水的市政工程材料，置于不同的环境中，分别测得其密度，其中以干燥条件下的密度为最小。

2—28 （　）市政工程材料在冻融循环作用下产生破坏,是由于市政工程材料内部毛细孔隙和大孔隙中的水结冰时体积膨胀造成的。

2—29 （　）市政工程材料的抗冻性与市政工程材料的孔隙率有关,与孔隙中的水饱和程度无关。

2—30 （　）市政工程材料的导热系数大,则导热性强,绝热性变差。

2.3.3 填空题

3—1 市政工程材料的密度是指市政工程材料在_____状态下单位体积的质量;市政工程材料的表观密度是指市政工程材料在_____状态下单位体积的质量。

3—2 市政工程材料的吸水性大小用_____表示,吸湿性大小用_____表示。

3—3 市政工程材料的耐水性是指在长期_____作用下,_____不显著降低的性质。

3—4 市政工程材料的耐水性可以用_____系数表示,其值为_____。该值越大,表示该市政工程材料的耐水性_____。

3—5 同种市政工程材料的孔隙率越_____,则其强度越高。当市政工程材料的孔隙一定时,_____孔隙越多,市政工程材料的保温性能越好。

3—6 市政工程材料的抗冻性以市政工程材料在吸水饱和状态下所能抵抗的_____来表示。

3—7 水可以在市政工程材料表面展开,也就是说该市政工程材料表面可以被水浸润,这种性质称为_____。

3—8 按尺寸范围分,市政工程材料结构可分以下三种:_____、_____和_____。

3—9 市政工程材料内部的孔隙分为_____孔和_____孔。一般情况下,市政工程材料的孔隙率越大,且连通孔隙越多的市政工程材料,则其强度越_____,吸水性、吸湿性越_____,导热性越_____,保温隔热性能越_____。

3—10 市政工程材料的抗冻性用_____表示,抗渗性一般用_____表示,市政工程材料的导热性用_____表示。

3—11 市政工程材料的导热系数越小,则该市政工程材料的导热性越_____,保温隔热性能越_____。

3—12 导热系数_____,比热容_____的市政工程材料适合作保温墙体市政工程材料。

3—13 市政工程材料耐水性的强弱可以用_____表示。市政工程材料耐水性越好,该值越_____。

3—14 脆性市政工程材料适宜承受压力_____荷载,而不适宜承受_____、_____荷载。

3—15 同类市政工程材料，甲体积吸水率占孔隙率的40%，乙占92%，则受冻融作用时，显然_____易遭受破坏。

3—16 当市政工程材料的孔隙率增大时，则其密度_____，堆积密度_____，强度_____，吸水率_____，抗渗性_____，抗冻性_____。

3—17 随含水率增加，多孔市政工程材料的密度_____，导热系数_____。

3—18 市政工程材料的孔隙率越_____，则该市政工程材料的强度越高；当市政工程材料的孔隙率一定时，孔隙越多，则该市政工程材料的绝热性越_____。

3—19 市政工程材料的孔隙率恒定时，孔隙尺寸越小，该市政工程材料的强度越_____，耐久性越_____，保温性越_____。

3—20 在水中或长期在潮湿状态下使用的市政工程材料，应考虑该市政工程材料的_____性。

3—21 当孔隙率相同时，分布均匀而细小的封闭孔隙含量越大，则市政工程材料的吸水率_____、保温性能_____、耐久性能_____。

3—22 一般市政工程材料按其透明性可分为_____、_____和_____。

2.3.4 单项选择题

4—1 市政工程材料费用一般占（　　）。
A. 工程总造价的50%左右　　B. 工程总造价的60%左右
C. 工程总造价的70%左右　　D. 工程直接费的60%左右

4—2 对于某一种市政工程材料来说，无论环境怎样变化，其（　　）都是一定值。
A. 密度　　B. 体积密度　　C. 导热系数　　D. 堆积密度

4—3 对于同一市政工程材料，各种密度参数的大小排列为（　　）。
A. 密度＞堆积密度＞体积密度　　B. 密度＞体积密度＞堆积密度
C. 堆积密度＞密度＞体积密度　　D. 体积密度＞堆积密度＞密度

4—4 下列有关市政工程材料强度和硬度的内容，哪一项是错误的？（　　）
A. 市政工程材料的抗弯强度与试件的受力情况、截面形态及支承条件等有关
B. 比强度是衡量市政工程材料轻质高强的性能指标
C. 装饰石材可用刻痕法或磨耗来测定其硬度
D. 装饰金属材料、木材、装饰混凝土可用压痕法测其硬度

4—5 市政工程材料在吸水后，将使该市政工程材料的何种性能增强？（　　）
Ⅰ. 强度　　Ⅱ. 密度　　Ⅲ. 体积密度　　Ⅳ. 导热系数　　Ⅴ. 强度
A. Ⅰ、Ⅳ　　B. Ⅱ、Ⅲ、Ⅴ　　C. Ⅲ、Ⅳ　　D. Ⅱ、Ⅲ、Ⅳ、Ⅴ

4—6 市政工程材料的密度指的是（　　）。
A. 在自然状态下，单位体积的质量
B. 在堆积状态下，单位体积的质量

C. 在绝对密实状态下,单位体积的质量
D. 在市政工程材料的体积不考虑开口孔隙在内时,单位体积的质量

4—7 市政工程材料与水相关的物理性质表述正确的是( )。
A. 孔隙率越大,其吸水率越大
B. 平衡含水率一般是固定不变的
C. 渗透系数越大,其抗渗性能越好
D. 软化系数越大,其耐水性越好

4—8 市政工程材料在空气中能吸收空气中水分的能力称为( )。
A. 吸水性　　B. 吸湿性　　C. 耐水性　　D. 渗透性

4—9 下面市政工程材料中,一般用体积吸水率表示其吸水性的是( )。
A. 混凝土　　B. 玻璃　　C. 木材　　D. 塑料泡沫

4—10 已知某固体市政工程材料的 $\rho_0=1500kg/m^3$,$\rho=1800kg/m^3$,则其孔隙率为( )。
A. 14.3%　　B. 16.7%　　C. 88.0%　　D. 12.5%

4—11 当某一市政工程材料的孔隙率增大时,其吸水率( )。
A. 增大　　B. 减小　　C. 不变化　　D. 不一定增大,也不一定减小

4—12 市政工程材料的耐水性指市政工程材料( )而不破坏,其强度也不显著降低的性质。
A. 在水作用下
B. 在压力水作用下
C. 长期在饱和水作用下
D. 长期在湿气作用下

4—13 混凝土标准试件经28d 标准养护后测得抗压强度为22.6MPa,同时又测得同批混凝土水饱和后的抗压强度为21.5MPa,干燥状态测得抗压强度为24.5MPa,则该混凝土的软化系数为( )。
A. 0.96　　B. 0.92　　C. 0.13　　D. 0.88

4—14 某一市政工程材料湿重300g,干燥后质量为285.75g,则该市政工程材料的含水率为( )。
A. 0.5%　　B. 5%　　C. 4.7%　　D. 4.8%

4—15 处于潮湿环境中的重要建筑物所选用的市政工程材料,其软化系数应( )。
A. >0.5　　B. >0.75　　C. >0.85　　D. >1

4—16 增大市政工程材料的孔隙率,则其抗冻性能将( )。
A. 不变　　B. 提高　　C. 降低　　D. 不一定

4—17 混凝土抗冻等级F20中的20是指( )。
A. 承受冻融的最大次数是20次。
B. 冻结后在20℃的水中融化。
C. 最大冻融次数后质量损失率不超过20%
D. 最大冻融次数后强度损失率不超过20%

4—18 市政工程材料的抗渗性是指市政工程材料抵抗( )渗透的能力。
A. 水　　B. 潮气　　C. 压力水　　D. 饱和水

4—19 对甲、乙、丙市政工程材料三种进行抗渗性测试,三者的渗水面积和渗水时间都一样,渗水总量分别是 $1.20cm^3$、$1.0cm^3$、$1.5cm^3$,试件厚度分别是2.0cm、2.5cm、3.0cm,静水压力水头分别是300cm、350cm、250cm,这三种市政工程材料的抗渗

15

性比较为( )。
A. 甲、乙相同,丙最差　　　　　　　　　B. 乙最好,甲其次,丙最差
C. 甲最好,丙其次,乙最差　　　　　　　D. 甲、丙相同,乙最好

4—20　有一块市政工程材料的质量为2625g,其含水率为5%,该湿的市政工程材料所含水量为( )。
A. 131.25g　　B. 129.76g　　C. 130.34g　　D. 125g

4—21　比强度较高的市政工程材料是( )。
A. 低碳钢　　B. 铝合金　　C. 混凝土　　D. 玻璃钢

4—22　衡量市政工程材料轻质高强性能的主要指标是( )。
A. 密度　　　B. 体积密度　　C. 强度　　　D. 比强度

4—23　市政工程材料的弹性模量 E 是衡量市政工程材料在弹性范围内抵抗变形能力的指标。E 越小,则该市政工程材料受力变形( )。
A. 越小　　　B. 越大　　　C. 不变　　　D. E 和变形无关

4—24　建筑中用于地面、踏步、台阶、路面等处的市政工程材料应考虑其( )。
A. 含水性　　B. 导热性　　C. 弹性和塑性　　D. 硬度和耐磨性

4—25　市政工程材料的实际强度( )该市政工程材料的理论强度。
A. 大于　　　B. 小于　　　C. 等于　　　D. 无法确定

4—26　$1m^3$ 自然状态下的某种市政工程材料,质量为2400kg,孔隙率为25%,其密度是( )。
A. 1.8　　　B. 3.2　　　C. 2.6　　　D. 3.8

4—27　市政工程材料吸水后,将使该市政工程材料的( )提高。
A. 耐水性　　　　　　　　　　　　　　B. 强度及导热系数
C. 密度　　　　　　　　　　　　　　　D. 体积密度及导热系数

4—28　关于比强度说法正确的是( )。
A. 比强度反映了在外力作用下市政工程材料抵抗破坏的能力
B. 比强度反映了在外力作用下市政工程材料抵抗变形的能力
C. 比强度是强度与其体积密度之比
D. 比强度是强度与其质量之比

4—29　含水率为5%的市政工程材料220g,将其干燥后,其质量是( )kg。
A. 209　　　B. 209.52　　　C. 210　　　D. 205

4—30　含水率为5%的湿的市政工程材料100g,其中所含水的质量为( )g。
A. $100 \times 5\%$　　　　　　　　　　B. $(100-5) \times 5\%$
C. $100 - [100/(1+5\%)]$　　　　　　D. $[100/(1+5\%)] - 100$

4—31　下列市政工程材料中抗拉强度最大的是( )。
A. 混凝土　　B. 木材　　　C. 钢材　　　D. 花岗岩

4—32　同一种市政工程材料构造越密实,越均匀,它的( )。
A. 孔隙率越大　　　　　　　　　　　　B. 吸水率越大
C. 强度越大　　　　　　　　　　　　　D. 弹性越小

4—33 市政工程材料在外力(荷载)作用下,抵抗破坏的能力,称为市政工程材料的( )。
A. 刚度　　　B. 强度　　　C. 稳定性　　　D. 几何可变性

2.3.5 多项选择题

5—1 下列市政工程材料属于致密结构的是( )。
A. 玻璃　　　B. 钢　　　C. 玻璃钢　　　D. 玻化砖

5—2 市政工程材料的体积密度与下列( )因素有关。
A. 微观结构与组成　　　　　　　B. 含水状态
C. 内部构成状态　　　　　　　　D. 抗冻性

5—3 按常压下水能否进入市政工程材料中,可将市政工程材料的孔隙分为( )。
A. 开口孔　　　B. 球形孔　　　C. 闭口孔　　　D. 非球形孔

5—4 影响市政工程材料的吸湿性的因素有( )。
A. 市政工程材料的组成　　　　　B. 微细孔隙的含量
C. 耐水性　　　　　　　　　　　D. 市政工程材料的微观结构

5—5 影响市政工程材料的冻害因素有( )。
A. 孔隙率　　B. 开口孔隙率　C. 导热系数　　D. 孔的充水程度

5—6 市政工程材料与水有关的性质有( )。
A. 耐水性　　　B. 抗剪性　　　C. 抗冻性　　　D. 抗渗性

5—7 市政工程材料的力学性质主要有( )。
A. 耐水性　　　B. 强度　　　C. 弹性　　　D. 塑性　　　E. 密度

5—8 市政工程材料含水会使市政工程材料( ),故对市政工程材料的使用一般是不利的。
A. 堆积密度大　　　　　　　　　B. 导热性增大
C. 粘接力增大　　　　　　　　　D. 强度降低　　　E. 体积膨胀

5—9 下列性质中,能反映市政工程材料密实程度的是( )。
A. 密度　　　B. 体积密度　　　C. 密实度　　　D. 堆积密度　　　E. 孔隙率

5—10 以下说法中不正确的是( )。
A. 市政工程材料的体积密度大于其堆积密度
B. 市政工程材料的密实度与空隙率之和等于1
C. 市政工程材料与水接触吸收水分的能力称为吸水性
D. 吸湿性是指市政工程材料在潮湿空气中吸收水分的能力
E. 轻质市政工程材料的吸水率一般要用质量吸水率表示

2.3.6 问答题

6—1 市政工程材料应具备哪些基本性质?为什么?

6—2 市政工程材料的密实度和孔隙率与散粒状的市政工程材料的填充率和空隙率有何差别?

6—3 评价市政工程材料热工性能的常用参数有哪几个?要保持建筑物室内温度的稳定

性并减少热损失,应选用什么样的市政工程材料?

6—4　市政工程材料的质量吸水率和体积吸水率有何不同?什么情况下采用体积吸水率来反映市政工程材料的吸水性?

6—5　市政工程材料的抗渗性好坏主要与哪些因素有关?怎样提高市政工程材料的抗渗性?

6—6　试述市政工程材料的密度、体积密度、堆积密度的实质区别。

6—7　市政工程材料的强度按通常所受外力作用不同分为哪几个(画出示意图)?分别如何计算?单位如何?

6—8　市政工程材料的吸水性、吸湿性、耐水性、抗渗性及抗冻性的定义、表示方法及其影响因素是什么?

6—9　什么是市政工程材料的导热性?市政工程材料的导热性的大小如何表示?影响市政工程材料导热性的因素有哪些?

6—10　何谓市政工程材料的弹性与塑性?弹性变形与塑性变形相同吗?

6—11　当某种市政工程材料的孔隙率增大时,下表内其他性质如何变化?(用符号表示:↑增大、↓下降、一不变、? 不一定)

孔隙率	密度	表观密度	强度	吸水率	抗冻性	导热性

6—12　试验条件对市政工程材料强度有无影响?影响怎样?为什么?

6—13　什么是市政工程材料的比强度?

6—14　说明市政工程材料的脆性与韧性的区别。

6—15　说明市政工程材料的疲劳极限、硬度、磨损及磨耗的概念。

6—16　影响市政工程材料腐蚀性的内在因素是什么?

6—17　什么是市政工程材料的耐久性?市政工程材料的耐久性都包括哪些内容?市政工程材料为什么必须具有一定的耐久性?

2.3.7　计算题

7—1　某装饰石材的密度为 $2.75g/cm^3$,孔隙率为 1.5%;今将该装饰石材破碎为碎石,测得碎石的堆积密度为 $1560kg/m^3$。试求该装饰石材的体积密度和破碎的碎石的空隙率。

7—2　某市政工程材料试样经烘干后其质量为 $482g$,将其投入盛水的量筒中,当试样吸水饱和后水的体积由 $452cm^3$ 增为 $630cm^3$。饱和面干时取出试件称量,质量为 $487g$。试问:

(1)该市政工程材料的开口孔隙率为多少?

(2)该市政工程材料的体积密度是多少?

7—3　一种木材的密度为 $1.5g/cm^3$,其干燥体积密度为 $540kg/m^3$,试估算其孔隙率。

7—4　某一市政工程材料的全干质量为 $100g$,自然堆积状态体积为 $40cm^3$,绝对密实状态下的体积为 $33cm^3$,试计算其密度、体积密度、密实度和孔隙率。

7—5 假设某一市政工程材料的外形尺寸为240mm×115mm×53mm,吸水饱和后称其质量为2940g,烘干至恒重时质量为2580g。今将该市政工程材料磨细并烘干后去取50g,用李氏瓶测得其体积为18.58cm³。试求该市政工程材料的密度、体积密度、孔隙率、质量吸水率、开口孔隙率及闭口孔隙率。

7—6 称某一市政工程材料500g,烘干至恒重时质量为494g,求该市政工程材料的含水率。

7—7 某一市政工程材料进行抗压试验,浸水饱和后的破坏荷载为183kN,干燥状态的破坏荷载为207kN(受压面积为115mm×120mm),问该市政工程材料是否耐水?

7—8 某市政工程材料的体积吸水率为10%,密度为3.0g/cm³,绝干时的体积密度为1500kg/m³。试求该市政工程材料的质量吸水率、开口孔隙率、闭口孔隙率,并估计该市政工程材料的抗冻性如何。

7—9 质量为3.4kg,容量为10L的容量筒装满绝干散粒状的某一市政工程材料后的总质量为18.4kg。若向筒内注入水,待散粒状的市政工程材料吸水饱和后,为注满此筒共注入水4.27kg。将上述吸水饱和的散粒状市政工程材料擦干表面后称得总质量为18.6kg(含筒重)。求该散粒状的市政工程材料的吸水率,体积密度,堆积密度,开口孔隙率。

2.4 习 题 解 答

2.4.1 名词解释解答

1—1 【答】 市政工程材料在绝对密实状态下,单位体积的质量。

1—2 【答】 市政工程材料在自然状态下,单位体积的质量。

1—3 【答】 市政工程材料为散粒或粉状,如白色硅酸盐水泥等,在堆积状态下,单位体积的质量。

1—4 【答】 市政工程材料体积内被固体物质充实的程度。

1—5 【答】 市政工程材料自然状态体积内,孔隙体积所占的比例。

1—6 【答】 散粒状的市政工程材料堆积体积中,颗粒之间的空隙体积所占的比例。

1—7 【答】 市政工程材料与水接触吸附水分的性质,用吸水率表示。

1—8 【答】 当市政工程材料吸水饱和时,该市政工程材料中所含水的质量与干燥状态下的质量比,称为吸水率。

1—9 【答】 市政工程材料中所含水的质量与干燥状态下的质量之比,称为该市政工程材料的含水率。

1—10 【答】 市政工程材料抵抗水破坏作用的性质称为耐水性,用软化系数表示。

1—11 【答】 市政工程材料在吸水饱和状态下的抗压强度与市政工程材料在干燥状态下的抗压强度之比。

1—12 【答】 市政工程材料抵抗压力水渗透的性质称为抗渗性,用渗透系数表示或抗渗等级表示。

1—13 【答】 市政工程材料在水饱和状态下,经多次冻融循环作用,能保持强度和外观完整性的能力。

1—14 【答】 市政工程材料在潮湿空气中吸收水分的性质。

1—15 【答】 市政工程材料在外力作用下产生变形,当取消外力后,仍保持变形后的形状,并不产生裂缝的性质。

1—16 【答】 市政工程材料在外力作用下,当外力达到一定限度后,该市政工程材料突然破坏,而破坏时无明显的塑性变形的性质。

1—17 【答】 市政工程材料在冲击、振动荷载作用下,能够吸收较大的能量,同时也能产生一定的变形而不破坏的性质。

1—18 【答】 市政工程材料在外力作用下产生变形,当取消外力后,变形能完全消失的性质。

1—19 【答】 市政工程材料长期在水作用下不破坏,强度也不显著降低的性质。

1—20 【答】 市政工程材料的强度与其体积密度的比值。

1—21 【答】 市政工程材料容纳热量的能力。

1—22 【答】 单位质量的市政工程材料,温度每升高或降低 1K 时所吸收或放出的热量。

1—23 【答】 在稳定传热条件下,1m 厚的材料,两侧表面的温差为 1K,在 1 小时内,通过 $1m^2$ 面积传递的热量,单位为 W/(m·K)。

2.4.2 判断题解答

2—1 （×）   2—2 （×）   2—3 （×）   2—4 （×）   2—5 （×）
2—6 （×）   2—7 （√）   2—8 （√）   2—9 （√）   2—10 （√）
2—11 （×） 2—12 （×） 2—13 （×） 2—14 （×） 2—15 （×）
2—16 （√） 2—17 （√） 2—18 （√） 2—19 （√） 2—20 （×）
2—21 （×） 2—22 （×） 2—23 （√） 2—24 （×） 2—25 （×）
2—26 （×） 2—27 （×） 2—28 （√） 2—29 （×） 2—30 （√）

2.4.3 填空题解答

3—1 绝对密实   表观

3—2 吸水率   含水率

3—3 饱和水   力学性能

3—4 软化   市政工程材料在吸水饱和状态下的抗压强度与市政工程材料在干燥状态下的抗压强度之比   越好

3—5 小   封闭

3—6 冻融循环次数

3—7 市政工程材料的亲水性

3—8 宏观   细观   微观

3—9 开口孔   闭口孔   小   大   大   差

3—10　冻融循环次数　渗透系数或抗渗等级　导热系数
3—11　小　好
3—12　小　大
3—13　软化系数　大
3—14　静　振动　冲击
3—15　乙
3—16　不变　减小　减小　不一定　不一定　不一定
3—17　增大　增大
3—18　小　好
3—19　高　好　好
3—20　耐水
3—21　越大　越好　越好
3—22　透明体　半透明体　不透明体

2.4.4　单项选择题解答

4—1　(B)	4—2　(A)	4—3　(B)	4—4　(D)	4—5　(C)
4—6　(C)	4—7　(D)	4—8　(B)	4—9　(B)	4—10　(B)
4—11　(D)	4—12　(C)	4—13　(D)	4—14　(B)	4—15　(C)
4—16　(D)	4—17　(A)	4—18　(B)	4—19　(B)	4—20　(D)
4—21　(B)	4—22　(D)	4—23　(B)	4—24　(B)	4—25　(D)
4—26　(B)	4—27　(D)	4—28　(B)	4—29　(B)	4—30　(C)
4—31　(C)	4—32　(C)	4—33　(B)		

2.4.5　多项选择题解答

5—1　(A,B,C,D)　　5—2　(A,B,C)　　5—3　(A,C)　　5—4　(A,B,D)
5—5　(A,B,D)　　5—6　(A,C,D)　　5—7　(B,C,D)　　5—8　(B,D,E)
5—9　(C,E)　　5—10　(B,C,E)

2.4.6　问答题解答

6—1　【答】　为了保证装饰工程的使用功能、安全性和耐久性,市政工程材料应具有归纳起来包括市政工程材料的物理性质、力学性质、热工性质、声学性质、光学性质、工艺性质和耐久性质等。

6—2　【答】　市政工程材料的密实度和孔隙率的大小反映的是市政工程材料的致密程度;而散粒状的市政工程材料的填充率和空隙率表征着散粒状的市政工程材料颗粒间相互填充的致密程度。

6—3　【答】　评价市政工程材料热工性能的常用参数有市政工程材料的导热系数、热容量与比热容,要保持建筑物室内温度的稳定性并减少热损失,应选用导热系数小而热容量较大的市政工程材料。

6—4 【答】 市政工程材料的质量吸水率是指市政工程材料吸入水分的质量占干燥市政工程材料自然状态下质量的百分率;而体积吸水率是指市政工程材料吸入水分的体积占干燥市政工程材料自然状态下体积的百分率。对于存在着许多微小细孔的市政工程材料采用体积吸水率来反映市政工程材料的吸水性;而对于粗大的孔隙的市政工程材料则采用质量吸水率来反映市政工程材料的吸水性。

6—5 【提示】 市政工程材料抗渗性的高低与市政工程材料的孔隙率和孔隙结构特征有关。绝对密实的市政工程材料或具有封闭孔隙的市政工程材料,水分难以透过。

6—6 【答】 密度是指市政工程材料在绝对密实状态下,单位体积的质量。绝对密实状态下的体积是指不包括市政工程材料内部孔隙在内的体积。

体积密度是指市政工程材料在自然状态下,单位体积的质量。市政工程材料的自然状态体积包括孔隙在内的体积。

堆积密度是指散粒状的市政工程材料(指粉料和粒料)在自然堆积状态下,单位体积的质量。市政工程材料的堆积体积既包含颗粒的体积,又包含颗粒之间的空隙体积。

6—7 【答】 根据外力作用方式的不同,市政工程材料强度有抗压强度[图2—1(a)]、抗拉强度[图2—1(b)]、抗弯强度[图2—1(c)]和抗剪强度[图2—1(d)]等。

市政工程材料的拉伸、压缩及剪切为简单受力状态,其强度按下式计算:

$$f = \frac{P}{F}$$

市政工程材料受弯时其应力分布不同,强度计算公式也不一致。如将条形试件放在两支点上,中间加一集中荷载,其抗弯强度按下式计算:

$$f_弯 = \frac{3PL}{2bh^2}$$

如在跨度的三分点上加两个相等的集中荷载,则此时其抗弯强度按下式计算:

$$f_弯 = \frac{PL}{bh^2}$$

其单位一般用 MPa 表示。

6—8 【答】 市政工程材料在水中吸收水分的性质称为吸水性,市政工程材料吸水能力的大小用吸水率表示。市政工程材料的吸水性不仅与其亲水性及憎水性有关,也与其孔隙率的大小及孔隙结构特征有关。

市政工程材料湿空气中吸收水分的性质称为吸湿性,用含水率表示。

市政工程材料长期在饱和水的作用下抵抗破坏,保持原有功能的性质称为耐水性,市政工程材料的耐水性常用软化系数 K_R 表示。

市政工程材料在压力水作用下,抵抗渗透的性质称为抗渗性,市政工程材料的抗渗性一般用渗透系数 K 表示。

市政工程材料在吸水饱和状态下,抵抗多次冻融循环的性质称为抗冻性,用抗冻等级(记为F)表示。

第2章 市政工程材料的基本性质

6—9 【答】 热量在市政工程材料中传导的性质称为导热性。导热性能是市政工程材料的一个非常重要的热物理指标，它说明市政工程材料传递热量的一种能力。市政工程材料的导热能力用导热系数 λ 表示。

影响市政工程材料导热系数的主要因素有市政工程材料的化学成分及其分子结构、体积密度（包括材料的孔隙率、孔隙的性质及大小等）、市政工程材料的湿度和温度状况等。

6—10 【答】 市政工程材料在外力作用下发生变形，当外力取消后，市政工程材料能够完全恢复原来形状和尺寸的性质称为弹性。市政工程材料在外力作用下发生变形，当外力取消后，市政工程材料不能恢复原来的形状和尺寸，但并不产生裂缝的性质称为塑性。

弹性变形（或瞬时变形）和塑性变形是不同的。

6—11 【答】 当某种市政工程材料的孔隙率增大时，其他性质的变化见下表：

孔隙率	密度	表观密度	强度	吸水率	抗冻性	导热性
↑	—	↓	↓	?	?	?

6—12 【答】 市政工程材料的强度与其测试所用的试件形状、尺寸有关，与试验时的加荷速度、试件的表面性状有关，相同市政工程材料采用小试件测得的强度较大试件高，加荷速度快者强度偏高，试件表面不平或表面涂润滑剂时所测得强度值偏低。

6—13 【答】 比强度是指单位体积质量的市政工程材料强度，它等于市政工程材料的强度与其体积密度之比。它是衡量市政工程材料是否轻质、高强的指标。

6—14 【答】 脆性市政工程材料在冲击荷载作用下，市政工程材料突然破坏，破坏时不产生明显的塑性变形。

韧性市政工程材料在冲击、振动荷载作用下，吸收能量，其破坏不是突然的，破坏时产生明显的塑性变形。

6—15 【答】 市政工程材料在受到拉伸、压缩、弯曲、扭转以及这些外力的反复作用，当应力超过某一限度时即会导致市政工程材料的破坏，这个限度叫疲劳极限，又称疲劳强度。

硬度是市政工程材料表面抵抗较硬物质刻划或压入的能力。

市政工程材料受到摩擦作用而减小质量和体积的现象称为磨损。

市政工程材料受到摩擦、剪切及撞击的综合作用而减小质量和体积的现象称为磨耗。

6—16 【提示】 影响市政工程材料腐蚀性的内在因素在于形成市政工程材料的组成与结构。

6—17 【答】 市政工程材料的耐久性是指市政工程材料在各种因素作用下，抵抗破坏、保持原有性质的能力。

自然界中各种破坏因素包括物理的、化学的以及生物的作用等。

2.4.7 计算题解答

7—1 【解】 该装饰石材的体积密度 ρ_0：

$$\rho_0 = (1 - 0.015) \times 2.75 = 2.71 \, (\text{g/cm}^3)$$

该装饰石材破碎成的碎石的空隙率 P'：

$$P' = \left(1 - \frac{1.560}{2.71}\right) \times 100\% = 42.4\%$$

7—2 【解】 该市政工程材料的质量吸水率为:

$$W_m = \frac{m_s - m}{m} \times 100\% = \frac{487 - 482}{482} \times 100\% = 1.03\%$$

该市政工程材料的开口孔隙率为:

$$P_k = W_v = W_m \frac{\rho_0}{\rho_w} = 1.03\% \times \frac{2.63}{1.00} = 2.71\%$$

该市政工程材料的体积密度为:

$$\rho_0 = \frac{m}{V_0} = \frac{482}{[(630 - 452) + (487 - 482)]/1} = 2.63(\text{g/cm}^3)$$

7—3 【解】 木材的孔隙率 P:

$$P = \left(1 - \frac{540 \times 10^{-3}}{1.5}\right) \times 100\% = 64\%$$

7—4 【解】 该市政工程材料的密度 ρ:

$$\rho = \frac{m}{V} = \frac{100}{33} = 3.03(\text{g/cm}^3)$$

该市政工程材料的体积密度 ρ_0:

$$\rho_0 = \frac{m}{V_0} = \frac{100}{40} = 2.50(\text{g/cm}^3)$$

该市政工程材料的密实度 D:

$$D = \frac{\rho_0}{\rho} \times 100\% = \frac{2.50}{3.03} \times 100\% = 82.5\%$$

该市政工程材料的孔隙率 P:

$$P = \left(1 - \frac{\rho_0}{\rho}\right) \times 100\% = \left(1 - \frac{2.50}{3.03}\right) \times 100\% = 17.5\%$$

7—5 【解】 该市政工程材料的密度 ρ:

$$\rho = \frac{m}{V} = \frac{50}{18.58} = 2.69(\text{kg/m}^3)$$

该市政工程材料的体积密度 ρ_0:

$$\rho_0 = \frac{m}{V_0} = \frac{2580 \times 10^{-3}}{0.24 \times 0.115 \times 0.053} = 1764(\text{kg/m}^3)$$

该市政工程材料的孔隙率 P:

第 2 章 市政工程材料的基本性质

$$P = \left(1 - \frac{\rho_0}{\rho}\right) \times 100\% = \left(1 - \frac{1764 \times 10^{-3}}{2.69}\right) \times 100\% = 34.4\%$$

该市政工程材料的质量吸水率 W_m：

$$W_m = \frac{m_1 - m}{m} \times 100\% = \frac{2940 - 2580}{2580} \times 100\% = 14.0\%$$

该市政工程材料的开口孔隙率 $P_{开}$：

$$P_{开} = \frac{\rho_0}{\rho_w} \cdot W_m = \frac{1764}{1000} \times 14.0\% = 24.7\%$$

该市政工程材料的闭口孔隙率 $P_{闭}$：

$$P_{闭} = 34.4\% - 24.7\% = 9.7\%$$

7—6 【解】 该市政工程材料的含水率 W 为：

$$W = \frac{m_含 - m}{m} \times 100\% = \frac{500 - 494}{494} \times 100\% = 1.2\%$$

7—7 【解】 该市政工程材料的软化系数为：

$$R_k = \frac{f_b}{f_g} = \frac{183}{207} = 0.88 > 0.85$$

【答】 该市政工程材料是耐水的。

7—8 【解】 该市政工程材料质量吸水率 W_m 为：

$$W_m = \frac{W_V}{\rho_0 / \rho_w} = \frac{10\%}{1500/1000} = 6.67\%$$

该市政工程材料开口孔隙率 $P_{开}$ 为：$P_{开} = W_V = 10\%$

该市政工程材料闭口孔隙率 $P_{闭}$ 为：

$$P_{闭} = \left(1 - \frac{1.5}{3.0}\right) \times 100\% - 10\% = 40\%$$

该市政工程材料的孔隙率为 50%，而开口孔只有 10%，闭口孔占了 40%，因此该市政工程材料的抗冻性较好。

7—9 【解】 该散粒状的市政工程材料的质量为：$m = 18.4 - 3.4 = 15.0(kg)$

该散粒状的市政工程材料的堆积体积为：$V'_0 = 10L$

该散粒状的市政工程材料所吸水的量为：$m_w = 18.6 - 18.4 = 0.2(kg)$，水的体积为 0.2L

开口孔隙体积为该散粒状的市政工程材料吸收水的量，即 $V_k = 0.2L$

注入筒内的水的体积为：$V_w = 4.27L$

该体积等于该散粒状的市政工程材料间空隙的体积与该散粒状市政工程材料开口孔隙之和：

$$V_s + V_k = 4.27\text{L}$$

故该散粒状的市政工程材料的质量吸水率为:

$$W_m = \frac{m_w}{m} = \frac{0.2}{15} \times 100\% = 1.3\%$$

该散粒状市政工程材料的体积吸水率为:

$$W_V = \frac{V_k}{V_0} = \frac{0.2}{10 - 4.27 + 0.2} \times 100\% = 3.4\%$$

该散粒状市政工程材料的堆积密度 ρ'_0 为:

$$\rho'_0 = \frac{m}{V'_0} = \frac{15}{10 \times 10^{-3}} = 1500(\text{kg/m}^3)$$

该散粒状市政工程材料的体积密度为:

$$\rho_0 = \frac{m}{V_0} = \frac{15}{(10 - 4.27 + 0.2) \times 10^{-3}} = 1530(\text{kg/m}^3)$$

该散粒状市政工程材料的开口孔隙率为:

$$P_k = \frac{V_k}{V_0} = \frac{0.2}{10 - 4.27 + 0.2} \times 100\% = 3.4\%$$

第3章 砂石材料

在公路与桥梁建筑中,砂石材料是一种重要的建筑材料,应用极为广泛。它可以直接(或经加工后)用作道路与桥梁建筑的圬工结构,亦可加工成各种尺寸的集料,作为普通混凝土、沥青混合料的集料。

3.1 学习指导

砂石材料包括天然岩石、天然或人工轧制的集料以及工业冶金矿渣等。

3.1.1 岩石的组成与分类

存在于地壳中的具有一定化学成分和物理性质的自然元素和化合物叫做矿物。目前已发现的矿物有三千三百多种。

组成地壳的岩石,都是在一定地质条件下由一种或几种矿物自然组成的集合体。简单地说,矿物的集合体就是岩石,而组成岩石的矿物称为造岩矿物,主要造岩矿物有30多种。

1. 常见的主要造岩矿物

(1)石英;(2)长石;(3)云母;(4)角闪石、辉石和橄榄石;(5)方解石;(6)白云石;(7)石膏;(8)磁铁矿、赤铁矿等。

2. 岩石的分类

地壳是由各种不同的岩石组成的。岩石按其地质成因的不同可分为岩浆岩、沉积岩及变质岩三大类。

(1)岩浆岩(火成岩)

1)岩浆岩的一般特征。岩浆岩是岩浆在活动过程中,经过冷却凝固而成的。岩浆是一种高温硅酸盐熔融体。绝大多数岩浆岩的主要矿物组成是石英、长石、云母、角闪石、辉石及橄榄石六种。

2)岩浆岩的分类(据形成条件的不同)

① 侵入岩。包括深成岩和浅成岩。

A. 深成岩。岩浆在地壳深处受上部覆盖层压力的作用,缓慢而均匀地冷却所形成的岩石称为深成岩。其特点是矿物全部结晶、晶粒较粗、块状构造、结构致密。因而具有体积密度大、强度高、抗冻性好等优点。市政工程中常用的深成岩有花岗岩、正长岩、闪长岩等。

B. 浅成岩。岩浆在地表浅处冷却结晶成岩。结构致密,由于冷却较快,故晶粒较小,如辉绿岩。

侵入岩为全晶质结构,且没有解理。侵入岩的体积密度大、抗压强度高、吸水率低、抗冻性好。

② 喷出岩。岩浆冲破覆盖层喷出地表冷凝而成的岩石。

当喷出岩形成较厚的岩层时，其结构致密，性能接近于深成岩，市政工程上常用的玄武岩、安山岩等；当岩层形成较薄时，常呈多孔构造，近于火山岩。

（2）沉积岩（水成岩）

在地表常温常压的条件下，原岩（岩浆岩、变质岩或已成沉积岩）经风化、剥蚀、搬运、沉积和压密胶结而形成的岩石称为沉积岩。

1）沉积岩的一般特点。沉积岩的体积密度较小、孔隙率较大、强度较低、耐久性也较差。沉积岩的主要造岩矿物有石英、白云石及方解石等。

2）沉积岩的分类。按沉积形成条件分为以下三类：

① 机械沉积岩。如页岩、砂岩等。

② 化学沉积岩。如石膏、白云岩及菱镁石等。

③ 有机沉积岩。如石灰岩等。

工程上常用的沉积岩有石灰岩、砂岩和碎屑岩等。

（3）变质岩

地壳中原有的岩浆岩、沉积岩及已经生成的变质岩，由于岩浆活动及构造运动的影响，在固体状态下发生再结晶作用，而使它们的矿物成分和结构构造以至化学成分发生部分或全部的改变所形成的新岩石称为变质岩。

1）变质岩的一般特征。变质岩的矿物成分，除保留原来岩石的矿物成分外，还产生了新的变质矿物，如绿泥石、滑石、石榴子石和蛇纹石等。这些矿物一般称为高温矿物。

变质岩的结构和构造几乎和岩浆岩类似，一般均是晶体结构。变质岩的构造，主要是片状构造和块状构造。

2）变质岩的分类。一般由岩浆岩变质而成的称为正变质岩，如工程中常用的由花岗岩变质而成的片麻岩。而由沉积岩变质而成的则称为副变质岩，如工程中常用的变质岩有大理岩、石英岩。

3.1.2 岩石的主要技术性质

岩石由于其矿物成分、形成条件和环境的不同，因而产生了各种不同结构和构造，同时表现了各种各样的物理力学性能和市政工程特性。因此，必须了解岩石的结构和构造及它们与性能之间的关系。

1. 岩石的结构与构造

岩石的结构是指岩石中矿物的结晶程度、颗粒大小、形态及结合方式的特征。岩石的构造是指岩石中不同矿物集合体之间的排列方式和填充方式，或者矿物集合体的形状、大小及空间的组合方式。

（1）块状构造。岩石中的矿物在空间比较均匀而无定向排列所组成的一种构造称为块状构造。块状构造的特点是成分均匀、结构致密、整体性好。具有块状构造的岩石的抗压强度高、体积密度大、吸水性小，抗冻性及耐久性好，具有良好的使用价值。花岗岩、正长岩、大理岩和石英岩均属于块状构造。

(2) 层片状构造。岩石由于其组成矿物的成分、颜色和结构不同,沿垂直方向变化而形成的一层一层的构造称为层状构造。层理是沉积岩所具有的特殊构造。

(3) 气孔状构造。地层深处的岩浆压力很大,且含有一些气体,当岩浆活动喷出地表时,由于温度和压力急剧降低,岩浆在冷却凝固后便可形成气孔状构造。火山喷出岩具有典型的气孔构造。常见的气孔状构造岩石有浮石、火山凝灰岩等。

2. 岩石的主要技术性质与要求

岩石是在各种地质作用下,按一定方式结合而成的矿物集合体。岩石的技术性质可分为物理性质、力学性质和化学性质3个方面。

(1) 岩石的物理性质。岩石的物理性质包括:物理常数(密度、毛体积密度和孔隙率等)、吸水性(吸水率、饱和吸水率)和耐候性(抗冻性、坚固性等)。

1) 物理常数。在路桥工程用岩石中,常用的物理常数有:密度、毛体积密度和孔隙率。

岩石的物理常数主要取决于岩石的矿物成分与组成结构。岩石内部的组成与结构,主要由矿质实体、闭口孔隙(不与外界连通的)和开口孔隙(与外界连通的)3部分组成。

① 密度。在规定条件[(105±5)℃烘干至恒重,温度20℃]下,岩石矿质单位体积(不包括开口与闭口孔隙的体积)的质量。

岩石的密度可用下式表示

$$\rho_t = \frac{m_s}{V_s} = \frac{M}{V_s}$$

式中 ρ_t——岩石的密度,g/cm^3;

m_s——岩石矿质实体质量,g;

M——岩石试样的质量,g。由于在空气中称量,所以岩石中的空气质量 $m_0 = 0$,岩石的质量就等于矿质实体的质量,即 $M = m_0$;

V_s——岩石矿质实体体积,cm^3。

按照我国现行《公路工程岩石试验规程》(JTG E 41—2005)规定,岩石密度是用密度瓶法测定的-将岩石样品粉碎磨细后,在(105±5)℃的条件下烘至恒重,称得其质量。然后在密度瓶中加水经沸煮后,使水充分进入闭口孔隙中,通过"置换法"测定其真实体积。

② 体积密度。在规定条件下,岩石单位体积(包括岩石矿质实体和孔隙体积)的质量。岩石的体积密度可用下式表示:

$$\rho_h = \frac{m_s}{V_s + V_n + V_i} = \frac{M}{V}$$

式中 ρ_h——岩石的体积密度,g/cm^3;

m_s——岩石矿质实体质量,g;

M——岩石试样的质量,g。由于在空气中称量,所以岩石中的空气质量 $m_0 = 0$,岩石的质量就等于矿质实体的质量,即 $M = m_0$;

V_s——岩石矿质实体体积,cm^3;

V_n——岩石闭口孔隙体积,cm^3;

V_i——岩石开口孔隙体积，cm^3；

V——岩石自然状态的体积，cm^3，即 $V = V_s + V_n + V_i$。

按照我国现行《公路工程岩石试验规程》（JTG E 41—2005）规定，岩石毛体积密度是用量积法、水中称量法和蜡封法来测定的。

③ 孔隙率。岩石的孔隙率是指材料内部孔隙体积占岩石在自然状态下体积的百分率，又称真气孔率，即

$$P = \frac{V - V_0}{V} \times 100\% = \left(1 - \frac{V_0}{V}\right) \times 100\% = \left(1 - \frac{\rho_h}{\rho_t}\right) \times 100\%$$

式中　P——材料的孔隙率，%；

　　　V——岩石的总体积，cm^3；

　　　V_0——岩石的孔隙体积（包括闭口孔隙体积和开口孔隙体积），cm^3。

同一种岩石的强度，吸水率，耐冻性等大小，主要决定于岩石本身的孔隙率及孔隙特征。

2）吸水性。岩石的吸水性是岩石在规定条件下的吸水能力。采用吸水率和饱和吸水率两项指标来表征。

① 吸水率。岩石的质量吸水率指在常温（20±2）℃常压下，岩石试件最大的吸水质量占烘干[（105±5）℃干燥至恒重]岩石试件质量的百分率。岩石的质量吸水率按下式计算：

$$W = \frac{m_1 - m}{m} \times 100\%$$

式中　W——岩石的质量吸水率，%；

　　　m——岩石在干燥状态下的质量，g；

　　　m_1——岩石吸水饱和状态下的质量，g。

岩石吸水率主要决定于岩石孔隙率的大小及孔隙特征。一般说来，吸水率愈大，吸水性愈强；闭口孔隙，水分不易渗入；粗大孔隙，水分又不易存留。所以有些岩石，尽管孔隙率较大，而吸水率却仍然较小。当岩石具有很多微小而开口的孔隙时，其吸水率较大。

按照我国现行《公路工程岩石试验规程》（JTG E 41—2005）规定，岩石吸水率采用自由吸水法测定。

② 饱水率。饱水率指在强制条件下，岩石试件最大的吸水质量占烘干岩石试件质量的百分率。我国现行《公路工程岩石试验规程》（JTG E 41—2005）规定采用煮沸法或真空抽气法测定，按下式计算：

$$W' = \frac{m_2 - m}{m} \times 100\%$$

式中　W'——岩石的饱和吸水率，%；

　　　m——岩石在干燥状态下的质量，g；

　　　m_2——岩石试件经强制吸水饱和后的质量，g。

饱水率总比吸水率大。通常认为吸水率为水分充满岩石开口孔隙的部分体积，而饱水率则为水分充满开口孔隙的全部体积。

3) 耐候性。用于道路与桥梁建筑的岩石抵抗大气自然因素作用的性能称为耐候性。目前已列入我国试验规程《公路工程岩石试验规程》(JTG E 41—2005)的方法有:抗冻性和坚固性。

① 抗冻性。抗冻性指岩石在吸水饱和状态下,经受规定次数的冻融循环后抵抗破坏的能力。

我国现行抗冻性的试验方法是采用"直接冻融法",试件在饱水状态下,在 −15℃时冻结 4h 后,放入(20±5)℃水中融解 4h,为冻融循环 1 次,如此反复冻融至规定次数为止。经历规定的冻融循环次数(如 10 次、15 次、25 次等),详细检查各试件有无剥落、裂缝、分层及掉角等现象,并记录检查情况。将冻融试验后的试件烘至恒重,称其质量,然后测定其抗压强度,并计算岩石冻融后质量损失率和冻融系数。

A. 岩石冻融后的质量损失率,按下式计算:

$$L = \frac{m_s - m_f}{m_s} \times 100\%$$

式中　L——冻融后的质量损失率,%;
　　　m_s——试验前烘干试件的质量,g;
　　　m_f——试验后烘干试件的质量,g。

B. 岩石的冻融系数,按下式计算:

$$K_f = \frac{R_f}{R_s}$$

式中　K_f——冻融系数;
　　　R_f——经若干次冻融试验后的试件饱水抗压强度,MPa;
　　　R_s——未经冻融试验的试件饱水抗压强度,MPa。

② 坚固性。岩石的坚固性是岩石试样经饱和硫酸钠溶液多次浸泡与烘干循环后而不发生显著破坏或强度降低的性能,是测定岩石抗冻性的一种简易方法。

(2)岩石的力学性质。公路与桥梁用的岩石,除应具备上述的物理性质外,还必须具备各种力学性质,如抗压、抗剪、抗弯等纯力学性质以及一些为路用性能特殊设计的力学指标,如抗磨光性、抗冲击、抗磨耗等。

1)单轴抗压强度。标准试件经吸水饱和后,在单轴受压并按规定的加载条件下,达到极限破坏时,单位承压面积的强度。道路建筑用岩石的单轴抗压强度试件,按我国现行《公路工程岩石试验规程》(JTG E 41—2005)规定:建筑地基用岩石(岩块)制备成(50±2)mm,高径比为 2:1 的圆柱体试件;桥梁工程用岩石制备成(70±2)mm 的立方体试件;路面工程用岩石制备成边长为(50±2)mm 的立方体[或直径和高度均为(50±2)mm 的圆柱体]试件。单轴抗压强度按下式计算:

$$R = \frac{P}{A}$$

式中　R——岩石的单轴极限抗压强度,MPa;

P——试件破坏时的荷载,N;

A——试件的截面积,cm²。

2) 磨耗性。磨耗性是岩石抵抗摩擦、撞击、边缘剪切等综合作用的性能,通常以磨耗率来表示。我国现行标准《公路工程岩石试验规程》(JTG E 41—2005)规定岩石磨耗试验方法与粗集料的磨耗试验方法相同,按《公路工程集料试验规程》(JTG E 42—2005)采用洛杉矶式磨耗试验。

试验是采用洛杉矶式磨耗试验机,其圆筒内径为(710±5)mm,内侧长(510±5)mm,两端封闭。试验时将规定质量且有一定级配的试样和一定质量的钢球置于试验机中,以 30~33r/min 的转速转动至要求次数后停止,取出试样,用 1.7mm 的方孔筛筛去试样中的细屑,用水洗净留在筛上的试样,烘干至恒重并称其质量。岩石的磨耗率按下式计算:

$$Q = \frac{m_1 - m_2}{m_1} \times 100\%$$

式中 Q——石料的磨耗率,%;

m_1——试验前岩石试样烘干质量,g;

m_2——试验后留在 1.7mm 筛上的岩石试样洗净烘干后的质量,g。

利用岩石的抗压强度和磨耗度可将路用岩石分级。

3) 路用岩石的技术分级。在公路工程中对不同组成和不同结构的岩石,按路用岩石的技术要求,分为四大岩类,各岩类均有代表性岩石:

① 岩浆岩类,如花岗岩、正长岩、辉长岩、闪长岩、橄榄岩、辉绿岩、玄武岩、安山岩等;

② 石灰岩类,如石灰岩、白云岩、泥灰岩、凝灰岩等;

③ 砂岩和片麻岩类,如石英岩、砂岩、花岗岩、片麻岩等;

④ 砾石类,如各种天然卵石。

各岩类按其物理力学性质(主要是饱水抗压强度和磨耗率)划分为下列四个等级:

1 级——最坚强的岩石;

2 级——坚强的岩石;

3 级——中等强度的岩石;

4 级——软弱的岩石。

4) 路用石料的技术标准。道路工程用石料按上述分类和分级方法,各岩类各等级石料的技术指标如表 3-1 所示。

表 3-1 道路工程用石料技术分级标准表

岩石类别	主要岩石名称	石料等级	技术标准		
			极限抗压强度(饱水状态)(MPa)	磨耗率(%)	
				搁板式磨耗机试验法	双筒式磨耗机试验法
岩浆岩类	花岗岩、玄武岩、安山岩、辉绿岩等	1	>120	<25	<4
		2	100~120	25~30	4~5
		3	80~100	30~45	5~7
		4	—	45~60	7~10

续表

岩石类别	主要岩石名称	石料等级	技术标准		
			极限抗压强度（饱水状态）(MPa)	磨耗率(%)	
				搁板式磨耗机试验法	双筒式磨耗机试验法
石灰岩类	石灰岩、白云岩	1	>100	<30	<5
		2	80~100	30~35	5~6
		3	60~80	35~50	6~12
		4	30~60	50~80	12~20
砂岩和片麻岩类	石英岩、砂岩、花岗岩、片麻岩等	1	>100	<30	<5
		2	80~100	30~35	5~7
		3	50~80	35~45	7~10
		4	30~50	45~60	10~15
砾石类	各种卵石	1	—	<20	<5
		2	—	20~30	5~7
		3	—	30~50	7~12
		4	—	50~60	12~20

(3)岩石的化学性质

在路桥建筑中，各种矿质集料是与结合料（水泥或沥青）组成混合料而便用于结构物中。矿质集料在混合料中与结合料起着复杂的物理-化学作用，矿质集料的化学性质很大程度地影响着混合料的物理,力学性质。

根据试验研究,按 SiO_2 质量分数将岩石分成酸性、中性及碱性。

SiO_2 质量分数 >65%　　　　　酸性岩石
SiO_2 质量分数为 52%~65%　　中性岩石
SiO_2 质量分数 <52%　　　　　碱性岩石

3. 市政工程用石料制品

(1)道路路面建筑用岩石制品

道路路面建筑用岩石制品,包括直接铺砌路面面层用的整齐块石、半整齐块石和不整齐块石 3 类。用作路面基层用的锥形块石、片石等。

(2)桥梁建筑用主要岩石制品

桥梁建筑用主要岩石制品有:片石、块石、方块石、粗料石、细料石、镶面石等。

3.1.3 集料的技术性质和技术标准

集料是在混合料中起骨架或填充作用的粒料,它包括岩石天然风化而成的砾石（卵石）和砂等,以及岩石经机械和人工轧制的各种尺寸的碎石、机制砂、石屑等。在公路和桥梁建筑中集料可作为水泥（或沥青）混合料的集料。工程上一般将集料分为粗集料和细集料两种。

1. 细集料的技术性质

在沥青混合料中,细集料是指粒径小于 2.36mm 的天然砂、人工砂(包括机制砂)及石屑;在普通混凝土中,细集料是指粒径小于 4.75mm 的天然砂、人工砂。在工程中应用较多的细集料是砂。

砂按来源分为 2 类。一类是天然砂,它是由自然风化、水流冲刷、堆积形成的、粒径小于 4.75mm 的岩石颗粒,按生存环境分为河砂、海砂、山砂。另一类为人工砂,它是经人工加工处理得到的符合规格要求的细集料,通常指岩石加工过程中采取真空抽吸等方法除去大部分土和细粉,或将石屑水洗得到的洁净的细集料。从广义上分类,机制砂、矿渣砂和煅烧砂都属于人工砂。

细集料的技术性质主要包括物理性质、颗粒级配和粗细程度。

(1) 细集料的物理性质。细集料的物理性质主要有表观密度、毛体积密度、堆积密度和空隙率等。具体数值都可以通过试验来测定。

1) 表观密度。细集料的表观密度是在规定条件[(105 ± 5)℃烘干至恒重]下,单位体积(包括集料矿质实体和闭口孔隙体积)物质颗粒的干质量。细集料的表观密度以 ρ' 表示,其计算式如下:

$$\rho' = \frac{m}{V'} = \frac{m}{V_s + V_n}$$

式中　ρ'——细集料的表观密度,g/cm^3 或 kg/m^3;
　　　m——细集料矿质实体的质量,g 或 kg;
　　　V'——细集料的表观体积,cm^3 或 m^3;
　　　V_s——细集料矿质实体的体积,cm^3 或 m^3;
　　　V_n——细集料实体中闭口孔隙的体积,cm^3 或 m^3。

2) 体积密度。细集料的体积密度是指在规定条件下,集料单位毛体积(包括矿质实体,闭口孔隙和开口孔隙体积)的质量。集料的体积密度可用下式表示:

$$\rho_h = \frac{m_s}{V_s + V_n + V_i} = \frac{m}{V_s + V_0} = \frac{m}{V_h}$$

式中　ρ_h——细集料的体积密度,g/cm^3;
　　　m——细集料的矿质实体质量,g;
　　　V_s——细集料的矿质实体体积,cm^3;
　　　V_n, V_i——细集料的闭口孔隙和开口孔隙的体积,cm^3;
　　　V_0——细集料的孔隙体积,cm^3,即 $V_0 = V_n + V_i$;
　　　V_h——细集料的自然状态的体积,cm^3,即 $V_h = V_s + V_n + V_i$。

3) 堆积密度。细集料的堆积密度是单位体积(包括矿质实体、闭口孔隙、开口孔隙及颗粒间空隙的体积)物质颗粒的质量。有干堆积密度和湿堆积密度之分。堆积密度可按下式计算:

$$\rho = \frac{m_s}{V_s + V_n + V_i + V_v} = \frac{m}{V}$$

式中 ρ——细集料的堆积密度，g/cm³；
m——细集料的矿质实体质量，g；
V_s——细集料的矿质实体体积，cm³；
V_n, V_i——细集料的闭口孔隙和开口孔隙的体积，cm³；
V_v——细集料空隙的体积，cm³，即 $V_0 = V_n + V_i$；
V——细集料的堆积体积，cm³，即 $V_h = V_s + V_n + V_i + V_v$。

4）空隙率。细集料的空隙率是指细集料的颗粒之间空隙体积占细集料总体积的百分比。可按下式计算：

$$P' = \left(1 - \frac{\rho}{\rho'}\right) \times 100\%$$

式中 P'——细集料的空隙率，%。

（2）细集料的颗粒级配。砂的颗粒级配是指砂中大小颗粒相互搭配的比例情况。一个良好集料的级配，要求空隙率最小，总表面积也不大。空隙率小，可以得到密实的混凝土骨架，而且也节省水泥浆。

砂的颗粒级配，可通过筛分试验来确定。对普通混凝土用细集料可采用干筛法，如果需要也可采用水筛法筛分；对沥青混合料及基层用细集料必须用水洗法筛分。

筛分试验是将预先通过9.5mm筛（普通混凝土用天然砂）或4.75mm筛（沥青路面及基层用天然砂、石屑、机制砂等）的试样，称取500g，置于一套孔径为4.75mm、2.36mm、1.18mm、0.60mm、0.30mm、0.15mm、0.075mm的方孔筛上，分别求出试样存留在各筛上的质量，即筛余量，然后按下式和表2-2计算其有关级配参数。

首先计算分计筛余百分率。分计筛余百分率可按下式求得：

$$\alpha_i = \frac{m_i}{M} \times 100\%$$

式中 α_i——某号筛分计筛余百分率，%；
m_i——存留在某号筛上的质量，g；
M——试样总质量，g。

然后计算累计筛余及通过量。累计筛余及通过量按表3-2进行计算。

表3-2 分计筛余、累计筛余及通过量三者关系

筛孔尺寸(mm)	分计筛余率(%)	累计筛余率(%)	通过百分率(%)
4.75	a_1	$A_1 = a_1$	$100\% - A_1$
2.36	a_2	$A_2 = a_1 + a_2$	$100\% - A_2$
1.18	a_3	$A_3 = a_1 + a_2 + a_3$	$100\% - A_3$
0.60	a_4	$A_4 = a_1 + a_2 + a_3 + a_4$	$100\% - A_4$
0.30	a_5	$A_5 = a_1 + a_2 + a_3 + a_4 + a_5$	$100\% - A_5$
0.15	a_6	$A_6 = a_1 + a_2 + a_3 + a_4 + a_5 + a_6$	$100\% - A_6$

(3)细集料的粗度。砂的粗度是评价砂粗细程度的一种指标,通过细度模数表示。天然砂的细度模数按下式计算:

$$M_x = \frac{A_2 + A_3 + A_4 + A_5 + A_6 - A_1}{100 - A_1}$$

式中　　M_x——细度模数;
　　$A_1, A_2, \cdots, A_6$——为 4.75mm、2.36mm、…、0.15mm 各筛的累计筛余百分率,%。

细度模数越大,表明砂子越粗。我国现行标准《建筑用砂》(GB/T 14684—2001)规定,砂的粗度按细度模数可分为粗砂、中砂、细砂 3 级:

　　　　粗砂　$M_x = 3.7 \sim 3.1$
　　　　中砂　$M_x = 3.0 \sim 2.3$
　　　　细砂　$M_x = 2.2 \sim 1.6$

全面表征砂的颗粒性质,必须同时使用细度模数和级配两个指标。

2. 粗集料的技术性质

在沥青混合料中,粗集料是指粒径大于 2.36mm 的碎石、破碎砾石、筛选砾石和矿渣等;在普通混凝土中,粗集料是指粒径大于 4.75mm 的碎石、砾石和破碎砾石等。

(1)粗集料的物理性质

1)粗集料的物理常数。粗集料的物理常数主要有表观密度、毛体积密度、堆积密度和空隙率等,粗集料的表观密度和毛体积密度的测定方法按《公路工程集料试验规程》(JTG E 42—2005)规定采用网篮法。

2)粗集料的级配。粗集料中各组成颗粒的分级和搭配称为级配,级配是通过筛分试验确定的。对普通混凝土用粗集料可采用干筛法筛分试验,对沥青混合料及基层用粗集料必须采用水筛法筛分试验。筛分试验就是将粗集料经过一系列筛孔尺寸的标准筛(标准筛为方孔筛,筛孔尺寸依次为 70mm、63mm、53mm、37.5mm、31.5mm、26.5mm、19mm、16mm、13.2mm、9.5mm、4.75mm、2.36mm、1.18mm、0.6mm、0.3mm、0.15mm、0.075mm),测出各个筛上的筛余量,根据集料试样的质量与存留在各筛孔上的集料质量,就可求得一系列与集料级配有关的参数:

① 分计筛余百分率;
② 累计筛余百分率;
③ 通过百分率。

3)坚固性。对已轧制成的碎石或天然卵石亦可采用规定级配的各粒级集料,按现行试验规程《公路工程集料试验规程》(JTG E 42—2005)选取规定数量,分别装在金属网篮浸入饱和硫酸钠溶液中进行干湿循环试验。

(2)粗集料的力学性质

粗集料的力学性质,主要采用磨耗率和压碎值来表示,其次是新近发展起来的抗滑表层用集料的 3 项试验,即磨光值,道瑞磨耗值和冲击值。

1)粗集料的磨耗率。洛杉矶式磨耗试验,可见"岩石的主要技术性质与要求"的内容。

2)粗集料的压碎值。粗集料的压碎值是集料在逐渐增加的荷载下,抵抗压碎的能力。它是衡量集料力学性质的指标,以评定其在公路工程中的适用性。粗集料压碎值的测定,按现行《公路工程集料试验规程》(JTG E 42—2005)进行。

3) 粗集料的磨光值(PSV)。路用集料抗滑性用磨光值来表示,集料的磨光值是利用加速磨光机磨光集料,用摆式摩擦系数仪测定集料磨光后的摩擦系数,以 PSV 表示。

岩石磨光值愈高,路面抗滑性愈好。路面抗滑表层用粗集料磨光值应符合规范要求:对高速公路、一级公路,磨光值不小于42,对其他公路不小于35。

4) 粗集料的道瑞磨耗值(AAV)。粗集料磨耗值用于评定抗滑表层的粗集料抵抗车轮撞击及磨耗的能力。按我国现行试验规程《公路工程集料试验规程》(JTG E 42—2005)规定,采用道瑞磨耗试验机来测定粗集料磨耗值(AAV)。

集料磨耗值愈高,表示集料的耐磨性愈差。高速公路、一级公路抗滑层用集料的磨耗值应不大于14,其他公路不大于16。

5) 粗集料的冲击值(AIV)。车辆高速行驶过程中急刹车或车辆产生颠簸时,都可能对路面产生冲击作用,集料抵抗多次连续重复冲击荷载作用的性能称为冲击韧性。集料的冲击韧性按我国现行试验规程《公路工程集料试验规程》(JTG E 42—2005)规定,采用集料冲击值(AIV)表示。

冲击值越小,表示集料的抗冲击性能越好。道路抗滑表层用集料的冲击值,对于高速公路、一级公路,集料冲击值不大于28,其他公路不大于30。

3.1.4 工业废渣

工业废渣包括粉煤灰、煤渣、粒化高炉矿渣、钢渣、冶金矿渣等。目前在公路工程中最常用的是粉煤灰和冶金矿渣集料。

1. 粉煤灰

粉煤灰是火力发电厂排放的废渣,呈灰色或浅灰色粉末,属于火山灰质活性材料。粉煤灰系球形熔粉,颗粒呈玻璃状,这些颗粒可以改善拌合物的和易性。

(1) 粉煤灰的化学成分

粉煤灰的主要化学成分 SiO_2、Al_2O_3 及 Fe_2O_3。占总量的70%以上,其中活性 SiO_2、Al_2O_3 与水泥或石灰混合后,在有水的条件下与 $Ca(OH)_2$ 等发生水化反应,反应后生成水化硅酸钙和水化铝酸钙等水硬性水化产物,这些水化产物决定了混合料的抗压强度。所以粉煤灰的活性愈强,组成混合料的抗压强度愈大。

(2) 粉煤灰的技术性质与技术要求

1) 细度。粉煤灰的颗粒愈细,粉煤灰的表面积愈大,活性愈大,强度愈高。

2) 密度。粉煤灰的玻璃球含量多,粉煤灰密度大,氧化铁成分高,其密度也大。含炭量多的粉煤灰密度较小。密度愈大粉煤灰质量愈好。

3) 烧失量。烧失量是指粉煤灰中未烧尽的炭粉含量。烧失量愈小愈好。路面基层要求烧失量不应超过20%。

4) 含水量。粉煤灰的含水量不宜超过35%(路面基层)。

粉煤灰的品质分为Ⅰ、Ⅱ、Ⅲ三个等级,见表3-3。

表 3-3 粉煤灰的分级及品质标准

序号	指标		I	II	III
1	细度(0.045mm 方孔筛余),≤(%)		12	20	45
2	需水量,≤(%)		95	105	115
3	烧失量,≤(%)		5	8	15
4	含水量,≤(%)		1	1	1.5
5	三氧化硫,≤(%)≥		3	3	3
6	Cl^-(%)		<0.02	<0.02	—
7	混合砂浆活性指数	7d	≥75	≥70	—
		28d	≥85(75)	≥80(62)	—

注:1. 45μm 气流筛的筛余量换算为 80μm 水泥筛的筛余量时换算系数约为 2.4;
  2. 混合砂浆的活性指数为掺粉煤灰的砂浆与水泥砂浆的抗压强度比的百分数,适用于所配制混凝土强度等级大于等于 C40 的混凝土;当配制的混凝土强度等级小于 C40 时,混凝土砂浆的活性指数要求应满足 28d 括号中的数值。

(3)粉煤灰在道路工程中的应用

1)可以在硅酸盐水泥中加入适量的粉煤灰制成粉煤灰质硅酸盐水泥。
2)用作普通混凝土路面掺和料,节省水泥用量。
3)用作沥青混凝土路面的掺和料。
4)用粉煤灰加水泥或石灰稳定砂砾做路面基层、底基层及垫层。
5)拌制建筑砂浆,代替部分石膏效果较好。
6)粉煤灰与黏土烧成粉煤灰砖用于建筑工程中。
7)适用于受化学侵蚀水泥混凝土及灌浆、泵送混凝土中。

2. 冶金矿渣集料

冶金矿渣是指在高炉中熔炼生铁过程时矿石、燃料及助溶剂中易熔硅酸盐化合而成的副产品。它是一种很好的路面材料,可作为基层材料,又可作为修筑普通混凝土或沥青混合料路面用的集料。

(1)矿渣的化学成分。矿渣主要化学成分为 SiO_2、Al_2O_3、CaO 及少量 MgO、CaS、FeO、MnO、Fe_2O_3 等。

路用矿渣一般 Al_2O_3、CaO 含量较高,而 SiO_2 含量较低者活性较大,质量较高。

(2)矿渣的矿物成分。矿渣中常见的矿物成分有黄长石、辉石、橄榄石及少量的硫化物。

(3)矿渣的物理力学性质。矿渣的密度在 2.97~3.32g/cm³。矿物的堆积密度大多在 1900kg/m³ 以上,空隙率大多在 35% 以下,耐冻性(或坚固性)一般均能符合路用要求。

矿渣的力学强度均较高,其强度与空隙率有关,通常极限抗压强度在 50MPa 以上,高者达 150MPa。其他性能如压碎值、冲击值、磨光值和磨耗率均能符合路用岩石的要求。所以工业冶金矿渣集料广泛用于普通混凝土、沥青混凝土路面的基层。

3.1.5 矿质混合料

路桥用砂石材料,大多数情况下是以矿质混合料的形式与水泥或沥青胶结后形成混凝土或者沥青混合料加以利用。欲使普通混凝土或沥青混合料具备良好的使用性能,除各种矿质集料的技术性质应符合要求外,矿质混合料还必须满足最小空隙率和最大摩擦力的基本要求。所谓最小空隙率就是不同粒径的各级矿质集料按一定比例搭配,使其组成一种具有最大密实度(或最小空隙率)的矿质混合料;所谓最大摩擦力就是各级矿质集料在进行比例搭配时,应使各级集料排列紧密,形成一个多级空间骨架结构且具有最大摩擦力的矿质混合料。

1. 矿质混合料的级配类型

矿质混合料的级配类型通常有以下两种形式。

(1)连续级配。连续级配是将某一矿质混合料在标准筛孔配成的套筛中进行筛分试验时,所得到的级配曲线平顺圆滑、且具有连续的(而不是间断的)性质。相邻粒级的颗粒之间,有一定的比例关系。这种由大到小,逐级粒径均有,并按比例互相搭配组成的矿质混合料,称为连续级配的矿质混合料。

(2)间断级配。间断级配是在连续级配的矿质混合料中剔除其中一个(或几个)粒级的颗粒,形成一种不连续的混合料。这种混合料称为间断级配的矿质混合料。

2. 矿质混合料的级配理论

(1)富勒理论。富勒根据试验提出一种级配理论,他认为"集料的级配曲线越接近抛物线时,则其密度越大"。

(2)泰波理论。泰波认为富勒曲线是一种理想曲线,实际矿料的级配应允许有一定的波动范围。

3. 矿质混合料配合比

矿质混合料配合比是指组成矿质混合料的各种集料的用量比例。采用人为设计的方法来确定配合比的过程,就称为配合比设计。矿质混合料的配合比设计方法主要有试算法和图解法两种。

3.2 典 型 题 解

【例 3-2-1】 选用天然石材的原则是什么?为什么一般大理石板材不宜用于室外?

【解】 选用天然石材时应满足以下几方面的要求:

(1)适用性:是指在选用建筑石材时,应针对建筑物不同部位,选用满足技术要求的石材。如对于结构用的石材,主要技术要求是石材的强度、耐水性、抗冻性等;饰面用的石材,主要技术要求是尺寸公差、表面平整度、光泽度和外观缺陷等;

(2)经济性:由于天然石材自重大,开采运输不方便,故应贯彻就地取材原则,以缩短运输距离,降低成本。同时,天然岩石雕琢加工困难,加工费工耗时,成本高。一些名贵石材,价格高昂,因此选材时必须予以慎重考虑。

(3)色彩:石材装饰必须要与建筑环境相协调,其中色彩相融性显得尤其重要。因此选用天然石材时,必须认真考虑所选石材的颜色与纹理,力争取得最佳装饰效果。

天然大理石化学成分为碳酸盐。当大理石长期受雨水冲刷,特别是受酸性雨水冲刷时,可能使大理石表面的某些物质被侵蚀,从而失去原貌和光泽,影响装饰效果,因此一般大理石板材不宜用于室外装饰。

【例 3-2-2】 何谓集料级配?集料级配良好的标准是什么?

【答】 集料级配是指集料中不同粒径颗粒的组配情况。

集料级配良好的标准是集料的空隙率和总表面积均较小。使用良好级配的集料，不仅所需水泥浆量较少，经济性好，而且还可提高混凝土的和易性、密实度和强度。

【评】 石子的空隙是由砂浆所填充的；砂子的空隙是由水泥浆所填充的。砂子的空隙率愈小，则填充的水泥浆量愈少，达到同样和易性的混凝土混合料所需水泥量较少，因此可以节约水泥。砂粒的表面是由水泥浆所包裹的。在空隙率相同的条件下，砂粒的比表面积愈小，则所需包裹的水泥浆也就愈少，达到同样和易性的混凝土混合料，其水泥用量较少。由此可见，集料级配良好的标准应当是空隙率小，同时比表面积也较小。

【例 3-2-3】 为什么要限制砂、石中活性氧化硅的含量，它对混凝土的性质有什么不利作用？

【答】 混凝土用砂、石必须限制其中活性氧化硅的含量，因为砂、石中的活性氧化硅会与水泥或混凝土中的碱产生碱-集料反应。该反应的结果是在集料表面生成一种复杂的碱-硅酸凝胶，在潮湿条件下由于凝胶吸水而产生很大的体积膨胀将硬化混凝土的水泥石与集料界面胀裂，使混凝土的强度、耐久性等下降。碱-集料反应往往需几年、甚至十几年以上才表现出来。故需限制砂、石中的活性氧化硅的含量。

【例 3-2-4】 为什么在拌制混凝土时，砂的用量应按质量计，而不能以体积计量？

【答】 砂子的体积和堆积密度与其含水状态紧密相关。随着含水率的增大，砂颗粒表面包裹着一层水膜，引起砂体积增大。当砂的含水率为 5%~8% 时，其体积最大而堆积密度最小，砂的体积可增加 20%~30%。若含水率继续增大，砂表面水膜增厚，由于水的自重超过砂粒表面对水的吸附力而产生流动，并迁入砂粒间的空隙中，于是砂粒表面的水膜被挤破消失，砂体积减小。当含水率达 20% 左右时，湿砂体积与干砂相近；含水率继续增大，则砂粒互相挤紧，这时湿砂的体积可小于干砂。由此可知，在拌制混凝土时，砂的用量应按质量计，而不能以体积计量，以免引起混凝土拌合物砂量不足，出现离析和蜂窝现象。

【评】 气干状态的砂随着其含水率的增大，砂颗粒表面形成一层吸附水膜，推挤砂粒分开而引起砂体积增大，这种现象称为砂的湿胀，其中细砂的湿胀要比粗砂大得多。

【例 3-2-5】 什么是石子的最大粒径？工程上石子的最大粒径是如何确定的？

【答】 粗集料公称粒级的上限称为该粒级的最大粒径。

工程上对混凝土中每立方米水泥用量小于 170kg 的贫混凝土，采用较大粒径的粗集料对混凝土强度有利。特别在大体积混凝土中，采用大粒径粗集料，对于减少水泥用量、降低水泥水化热有着重要的意义。不过对于结构常用的混凝土，尤其是高强混凝土，从强度观点来看，当使用的粗集料最大粒径超过 40mm 后，并无多大好处，因为这时由于减少用水量获得的强度提高，被大粒径集料造成的较少粘接面积和不均匀性的不利影响所抵消。因此，只有在可能的情况下，粗集料最大粒径应尽量选用大一些。

但最大粒径的确定，还要受到混凝土结构截面尺寸及配筋间距的限制。按《混凝土结构工程施工质量验收规范（2011 版）》[GB 50204—2002（2011 版）] 规定，混凝土用粗集料的最大粒径不得大于结构截面最小尺寸的 1/4，且不得大于钢筋间最小净距的 3/4。对于混凝土实心板，集料的最大粒径不宜超过板厚的 1/2，且不得超过 50mm。

【评】 粗集料最大粒径增大时，集料总表面积减小，因此包裹其表面所需的水泥浆量减少，可节约水泥，并且在一定和易性及水泥用量条件下，能减少用水量而提高混凝土强度。因此,在可能的情况下,粗集料最大粒径应尽量选用大一些。最大粒径的选用,除了受结构上诸因素的限制外,还受搅拌机以及输送管道等条件的限制。

【例 3-2-6】 砂、石中的黏土、淤泥、细屑等粉状杂质及泥块对混凝土的性质有哪些影响?

【答】 砂、石中的黏土、淤泥、细屑等粉状杂质含量增多,为保证拌合料的流动性,将使混凝土的拌合用水量(W)增大,即 W/C 增大,黏土等粉状物还降低水泥石与砂、石间的界面粘接强度,从而导致混凝土的强度和耐久性降低,变形增大;若保持强度不降低,必须增加水泥用量,但这将使混凝土的变形增大。

泥块对混凝土性能的影响与上述粉状物的影响基本相同,但对强度和耐久性的影响程度更大。

【评】 黏土、淤泥、细屑等粉状杂质本身强度极低,且总表面积很大,因此包裹其表面所需的水泥浆量增加,造成混凝土的流动性降低且大大降低了水泥石与砂、石间的界面粘接强度。

【例 3-2-7】 简述石子的连续级配及间断级配的特点。

【答】 石子的连续级配是将石子按其尺寸大小分级,其分级尺寸是连续的。连续级配的混凝土一般和易性良好,不易发生离析现象,是常用的级配方法。

石子的间断级配是有意剔除中间尺寸的颗粒,使大颗粒与小颗粒间有较大的"空档"。按理论计算,当分级增大时,集料空隙率降低的速率较连续级配大,可较好地发挥集料的骨架作用而减少水泥用量。但容易产生离析现象,和易性较差。

【评】 颗粒级配对于混凝土的强度、质量、和易性、节约水泥等都具有重要意义。石子的连续级配及间断级配一般由各种单粒级组合为所要求的级配。单粒级也可与连续级配混合使用,以改善级配或配成较大粒度的连续级配。

【例 3-2-8】 普通混凝土中使用卵石或碎石,对混凝土性能的影响有何差异?

【答】 碎石表面粗糙且多棱角,而卵石多为椭球形,表面光滑。碎石的内摩擦力大。

在水泥用量和用水量相同的情况下,碎石拌制的混凝土由于自身的内摩擦力大,拌合物的流动性降低,但碎石与水泥石的粘接较好,因而混凝土的强度较高。在流动性和强度相同的情况下,采用碎石配制的混凝土水泥用量较大。而采用卵石拌制的混凝土的流动性较好,但强度较低。当水灰比大于 0.65 时,二者配制的混凝土的强度基本上没有什么差异,然而当水灰比较小时强度相差较大。

【评】 碎石与水泥石的粘接性好,这对配制高强混凝土特别有利。W/C 越小,碎石同卵石的界面粘接程度的差异越大,对混凝土强度的影响也越大。此外一般情况下,碎石的强度高于卵石的强度,这对提高混凝土的强度也是有利的。

【例 3-2-9】 简述什么是粉煤灰效应?

【答】 粉煤灰由于其本身的化学成分、结构和颗粒形状等特征,在混凝土中可产生下列三种效应,总称为"粉煤灰效应"。

(1)活性效应。粉煤灰中所含的 SiO_2 和 Al_2O_3 具有化学活性,它们能与水泥水化产生的 $Ca(OH)_2$ 反应,生成类似水泥水化产物中的水化硅酸钙和水化铝酸钙,可作为胶凝材料一部分而起增强作用。

(2)颗粒形态效应。煤粉在高温燃烧过程中形成的粉煤灰颗粒,绝大多数为玻璃微珠,掺入混凝土中可减小内摩阻力,从而可减少混凝土的用水量,起减水作用。

（3）微集料效应。粉煤灰中的微细颗粒均匀分布在水泥浆内,填充孔隙和毛细孔,改善了混凝土的孔结构,增大了密实度。

【评】 由于粉煤灰效应的结果,粉煤灰可以改善混凝土拌合物的流动性、保水性、可泵性等性能,并能降低混凝土的水化热,以及提高混凝土的抗化学侵蚀、抗渗、抑制碱-集料反应等耐久性能。混凝土中掺入粉煤灰取代部分水泥后,混凝土的早期强度将随掺入量增多而有所降低,但28d以后长期强度可以赶上甚至超过不掺粉煤灰的混凝土。

3.3 习　　题

3.3.1 名词解释

1—1　石材的"耐磨性"　　1—2　天然石材　　1—3　造岩矿物　　1—4　岩浆岩
1—5　沉积岩　　　　　　1—6　变质岩　　　1—7　深成岩　　　1—8　喷出岩
1—9　火成岩　　　　　　1—10　机械沉积岩　1—11　生物沉积岩　1—12　化学沉积岩
1—13　花岗石　　　　　　1—14　大理石　　　1—15　集料的坚固性　1—16　颗粒级配
1—17　细度模数　　　　　1—18　压碎指标　　1—19　粉煤灰　　　1—20　冶金矿渣

3.3.2 判断题

2—1　（　）沉积岩是由于地壳内部熔融岩浆上升冷却而成的岩石。

2—2　（　）花岗石属于火成岩。

2—3　（　）石材属于典型的脆性材料。

2—4　（　）石材的抗压强度测试必须在干燥条件下测试。

2—5　（　）石材是各向同性材料。

2—6　（　）大理石不能作为地面装饰材料。

2—7　（　）花岗石板材既可用于室内装饰又可用于室外装饰。

2—8　（　）大理石板材既可用于室内装饰又可用于室外装饰。

2—9　（　）汉白玉是一种白色花岗石,因此可用作室外装饰和雕塑。

2—10　（　）石材按其抗压强度共分为 MU100、MU80、MU60、MU50、MU40、MU30、MU20、MU15、MU10 九个强度等级。

2—11　（　）岩石没有确定的化学组成和物理力学性质,同种岩石,产地不同,性能可能就不同。

2—12　（　）黄铁矿、云母是岩石中的有害矿物。

2—13　（　）同种岩石体积密度越大,则其孔隙率越低,强度、吸水率、耐久性越高。

2—14　（　）花岗石主要由石英、长石、云母等组成的,故其耐酸性好,耐火性差。

2—15　（　）大理石是由石灰岩、白云石等沉积岩变质而成。

2—16　（　）天然大理石主要由方解石组成的,可耐酸雨,主要用作城市内建筑物的外部装饰。

2—17（　　）与大理石相比,花岗石耐久性更高,具有更广泛的使用范围。

2—18（　　）砂岩由于胶结物和致密程度的不同而性能相差很大,使用时需加以区别。

2—19（　　）片麻岩是由花岗石变质而成,其矿物成分与花岗石相似,在冻融循环作用下不会剥落。

2—20（　　）石材为天然材料,不会对人体的健康造成危害。

2—21（　　）人造大理石同色石材间不存在色差与放射性物质,人们不必为健康问题担心。

2—22（　　）两种砂子级配的相同,则二者的细度模数也一定相同。

2—23（　　）砂子的细度模数越大,则砂的质量越好。

2—24（　　）山砂颗粒多具有棱角,表面粗糙,与水泥粘接性好,但流动性较差。

2—25（　　）砂子过细,则砂的总表面积大需要水泥浆较多,因而消耗水泥量大。

2—26（　　）级配良好的卵石集料,其空隙率小,表面积大。

2—27（　　）针片状集料含量多,会使混凝土的流动性提高。

2—28（　　）间断级配比连续级配空隙小,可节省水泥,故工程中应用较多。

2—29（　　）混凝土中掺粉煤灰而减少水泥用量,这实际上是"以次充好"获取非法利润。

2—30（　　）混凝土的组成中,集料一般占混凝土总体积的70%～80%。

3.3.3　填空题

3—1　软化系数大于_____的石材为高耐水性材料,软化系数在_____的石材为中耐水性材料。

3—2　测定装饰用的石材抗压强度的试件尺寸为_____的立方体。

3—3　按地质分类,天然岩石可分为_____、_____和_____三大类。其中岩浆岩按形成条件不同又分为_____、_____和_____;沉积岩按形成条件不同分为_____、_____和_____三大类。

3—4　市政工程中的花岗石属于_____岩,大理石属于_____岩,石灰石属于_____岩。

3—5　天然石材按体积密度大小可分为_____、_____两类。

3—6　天然大理石板材主要用于建筑物室_____饰面,少数品种如_____、_____等可用作室_____饰面材料;天然花岗石板材用作建筑物室_____高级饰面材料。

3—7　岩石的抗压强度与_____、_____和_____等因素有关。

3—8　工程上常用的岩浆岩有_____等岩石,常用的沉积岩有_____等岩石,常用的变质岩有_____等岩石。

3—9　建筑工程中常用的石材规格有_____、_____、_____三种。

3—10　料石按加工程度的粗细分为_____、_____、_____、_____四种。

3—11　装饰用石板材按表面加工程度分为_____、_____、三种。

3—12 与花岗石相比,大理石质地细腻多呈条纹、斑状花纹,其耐久性比花岗石_____,不宜用于_____。

3—13 在混凝土中,砂子和石子起_____作用,水泥浆在凝结前起_____作用,在硬化后起_____作用。

3—14 砂的筛分曲线用来分析砂子的_____、细度模数表示砂子的_____。

3—15 使用级配良好,粗细成度适中的集料,可使混凝土拌合物的_____较好,_____用量较少,同时可以提高混凝土的_____和_____。

3—16 集料的最大粒径取决于混凝土构件的_____、_____。

3—17 中砂的细度模数在_____之间。

3—18 砂过细时,会增加_____用量或_____混凝土强度。

3—19 砂过粗时,会引起混凝土拌合物_____、_____。

3—20 针、片状粗集料,其比表面积_____。

3—21 混凝土用砂当其含泥量较大时,将对混凝土产生_____、_____和_____等影响。

3—22 粉煤灰的三个掺入方法是_____、_____、_____。

3.3.4 单项选择题

4—1 岩石按其成因不同,可将其分为哪三大类?(   )
A. 岩浆岩、沉积岩、变质岩　　　B. 花岗石、大理石、石灰岩
C. 火成岩、水成岩、砂岩　　　　D. 花岗石、大理石、玄武岩

4—2 花岗石具有下列哪些优点?(   )
Ⅰ. 耐磨性好　　Ⅱ. 耐久性高　　Ⅲ. 耐酸性好　　Ⅳ. 耐火性好
A. Ⅰ、Ⅱ　　B. Ⅰ、Ⅱ、Ⅲ　　C. Ⅰ、Ⅱ、Ⅳ　　D. Ⅰ、Ⅱ、Ⅲ、Ⅳ

4—3 建筑装饰上常用的下列天然石材,按其耐久使用年限由短到长的正确排序应该是哪一项?(   )
A. 板石→石灰石→大理石→花岗石　　B. 石灰石→板石→大理石→花岗石
C. 大理石→石灰石→板石→花岗石　　D. 石灰石→大理石→花岗石→板石

4—4 下列四种岩石中,耐火性最差的是(   )。
A. 石灰岩　　B. 大理石　　C. 玄武岩　　D. 花岗石

4—5 某一入口处外墙及阶梯拟用石材贴面,下列何者适宜?(   )
A. 白云石　　B. 大理石　　C. 花岗石　　D. 砂岩

4—6 我国石材的强度等级共分为几级?(   )
A.6级　　　B.7级　　　C.8级　　　D.9级

4—7 制作水磨石用的有色石渣是由下列什么天然石材破碎加工而成的?(   )
A. 花岗石　　B. 大理石　　C. 片麻石　　D. 石英石

4—8 MU15代表石材的(   )。
A. 抗压强度平均值≥15MPa

B. 抗压强度标准值≥15MPa
C. 抗折强度平均值≥15MPa
D. 抗折强度标准值≥15MPa

4—9 下列四种岩石中,耐久性最好的是( )。
A. 花岗石　　　B. 硅质砂岩　　　C. 石灰岩　　　D. 石英岩

4—10 大理石贴面板宜使用在( )。
A. 室内墙、地面　　　　　　　B. 室外墙、地面
C. 屋面　　　　　　　　　　　D. 各建筑部位皆可

4—11 下列岩石中,抗压强度最高的是( )。
A. 花岗石　　　B. 玄武岩　　　C. 大理石　　　D. 石英岩

4—12 下列三种材料的抗拉强度,由低到高依次排列,正确的排列是哪一个?( )
A. 花岗石、松木(顺纹)、钢
B. 松木(顺纹)、花岗石、钢
C. 松木(顺纹)、钢、花岗石
D. 钢、花岗石、松木(顺纹)

4—13 岩棉是用以下哪种岩石为主要原料制成的?( )
A. 白云石　　　B. 石灰岩　　　C. 玄武岩　　　D. 松脂岩

4—14 石材的硬度常用( )表示。
A. 莫氏硬度　　B. 布氏硬度　　C. 肖氏硬度　　D. 莫氏硬度或肖氏硬度

4—15 花岗石和大理石的性能差别主要在于( )。
A. 强度　　　　B. 装饰效果　　C. 加工性能　　D. 耐候性

4—16 天然砂是由岩石风化等自然条件作用而形成,如果求砂粒与水泥间胶结力强,最佳选用下列哪种砂子?( )
A. 河砂　　　　B. 湖砂　　　　C. 海砂　　　　D. 山砂

4—17 配制混凝土用砂、石应尽量使( )。
A. 总表面积大些、总空隙率小些　　B. 总表面积大些、总空隙率大些
C. 总表面积小些、总空隙率小些　　D. 总表面积小些、总空隙率大些

4—18 用压碎指标表示强度的材料是( )。
A. 普通混凝土　　　　　　　　B. 石子
C. 轻集料混凝土　　　　　　　D. 轻集料

4—19 石子配级中,空隙率最小的级配( )。
A. 连续　　　　B. 间断　　　　C. 单粒级　　　D. 没有一种

4—20 《钢筋混凝土工程施工验收规范》规定,石子最大尺寸不得超过( )。
A. 结构截面最小尺寸的3/4　　　B. 结构截面最小尺寸的1/2
C. 结构截面最大尺寸的1/2　　　D. 结构截面最小尺寸的1/4

4—21 下列有关混凝土用集料(砂、石子)的叙述正确的是( )。
A. 要求集料空隙率小、总面积小。级配好的砂石,其空隙率小;砂的细度模数小,表示砂较细,其总面积小

B. 配制低于 C30 的混凝土用砂,其含泥量不大于 3.0%
C. 压碎指标可用来表示细集料的密度
D. 当粗集料中夹杂着活性氧化硅时,有可能使混凝土发生碱-集料破坏

4—22 在混凝土用砂量不变的条件下,砂的细度模数越小,说明(　　)。
A. 该混凝土细集料的总表面积增大,水泥用量提高
B. 该混凝土细集料的总表面积减小,可节约水泥
C. 该混凝土用砂的颗粒级配不良
D. 该混凝土用砂的颗粒级配良好

4—23 砂子的颗粒直径在(　　)之间。
A. 0.1~2.0mm　　B. 0.1~3.0mm　　C. 2.0~5.0mm　　D. 0.1~5.0mm

4—24 一矩形钢筋混凝土梁截面尺寸为 250mm×500mm,单排受力钢筋配有 4-φ25,浇筑梁混凝土石子的最大粒径为(　　)mm。
A. 62.5　　B. 25　　C. 33.3　　D. 75

3.3.5 多项选择题

5—1 下列哪些说法是天然石材的缺点(　　)。
A. 抗拉强度低　　B. 抗压强度低　　C. 自重大　　D. 加工、运输较困难

5—2 下列哪些岩石属于岩浆岩(　　)。
A. 石灰岩　　B. 花岗石　　C. 玄武岩　　D. 大理石　　E. 辉绿岩

5—3 下列哪些岩石属于沉积岩(　　)。
A. 石灰岩　　B. 花岗石　　C. 玄武岩　　D. 砂岩　　E. 大理石

5—4 下列哪些岩石属于变质岩(　　)。
A. 片麻岩　　B. 花岗岩　　C. 石英岩　　D. 砂岩　　E. 大理石

5—5 花岗石具有(　　)等特性。
A. 孔隙率小,吸水率低　　B. 化学稳定性好
C. 耐酸性能差　　D. 结构致密,抗压强度高

5—6 关于普通混凝土集料,说法正确的是(　　)。
A. 良好的砂子级配应有较多的中颗粒
B. 混凝土配合比以天然干砂的质量参与计算
C. 在规范范围内,石子最大粒径选用较大为宜
D. C60 混凝土的碎石集料应进行岩石抗压强度检验
E. 合理的集料级配可有效节约水泥用量。

5—7 粗集料的质量要求包括(　　)。
A. 最大粒径及级配　　B. 耐水性　　C. 有害杂质
D. 强度　　E. 颗粒形状及表面特征

3.3.6 问答题

6—1 岩石按成因可分为哪几类?举例说明。

6—2　什么是矿物？什么是岩石？

6—3　为什么多数大理石不可以用于室外？哪些大理石可以用于室外？

6—4　选择天然石材应考虑哪些原则？为什么？

6—5　岩石按照地质形成条件分为几类？各有何特性？

6—6　岩石在建筑工程中有哪些用途？

6—7　何谓岩石的结构与构造？岩石有哪些构造？

6—8　一般岩石具有哪些主要技术性质？其技术指标是什么？

6—9　天然石料是根据什么指标来划分其强度等级的？共分几个强度等级？

6—10　何谓花岗石？有何特点？有哪些主要用途？

6—11　天然石材的放射性对人体有害吗？

6—12　如何选购环保石材？

6—13　对混凝土用砂为何要提出级配要求？两种细砂的细度模数相同，级配是否相同？反之，如果相同，其细度是否相同？

6—14　何谓集料的级配？集料级配良好的标准是什么？混凝土的集料为什么要有级配？

6—15　配制混凝土选择石子最大粒径应从哪些方面考虑？

6—16　粉煤灰有哪些主要技术性能指标要求，各有什么规定？各级粉煤灰的用途有何具体规定？粉煤灰掺入混凝土中，对混凝土产生什么效应？

6—17　石子的粒形对混凝土的性质有哪些影响？

6—18　为什么要限制砂中有机质的含量？

6—19　为什么在配制混凝土时一般不采用细砂或特细砂？

3.3.7　计算题

7—1　称取砂样 500g，经筛分析试验称得各号筛的筛余量如下表：

筛孔尺寸(mm)	4.75	2.36	1.18	0.60	0.30	0.15	<0.15
筛余量(g)	35	100	65	50	90	135	25

问：(1)此砂是粗砂吗？依据是什么？(2)此砂级配是否合格？依据是什么？

7—2　已知甲、乙两种砂的累计筛余率如表：

筛孔尺寸(mm)		4.75	2.36	1.18	0.60	0.30	0.15	<0.15
累计筛余率百分率(%)	甲	0	0	4	50	70	100	
	乙	0	40	70	90	95	100	

有人说甲、乙砂不宜单独直接用于拌制混凝土，对吗？为什么？若将甲砂20%与乙砂80%搭配后，情况又怎样？

7—3　某一岩石在气干、绝干、饱和水状态下测得的抗压强度分别为 172MPa，178MPa，168MPa。问该岩石是高耐水性石材吗？

3.4 习题解答

3.4.1 名词解释解答

1—1 【答】 是指石材在使用条件下抵抗摩擦、边缘剪切以及冲击等复杂作用的能力。

1—2 【答】 是指从天然岩石开采的,经加工或未加工的石料制品。

1—3 【答】 组成岩石的矿物称为造岩矿物。

1—4 【答】 是岩浆在活动过程中,经过冷却凝固而成的。

1—5 【答】 在地表常温常压的条件下,原岩(岩浆岩、变质岩或已成沉积岩)经风化、剥蚀、搬运、沉积和压密胶结而形成的岩石称为沉积岩。

1—6 【答】 地壳中原有的岩石(岩浆岩、沉积岩及已经生成的变质岩),由于岩浆活动及构造运动的影响(主要是温度和压力),在固体状态下发生再结晶作用,而使它们的矿物成分和结构构造以至化学成分发生部分或全部的改变所形成的新岩石称为变质岩。

1—7 【答】 岩浆在地壳深处受到上部覆盖层压力的作用,缓慢而均匀地冷却所形成的岩石。

1—8 【答】 岩浆冲破覆盖层喷出地表冷凝而成的岩石。

1—9 【答】 火成岩又称岩浆岩。

1—10 【答】 原岩受到自然风化作用而破碎松散,再经风、水及冰川等的搬运、沉积,重新压实或胶结而成的岩石称为机械沉积岩。

1—11 【答】 各种有机体死亡后的残骸经沉积而成的岩石,又称为有机沉积岩。

1—12 【答】 原岩中的矿物溶于水中,经聚积、沉积而成的岩石称为化学沉积岩。

1—13 【答】 是岩浆岩中分布最广、土木工程中使用最多的一种岩石,属酸性深成岩。它常为灰白色或浅红色。主要造岩矿物有石英、长石;次要矿物有云母、角闪石等。它属晶质结构,块状构造。

1—14 【答】 也称大理石,是由石灰岩、白云石经变质而成的具有细晶结构的致密岩石。

1—15 【答】 砂、石在气候、环境变化及其他物理因素作用下抵抗破裂的能力。

1—16 【答】 颗粒材料中,颗粒大小的搭配情况。

1—17 【答】 是指不同粒径的细集料混合在一起后的总体的粗细程度。

1—18 【答】 表示石子抵抗压碎的能力。将一定质量气干状态下 10~20mm 的石子装入标准圆筒内,在压力机上加荷到 200kN;卸荷后称出试样质量 G_1,然后用孔径为 2.36mm 的筛筛除被压碎的碎粒,称取试样的筛余量 G_2,则压碎指标值按下式计算:

$$Q_e = \frac{G_1 - G_2}{G_1} \times 100\%$$

1—19 【答】 粉煤灰是火力发电厂排放的废渣,呈灰色或浅灰色粉末,属火山灰质活性材料。

1—20 【答】 冶金矿渣是指在高炉中熔炼生铁过程时矿石、燃料及助溶剂中易熔硅酸盐化合而成的副产品。

3.4.2 判断题解答

2—1 （×）	2—2 （√）	2—3 （√）	2—4 （×）	2—5 （×）
2—6 （×）	2—7 （√）	2—8 （×）	2—9 （×）	2—10 （√）
2—11 （√）	2—12 （√）	2—13 （√）	2—14 （√）	2—15 （√）
2—16 （×）	2—17 （√）	2—18 （√）	2—19 （√）	2—20 （×）
2—21 （√）	2—22 （×）	2—23 （×）	2—24 （√）	2—25 （√）
2—26 （×）	2—27 （×）	2—28 （√）	2—29 （×）	2—30 （√）

3.4.3 填空题解答

3—1　0.9　　0.7～0.9

3—2　50mm×50mm×50mm

3—3　岩浆岩　沉积岩　变质岩　深成岩　喷出岩　火山岩　机械沉积岩　化学沉积岩　生物沉积岩

3—4　岩浆　变质　沉积

3—5　重质石材　轻质石材

3—6　内　汉白玉　艾叶青　外　内外

3—7　矿物组成　岩石的结构　岩石的构造

3—8　花岗石　石灰岩　大理石

3—9　毛石　料石　板材

3—10　毛料石　粗料石　细料石　半细料石

3—11　粗面板材（RU）　细面板材（RB）　镜面板材（PL）

3—12　差　室外

3—13　骨架　润滑　填充和胶结

3—14　级配　粗细程度

3—15　流动性　水泥浆　强度　密实性

3—16　结构截面最小尺寸　钢筋最小间距

3—17　3.0～2.3

3—18　水泥　降低

3—19　和易性不易控制　内摩擦大

3—20　大

3—21　降低混凝土强度　增加混凝土的干缩　易产生开裂

3—22　等量取代法　超量取代法　外加法

3.4.4 单项选择题解答

4—1 (A)	4—2 (A)	4—3 (A)	4—4 (D)
4—5 (C)	4—6 (D)	4—7 (B)	4—8 (A)
4—9 (D)	4—10 (A)	4—11 (D)	4—12 (A)
4—13 (C)	4—14 (D)	4—15 (A)	4—16 (D)
4—17 (C)	4—18 (B)	4—19 (B)	4—20 (D)
4—21 (D)	4—22 (A)	4—23 (C)	4—24 (A)

3.4.5 多项选择题解答

5—1 (A、C、D)	5—2 (B、C、E)	5—3 (A、D)	5—4 (A、C、E)
5—5 (A、B、C、D)	5—6 (C、D、E)	5—7 (A、C、D、E)	

3.4.6 问答题解答

6—1 【答】 岩石按成因可分为三类：岩浆岩-如花岗石、玄武岩、浮石等；沉积岩-如页岩、白云石、石灰岩；变质岩-如大理石、片麻岩。

6—2 【答】 矿物是在地壳中受各种不同地质作用所形成的具有一定化学成分和一定结构特征的单质或化合物。岩石是由各种不同的地质作用所形成的天然矿物的集合体。

6—3 【答】 多数大理石的抗风化性较差，不耐酸。由于大理石的主要化学成分是CaO，它属于碱性物质，容易受环境或空气中的酸性物质（CO_2，SO_3等）的侵蚀作用，且经过侵蚀后的表面会失去光泽，甚至出现斑孔，故一般不宜作室外装饰。少数较纯净的大理石（如汉白玉、艾叶青等）具有性能较稳定的特性，则可用于室外装饰。

6—4 【答】 适用性：主要考虑石材的技术性能是否满足使用要求。根据石材在建筑物中的用途和部位，选择其主要技术性质能满足要求的岩石。如承重用的石材，主要应考虑其强度等级、耐久性、抗冻性等技术性能；围护结构用的石材应考虑是否具有良好的绝热性能；用作地面、台阶等的石材应坚硬耐磨；装饰用的构件，应考虑石材本身的色彩与环境的协调及可加工性等；对处在高温、高湿、严寒等特殊条件下的构件，还要分别考虑所用石材的耐久性、耐水性、抗冻性及耐化学侵蚀性等。

经济性：主要考虑天然石材的密度大、不宜长途运输，应综合考虑地方资源，尽可能做到就地取材。

色彩：石材装饰必须要与建筑环境相协调，其中色彩相融性显得尤其重要。因此选用天然石材时，必须认真考虑所选石材的颜色与纹理，力争取得最佳装饰效果。

6—5 【答】 岩石按其地质成因的不同可分为岩浆岩、沉积岩及变质岩三大类。

（1）岩浆岩（火成岩）的一般特征。

岩浆岩是岩浆在活动过程中，经过冷却凝固而成的。岩浆是存在于地下深处的成分复杂的高温硅酸盐熔融体。绝大多数岩浆岩的主要矿物组成是石英、长石、云母、角闪石、辉石及橄榄石六种。

（2）沉积岩（水成岩）的一般特征。

在沉积岩的形成过程中，由于物质是一层一层沉积下来的，所以其构造是层状的。这种层状构造称为沉积岩的层理，每一层都具有一个面，称为层面。层面与层面间距离称为层的厚度。有的沉积岩可以形成一系列斜交的层称为交错层。因此，沉积岩的体积密度较小、孔隙率较大、强度较低、耐久性也较差。沉积岩的主要造岩矿物有石英、白云石及方解石等。

（3）变质岩的一般特征。

变质岩的矿物成分，除保留原来岩石的矿物成分如石英、长石、云母、角闪石、辉石、方解石和白云石外，还产生了新的变质矿物，如绿泥石、滑石、石榴子石和蛇纹石等。这些矿物一般称为高温矿物。根据变质岩的特有矿物，可以把变质岩与其他岩石区别开。

6—6 【答】 （1）花岗石。花岗石主要用于砌筑基础、勒脚、踏步、挡土墙等。经磨光的花岗石板材装饰效果好，可用于外墙面、柱面和地面装饰。由于花岗石具有较高的耐酸性，则可用于工业建筑中耐酸衬板或耐酸的沟、槽、容器等，碎石和粉料可配制耐酸混凝土和耐酸胶泥。

（2）大理石。从矿体开采出来的大理石荒料经锯切、研磨、抛光等加工而成的大理石装饰面板，主要用于建筑物的室内饰面，如墙面、地面、柱面、台面、栏杆、踏步等。一般不宜用于室外饰面。

（3）石灰岩。块状材料可用于砌筑工程，碎石可用作混凝土集料。石灰岩还是生产石灰、水泥等土木工程材料的原料。

（4）石英岩。石英岩板材可用作建筑饰面材料、耐酸衬板或用于地面、踏步等部位。

6—7 【答】 岩石的结构是指其矿物的结晶程度、晶粒的相对大小、晶体形状及矿物之间的结合关系等所反映出的岩石构成特征，即矿物与矿物之间的各种特征。

岩石的构造是指组成岩石的矿物集合体的大小、形状、排列和空间分布等所反映出的岩石构成特征，即矿物集合体之间的各种特征。

岩石有致密状、层状、多孔状、流纹状、纤维状等构造。

6—8 【答】 一般岩石具有的主要技术性质及其技术指标是：

（1）体积密度；

（2）吸水性——吸水率；

（3）耐水性——软化系数；

（4）抗冻性——抗冻等级；

（5）耐火性；

（6）强度等级——以三个70mm×70mm×70mm立方体试块的抗压强度平均值划分的，共分为MU100、MU80、MU60、MU50、MU40、MU30、MU20、MU15、MU10九个等级；

（7）硬度——莫氏硬度或肖氏硬度；

（8）耐磨性——磨耗率；

（9）放射性。

6—9 【答】 石材的强度等级是以三个70mm×70mm×70mm立方体试块的抗压强度平均值划分的，共分为MU100、MU80、MU60、MU50、MU40、MU30、MU20、MU15、MU10九个等级。

6—10 【答】 天然花岗石是火成岩，也叫酸性结晶深成岩，是火成岩中分布最广的一种岩石，属于硬石材，由长石、石英和云母组成，其成分以SiO_2为主，约占65%~75%。

花岗石的特点:花岗石具有结构致密,抗压强度高,吸水率低,表面硬度大,化学稳定性好,耐久性强等特点,但耐火性差。

花岗石的用途:花岗石是一种优良的建筑石材,花岗石不易风化变质,外观色泽可保持百年以上,因此它常用于基础、桥墩、台阶、路面,也可用于砌筑房屋、围墙,尤其适用于修建有纪念性的建筑物,天安门前的人民英雄纪念碑是由一整块100t的花岗石琢磨而成的。在我国各大城市的大型建筑中,曾广泛采用花岗石作为建筑物立面的主要材料。由于花岗石硬度较高、耐磨,也常用于高级建筑和外墙饰面装修工程。也可用于室内地面、墙面和立柱装饰、耐磨性要求高的台面和台阶踏步等。由于修琢和铺贴费工,因此是一种价格较高的装饰材料。

6—11 【答】 天然石材的放射性主要是由铀、钍、镭和钾$^{-40}$等放射性元素产生的。研究表明,天然石材的放射性对人体有很大的危害,主要包括两方面:

(1)由放射性元素在衰变过程中产生的γ射线,杀伤人体细胞;

(2)由放射性元素在衰变过程中产生的子体-氡在进入人体肺部后,衰变产生α射线(α射线对人体细胞的杀伤力比γ射线大得多),并将最终产物-铅留在肺内,导致肺细胞发生癌变。

6—12 【答】 现代家庭装饰装修中,石材的使用是比较普遍的,一般将其用作台面板、地墙面装饰等,与木制品等搭配适宜,有相得益彰之感。我们都知道,建筑用的石材可分为天然石和人造石两大类,从质量与环保等方面检验石材的方法是:

(1)检查表面光洁度:肉眼观察石材表面,也可用手感觉石材表面的光洁度。通常情况下,矿物颗粒越细,说明结构越紧密、结实,均匀的细料结构会使石材具有细腻的质感。

(2)目测外观质量:目测石材板材的外观质量,优等品石材板材没有裂纹、缺角、缺棱、色线、色斑、坑窝等质量缺陷,级别低者允许有少量缺陷存在。此外,还应检查石材的花纹、色彩是否一致,颜色清纯、没有色差者为优质石材,如果石材混浊、有很大色差,就会影响铺装后的结果。

(3)测量规格尺寸:测量石材的尺寸规格是否统一,以免影响拼接,或造成拼接后的图案、花纹、线条变形,影响装饰效果。优等石材的长、宽偏差小于1mm、厚度偏差小于0.5mm、平面极限公差小于0.2mm、角度误差小于0.4°;承重厚度小于9~10mm。值得注意的是,家庭装饰装修中不适宜使用超过2cm的天然石材。

(4)聆听敲击声音:通常情况下,高质量的石材,敲击时发出的声音清脆悦耳;如果石材内部存在轻微的裂隙或因风化导致颗粒之间结合力小,敲击时的声音就会粗哑。

(5)检测质地好坏:在石材的背面滴上一小滴墨水,如果墨水很快四处分散浸出,就表明石材内部颗粒松动或有缝隙,石材质量较差;如果墨水滴在原地不动,说明石材的质地较好。

(6)闻闻石材气味:将鼻子靠近石材,如果能够闻到刺鼻的化学味道,就说明石材的质量很差;如果没有任何刺鼻的气味,说明质量比较好。

(7)检查安全许可:选购石材时,要看其放射性的安全许可证,然后根据石材的放射等级进行选择,我国将石材分为A类、B类、C类。A类的销售与使用范围不受限制;B类、C类不可用于室内装饰装修。目前,我国有95%以上的花岗石产品属于A类,大理石、板石均属于A类装饰材料,因此,可放心购买和使用大理石和板石产品。

6—13 【答】 为了使集料的空隙率和总表面积均较小,从而使所需的水泥浆量较少,且能够提高混凝土的密实度,并进一步改善混凝土的其他性能,故必须对混凝土用砂提出级配要求。两种细砂的细度模数相同,级配不一定相同;反之,如果级配相同,其细度不一定相同。

6—14 【答】 颗粒级配是指不同粒径砂相互间搭配情况。

累积筛余曲线应满足国家标准规定的根据0.60mm方孔筛的累积筛余量分成三个级配区的要求。

为了使集料的空隙率和总表面积均较小,从而使所需的水泥浆量较少,并且能够提高混凝土的密实度,并进一步改善混凝土的其他性能,故必须对混凝土的集料要有级配要求。

6—15 【答】 确定粗集料最大粒径时,应考虑:

(1)强度方面:D_{max} >40mm 并没好处,对于高强混凝土,D_{max} 不宜超过 20mm 或 16mm,对于实心板,D_{max} ≥板厚的1/2,且不超过50mm。

(2)施工方面:要求便于搅拌合运输。

(3)结构方面:D_{max} ≥1/4 的结构截面最小尺寸,同时≥钢筋间最小净距的3/4。

(4)经济方面:选用 D_{max} 尽量大为好,可节省水泥用量。

6—16 【答】 粉煤灰主要技术性能指标要求见下表:

序号	指 标	级 别		
		I	II	III
1	细度(45μm 方孔筛筛余)(%),≥	12	20	45
2	需水量比(%),≥	95	105	115
3	烧失量(%),≥	5	8	15
4	含水量(%),≥	1	1	不规定
5	三氧化硫(%),≥	3	3	3

注:表中需水量比是指掺30%粉煤灰的硅酸盐水泥与不掺粉煤灰的硅酸盐水泥,达到相同流动度(125~135mm)时所用的水量之比。

粉煤灰掺和料在工程中的应用:国家标准《粉煤灰混凝土应用技术规范》(GBJ 146—1990)规定,粉煤灰用于混凝土工程,可根据等级,按下列规定应用:

(1)I 级粉煤灰适用于钢筋混凝土和跨度小于 6m 的预应力钢筋混凝土;

(2)II 级粉煤灰适用于钢筋混凝土和无筋混凝土;

(3)III 级粉煤灰主要用于无筋混凝土。对强度等级要求等于或大于 C30 的无筋粉煤灰混凝土,宜采用 I、II 级粉煤灰。

粉煤灰掺入混凝土中,对混凝土产生的效应有:

(1)活性行为和胶凝作用;

(2)充填行为和致密作用;

(3)需水行为和减水作用;

(4)降低混凝土早期温升,抑制开裂;

(5)二次水化和较低的水泥熟料量使最终混凝土中的 $Ca(OH)_2$ 大为减少,可以有效提高混凝土抵抗化学侵蚀的能力;

(6)当掺加量足够大时,可以明显抑制混凝土碱-集料反应的发生;

(7)降低氯离子渗透能力,提高混凝土的护筋性。

以上作用在水胶比低于 0.42 时,较突出。

6—17 【答】 混凝土对石子的粒形是有一定的要求的,最好的粒形是立方体或球形的。针片状的含量是有一定规定的。因为它直接影响混凝土拌合物的流动性,而且本身容易断裂,又影响混凝土的强度和耐久性。

6—18 【答】 砂中有机物通常是植物的腐烂产物,妨碍、延缓水泥正常水化,降低混凝土强度。

6—19 【答】 这是由于如果采用细砂或特细砂,其比表面积大,为满足施工要求,需要更多的水泥浆来润滑,造成成本提高。

3.4.7 计算题解答

7—1 【解】 (1)根据已知条件有:

筛孔尺寸(mm)	4.75	2.36	1.18	0.60	0.30	0.15	<0.15
筛余量(g)	35	100	65	50	90	135	25
分计筛余率(%)	7	20	13	10	18	27	5
累计筛余率(%)	7	27	40	50	68	95	—

该砂的细度模数为:$\dfrac{27+40+50+68+95-5\times 7}{100-7}=2.6$

故该砂是中砂。

(2)将该砂的累计筛余百分比与砂的级配区比较可得,满足二区级配要求,所以此砂级配合格。

7—2 【解】 甲砂20%与乙砂80%搭配的累计筛余百分率如表:

	筛孔尺寸(mm)	4.75	2.36	1.18	0.60	0.30	0.15	<0.15
累计筛余率百分率(%)	甲	0	0	4	50	70	100	
	乙	0	40	70	90	95	100	
	甲砂20%与乙砂80%	0	32	57	82	90	100	

将甲、乙两种砂的累计筛余百分率与级配区比对可知,甲砂属于Ⅱ区砂,但1.18筛上的累计筛余百分率超出级配区要求6%,所以级配不合格;乙砂级配不能满足任何一个级配区的要求,级配也不合格。因此说甲、乙砂不宜单独直接用于拌制混凝土是对的。

若将甲砂20%与乙砂80%搭配后,其累计筛余百分率见表中数据,与级配区比对可知,该混合砂属于Ⅰ区,并且各筛上的累计筛余百分率均满足级配区要求,可以用于配制混凝土。

7—3 【解】 该岩石的软化系数为: $168/178=0.94>0.90$

【答】 此岩石是高耐水性石材。

第4章 土的工程性质和工程分类

土是地壳表层母岩经过长期强烈风化(物理和化学风化)作用后的产物,是由各种大小不同的土粒按各种比例组成的集合体,土粒之间的孔隙中包含着水和气体,是一种三相体系。

4.1 学习指导

在工程建设中,土因其对建筑物的作用不同而成为研究对象。

4.1.1 土的三相组成与粒度成分

1. 土的三相组成

土由固体土粒,液体水和气体3部分组成,通常称之为土的三相组成(固相、液相和气相)。随着环境的变化,土的三相比例也发生相应的变化,三相物质组成的质量和体积的比例不同,土的状态和工程性质也随之不同。

(1) 土的固体颗粒(土的矿物组成)

土的固相物质包括无机矿物颗粒和有机质,它们是构成土的骨架最基本的物质。

(2) 土中水

土中的水按其工程性质可分为:

1) 结合水。当土粒与水相互作用时,土粒会吸附一部分水分子,在土粒表面形成一定厚度的水膜,称为表面结合水。结合水按吸附力的强弱,可分为强结合水(也称吸着水)和弱结合水(也称薄膜水)。

2) 自由水。在结合水膜以外的水,为正常的液态水溶液,它受重力的控制而流动,能传递静水压力,称为自由水。自由水包括毛细水和重力水。

① 毛细水。毛细水位于地下水位以上土粒的细小孔隙中,是介于结合水与重力水之间的过渡型水,毛细水不仅受到重力的作用,还受到表面张力的支配,能沿着土的细小孔隙从潜水面上升到一定的高度。尤其要注意毛细水上升可能引起道路翻浆、盐渍化、冻害等问题,导致路基失稳。

② 重力水。重力水存在于地下水位以下的较粗颗粒的孔隙中,只受重力控制,是水分子不受土粒表面吸引力影响的普通液态水,受重力作用由高处向低处流动,具有浮力的作用,在重力水中能传递静水压力,并具有溶解土中可溶盐的能力。

(3) 土中气体

土中的气体主要是指土孔隙中充填的气体(主要是 CO_2、N_2 和极少量的 O_2),占据着未被水所充满的那部分孔隙。土中的气体可分为与大气连通和不连通两类。与大气连通时的气体对土的工程性质影响不大。但密闭的气体对土的工程性质影响很大,在受到压力作用时,气泡会恢复原状或游离出来,造成土体的高压缩性和低渗透性。

2. 土的颗粒特征

(1) 土的颗粒形状

土粒的形状是多种多样的,主要取决于矿物成分,它反映土的成因条件及地质历史。在描述土粒形状时,常利用两个指标:浑圆度及球度。

1) 浑圆度反映土粒尖角的尖锐程度。

$$浑圆度 = \sum_{i=1}^{n}\left(\frac{r_i}{R}\right)/N$$

式中　r_i——土颗粒突出角的半径;
　　　R——土颗粒的内接圆半径;
　　　N——土颗粒尖角的数量。

2) 球度是反映土粒形状接近圆球的程度。球度为1,即为圆球体。

$$球度 = \frac{D_d}{D_e}$$

式中　D_d——在扁平面上与土粒投影面积相等的圆的半径;
　　　D_e——土颗粒的最小外接圆半径。

(2) 土的粒度成分

工程上常把组成土的各种大小颗粒的相互比例关系,称为土的粒度成分。土的粒度成分如何,对土的一系列工程性质有着决定性的影响,它是工程地质研究的主要内容之一。

1) 粒组。土的粒度是指土颗粒的大小,以粒径表示,通常以 mm 为单位。天然土的粒径一般是连续变化的。为便于研究,工程上把大小相近的土粒合并为组,称为粒组。

2) 粒度成分及粒度分析。粒度成分就是干土中各粒组的质量百分率。或者说土是由不同粒组以不同数量配合而成,故又称为"颗粒级配"。粒度成分可用来描述土中各种不同粒径土粒含量的配合情况。

为了准确地测定土的粒度成分所采用的各种手段,统称为粒度分析或颗粒分析。目前,我国常用的粒度成分分析方法有:对于粗粒土,即粒径大于 0.074mm 的土,用筛分法直接测定;对于粒径小于 0.074mm 的土,用沉降分析法。当土中粗细粒兼有时,可联合使用上述两种方法。

① 筛分法。将所称取的一定质量风干土样放在筛网孔逐级减小的一套标准筛上摇振,然后分层测定各筛中土粒的质量,即为不同粒径粒组的土质量,并计算出每一粒组质量占土样总质量的百分率,并可计算小于某一筛孔直径土粒的累计质量及累计质量百分率。

② 沉降分析法。将黏性土样经研磨、浸泡和煮沸,使土粒充分分散,置于水中混合成液,使之沉降,按土粒在液体中沉降速度与粒径大小的关系来进行分析。根据斯托克斯(Stokes)定理:土粒下沉的速度与土粒粒径的平方成正比;或者粒径与沉降速度的平方根成正比。即:

$$v = \frac{\rho_s - \rho_w}{18\eta} \cdot d^2$$

或者写成为：

$$d = \sqrt{\frac{18\eta}{\rho_s - \rho_w}} \cdot \sqrt{v}$$

式中　v——球形颗粒在液体中的稳定沉降速度，m/s；

　　　d——球形颗粒的直径，m；

　　　ρ_s——土颗粒的密度，g/cm³；

　　　ρ_w——水的密度，g/cm³；

　　　η——液体的黏滞度，Pa·s。

3）粒度成分的表示方法。经分析后，常用的粒度成分表示方法有：表格法、累计曲线法和三角坐标法。

3. 土的结构构造

土的结构是土粒的大小、形状、表面特征、相互排列及其连接关系等方面的综合反映。土的结构按其颗粒的排列及连接有下列3种。

（1）单粒结构

单粒结构是碎石类土和砂土的结构特征。此种结构的土粒间没有联结或只有极微弱的联结，可以忽略不计。按土粒间的相互排列方式和紧密程度不同，可将单粒结构分为松散结构和紧密结构。

（2）蜂窝结构

它是颗粒细小的黏性土具有的结构形式。当土粒粒径在0.002～0.02mm，土粒在水中沉积时，由于土粒之间的分子引力大于土颗粒的重力，因而土粒就停留在最初的接触点上不再下沉，并逐渐由单个土粒串联成小链状体，边沉积边围合而成内包孔隙的似蜂窝的结构；形成的孔隙尺寸远大于土粒本身尺寸，所沉积的土层没有受过较大的上覆压力，在建筑物的荷载作用下会产生较大沉降。

（3）絮状结构（又称二级蜂窝结构）

它是颗粒最细小的黏土特有的结构形式。当土粒粒径<0.002mm时，土粒在水中长期悬浮，不因自重而下沉。随着许许多多的土粒在水中运动，土粒之间相互碰撞而吸引，逐渐凝聚形成小链环状，质量增大而下沉，一个小链环碰到另一个小链环，许多个小链环又形成大链环状，称为絮状结构。

4.1.2　土的物理性质

土的物理性质是指土的各组成部分（固相、液相和气相）的数量比例、性质和排列方式等所表现的物理状态，如轻重、干湿、松密程度等，它们是土最基本的工程性质。

1. 土的物理性质指标

土的物理性质指标，就是指土中固、液、气相三者在体积和质量方面相互比例不同所带来的物理性质指标的物理意义和数值的大小，可通过物理性质指标间接地评定土的工程性质。

（1）土的密度

土的密度是指土的总质量与土的总体积的比值。根据孔隙中含水的情况可将土的密度分为天然密度(ρ)、干密度(ρ_d)、饱和密度(ρ_{sat})和土粒相对密度(G_s)。

1)天然密度(ρ)。天然密度也称湿密度,指天然状态下土的单位体积的质量,按下式计算:

$$\rho = \frac{m}{V} = \frac{m_s + m_w}{V}$$

式中　ρ——土的天然密度,g/cm³;
　　m、V——土的总质量和总体积,g,cm³;
　　m_s、m_w——土的颗粒质量和土的水分质量,g。

土的天然密度是土的三大实测指标之一,常用测定方法有环刀法、灌砂法、灌水法等。

2)土粒相对密度(G_s)。土粒相对密度指固体物质本身的密度与水密度之比,即土在105~110℃下烘至恒重时的质量与同体积的4℃蒸馏水质量的比值,按下式计算:

$$G_s = \frac{m_s}{m_w} = \frac{m_s}{V_s \rho_w}$$

式中　G_s——土粒的相对密度;
　　m_s——土粒的质量,g;
　　V_s——土粒的体积,cm³;
　　m_w——4℃时同体积蒸馏水的质量,g;
　　ρ_w——4℃水的密度,一般为1,g/cm³。

土粒相对密度为土的三大实测指标之一,常用测定方法为比重瓶法(适用于粒径小于5mm的土)。此外,还有浮称法、虹吸筒法。

3)干密度(ρ_d)。干密度是指干燥状态下单位体积土的质量,即土中固体土粒的质量与土的体积的比值,按下式计算:

$$\rho_d = \frac{m_s}{V}$$

在工程中,常用土的干密度来作为人工填土压实的控制指标。

4)饱和密度(ρ_{sat})。饱和密度是指土的孔隙中全被水充满的情况下单位体积土的质量。即土粒的质量(m_s)及孔隙中充满水的质量(m_w)之和与土的总体积(V)的比值,按下式计算:

$$\rho_{sat} = \frac{m_s + m_w}{V} = \frac{m_s + V_V \rho_w}{V}$$

式中　ρ_{sat}——土的饱和密度,g/cm³;
　　V_V——孔隙的体积,cm³;
　　m_s——土粒的质量,g;
　　V——土的总体积,cm³;
　　m_w——4℃时同体积蒸馏水的质量,g;
　　ρ_w——4℃水的密度,一般为1,g/cm³。

土饱和密度的大小,与土中孔隙体积和组成土粒矿物成分及密度有关。

(2)土与水的关系

土的含水量表示土中含水的数量,根据孔隙中含水的情况可将土的含水量分为天然含水量(w)、土的最佳含水量($w_佳$)和土的饱和度(S_r)。

1)天然含水量(w)。土的天然含水量表示土在天然状态下含水的数量,为土体中水的质量与固体矿物质量的比值,用百分数表示,按下式计算:

$$w = \frac{m_w}{m_s}$$

天然含水量是土的三大实测指标之一,常用的测定方法:烘干法、酒精燃烧法。

2)土的最佳含水量($w_佳$)。土的最佳含水量是指土在标准击实试验条件下,能达到最大干密度时的含水量。一般通过土的击实曲线得到。

3)土的饱和度(S_r)。土的饱和度指土中水的体积与土的全部孔隙体积的比值,按下式计算。土的饱和度表示孔隙被水充满的程度。

$$S_r = \frac{V_w}{V_v}$$

(3)土的孔隙性结构指标

土不是致密无隙的固体,在土颗粒间存在较多的孔隙。土的孔隙性是指孔隙的大小、形状、数量及连通情况等特征。土的孔隙性决定于土的粒度成分和土的结构。

1)孔隙比(e)。土的孔隙比为土中孔隙体积与固体颗粒的体积之比值,按下式计算:

$$e = \frac{V_v}{V_s}$$

土的孔隙比可直接反映土的密实程度。孔隙比愈大,土愈疏松;孔隙比愈小,土愈密实。它是确定地基承载力的指标。

2)土的孔隙度(孔隙率)(n)。土的孔隙度表示土中孔隙大小的程度,为土中孔隙体积占总体积的百分比,按下式计算:

$$n = \frac{V_v}{V} \times 100\%$$

土天然密度 ρ、土粒相对密度 G_s 和土的含水量 w 为土的实测指标,是土的基本物理性质指标,其余的指标均可由3个试验指标计算得到,其换算关系,见表4-1。

表4-1 土的物理性质主要指标一览表

指标名称	表达式	常见值	指标来源	实际应用
土粒相对密度 G_s	$G_s = \dfrac{m_s}{m_w} = \dfrac{m_s}{V_s \rho_w}$	2.65~2.75	由试验确定	1. 换算 n、e、ρ_d 2. 工程计算
密度 ρ(g/cm³)	$\rho = \dfrac{m}{V} = \dfrac{m_s + m_w}{V}$	1.60~2.20	由试验确定	1. 换算 n、e 2. 说明土的密度
天然含水量 w	$w = \dfrac{m_w}{m_s}$	$0 < w < 1$	由试验确定	1. 换算 S_r、e、ρ_d 2. 计算土的稠度指标

续表

指标名称	表达式	常见值	指标来源	实际应用
干密度 ρ_d (g/cm³)	$\rho_d = \dfrac{m_s}{V}$	1.30~2.00	$\rho_d = \dfrac{\rho}{1+w}$	1. 土体压实质量控制 2. 粒度分析、压缩试验资料整理
饱和密度 ρ_{sat} (g/cm³)	$\rho_{sat} = \dfrac{m_s + m_w}{V} = \dfrac{m_s + V_v O_w}{V}$	1.80~2.30	$\rho_{sat} = \dfrac{\rho(\rho_s - 1)}{\rho_s(1+w)} + 1$	
饱和度 S_r	$S_r = \dfrac{V_w}{V_v}$	0~1	$S_r = \dfrac{\rho_s \cdot \rho \cdot w}{\rho_s(1+w) - \rho}$	1. 说明土的饱水状态 2. 划分粉土、砂土的湿度标准
孔隙度 n	$n = \dfrac{V_v}{V} \times 100\%$		$n = 1 - \dfrac{\rho}{\rho_s(1+w)}$	
孔隙比 e	$e = \dfrac{V_v}{V_s}$		$n = \dfrac{\rho_s(1+w)}{\rho} - 1$	1. 计算地基承载力 2. 砂土估计密度和渗透性 3. 压缩试验整理资料

2. 土的物理状态指标

对于粗粒土来说,土的物理状态是指土的密实程度;对于细粒土,指土的软硬程度或为黏性土的稠度。

(1)粗粒土(无黏性土)的密实度

无黏性土如砂、卵石均为单粒结构,它们最主要的物理状态指标为密实度。工程上常用孔隙比(e)、相对密度(D_r)和标准贯入锤击次数(N)作为划分其密实度的标准。

1)用孔隙比(e)为标准。以孔隙比(e)作为砂土密实度划分标准,见表4-2。

表4-2 按孔隙比(e)划分砂土密实度表

砂土名称	密实度		
	密实的	中密的	松散的
砾砂、粗砂、中砂	$e < 0.55$	$0.55 \leq e \leq 0.65$	$e > 0.65$
细砂	$e < 0.60$	$0.60 \leq e \leq 0.70$	$e > 0.70$
粉砂	$e < 0.60$	$0.60 \leq e \leq 0.80$	$e > 0.80$

2)以相对密度(D_r)为标准。用天然孔隙比 e 与同一种砂的最疏松状态孔隙比 e_{max} 和最密实状态孔隙比 e_{min} 进行对比,看 e 靠近 e_{max} 还是靠近 e_{min},以此来判别它的密实度,即相对密度法。

$$D_r = \dfrac{e_{max} - e}{e_{max} - e_{min}}$$

当 $D_r = 0$,即 $e = e_{max}$ 时,表示砂土处于最疏松状态;当 $D_r = 1$,即 $e = e_{min}$ 时,表示砂土处于最紧密状态。

《公路桥涵地基与基础设计规范》(JTG D63—2007)中规定用标准贯入锤击数 N 来判定砂土的密实程度,将砂土分为 4 级,见表 4-3。

表 4-3 砂土密实度划分表

标准贯入锤击数 N	密实度	标准贯入锤击数 N	密实度
$N \leqslant 10$	松散	$15 < N \leqslant 30$	中密
$10 < N \leqslant 15$	稍密	$N > 30$	密实

3)以标准贯入锤击次数为标准。标准贯入试验是在现场进行的一种原位测试。这项试验的方法是:用卷扬机将质量为 63.5kg 的钢锤提升 76cm 高度,让钢锤自由下落,打击贯入器,使贯入器贯入土中深为 30cm 所需的锤击数记为 $N_{63.5}$(简化为 N),对照表 3-3 中的分级标准来鉴定该土层的密实程度。

(2)黏性土的稠度

黏性土最主要的物理特性是土粒与土中水相互作用产生的稠度,即土的软硬程度。黏性土的稠度,反映土粒之间的联结强度随着含水量高低而变化的性质。

1)液限 w_L(%)

① 定义:黏性土呈液态与塑态之间的界限含水量。

② 测定方法:液塑限联合测定法。

2)塑限 w_P(%)

① 定义:黏性土呈塑态与半固态之间的界限含水量。

② 测定方法:液塑限联合测定法或搓条法。

3)塑性指数

① 定义:液限与塑限的差值,去掉百分数,称塑性指数,记为 I_P。

$$I_P(w_L - w_P) \times 100$$

② 物理意义:塑性指数表示细颗粒土体处于可塑状态下,含水量变化的最大区间。

③ 工程应用:用塑性指数 I_P 对细粒土进行分类和命名,如表 4-4。

表 4-4 土按塑性指数 I_P 的分类

土的名称	砂土(无塑性土)	粉土(低塑性土)	亚黏土(中塑性土)	黏土(高塑性土)
塑性指数 I_P	$I_P < 1$	$I_P \leqslant 10$	$10 < I_P \leqslant 17$	$I_P > 17$

4)液性指数 I_L

① 定义:黏性土的液性指数为天然含水量与塑限的差值和液限与塑限差值之比,即

$$I_p = \frac{w - w_p}{w_L - w_p}$$

② 物理意义:液性指数又称相对稠度,是将土的天然含水量加与 w_L 及 w_P 相比较,以表明 w 是靠近 w_L 还是靠近 w_P,来反映土的软硬不同。

③ 工程应用:用液性指数 I_L 来划分黏性土的稠度状态,如表 4-5。

表 4-5 据液性指数 I_L 对黏性土的稠度状态划分

液性指数	$I_L<0$	$0\leqslant I_L<0.5$	$0.5\leqslant I_L<1.0$	$I_L\geqslant 1.0$
稠度状态	干硬状态	硬塑状态	软塑状态	流动状态
		塑性状态		

4.1.3 土的力学性质

1. 土的压缩性和抗剪性

(1) 土的压缩性

对土这种材料来说,体积变形通常表现为体积缩小,我们把这种在外力作用下土体积缩小的特性称为土的压缩性。土的压缩的实质是土颗粒之间产生相对移动而靠拢,使土体内孔隙减小。土的压缩性主要有 2 个特点:

1) 土的压缩性是土中孔隙减小的结果,土体积的变化量就等于其中孔隙的减小量。

2) 土的压缩随时间增长的过程称为土的固结。这是由于黏性土的透水性很差,土中水沿着孔隙排出的速度很慢。

土的压缩性指标主要有压缩系数 a、压缩模量 E_s 和变形模量 E。压缩系数 a、压缩模量 E_s 可通过室内固结试验获得,变形模量 E 可由现场荷载试验取得。

(2) 土的抗剪性

土的抗剪强度是指土体对于外荷载所产生的剪应力的极限抵抗能力。其数值等于剪切破坏时滑动的剪应力。在实际工程中,与土的抗剪强度有关的问题主要有以下三方面:

1) 土坡稳定性问题。包括天然土坡和人工土坡的稳定性问题;

2) 土压力问题。包括挡土墙、地下结构物等周围的土体对其产生的侧向压力可能导致这些构造物发生滑动或倾覆;

3) 地基的承载力与稳定性问题。当外荷载很大时,基础下地基的塑性变形区扩展成一个连续的滑动面,使得建筑物整体丧失了稳定性。

土的抗剪强度指标包括内摩擦角 $\varPhi$ 和黏聚力 c,其值是地基与基础设计的重要参数,该指标需要用专门的仪器通过试验来确定。常用的试验仪器有直接剪切仪、无侧限压力仪、三轴剪切仪和十字板剪切仪等。

2. 土的压实性

在工程建设中,压实是采用人工或机械手段对土施加夯压能量,使土粒在外力作用下不断靠拢,重新排列成密实的新结构,使土粒之间的内摩阻力和黏聚力不断增加,从而达到提高土的强度,改善土的性质的目的。

(1) 压实曲线性状

土的压实性通过击实试验确定,击实试验一般取 5~6 组含水量不同的试样,每组试样分别装入击实筒击实后得到圆柱体土样,用天平测定该土样的质量 m,并计算其密度 ρ,计算公式如下:

$$\rho = \frac{m}{V}$$

式中 ρ——土样的密度,g/cm³;
  m——土样的质量,g;
  V——击实筒的体积,cm³。

从该圆柱体土样中取少量土样用酒精燃烧法或烘干法测定含水量 w。

按上式计算击实后土的干密度。以干密度为纵坐标,含水量为横坐标,绘制干密度与含水量的关系曲线(图4-1),曲线上峰值点的纵、横坐标分别为最大干密度和最佳含水量。

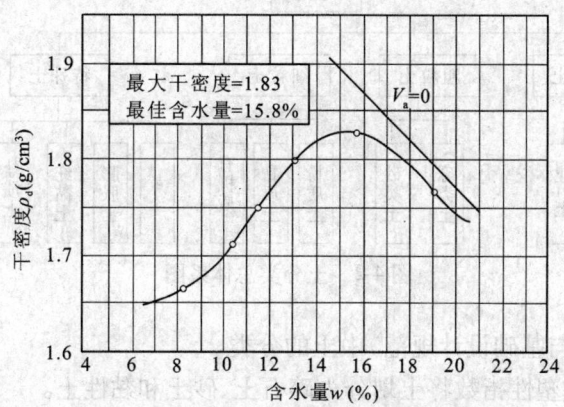

图4-1 含水量与干密度的关系曲线

所得到的击实曲线(图4-1)是研究土的压实特性的基本关系图。

(2)填土的含水量的控制

由上分析得出黏性土处于最佳含水量时,密度最大。因此,在填土施工时应将土料的含水量控制在最佳含水量左右,以期用较小的能量获得最好的密度。一般选用的含水量要求在 $w_{佳} \pm (2\% \sim 3\%)$ 内。

(3)压实特性在现场填土中的应用

工程上常用压实度来表示土基压实的好坏,所谓压实度是指路基土压实后的干密度与该土的室内标准干密度(最大干密度)之比,以百分数表示。即:

$$K = \frac{\rho_d}{\rho_{d,max}} \times 100\%$$

式中 K——土基压实度,%;
  ρ_d——现场压实后的干密度,g/cm³;
  $\rho_{d,max}$——最大干密度,g/cm³。

现场干密度常采用灌砂法、核子密度仪法测定,最大干密度采用室内标准击实试验测定。现行室内标准击实试验有两种,即重型击实法与轻型击实法。对于铺筑中级或低级路面的三、四级公路的路基,允许采用轻型击实法。

4.1.4 土的工程分类

目前我国公路系统采用较广泛的土的工程分类有2种:路基土的工程分类和地基土的工程分类。按照《公路土工试验规程》(JTG E40—2007)规定,路基土分为巨粒土、粗粒土、细粒土和特殊土。

1. 《公路土工试验规程》中的土的分类

《公路土工试验规程》(JTG E40—2007)根据土分类的一般原则,吸收国内外分类体系的优点,结合本系统在工程实践中所取得的试验研究成果,提出了土质统一分类的体系,如图 4-2 所示。该分类适用于公路工程用土的鉴别、定名和描述,以便对土的性能做出定性的评价。

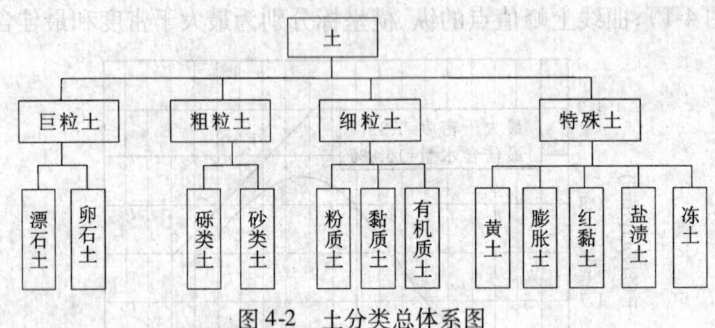

图 4-2 土分类总体系图

2. 《公路桥涵地基与基础设计规范》中土的分类

首先按颗粒级配或塑性指数将土划分为碎石土、砂土和黏性土。

(1) 碎石土

粒径大于 2mm 的颗粒质量超过总质量的 50% 的土称为碎石土。再根据颗粒级配及形状碎石土又分为漂石、块石、卵石、碎石、圆砾和角砾。

(2) 砂土

粒径大于 2mm 的颗粒质量不超过总质量的 50%,且塑性指数 I_P 不大于 1 的土称为砂土。再根据颗粒级配砂土又分为砾砂、粗砂、中砂、细砂和粉砂。

(3) 细粒土

塑性指数 $I_P > 1$ 的土称为细粒土。再根据塑性指数值细粒土又分为黏土、亚黏土和粉土。

(4) 人工填土

由于人类活动而形成的堆积物。根据物质组成、堆积方式又分为:

1) 素填土。由碎石土、砂土、黏性土等组成的填土,经分层压实者统称为压实填土。

2) 杂填土。含有建筑垃圾、工业废料、生活垃圾等杂物的填土。

3) 冲填土。由水力冲填泥砂形成的填土。

4.1.5 稳定土

在粉碎土和原状松散的土(包括各种粗、中、细粒土)中掺入适量的石灰、水泥、工业废渣、沥青及其他材料后,按照一定技术要求经拌合,在最佳含水量下压实成型,经一定龄期养生硬化后,其抗压强度符合规定要求的混合材料称为稳定土。

1. 稳定土的组成

(1) 土质

黏性土较好,其稳定效果显著,强度也高。在选取土质时,既要考虑其强度,还要考虑到施工时易于粉碎、便于碾压成型。一般采用塑性指数 15~20 的黏性土比较好。塑性指数偏大的黏土,要加强粉碎,粉碎后,土中的土块不宜超过15mm。经验证明,塑性指数小于15的土不宜用石灰稳定。对于硫酸盐类含量超过0.8%或腐殖质含量超过10%的土,对强度有显著影响,不宜直接采用。

(2)稳定材料(又称稳定剂)

1)石灰。用于稳定土的石灰应是消石灰或生石灰粉,对高速公路或一级公路宜用磨细生石灰粉。所用石灰质量应为合格品以上,应尽量缩短石灰的存放时间。生产实践中石灰常用的最佳剂量范围为:黏性土及粉性土为8%~14%,砂性土为9%~16%。

2)水泥。各种类型的水泥都可用于稳定土,相比而言,硅酸盐水泥的稳定效果较好。所掺水泥量以能保证水泥稳定土技术性能指标为前提。

3)粉煤灰。粉煤灰是火力发电厂排出的废渣,属硅质或硅铝质材料,本身很少有或没有粘接性,当它以分散状态与水和消石灰或水泥混合,可以发生反应形成具有粘接性的化合物。粉煤灰加入土可以用来稳定各种粒料和土。

(3)水

水可以促使石灰土发生一系列物理、化学变化,形成强度;水有利于土的粉碎、拌合、压实,并且有利于养生。所用的水必须是清洁的,通常要求使用可饮用水。

2. 稳定土的技术性质

(1)强度

1)强度形成原理。在土中掺入适量的石灰,并在最佳含水量下拌匀压实,使石灰与土发生一系列物理、化学作用,从而使土的性质得到根本改善。这种强度形成的过程一般经历了以下几种作用过程:离子交换作用、结晶硬化作用、火山灰作用、碳化作用、硬凝作用和吸附作用。

2)影响稳定土强度性能的因素。稳定土的强度一般通过无侧限强度试验检测。

在最佳含水量下形成的石灰稳定细粒土的无侧限抗压强度范围约为0.17~2.07MPa。石灰土的强度受到土质、灰质、石灰剂量、含水量与密实度等内因和养生湿度、温度与龄期等外因的影响。

(2)稳定土的疲劳特性

稳定土的疲劳寿命主要取决于重复应力与极限应力之比 σ_f/σ_s,原则上当 $\sigma_f/\sigma_s<50\%$,稳定土可接受无限次重复加荷次数而无疲劳破裂,但是由于材料的变异性,实际试验时其疲劳寿命要小得多。在一定应力条件下,稳定土的寿命取决于其强度和刚度。由于稳定土材料的不均匀性,其疲劳寿命还与本身试验的变异性有关。

(3)稳定土的变形性能

1)干缩特性。稳定土经拌合压实后,由于水分挥发和本身内部的水化作用,稳定土的水分会不断减少。由此发生的毛细管作用、吸附作用、分子间力的作用、材料矿物晶体或凝胶体间水的作用和碳化收缩作用等会引起稳定土的体积收缩。稳定土的干缩性与结合料的种类、剂量、土的类别、含水量和龄期等有关。

2)温度收缩特性。由于稳定土是由固相、液相和气相三相组成,因此稳定土的胀缩性能是三相在不同温度条件下胀缩性能综合效应的结果。稳定土的温度收缩特性与结合料类别、粒料含量、龄期等有关。

(4)稳定土的水稳定性和冰冻稳定性

稳定土处于道路路面面层之下,当面层开裂产生渗水时,会使得稳定土的含水量增加,强度降低,从而导致路面提前破坏。在寒冷地区,冰冻将加剧这种破坏。

稳定土的水稳定性和冰冻稳定性主要与土的水稳定性、稳定材料种类、稳定土的密实程度以及养护龄期有关。一般采用浸水强度试验和冻融循环试验检测。

3. 稳定土的应用

稳定土的刚度介于柔性路面材料和刚性路面材料之间,通常称稳定土为半刚性材料。稳定土具有稳定性好、抗冻性好、整体性好、后期强度较高、结构本身自成板体,但其耐磨性差等特点。广泛用于修筑路面结构基层和底基层。

4. 稳定土的配合比设计

稳定土的配合比是指组成稳定土的各种组成材料用量之比,稳定土的配合比设计就是确定这个用量比例的过程,即根据对某种稳定土所规定的技术要求,选择合适的原材料,掺配用料,确定结合料的种类和数量及混合料的最佳含水量。

稳定土的配合比设计应按以下步骤进行:

(1)对各组成材料进行试验,测定其相关指标。

(2)拟订配合比。

(3)通过击实试验确定混合料的最佳含水量和最大干密度。

(4)按工地预定达到的压实度计算不同剂量时试件应有的干密度。

(5)试件强度试验。

(6)选定石灰或水泥用量。

4.2 典型题解

【例 4-2-1】 什么是土的三相体系?土的相系组成对土的状态和性质有何影响?

【解】 土由固体土粒,液体水和气体 3 部分组成,通常称之为土的三相组成(固相、液相和气相)。

随着环境的变化,土的三相比例也发生相应的变化,三相物质组成的质量和体积的比例不同,土的状态和工程性质也随之不同。例如:

固相 + 气相(液相 = 0)为干土时,黏土呈干硬状态;砂石呈松散状态。

固相 + 液相 + 气相为湿土时,黏土多为可塑状态;砂土具有一定的连接性。

固相 + 液相(气相 = 0)为饱和土时,黏土多为流塑状态;砂土仍呈松散状态,但遇强烈地震时可能产生液化,使工程结构物遭到破坏。

【例 4-2-2】 什么是粒度成分和粒度分析?简述筛分法和沉降分析法的基本原理。

【答】 自然界的土,作为组成土体骨架的土粒,大小悬殊,性质各异。工程上常把组成土的各种大小颗粒的相互比例关系,称为土的粒度成分。

为了准确地测定土的粒度成分所采用的各种手段,统称为粒度分析或颗粒分析。

筛分法的基本原理是将所称取的一定质量风干土样放在筛网孔逐级减小的一套标准筛上摇振,然后分层测定各筛中土粒的质量,即为不同粒径粒组的土质量,并计算出每一粒组质量占土样总质量的百分率,并可计算小于某一筛孔直径土粒的累计质量及累计质量百分率。

沉降分析法的基本原理是将黏性土样经研磨、浸泡和煮沸,使土粒充分分散,置于水中混合成液,使之沉降,按土粒在液体中沉降速度与粒径大小的关系来进行分析。

【评】 对于粗粒土,即粒径大于 0.074mm 的土,用筛分法直接测定;对于粒径小于 0.074mm 的土,用沉降分析法。当土中粗细粒兼有时,可联合使用上述两种方法。

【例 4-2-3】 土的物理性质指标有哪些?其中哪几个可以直接测定?常用的测定方法是什么?

【答】 (1)土的密度是指土的总质量与土的总体积的比值。根据孔隙中含水的情况可将土的密度分为天然密度 ρ,干密度 ρ_d,饱和密度 ρ_{sat},土粒相对密度(G_s)。

土的天然密度是土的三大实测指标之一,常用测定方法有环刀法、灌砂法、灌水法等。

土粒相对密度为土的三大实测指标之一,常用测定方法为比重瓶法(适用于粒径小于 5mm 的土)。此外,还有浮称法、虹吸筒法。

(2)土的含水量表示土中含水的数量,根据孔隙中含水的情况可将土的含水量分为天然含水量(w),土的最佳含水量($w_{佳}$),土的饱和度(S_r)。

天然含水量是土的三大实测指标之一,常用的测定方法:烘干法、酒精燃烧法。

(3)土的孔隙性结构指标是孔隙度(n)和孔隙比(e)。

【评】 土的物理性质指标,就是指土中固、液、气相三者在体积和质量方面相互比例不同所带来的物理性质指标的物理意义和数值的大小,可通过物理性质指标间接地评定土的工程性质。

【例 4-2-4】 何为孔隙度(n)和孔隙比(e)?在工程应用上有何不同?

【答】 土的孔隙度是表示土中孔隙大小的程度,为土中孔隙体积占总体积的百分比。而土的孔隙比则为土中孔隙体积与固体颗粒的体积之比值。

孔隙度(n)和孔隙比(e)都是反映孔隙性的指标,但在应用上有所不同。凡是用于与整个土的体积有关的测试时,一般用孔隙度较为方便;但若要对比一种土的变化状态时,则用孔隙比较为准确。由于固体孔隙体积 V_s 是不变的,可视为定值,土在荷载作用下引起变化是孔隙体积 V_v;而 e 的变化直接与 V_v 的变化成正比,所以 e 能更明显地反映孔隙体积的变化。在工程设计中常用 e 这一指标。

【例 4-2-5】 为什么要对土进行工程分类?其分类一般原则是什么?

【答】 由于土的矿物成分与形成土的环境不同,天然土的工程性质有很大的差异。在工程建设中为了正确评价土的工程性质,以便于合理选择设计和施工方案,故必须对土进行分类。分类的一般原则是:

(1)粗粒土按粒度成分及级配特征;

(2)细粒土按塑性指数和液限,即塑性图法;

(3)有机土和特殊土则分别单独各列为一类;

(4)对定出的土名给以具有明确含义的文字符号,既可一目了然,还可为运用电子计算机检索土质试验资料提供条件。

【评】 目前我国公路系统采用较广泛的土的工程分类有 2 种:路基土的工程分类和地基土的工程分类。

4.3 习　　题

4.3.1 名词解释

1—1　表面结合水　　　　1—2　自由水　　　　　1—3　干土
1—4　土的粒度成分　　　1—5　土的粒度　　　　1—6　粒组
1—7　土的结构　　　　　1—8　土的物理性质　　1—9　土的最佳含水量
1—10　土的饱和度　　　　1—11　土的孔隙比　　　1—12　土的孔隙度
1—13　黏性土的液限　　　1—14　黏性土的塑限　　1—15　黏性土的塑性指数
1—16　黏性土的液性指数　1—17　土的压缩性　　　1—18　土的抗剪强度
1—19　压实度　　　　　　1—20　稳定土

4.3.2 判断题

2—1　(　)土由固体土粒、液体水和气体3部分组成，通常称之为土的三相组成。

2—2　(　)固相+气相(液相=0)为干土时，黏土呈干硬状态。

2—3　(　)固相+液相(气相=0)为饱和土时，黏土多为可塑状态。

2—4　(　)次生矿物是直接由岩石经物理风化而来，其性质未发生改变，如石英、长石、云母等。

2—5　(　)原生矿物的化学性质稳定，具有较强的抗水性和抗风化能力，而亲水性弱。

2—6　(　)自由水包括吸着水和薄膜水。

2—7　(　)天然土的粒径一般是不连续变化的。

2—8　(　)对于粗粒土，即粒径大于0.074mm的土，用沉降分析法直接测定；对于粒径小于0.074mm的土，用筛分法。

2—9　(　)一般认为，不均匀系数C_u<5时，称为均粒土，其级配不良；C_u≥5的土为非均粒土，其级配良好。

2—10　(　)单粒结构是碎石类土和砂土的结构特征。

2—11　(　)蜂窝结构是颗粒最细小的黏土特有的结构形式。

2—12　(　)土的物理性质指标，就是指土中固、液、气相三者在体积和质量方面相互比例不同所带来的物理性质指标的物理意义和数值的大小。

2—13　(　)环刀法适用于细粒土的天然密度测定。

2—14　(　)灌水法适用于现场测定细粒土、砂类土和砾类土的密度测定。

2—15　(　)土的结构紧密，土粒质量多，土的密度值就大，孔隙率小。因此，在工程中，常用它来作为人工填土压实的控制指标。

2—16　(　)土中孔隙体积小，土粒密度大，土的饱和密度就大，反之则小。

2—17　(　)酒精燃烧法适用于快速简易测定含有机质的细粒土的含水量。

2—18　(　)土的孔隙性是指孔隙的大小、形状、数量及连通情况等特征。土的孔隙性决定于土的粒度成分和土的结构。

2—19 （　）土的孔隙比可直接反映土的密实程度。孔隙比愈大，土愈密实；孔隙比愈小，土愈疏松。它是确定地基承载力的指标。

2—20 （　）凡是用于与整个土的体积有关的测试时，一般用孔隙度较为方便；但若要对比一种土的变化状态时，则用孔隙比较为准确。

2—21 （　）对于细粒土来说，土的物理状态是指土的密实程度；对于粗粒土，指土的软硬程度或为黏性土的稠度。

2—22 （　）当相对密度 $D_r=0$，即孔隙比 $e=e_{max}$ 时，表示砂土处于最疏松状态；当相对密度 $D_r=1$，即孔隙比 $e=e_{min}$ 时，表示砂土处于最紧密状态。

2—23 （　）土压缩的实质是土颗粒之间产生相对移动而靠拢，使土体内孔隙减小。

2—24 （　）现场干密度常采用室内标准击实试验测定，最大干密度采用灌砂法、核子密度仪法测定。

2—25 （　）稳定土具有稳定性好、抗冻性好、整体性好、后期强度较高、结构本身自成板体，但其耐磨性差等特点。广泛用于修筑路面结构基层和底基层。

4.3.3 填空题

3—1 土的固相物质包括无机＿＿＿＿和＿＿＿＿，它们是构成土的骨架最基本的物质。土中的无机矿物成分可以分为＿＿＿＿和＿＿＿＿两大类。

3—2 按吸附力的强弱，土中水的结合水可分为＿＿＿＿和＿＿＿＿。

3—3 土中的气体可分为＿＿＿＿和＿＿＿＿两类。

3—4 在描述土粒形状时，常利用两个指标：＿＿＿＿及＿＿＿＿。

3—5 土粒度成分常用的表示方法有：＿＿＿＿、＿＿＿＿和＿＿＿＿。

3—6 土的结构按其颗粒的排列及连接有下列 3 种：＿＿＿＿、＿＿＿＿和＿＿＿＿。

3—7 根据孔隙中含水的情况可将土的密度分为＿＿＿＿、＿＿＿＿、＿＿＿＿和＿＿＿＿。

3—8 土的三大实测指标是＿＿＿＿、＿＿＿＿和＿＿＿＿。

3—9 根据孔隙中含水的情况可将土的含水量分为＿＿＿＿、＿＿＿＿和＿＿＿＿。

3—10 ＿＿＿＿决定于土的粒度成分和土的结构。

3—11 对于粗粒土来说，土的物理状态是指＿＿＿＿；对于细粒土，指＿＿＿＿。

3—12 工程上常用＿＿＿＿、＿＿＿＿和＿＿＿＿作为划分无黏性土密实度的标准。

3—13 黏性土随着含水量不断增加，土的状态变化为＿＿＿＿→＿＿＿＿→＿＿＿＿→＿＿＿＿。

3—14 土的压缩性指标主要有＿＿＿＿、＿＿＿＿和＿＿＿＿。

3—15 土的抗剪强度指标包括＿＿＿＿和＿＿＿＿，其值是地基与基础设计的重要参数。

3—16 工程上常用＿＿＿＿来表示土基压实的好坏。

3—17 按照《公路土工试验规程》(JTG E40—2007)规定，路基土分为_____、_____、_____、_____和_____。

3—18 粗粒土中砾粒组(2～60mm 的颗粒)质量大于总质量50% 的土称_____。粒径2～60mm 的砾粒组质量小于或等于总质量的50% 的土称为_____。

3—19 试样中细粒组(小于0.074mm 颗粒)质量大于总质量50% 的土称_____。它包括_____、_____和_____。

3—20 《公路桥涵地基与基础设计规范》中，土按颗粒级配或塑性指数划分为_____、_____、_____和_____。

3—21 稳定土强度形成的过程一般经历了以下几种作用过程：_____、_____、_____、_____和_____。

3—22 稳定土的变形性能包括_____和_____。

3—23 稳定土的干缩性与结合料的_____、_____、_____、_____和_____等有关。

3—24 稳定土的温度收缩特性与结合料_____、_____和_____等有关。

3—25 稳定土的水稳定性和冰冻稳定性主要与_____、_____以及_____有关。

4.3.4 单项选择题

4—1 土的薄膜水也称(   )。
A. 强结合水　　　　　　　B. 弱结合水
C. 毛细水　　　　　　　　D. 重力水

4—2 按《土的工程分类标准》,细砾的粒组范围是(   )。
A. 60～20　　　　　　　　B. 20～2
C. 2～0.075　　　　　　　D. 0.075～0.005

4—3 按《公路土工试验规程》,细砾的粒组范围是(   )。
A. 60～20　　　　　　　　B. 20～2
C. 5～2　　　　　　　　　D. 2～0.5

4—4 (   )是指天然状态下土的单位体积的质量。
A. 湿密度(ρ)　　　　　　B. 干密度(ρ_d)
C. 饱和密度(ρ_{sat})　　　D. 土粒相对密度(G_s)

4—5 (   )是指土在105～110℃下烘至恒重时的质量与同体积的4℃蒸馏水质量的比值。
A. 湿密度(ρ)　　　　　　B. 干密度(ρ_d)
C. 饱和密度(ρ_{sat})　　　D. 土粒相对密度(G_s)

4—6 土粒相对密度为土的三大实测指标之一,常用的测定方法是(   )。
A. 比重瓶法　　　　　　　B. 环刀法
C. 灌砂法　　　　　　　　D. 灌水法

4—7 在工程中,常用( )来作为人工填土压实的控制指标。
A. 湿密度(ρ) B. 干密度(ρ_d)
C. 饱和密度(ρ_{sat}) D. 土粒相对密度(G_s)

4—8 《公路桥涵地基与基础设计规范》(JTG D63—2007)中规定用 D_r 来判定砂土的密实程度,将砂土分为4级,其中属于中密等级的密实度 D_r 的范围是( )。
A. $D_r \geqslant 0.67$ B. $0.67 > D_r > 0.33$
C. $0.33 \geqslant D_r \geqslant 0.20$ D. $D_r < 0.20$

4—9 塑性指数 I_P 在 $1 < I_P \leqslant 10$ 范围的土,是属于( )。
A. 黏土(高塑性土) B. 砂土(无塑性土)
C. 粉土(低塑性土) D. 亚黏土(中塑性土)

4—10 黏性土的稠度状态是软塑状态,则其液性指数 I_L 为( )。
A. $I_L < 0$ B. $0 \leqslant I_L < 0.5$
C. $0.5 \leqslant I_L < 1.0$ D. $I_L \geqslant 1.0$

4—11 土组代号 CbSI 是表示( )。
A. 漂石夹土 B. 卵石夹土
C. 漂石质土 D. 卵石质土

4—12 卵石质土的土组代号为( )。
A. BSI B. CbSI C. SIB D. SICb

4—13 代号 GC 是表示( )。
A. 级配良好砾 B. 级配不良砾
C. 粉土质砾 D. 细粒土质砾

4—14 粉土质砂用代号( )表示。
A. SP B. SF C. SM D. SC

4—15 有机质土位于塑性图 A 线以上:在 B 线以右,称为( )。
A. 有机质高液限黏土 B. 有机质低液限黏土
C. 有机质高液限粉土 D. 有机质低液限粉土

4—16 有机质土位于塑性图 A 线以上:在 B 线以左,$I_P = 10$ 线以下,称为( )。
A. 有机质高液限黏土 B. 有机质低液限黏土
C. 有机质高液限粉土 D. 有机质低液限粉土

4—17 粒径大于2mm的颗粒质量超过总质量的50%的土,称为( )。
A. 碎石土 B. 砂土 C. 细粒土 D. 人工填土

4—18 粒径大于2mm的颗粒质量不超过总质量的50%,且塑性指数 I_P 不大于1的土,称为( )。
A. 碎石土 B. 砂土 C. 细粒土 D. 人工填土

4—19 实践证明,塑性指数小于( )的土不宜用石灰稳定。
A. 15 B. 20 C. 25 D. 30

4—20 一般规定,水泥稳定土和石灰或石灰粉煤灰稳定土的设计龄期分别为( )。
A. 1个月和3个月 B. 3个月和1个月

C. 6 个月和 3 个月　　　　　　D. 3 个月和 6 个月

4.3.5 多项选择题

5—1 土粒度成分常用的表示方法有(　　)。
A. 筛分法　　　B. 表格法　　　C. 沉降分析法
D. 累计曲线法　　E. 三角坐标法

5—2 天然含水量是土的三大实测指标之一,常用的测定方法有(　　)。
A. 比重瓶法　　B. 烘干法　　　C. 虹吸筒法
D. 酒精燃烧法　E. 浮称法

5—3 土粒相对密度为土的三大实测指标之一,常用测定方法有(　　)。
A. 比重瓶法　　B. 烘干法　　　C. 虹吸筒法
D. 酒精燃烧法　E. 浮称法

5—4 土的天然密度是土的三大实测指标之一,常用测定方法有(　　)。
A. 环刀法　　　B. 灌砂法　　　C. 灌水法
D. 烘干法　　　E. 酒精燃烧法

5—5 (　　)是土的实测指标。
A. 土天然密度 ρ　　B. 土的含水量 w　　C. 孔隙比 e
D. 土粒相对密度 G_r　E. 饱和度

5—6 属于稳定土稳定剂的是(　　)。
A. 土质　　　　B. 石灰　　　　C. 水泥
D. 粉煤灰　　　E. 水

4.3.6 问答题

6—1 简述土的毛细水和重力水对土性质的影响。
6—2 简述粒度成分累计曲线的有哪些主要用途。
6—3 简述土的压缩性的主要特点。
6—4 简述稳定土的主要用途。
6—5 稳定土的配合比设计主要包括哪些步骤?

4.4 习题解答

4.4.1 名词解释解答

1—1 【答】 当土粒与水相互作用时,土粒会吸附一部分水分子,在土粒表面形成一定厚度的水膜,称为表面结合水。

1—2 【答】 在结合水膜以外的水,为正常的液态水溶液,它受重力的控制而流动,能传递静水压力,称为自由水。

1—3 【答】 当土中孔隙全部被气体所占满时,此时的土称为干土。

1—4 【答】 工程上常把组成土的各种大小颗粒的相互比例关系,称为土的粒度成分。

1—5 【答】 土的粒度是指土颗粒的大小,以粒径表示,通常以 mm 为单位。

1—6 【答】 工程上把大小相近的土粒合并为组,称为粒组。

1—7 【答】 土的结构就是土粒的大小、形状、表面特征、相互排列及其连接关系等方面的综合反映。

1—8 【答】 土的物理性质是指土的各组成部分(固相、液相和气相)的数量比例、性质和排列方式等所表现的物理状态,如轻重、干湿、松密程度等,它们是土最基本的工程性质。

1—9 【答】 土的最佳含水量是指土在标准击实试验条件下,能达到最大干密度时的含水量。

1—10 【答】 土的饱和度指土中水的体积与土的全部孔隙体积的比值。

1—11 【答】 土的孔隙比为土中孔隙体积与固体颗粒的体积之比值。

1—12 【答】 土的孔隙度是表示土中孔隙大小的程度,为土中孔隙体积占总体积的百分比。

1—13 【答】 黏性土的液限就是指黏性土呈液态与塑态之间的界限含水量。

1—14 【答】 黏性土的塑限就是指黏性土呈塑态与半固态之间的界限含水量。

1—15 【答】 黏性土的塑性指数就是指黏性土的液限与塑限的差值。

1—16 【答】 黏性土的液性指数就是指天然含水量与塑限的差值和液限与塑限差值之比。

1—17 【答】 把土在外力作用下土体积缩小的特性称为土的压缩性。

1—18 【答】 土的抗剪强度是指土体对于外荷载所产生的剪应力的极限抵抗能力。

1—19 【答】 所谓压实度是指路基土压实后的干密度与该土的室内标准干密度(最大干密度)之比,以百分数表示。

1—20 【答】 在粉碎土和原状松散的土(包括各种粗、中、细粒土)中掺入适量的石灰、水泥、工业废渣、沥青及其他材料后,按照一定技术要求经拌合,在最佳含水量下压实成型,经一定龄期养生硬化后,其抗压强度符合规定要求的混合材料称为稳定土。

4.4.2 判断题解答

2—1 (√)	2—2 (√)	2—3 (×)	2—4 (×)
2—5 (√)	2—6 (×)	2—7 (×)	2—8 (×)
2—9 (√)	2—10 (√)	2—11 (×)	2—12 (√)
2—13 (√)	2—14 (×)	2—15 (√)	2—16 (×)
2—17 (×)	2—18 (√)	2—19 (×)	2—20 (√)
2—21 (√)	2—22 (√)	2—23 (√)	2—24 (×)
2—25 (√)			

4.4.3 填空题解答

3—1 <u>矿物颗粒</u>　<u>有机质</u>　<u>原生矿物</u>　<u>次生矿物</u>

3—2 <u>强结合水(也称吸着水)</u>　<u>弱结合水(也称薄膜水)</u>

3—3　与大气连通　不连通
3—4　浑圆度　球度
3—5　表格法　累计曲线法　三角坐标法
3—6　单粒结构　蜂窝结构　絮状结构
3—7　天然密度(ρ)　干密度(ρ_d)　饱和密度(ρ_{sat})　土粒相对密度(G_s)
3—8　土的天然密度　土粒相对密度　天然含水量
3—9　天然含水量(w)　土的最佳含水量($w_佳$)　土的饱和度(S_r)
3—10　土的孔隙性
3—11　土的密实程度　土的软硬程度或为黏性土的稠度
3—12　孔隙比e　相对密度D_r　标准贯入锤击次数N
3—13　固态　半固态　塑性　液态
3—14　压缩系数a　压缩模量E_s　变形模量E
3—15　内摩擦角Φ　黏聚力c
3—16　压实度
3—17　巨粒土　粗粒土　细粒土　特殊土
3—18　砾类土　砂类土
3—19　细粒土　粉质土　黏质土　有机质土
3—20　碎石土　砂土　黏性土
3—21　离子交换作用　结晶硬化作用　火山灰作用　碳化作用　硬凝作用　吸附作用
3—22　干缩特性　温度收缩特性
3—23　种类　剂量　土的类别　含水量　龄期
3—24　类别　粒料含量　龄期
3—25　土的水稳定性　稳定材料种类　稳定土的密实程度　养护龄期

4.4.4　单项选择题解答

4—1 (B)	4—2 (B)	4—3 (C)	4—4 (A)
4—5 (D)	4—6 (A)	4—7 (B)	4—8 (B)
4—9 (C)	4—10 (C)	4—11 (B)	4—12 (D)
4—13 (D)	4—14 (C)	4—15 (A)	4—16 (D)
4—17 (A)	4—18 (B)	4—19 (A)	4—20 (D)

4.4.5　多项选择题解答

5—1 (B、D、E)	5—2 (B、D)	5—3 (A、C、E)
5—4 (A、B、C)	5—5 (A、B、D)	5—6 (B、C、D)

4.4.6　问答题解答

6—1 【答】(1)毛细水位于地下水位以上土粒的细小孔隙中,是介于结合水与重力水之间的过渡型水,毛细水不仅受到重力的作用,还受到表面张力的支配,能沿着土的细小孔隙从潜水面上升到一定的高度。尤其要注意毛细水上升可能引起道路翻浆、盐渍化、冻害等问题，导致路基失稳。

（2）重力水存在于地下水位以下的较粗颗粒的孔隙中，只受重力控制，是水分子不受土粒表面吸引力影响的普通液态水。受重力作用由高处向低处流动，具有浮力的作用。在重力水中能传递静水压力，并具有溶解土中可溶盐的能力。

6—2 【答】 累计曲线的主要用途有以下3个方面：
（1）由累计曲线可以直观地判断土中各粒组的分布情况。
1）曲线表示该土绝大部分是由比较均匀的砂粒组成的；
2）曲线表示该土是由各种粒组的土粒组成，土粒极不均匀；
3）曲线表示该土中砂粒极少，主要是由细颗粒组成的黏性土。
（2）通过累计曲线可查知各粒组的相对含量，给土进行命名。
（3）由累计曲线可确定土粒的级配指标，判断土的级配情况。

6—3 【答】 土的压缩性主要有2个特点：
（1）土的压缩主要是由孔隙体积减小而引起的。对一般的工程问题，土体的应力水平多在数百 kPa 以下，在这样的应力作用下，土中颗粒的变形很小，完全可忽略不计，因此，土的压缩性是土中孔隙减小的结果，土体积的变化量就等于其中孔隙的减小量。
（2）由于孔隙水的排出而引起的压缩对于饱和性黏土来说是需要时间的，土的压缩随时间增长的过程称为土的固结。这是由于黏性土的透水性很差，土中水沿着孔隙排出的速度很慢。

6—4 【答】 稳定土的刚度介于柔性路面材料和刚性路面材料之间，通常称稳定土为半刚性材料。稳定土具有稳定性好、抗冻性好、整体性好、后期强度较高、结构本身自成板体，但其耐磨性差等特点。广泛用于修筑路面结构基层和底基层。

6—5 【答】 稳定土的配合比设计应按以下步骤进行：
（1）对各组成材料进行试验，测定其相关指标。
（2）拟订配合比。
（3）通过击实试验确定混合料的最佳含水量和最大干密度。
（4）按工地预定达到的压实度计算不同剂量时试件应有的干密度。
（5）试件强度试验。
（6）选定石灰或水泥用量。

第5章 石灰与水泥

凡在一定条件下,经过自身的一系列物理、化学作用后,能将散粒或块状材料胶结成为具有一定强度的整体的材料,统称为胶凝材料。石灰与水泥是市政、道路或桥梁工程重要的胶凝材料。

5.1 学习指导

胶凝材料根据化学成分分为无机胶凝材料和有机胶凝材料两大类。

(1)无机胶凝材料又分为气硬性胶凝材料[如石膏、石灰、水玻璃和镁质胶凝材料(菱苦土)]和水硬性胶凝材料(如各种水泥)。

(2)有机胶凝材料:沥青、树脂、橡胶等。

5.1.1 气硬性胶凝材料——石灰

石灰是一种古老的建筑材料,是以石灰石为原料经煅烧而成的。

$$CaCO_3 + 178kJ \longrightarrow CaO + CO_2 \uparrow$$

石灰石在窑炉内煅烧常会产生不熟化的欠火石灰和熟化过缓的过火石灰。过火石灰熟化十分缓慢,可能造成硬化砂浆"崩裂"或"鼓泡"现象,影响工程质量。

1. 生石灰的熟化

生石灰加水后生成 $Ca(OH)_2$ 的过程,称为石灰的"消化"或"熟化"。

$$CaO + H_2O \longrightarrow Ca(OH)_2 + 65kJ/mol$$
$$MgO + H_2O \longrightarrow Mg(OH)_2$$

生石灰熟化过程中,体积膨胀 1~2.5 倍。煅烧良好,CaO 含量高的石灰熟化较快,放热量和体积增大也较多。

2. 石灰的凝结硬化

石灰浆体在空气中逐渐硬化,是由下面两个同时进行的过程来完成的。

(1)结晶作用:游离水蒸发,$Ca(OH)_2$ 逐渐从饱和溶液中结晶。

(2)碳化作用:$Ca(OH)_2$ 与空气中 CO_2 化合生成 $CaCO_3$ 晶体,释放出水分并被蒸发。

3. 石灰的技术性质

(1)具有良好的保水性;(2)凝结硬化慢、强度低;(3)耐水性差;(4)体积收缩大。

4. 石灰在建筑中的应用

(1)石灰乳涂料和石灰砂浆;(2)灰土和三合土;(3)硅酸盐制品;(4)碳化石灰板。石灰还可配制无熟料水泥,如石灰矿渣硅酸盐水泥、石灰粉煤灰硅酸盐水泥等。

石灰在运输贮存中,应注意防潮、防爆。

5.1.2 水硬性胶凝材料——水泥

1. 硅酸盐水泥

(1)硅酸盐水泥的生产及其矿物组成以及水化、凝结硬化

1)硅酸盐水泥的生产。硅酸盐水泥的生产分为三个阶段:生料制备-熟料煅烧-水泥粉磨。其中煅烧是生产的关键。

2)水泥熟料的矿物组成。在水泥的主要熟料矿物中,硅酸三钙和硅酸二钙的总含量在70%以上,铝酸三钙和铁铝酸四钙的含量在25%左右,故称为硅酸盐水泥。

3)硅酸盐水泥熟料矿物的水化特性。硅酸盐水泥的性能是由其组成矿物的性能决定的。水泥具有许多优良建筑技术性能,主要是由于水泥熟料中几种主要矿物水化作用的结果。

熟料矿物与水发生的水解或水化作用通称为水化。硅酸盐水泥水化后的主要水化产物有水化硅酸钙(C-S-H)凝胶、水化铁酸一钙(C-F-H)凝胶、氢氧化钙(OH)板状晶体、水化铝酸三钙(C_3AH_6)立方晶体和高硫型水化硫铝酸钙(AFt)针状晶体。

在充分水化的水泥石中,水化硅酸钙凝胶约占70%,$Ca(OH)_2$约占20%,高硫型水化硫铝酸钙约占7%,未水化的熟料残余物和其他微量组分大约占3%。各种水泥熟料矿物水化所表现的特性见表5-1。

表5-1 硅酸盐水泥熟料主要矿物单独与水作用时的特性

名称		C_3S	C_2S	C_3A	C_4AF
水化反应速度		快	慢	最快	快
凝结硬化速度		快	慢	最快	快
28d 水化热		大	小	最大	中
强度	早期	高	低	低	低
	后期		高		
干缩性		中	小	大	小
耐化学侵蚀性		中	良	差	优

4)硅酸盐水泥的凝结硬化。水泥加水拌合后,成为可塑的水泥浆,水泥浆逐渐变稠失去塑性,但尚不具有强度的过程,称为水泥的"凝结"。随后产生强度并逐渐发展而成为坚硬的人造石,即水泥石,这一过程称为水泥的"硬化"。

水泥的水化与凝结硬化是从水泥颗粒表面开始,逐渐往水泥颗粒的内核深入进行的。水泥的水化与凝结硬化所形成的水泥石中,同时包含有水泥熟料矿物水化的凝胶体和结晶体、未水化的水泥颗粒、水(自由水和吸附水)和孔隙(毛细孔和凝胶孔),它们在不同时期相当数量的变化,使水泥石的性质随之改变。

(2)硅酸盐水泥的技术性质

《通用硅酸盐水泥》国家标准第1号修改单(GB 175—2007/XG1—2009)对其物理、化学性能指标等均做了明确规定。

1)物理性质

① 细度——选择性指标。水泥颗粒的粗细程度称为细度。《通用硅酸盐水泥》国家标准

第1号修改单(GB 175—2007/XG1—2009)规定:硅酸盐水泥比表面积应大于$300m^2/kg$。所谓的比表面积就是指单位质量的水泥粉末所具有的总面积,用m^2/kg表示。

② 标准稠度用水量。水泥的物理性质中有体积安定性和凝结时间,为了使检验的这两种性质有可比性,国家标准规定了水泥浆的稠度,获得这一稠度时所需的水量称为标准稠度用水量,以水与水泥质量的比值来表示。

③ 凝结时间。水泥的凝结时间分初凝和终凝。初凝是指从水泥加水拌合起至标准稠度的水泥净浆开始失去可塑性所需的时间。终凝是指从水泥加水拌合起至标准稠度的水泥净浆完全失去可塑性所需的时间。

《通用硅酸盐水泥》国家标准第1号修改单(GB 175—2007/XG1—2009)规定:硅酸盐水泥初凝时间不得小于45min,终结时间不得大于390min。

④ 体积安定性。水泥的体积安定性是指水泥在凝结硬化过程中体积变化的均匀性。如果在已经硬化后,水泥石内部产生不均匀的体积变化,即所谓体积安定性不良,它会使构件产生破坏应力,使结构物及构件产生裂缝、弯曲,甚至崩坍等现象。

造成安定性不良的原因,一般是由于熟料中所含的游离氧化钙过多;也可能是由于生产水泥时游离氧化镁或生产水泥时掺入石膏过多所造成的。

《通用硅酸盐水泥》国家标准第1号修改单(GB 175—2007/XG1—2009)规定,用沸煮(沸煮3h)法检测水泥的体积安定性必须合格。测试方法可以用试饼法和雷氏法,有争议时以雷氏法为准。

沸煮只能加速CaO的熟化作用,所以只能检测游离CaO引起的水泥体积安定性不良。对于游离MgO和石膏的危害,国家标准规定水泥熟料中游离MgO含量不得超过5.0%,水泥中SO_3含量不超过3.5%,以控制水泥的体积安定性。

⑤ 强度及强度等级。水泥强度检验是按《水泥胶砂强度检验方法(ISO法)》(GB/T 17671—1999)的规定进行。它是将水泥、标准砂和水按1:3:0.5的比例配制成胶砂,并制成40mm×40mm×160mm的试件,脱模后在标准条件下[1d内为温度(20±1)℃、相对湿度在90%以上的空气中,1d后为温度(20±1)℃的水中]养护一定龄期(3d、28d)后测得其强度。

《通用硅酸盐水泥》国家标准第1号修改单(GB 175—2007/XG1—2009)规定:硅酸盐水泥的强度等级可分为42.5、42.5R、52.5、52.5R、62.5、62.5R六个级别,并具体规定各等级所对应的抗压强度和抗折强度在3d、28d时的数值,见表5-2。

表5-2 通用硅酸盐水泥各龄期的强度要求(GB 175—2007/XG1—2009)

品 种	强 度 等 级	抗压强度(MPa)		抗折强度(MPa)	
		3d	28d	3d	28d
硅酸盐水泥	42.5	≥17.0	≥42.5	≥3.5	≥6.5
	42.5R	≥22.0		≥4.0	
	52.5	≥23.0	≥52.5	≥4.0	≥7.0
	52.5R	≥27.0		≥5.0	
	62.5	≥28.0	≥62.5	≥5.0	≥8.0
	62.5R	≥32.0		≥5.5	

续表

品　　种	强度等级	抗压强度(MPa)		抗折强度(MPa)	
		3d	28d	3d	28d
普通硅酸盐水泥	42.5	≥17.0	≥42.5	≥3.5	≥6.5
	42.5R	≥22.0		≥4.0	
	52.5	≥23.0	≥52.5	≥4.0	≥5.5
	52.5R	≥27.0		≥5.0	
矿渣硅酸盐水泥 火山灰质硅酸盐水泥 粉煤灰硅酸盐水泥 复合硅酸盐水泥	32.5	≥10.0	≥32.5	≥2.5	≥5.5
	32.5R	≥15.0		≥3.5	
	42.5	≥15.0	≥42.5	≥3.5	≥6.5
	42.5R	≥19.0		≥4.0	
	52.5	≥21.0	≥52.5	≥4.0	≥7.0
	52.5R	≥23.0		≥4.5	

2)化学性质

水泥的化学性质指标主要控制水泥中有害的化学成分,要求其不超过一定的限量,否则可能对水泥的性质和质量带来危害。

① 氧化镁。熟料中氧化镁含量应不超过5.0%。如果水泥压蒸安定性试验合格,则水泥中氧化镁含量允许放宽到6.0%。

② 三氧化硫。水泥中SO_3的含量不得超过3.5%。

③ 烧失量。烧失量是指水泥在一定温度、一定时间内加热后烧失的数量。《通用硅酸盐水泥》国家标准第1号修改单(GB 175—2007/XG1—2009)规定,Ⅰ型硅酸盐水泥中烧失量≤3.0%,Ⅱ型硅酸盐水泥烧失量≤3.5%。

④ 不溶物。不溶物是指水泥在浓盐酸中溶解保留下来的不溶性残留物,再以NaOH溶液处理,经HCl中和、过滤后所得的残渣,再经高温灼烧所剩的物质。《通用硅酸盐水泥》国家标准第1号修改单(GB 175—2007/XG1—2009)规定,Ⅰ型硅酸盐水泥不溶物≤0.75%,Ⅱ型硅酸盐水泥不溶物≤1.50%。

⑤ 碱。水泥中碱含量按水泥中($Na_2O + 0.658K_2O$)的计算值来表示。使用活性集料或用户要求提供低碱水泥时,水泥中碱含量≥0.60%,或者由供需双方商定。

3)其他性质

① 水化热。水泥在水化过程中放出的热称为水化热。

② 抗冻性。抗冻性是指水泥石抵抗冻融循环的能力。

③ 抗渗性。抗渗性是指水泥石抵抗液体渗透作用的能力。

(3)硅酸盐水泥的腐蚀与防止

硅酸盐水泥硬化后,在通常的使用条件下,有较好的耐久性。但在某些腐蚀性液体或气体介质的长期作用下,水泥石将会发生一系列物理、化学变化,使水泥石的结构逐渐遭到破坏,强度逐渐降低,甚至全部溃裂破坏,这种现象称为水泥石的腐蚀。

实际上水泥石的腐蚀是一个极为复杂的物理化学作用过程,从物理和化学角度归纳分析,其主要原因有以下几种：
1）水泥石有易被腐蚀的成分，主要的成分是氢氧化钙和水化铝酸三钙；
2）水泥石本身不密实，有很多毛细孔通道，腐蚀介质容易侵入；
3）腐蚀与通道相互作用。
根据以上腐蚀原因的分析，使用水泥时可以采取下列防止腐蚀的措施：
1）合理选择与环境条件相适宜的水泥品种；
2）提高水泥石的密实度，降低孔隙率；
3）在水泥石表面加做保护层，以隔离侵蚀介质与水泥石的接触。

（4）硅酸盐水泥的性能与应用
1）凝结硬化快、早期强度高和强度等级高。故硅酸盐水泥可用于地上、地下和水中重要结构的高强及高性能混凝土工程中，也可用于有早强要求的混凝土工程中。
2）抗冻性好。故硅酸盐水泥可用于冬季施工及严寒地区遭受反复冻融的工程。
3）抗碳化性能好。水泥石中碱度不易降低，对钢筋有保护作用，抗碳化性能好。
4）水化热高。故硅酸盐水泥不宜用于大体积混凝土工程。
5）耐腐性差。故硅酸盐水泥不宜用于水利工程、海水作用和矿物水作用的工程。
6）不耐高温。故硅酸盐水泥不宜用于有耐热要求的混凝土工程以及高温环境。
7）干缩小。故硅酸盐水泥可用于干燥环境的混凝土工程。
8）耐磨性好。硅酸盐水泥强度高、耐磨性好，而且干缩小，故可用于路面与地面工程。

2. 普通硅酸盐水泥、矿渣硅酸盐水泥、火山灰硅酸盐水泥、粉煤灰硅酸盐水泥和复合硅酸盐水泥

普通硅酸盐水泥、矿渣硅酸盐水泥、火山灰硅酸盐水泥、粉煤灰硅酸盐水泥和复合硅酸盐水泥，与硅酸盐水泥同属硅酸盐系列水泥。它们都是利用了工业废料和地方材料，故节省了硅酸盐水泥熟料，降低了水泥的成本，扩大水泥强度等级范围，改善了硅酸盐水泥的性能。

（1）水泥混合材料
在生产水泥时，为了改善水泥的性能，调节水泥的强度等级而加到水泥中去的人工或天然的矿物材料，称为水泥混合材料。水泥混合材料通常分为活性混合材料和非活性混合材料两大类。
1）活性混合材料。混合材料磨成细粉，与石灰或与石灰和石膏拌合在一起，加水后，在常温下能生成具有胶凝性的水化产物，既能在水中也能在空气中硬化的混合材料，称为活性混合材料。属于这类性质的混合材料有粒化高炉矿渣、火山灰质混合材料和粉煤灰等。
2）非活性混合材料。非活性混合材料是指不具有活性或活性很低的人工或天然的矿物材料。常用的非活性混合材料有磨细石英砂、黏土、石灰石、慢冷矿渣和各种废渣等。这类混合材料也称为惰性混合材料。将它们掺入硅酸盐水泥中，主要是起提高产量、调节水泥强度等级、减少水化热等作用。

（2）普通硅酸盐水泥、矿渣硅酸盐水泥、火山灰硅酸盐水泥、粉煤灰硅酸盐水泥和复合硅酸盐水泥

普通硅酸盐水泥、矿渣硅酸盐水泥、火山灰硅酸盐水泥、粉煤灰硅酸盐水泥和复合硅酸盐水泥的组分应符合表5-3的规定。

表 5-3　普通硅酸盐水泥、矿渣硅酸盐水泥、火山灰质硅酸盐水泥、粉煤灰硅酸盐水泥和复合硅酸盐水泥的组分

品　　种	代　号	组　分(%)			
		熟料+石膏	粒化高炉矿渣	火山灰质混合材料	粉煤灰
普通硅酸盐水泥	P·O	≥85且<95		>5且≤15	
矿渣硅酸盐水泥	P·S·A	≥50且<80	>20且≤50		
	P·S·B	≥30且<50	>50且≤70		
火山灰质硅酸盐水泥	P·P	≥60且<80		>20且≤40	
粉煤灰硅酸盐水泥	P·F	≥60且<80			>20且≤40
复合硅酸盐水泥	P·C	≥50且<80	>20且≤50		

1)普通硅酸盐水泥。

① 技术要求。

A. 凝结时间。普通硅酸盐水泥初凝时间不得早于45min,终凝时间不得迟于600min。

B. 强度等级。普通硅酸盐水泥强度等级分为42.5、42.5R、52.5、52.5R。各强度等级水泥的各龄期强度不得低于表5-2中的值。

普通硅酸盐水泥的细度、体积安定性、氧化镁含量、三氧化硫含量、碱含量等其他技术要求与硅酸盐水泥相同。

② 普通硅酸盐水泥的主要性能及应用。

普通硅酸盐水泥由于混合材料的掺量变化幅度不大,在性质上差别也不大,但普通硅酸盐水泥在早强、强度等级、水化热、抗冻性、抗碳化能力上略有降低,而耐热性、耐腐蚀性略有提高。普通硅酸盐水泥与硅酸盐水泥的应用范围大致相同。

2)矿渣硅酸盐水泥、火山灰质硅酸盐水泥、粉煤灰硅酸盐水泥。

① 技术要求。

矿渣硅酸盐水泥、火山灰质硅酸盐水泥、粉煤灰硅酸盐水泥的技术要求如下:

A. 细度、凝结时间和体积安定性。三种水泥的细度要求是:0.08mm方孔筛筛余不大于10%,或0.45mm方孔筛筛余不大于30%;而凝结时间和体积安定性要求与普通硅酸盐水泥要求相同。

B. 氧化镁含量。规定水泥中氧化镁的含量同硅酸盐水泥(P·S·B不要求)。

C. 三氧化硫含量。矿渣硅酸盐水泥中三氧化硫的含量不得超过4.0%;火山灰质硅酸盐水泥和粉煤灰硅酸盐水泥中三氧化硫的含量不得超过3.5%。

D. 强度等级。这三种水泥根据3d和28d的抗压强度和抗折强度划分强度等级,分别为32.5、32.5R、42.5、42.5R、52.5、52.5R。三种水泥的各龄期强度不得低于表5-2中的值。

② 矿渣硅酸盐水泥、火山灰质硅酸盐水泥、粉煤灰硅酸盐水泥的水化特性。

矿渣硅酸盐水泥、火山灰质硅酸盐水泥、粉煤灰硅酸盐水泥水化时有一个共同点就是二次水化,即水化反应分两步进行:首先,熟料矿物水化析出氢氧化钙、水化硅酸钙、水化铝酸钙、水化铁酸钙等水化产物。然后,活性混合材料开始水化,熟料矿物析出的氢氧化钙作为碱性激发剂,掺入水泥中的石膏作为硫酸盐激发剂,促进三种混合材料中活性氧化硅和活性氧化铝的活性发挥,生成水化硅酸钙、水化铝酸三钙、高硫型水化硫铝酸钙。

③ 矿渣、火山灰质、粉煤灰硅酸盐水泥的共同特性。

A. 凝结硬化速度慢,早期强度低,但后期强度较高;

B. 抗腐蚀能力强；

C. 水化热低；

D. 硬化时对湿热敏感性强，适合高温养护；

E. 抗碳化能力差；

F. 抗冻性差。

④ 矿渣、火山灰质、粉煤灰硅酸盐水泥的不同特性。

A. 矿渣硅酸盐水泥的耐热性好。由于矿渣硅酸盐水泥中的矿渣不容易磨细，其颗粒平均粒径大于硅酸盐水泥的粒径，磨细后又是多棱角形状，因此矿渣硅酸盐水泥保水性差、易泌水、抗渗性差。故不宜用于有抗渗性要求的混凝土工程。

B. 火山灰质硅酸盐水泥具有较高的抗渗性和耐水性。因此它适用于有抗渗要求的混凝土工程。火山灰质硅酸盐水泥在干燥环境下易产生干缩裂缝，二氧化碳使水化硅酸钙分解成碳酸钙和二氧化硅的粉状物，即发生"起粉"现象，所以，火山灰质硅酸盐水泥不宜用于干燥地区的混凝土工程。

C. 粉煤灰硅酸盐水泥具有抗裂性好的特性，但由于它的泌水速度快，若施工处理不当，易产生失水裂缝，因而不宜用于干燥环境。此外，泌水会造成较多的连通孔隙，故粉煤灰硅酸盐水泥的抗渗性较差，不宜用于抗渗要求高的混凝土工程。

3) 复合硅酸盐水泥。

① 技术要求。

A. 细度、安定性、凝结时间的要求和氧化镁、三氧化硫的含量要求均同矿渣、火山灰质和粉煤灰硅酸盐水泥。

B. 复合硅酸盐水泥强度等级的要求见表5-2。

② 复合硅酸盐水泥的特点及应用。

复合硅酸盐水泥是一种新型的通用硅酸盐水泥，是掺有两种或两种以上混合材料，可以相互取长补短，克服单一混合材料的一些弊端。其早期强度接近于普通硅酸盐水泥，而其他性能均优于矿渣、火山灰质和粉煤灰硅酸盐水泥，因而适用范围广。

3. 其他品种水泥

(1) 快硬型水泥——快硬硫铝酸盐水泥和快硬铁铝酸盐水泥

以适当成分的生料，经煅烧所得以无水硫铝酸钙和硅酸二钙为主要矿物成分的熟料，加入 0~10% 的石灰石、适量石膏磨细制成的早期强度高的水硬性胶凝材料，称为快硬硫铝酸盐水泥。其代号为 R·SAC。

以适当成分的生料，经煅烧所得以无水硫铝酸钙、铁相（$4CaO·Al_2O_3·Fe_2O_3$、$6CaO·Al_2O_3·2Fe_2O_3$ 等）和硅酸二钙为主要矿物成分的熟料，加入 0~15% 的石灰石、适量石膏磨细制成的早期强度高的水硬性胶凝材料，称为快硬铁铝酸盐水泥。其代号为 R·FAC。

快硬硫铝酸盐水泥和快硬铁铝酸盐水泥，要求细度为比表面积不小于 $350m^2/kg$。初凝不得早于 25min，终凝不得迟于 180min。快硬硫铝酸盐水泥和快硬铁铝酸盐水泥均以 3d 抗压强度分为 42.5、52.5、62.5、72.5 四个强度等级。

快硬硫铝酸盐水泥和快硬铁铝酸盐水泥均具有早期强度高、抗硫酸盐腐蚀的能力强、抗渗性好、抗冻性好、微膨胀、水化热大、耐热性差的特点,故适用于冬季施工、抢修、修补及有硫酸盐腐蚀的工程,也可用于浆锚、喷锚、拼装、节点、地质固井、堵漏等混凝土工程。

(2)膨胀水泥和自应力水泥

使水泥产生膨胀的反应主要有三种:CaO 水化生成 Ca(OH)$_2$,MgO 水化生成 Mg(OH)$_2$ 以及形成 AFt。目前广泛使用的是 AFt 为膨胀成分的各种膨胀水泥。

以适当比例的硅酸盐水泥或普通硅酸盐水泥、高铝水泥熟料和天然二水石膏粉磨而成的膨胀性的水硬性胶凝材料称为自应力硅酸盐水泥。自应力硅酸盐水泥根据 28d 自应力值大小分为 S_1、S_2、S_3、S_4 四个等级。

自应力铝酸盐水泥是以一定量的高铝水泥熟料和二水石膏粉磨而成的大膨胀率胶凝材料。按 1:2 标准砂浆 28d 自应力值分为 3.0、4.5 和 6.0 三个级别。

以适当成分的生料,经煅烧所得以无水硫酸钙和硅酸二钙为主要矿物成分的熟料,加入适量石膏磨细制成的可调膨胀性能的水硬性胶凝材料,称为膨胀硫铝酸盐水泥。

(3)道路硅酸盐水泥

1)定义。以适当成分的生料烧至部分熔融,所得以硅酸钙为主要成分和较多量铁铝酸钙的硅酸盐水泥熟料称为道路硅酸盐水泥熟料。由道路硅酸盐水泥熟料、0~10% 活性混合材料和适量石膏磨细制成的水硬性胶凝材料,称为道路硅酸盐水泥(简称道路水泥)。

2)技术要求。

① 细度。0.08mm 筛的筛余不得超过 10%。

② 凝结时间。初凝不得早于 1.5h,终凝不得迟于 10h。

③ 体积安定性。沸煮法检验合格。

④ 干缩率和耐磨性。干缩率≤0.10%,耐磨性以磨耗量表示,≤3.6kg/m^2。

⑤ 道路硅酸盐水泥分 32.5、42.5 和 52.5 三个强度等级。各强度等级各龄期强度不得低于《道路硅酸盐水泥》(GB 13693—2005)中的规定。

3)性质与应用。道路硅酸盐水泥具有较高的抗折强度,良好的耐磨性,较长的初凝时间和较小的干缩率,以及抗冲击、抗冻和抗硫酸盐侵蚀的能力。它特别适用于公路路面、机场跑道、车站及公共广场等工程的面层混凝工程。

(4)砌筑水泥

1)定义。国家标准《砌筑水泥》(GB/T 3183—2003)规定,凡由掺量大于50%一种或一种以上的水泥混合材料,加入适量硅酸盐水泥熟料和石膏,经磨细制成的和易性较好的水硬性胶凝材料,称为砌筑水泥,代号 M。

2)技术要求。按照国家标准《砌筑水泥》(GB/T 3183—2003)规定,砌筑水泥的细度为 80mm 方孔筛筛余≯10%;初凝时间不早于 1h,终凝时间不得迟于 12h;沸煮安定性合格,SO$_3$ 含量不大于 4.0%;流动性指标为流动度,采用灰砂比为 1:2.5,水灰比为 0.46 的砂浆测定的流动度值应大于 125mm。泌水率少于 12%。砌筑水泥分 12.5、22.5 两个强度等级。

3)性质与应用。砌筑水泥是低强度水泥,硬化慢,但和易性好,特别适合配制砂浆,也可用于基础混凝土垫层或蒸养混凝土砌块等。

(5)铝酸盐水泥

铝酸盐水泥是以石灰石和矾土为主要原料,配制成适当成分的生料,烧至全部或部分熔融所得以铝酸钙为主要矿物的熟料,经磨细制成的水硬性胶凝材料,代号CA。

1)铝酸盐水泥的组成。

① 化学组成。铝酸盐水泥熟料的主要化学成分及按 Al_2O_3 含量分为四类,见表5-4。

表5-4 铝酸盐水泥的分类(GB 201—2000)

类型	Al_2O_3(%)	SiO_2(%)	Fe_2O_3(%)	$R_2O(Na_2O + 0.658K_2O)$(%)	S(%)	Cl(%)
CA-50	≥50,<60	≤8.0	≤2.5	≤0.4	≤0.1	≤0.1
CA-60	≥60,<68	≤5.0	≤2.0			
CA-70	≥68,<77	≤1.0	≤0.7			
CA-80	≥77	≤0.5	≤0.5			

② 铝酸盐水泥的矿物组成。质量优良的铝酸盐水泥,其矿物组成一般是以铝酸一钙和二铝酸一钙为主。

2)铝酸盐水泥的水化和硬化。

① 铝酸盐水泥的水化。铝酸一钙是铝酸盐水泥的主要矿物组成。一般认为,铝酸盐水泥的水化产物结晶情况随温度有所不同。当温度 < 20℃时,水化生成的是水化铝酸一钙(CAH_{10});当温度在 20~30℃时,是水化铝酸二钙(C_2AH_8);当温度大于 30℃时,是水化铝酸三钙(C_3AH_6)。一般情况下(<30℃),水化产物中有 CAH_{10}、C_2AH_8 和铝胶。但在较高温度下,水化产物主要为 C_3AH_6 和铝胶。

② 铝酸盐水泥的硬化。水化产物 CAH_{10} 或 C_2AH_8 互相结成坚固的结晶连生体,形成晶体骨架。析出的铝胶填充于晶体骨架的空隙中,形成致密的结构。故铝酸盐水泥在早期便能获得很高的机械强度。但 CAH_{10} 或 C_2AH_8 将会自发地逐渐转化为比较稳定的 C_3AH_6,晶型转化使水泥石内析出游离水,孔隙大大增加,导致强度下降。温度越高,下降的也越明显。

3)铝酸盐水泥的技术要求。

① 细度。比表面积不小于 $300m^2/kg$ 或 0.045mm 筛余量不大于 20%。

② 凝结时间(要求见表5-5)。

表5-5 铝酸盐水泥凝结时间

水泥类型	凝结时间	
	初凝时间(min)	终凝时间(h)
CA-50	不早于30	不迟于6
CA-60	不早于30	不迟于18
CA-70	不早于30	不迟于6
CA-80	不早于30	不迟于6

③ 强度等级。各类型铝酸盐水泥不同龄期强度值不得低于铝酸盐水泥强度要求的规定。

4)铝酸盐水泥的性质及应用。

① 快硬、早强、高温下后期强度下降。适用于紧急抢修工程及早强要求的特殊工程。但是铝酸盐水泥不宜在高温、高湿环境及长期承载的结构工程中使用,使用时应按最低稳定强度设计。

② 水化热高,放热快。铝酸盐水泥适合低温季节,特别是寒冷地区的冬季施工混凝土工程,不适于大体积混凝土工程。

③ 耐热性强。铝酸盐水泥可作为耐热混凝土的胶结材料,配制 1200~1400℃ 的耐热混凝土和砂浆,用于窑炉衬砖等。

④ 耐腐蚀性强。高铝水泥适宜用于耐酸和抗硫酸盐腐蚀要求的工程。

⑤ 耐碱性强。水化铝酸钙遇碱即发生化学反应,使水泥石结构疏松,强度大幅度下降。因此,铝酸盐水泥不宜用于与碱接触的混凝土工程。

4. 水泥在市政工程中的应用

(1) 水泥的选用原则。

1) 按环境条件选择水泥品种。环境条件包括温湿度、周围介质、压力等工程外部条件。

2) 按工程特点选择水泥品种。在混凝土结构工程中,常用水泥的使用参照表 5-6 选择。

表 5-6 通用硅酸盐水泥的选用

		混凝土工程特点及所处环境条件	优先选用	可以选用	不宜选用
普通混凝土	1	在一般环境中的混凝土	普通硅酸盐水泥	矿渣硅酸盐水泥、火山灰质硅酸盐水泥、粉煤灰硅酸盐水泥、复合硅酸盐水泥	
	2	在干燥环境中的混凝土	普通硅酸盐水泥	矿渣硅酸盐水泥	火山灰质硅酸盐水泥粉煤灰硅酸盐水泥
	3	在高湿环境中或长期处于水中的混凝土	矿渣硅酸盐水泥、火山灰质硅酸盐水泥、粉煤灰硅酸盐水泥、复合硅酸盐水泥	普通硅酸盐水泥	
	4	厚大体积的混凝土	矿渣硅酸盐水泥、火山灰质硅酸盐水泥、粉煤灰硅酸盐水泥、复合硅酸盐水泥		硅酸盐水泥
有特殊要求的混凝土	1	要求快硬、高强(>C40)的混凝土	硅酸盐水泥	普通硅酸盐水泥	矿渣硅酸盐水泥、火山灰质硅酸盐水泥、粉煤灰硅酸盐水泥、复合硅酸盐水泥
	2	严寒地区的露天混凝土,寒冷地区处于水位升降范围内的混凝土	普通硅酸盐水泥	矿渣硅酸盐水泥(强度等级>32.5)	火山灰质硅酸盐水泥、粉煤灰硅酸盐水泥
	3	严寒地区处于水位升降范围内的混凝土	普通硅酸盐水泥(强度等级>42.5)		矿渣硅酸盐水泥、火山灰质硅酸盐水泥、粉煤灰硅酸盐水泥、复合硅酸盐水泥
	4	有抗渗要求的混凝土	普通硅酸盐水泥、火山灰质硅酸盐水泥		矿渣硅酸盐水泥
	5	有耐磨性要求的混凝土	硅酸盐水泥、普通硅酸盐水泥	矿渣硅酸盐水泥(强度等级>32.5)	火山灰质硅酸盐水泥、粉煤灰硅酸盐水泥
	6	受侵蚀介质作用的混凝土	矿渣硅酸盐水泥、火山灰质硅酸盐水泥、煤灰硅酸盐水泥、复合硅酸盐水泥		硅酸盐水泥

(2) 水泥的运输和储存

水泥在运输和储存过程中不得混入杂物,应按不同品种、强度等级和出厂日期分别加以标明,水泥储存时应先存先用,对散装水泥分库存放,而袋装水泥一般堆放高度不超过10袋。水泥存放不可受潮,受潮的水泥表现为结块,凝结速度减慢,烧失量增加,强度降低。水泥的储存期不宜太久,常用水泥一般不超过3个月,铝酸盐水泥一般不超过2个月。过期水泥应重新检测,按实测强度使用。

5.2 典型题解

【例5-2-1】 根据石灰浆体的凝结硬化过程,试分析硬化石灰浆体有哪些特性?

【答】 石灰浆体在空气中凝结硬化过程,是由下面两个同时进行的过程来完成的:

(1) 结晶作用:游离水分蒸发,氢氧化钙逐渐从饱和溶液中结晶。

(2) 碳化作用:氢化氧钙与空气中的二氧化碳化合生成碳酸钙结晶,释出水分并被蒸发;由于氢氧化钙结晶速度慢且结晶量少,空气中二氧化碳稀薄,碳化速度慢。而且表面碳化后,形成紧密外壳,不利于二氧化碳的渗透和碳化作用的深入。因而硬化石灰浆体具有以下特性:

1) 凝结硬化慢;

2) 硬化后强度低;

3) 硬化时体积收缩大;

4) 耐水性差,因为硬化石灰浆体的主要成分是氢氧化钙,而氢氧化钙可微溶解于水。

【评】 石灰浆体在空气中凝结硬化过程主要是依赖于浆体中$Ca(OH)_2$的结晶析出和$Ca(OH)_2$与空气中的二氧化碳的碳化作用。

【例5-2-2】 既然石灰不耐水,为什么由它配制的灰土或三合土却可以用于基础的垫层、道路的基层等潮湿部位?

【答】 石灰土或三合土是由消石灰粉和黏土等按比例配制而成的。加适量的水充分拌合后,经碾压或夯实,在潮湿环境中石灰与黏土表面的活性氧化硅或氧化铝反应,生成具有水硬性的水化硅酸钙或水化铝酸钙,所以灰土或三合土的强度和耐水性会随使用时间的延长而逐渐提高,适于在潮湿环境中使用。再者,由于石灰的可塑性好,与黏土等拌合后经压实或夯实,使灰土或三合土的密实度大大提高,降低了孔隙率,使水的侵入大为减少。因此灰土或三合土可以用于基础的垫层、道路的基层等潮湿部位。

【评】 黏土表面存在少量的活性氧化硅和氧化铝,可与消石灰$Ca(OH)_2$反应,生成水硬性物质。

【例5-2-3】 为什么水泥必须具有一定的细度?

【答】 在矿物组成相同的条件下,水泥磨得愈细,水泥颗粒平均粒径愈小,比表面积越大,水泥水化时与水的接触面越大,水化速度越快,水化反应越彻底。相应地水泥凝结硬化速度就越快,早期强度和后期强度就越高。但其28d水化热也越大,硬化后的干燥收缩值也越大。另外要把水泥磨得更细,也需要消耗更多的能量,造成成本提高。因此水泥应具有一定的细度。

【评】 《通用硅酸盐水泥》国家标准第1号修改单(GB 175—2007/XG1—2009)规定,水泥的细度可用比表面积或 0.08mm 方孔筛的筛余量（未通过部分占试样总量的百分率）来表示。如普通硅酸盐水泥的细度为 0.08mm 方孔筛的筛余量不得超过 10%。

【例 5-2-4】 何谓水泥的体积安定性？水泥的体积安定性不良的原因是什么？安定性不良的水泥应如何处理？

【答】 水泥浆体硬化后体积变化的均匀性称为水泥的体积安定性。即水泥硬化浆体能保持一定形状，不开裂，不变形，不溃散的性质。导致水泥安定性不良的主要原因是：

（1）由于熟料中含有的游离氧化钙、游离氧化镁过多；

（2）掺入石膏过多；

其中游离氧化钙是一种最为常见，影响也是最严重的因素。熟料中所含游离氧化钙或氧化镁都是过烧的，结构致密，水化很慢。加之被熟料中其他成分所包裹，使得其在水泥已经硬化后才进行熟化，生成六方板状的 $Ca(OH)_2$ 晶体，这时体积膨胀 97% 以上，从而导致不均匀体积膨胀，使水泥石开裂。

当石膏掺量过多时，在水泥硬化后，残余石膏与水化铝酸钙继续反应生成钙矾石，体积增大约 1.5 倍，也导致水泥石开裂。

体积安定性不良的水泥，会发生膨胀性裂纹使水泥制品或混凝土开裂、造成结构破坏。因此体积安定性不良的水泥，应判为废品，不得在工程中使用。

【评】 水泥的体积安定性用雷氏法或试饼法检验。沸煮后的试饼如目测未发现裂缝，用直尺检查也没有弯曲，表明安定性合格。反之为不合格。雷式夹两试件指针尖之间距离增加值的平均值不大于 5.0mm 时，认为水泥安定性合格。沸煮法仅能检验游离氧化钙的危害。游离氧化镁和过量石膏往往不进行检验，而由生产厂控制二者的含量，并低于标准规定的数量。

【例 5-2-5】 某些体积安定性不合格的水泥，在存放一段时间后变为合格，为什么？

【答】 某些体积安定性轻度不合格水泥，在空气中放置 2~4 周以上，水泥中的部分游离氧化钙可吸收空气中的水蒸气而水化（或消解），即在空气中存放一段时间后由于游离氧化钙的膨胀作用被减小或消除，因而水泥的体积安定性可能由轻度不合格变为合格。

【评】 必须注意的是，这样的水泥在重新检验并确认体积安定性合格后方可使用。若在放置一段时间后体积安定性仍不合格则仍然不得使用。安定性合格的水泥也必须重新标定水泥的强度等级，按标定的强度等级值使用。

【例 5-2-6】 为什么流动的软水对水泥石有腐蚀作用？

【答】 水泥石中存在有水泥水化生成的氢氧化钙。氢氧化钙 $Ca(OH)_2$ 可以微溶于水。水泥石长期接触软水时，会使水泥石中的氢氧化钙不断被溶出并流失，从而引起水泥石孔隙率增加。当水泥石中游离的氢氧化钙 $Ca(OH)_2$ 浓度减少到一定程度时，水泥石中的其他含钙矿物也可能分解和溶出，从而导致水泥石结构的强度降低，所以流动的软水或具有压力的软水对水泥石有腐蚀作用。

【评】 造成水泥石腐蚀的基本原因有：

（1）水泥石中含有较多易受腐蚀的成分，主要有氢氧化钙 $Ca(OH)_2$、水化铝酸三钙 C_3AH_6 等。

（2）水泥石本身不密实，内部含有大量毛细孔，腐蚀性介质易于渗入和溶出，造成水泥石内部也受到腐蚀。工程环境中存在有腐蚀性介质且其来源充足。

【例 5-2-7】 市政工程材料试验室对一普通硅酸盐水泥试样进行了检测,试验结果如下表,试确定其强度等级。

抗折强度破坏荷载(kN)		抗压强度破坏荷载(kN)	
3d	28d	3d	28d
1.25	2.90	23	75
		29	71
1.60	3.05	29	70
		28	68
1.50	2.75	26	69
		27	70

【解】 (1)抗折强度的计算:

该水泥试样 3d 抗折强度破坏荷载的平均值为:

$$\overline{F}_{f3} = \frac{1.25 + 1.60 + 1.50}{3} = 1.45 \text{kN}$$

因为

$$\frac{1.45 - 1.25}{1.45} = 13.8\% \ (>10\%)$$

所以 舍去 1.25

所以

$$\overline{F}_{f3} = \frac{1.60 + 1.50}{2} = 1.55 \text{kN}$$

该水泥试样的 3d 抗折强度为:

$$R_{f3} = \frac{1.5 F_f L}{b^3} = \frac{1.5 \times 1550 \times 100}{40^3} = 3.6 \text{MPa}$$

(2)抗压强度计算:

该水泥试样 3d 抗压强度破坏荷载的平均值为:

$$\overline{F}_{c3} = \frac{23 + 29 + 29 + 28 + 26 + 27}{6} = 27.0 \text{kN}$$

因为

$$\frac{27 - 23}{27} = 1.48\% \ (>10\%)$$

所以 舍去 23

所以

$$\overline{F}_{f3} = \frac{29 + 29 + 28 + 26 + 27}{5} = 27.8 \text{kN}$$

该水泥试样 3d 抗压强度为:

$$R_{c3} = \frac{F_c}{A} = \frac{2.78 \times 10^3}{1600} = 17.4 \text{MPa}$$

该水泥试样 28d 抗折强度破坏荷载的平均值为:

$$\overline{F}_{f28} = \frac{2.90+3.05+2.75}{3} = 2.90\text{kN}$$

该水泥试样的 28d 抗折强度为：

$$\overline{R}_{f28} = \frac{1.5 F_t L}{b^3} = \frac{1.5 \times 29000 \times 100}{40^3} = 6.8\text{MPa}$$

该水泥试样 28d 抗压强度破坏荷载的平均值为：

$$\overline{F}_{c28} = \frac{75+71+70+68+69+70}{6} = 70.5\text{kN}$$

该水泥试样 3d 抗压强度为：

$$R_{c28} = \frac{F_c}{A} = \frac{70.5 \times 10^3}{1600} = 44.1\text{MPa}$$

该普通硅酸盐水泥试样在不同龄期的强度汇总如下表：

抗压强度（MPa）		抗折强度（MPa）	
3d	28d	3d	28d
17.4	44.1	3.6	6.8

查表《通用硅酸盐水泥》国家标准第 1 号修改单（GB 175—2007/XG1—2009）知该水泥试样强度等级为普通硅酸盐水泥 42.5。

【评】 计算水泥试样的抗折强度时，以 3 个试件的强度平均值作为测定结果（精确至 0.1MPa）。当 3 个试件的强度值中有超过平均值 ±10% 时，应删除后再取平均值作为抗折强度的测定结果。计算水泥试样的抗压强度时，以 6 个半截试件的平均值作为测定结果（精确至 0.1MPa）。如 6 个测定值中有 1 个超出平均值的 ±10%，应删除，以其余 5 个测定值的平均值作为测定结果。如果五个测定值中仍再有超过它们平均值 ±10% 的数据，则该试验结果作废。

5.3 习　　题

5.3.1 名词解释

1—1　胶凝材料　　　　1—2　气硬性胶凝材料　　　1—3　水硬性胶凝材料
1—4　过火石灰　　　　1—5　石灰的"陈伏"　　　　1—6　活性混合材料
1—7　体积安定性不良　1—8　标准稠度需水量　　　1—9　假凝
1—10　混合材料　　　 1—11　水泥的凝结和硬化　　1—12　水泥的初凝时间

5.3.2 判断题

2—1　（　）石灰"陈伏"是为了降低熟化时的放热量。
2—2　（　）石灰是气硬性胶凝材料，因此所有加入了石灰的材料都只能在空气中硬化并保持和发展强度。

2—3　(　)石灰是气硬性胶凝材料,而用其制备的石灰土生成了水硬性水化产物。

2—4　(　)硅酸盐水泥中 C_3A 的早期强度低,后期强度高,而 C_3S 正好相反。

2—5　(　)用沸煮法可以全面检验硅酸盐水泥的体积安定性是否良好。

2—6　(　)硅酸盐水泥的细度越细,标准稠度需水量越高。

2—7　(　)硅酸盐水泥中含有游离 CaO、游离 MgO 和过多的石膏都会造成水泥体积安定性不良。

2—8　(　)六大通用硅酸盐水泥中,矿渣硅酸盐水泥的耐热性最好。

2—9　(　)硅酸盐水泥中不加任何混合材或混合材掺量小于5%。

2—10　(　)硅酸盐水泥熟料矿物组分中,水化速度最快的是铝酸三钙。

2—11　(　)水泥越细,比表面积越小,标准稠度需水量越小。

2—12　(　)体积安定性不良的水泥,重新加工后可以用于工程中。

2—13　(　)火山灰质硅酸盐水泥不宜用于有抗冻、耐磨要求的工程。

2—14　(　)在大体积混凝土中,应优先选用硅酸盐水泥。

2—15　(　)普通硅酸盐水泥的初凝时间不得早于45min,终凝时间不得迟于6.5h。

2—16　(　)硅酸盐水泥是水硬性胶凝材料,因此,只能在水中保持与发展强度。

2—17　(　)有抗渗要求的混凝土,不宜选用矿渣硅酸盐水泥。

2—18　(　)水泥越细,强度发展越快,对混凝土性能也越好。

2—19　(　)硅酸盐水泥是一种气硬性胶凝材料。

2—20　(　)硅酸盐水泥熟料的四种主要矿物是 C_3S、C_2S、C_3A 和 C_4AF。

2—21　(　)硅酸盐水泥水化在28d内由 C_3S 起作用,一年后 C_2S 与 C_3S 发挥同等作用。

2—22　(　)高铝水泥制作的混凝土构件,采用蒸汽养护,可以提高早期强度。

2—23　(　)火山灰质硅酸盐水泥,适用于抗渗性要求较高的工程中。

2—24　(　)因为水泥是水硬性胶凝材料,故运输和储存时不怕受潮和淋湿。

2—25　(　)水泥出厂后三个月使用,其性能并不变化,可以安全使用。

2—26　(　)硅酸盐水泥的细度越细越好。

2—27　(　)火山灰质硅酸盐水泥包装袋上印刷采用黑色。

2—28　(　)活性混合材料掺入石灰和石膏即成水泥。

2—29　(　)在测定水泥的强度时,1d内的标准养护条件是(20±1)℃、相对湿度90%以上。

2—30　(　)凡溶有二氧化碳的水均对硅酸盐水泥有腐蚀作用。

2—31　(　)水泥熟料中的 C_3A 的硬化速度最快、水化热最大、耐腐蚀性最差。

2—32　(　)粉煤灰硅酸盐水泥的水化热较低,需水量也比较低,抗裂性较好。尤其适合于大体积水工混凝土以及地下和海港工程等。

2—33　(　)石膏是水泥的缓凝剂,所以不能掺入太多,否则凝结时间会太长。

2—34　(　)水泥和熟石灰混合使用会引起体积安定性不良。

2—35　(　)水泥水化反应的速度与环境的温度有关,但温度的影响主要表现在水泥水化的早期阶段,对后期影响不大。

5.3.3 填空题

3—1 按石灰中氧化镁含量将生石灰、生石灰粉分为_____（MgO≤5%）以及_____（MgO>5%）。

3—2 当石灰已经硬化后，其中的过火石灰才开始熟化，体积_____，引起_____。

3—3 消除墙上石灰砂浆抹面的爆裂现象，可采取_____的措施。

3—4 石灰熟化时放出大量_____，体积发生显著_____；石灰硬化时放出大量_____，体积产生明显_____。

3—5 石灰的特性有：可塑性_____、硬化_____、硬化时体积_____和耐水性_____等。

3—6 建筑生石灰的技术要求包括_____、_____、_____和_____四方面。

3—7 胶凝材料按照化学成分分为_____和_____两类。无机胶凝材料按照硬化条件不同分为_____和_____两类。

3—8 生石灰的熟化是指_____。熟化过程的特点：一是_____，二是_____。

3—9 生石灰按照煅烧程度不同可分为_____、_____和_____；按照MgO含量不同分为_____和_____。

3—10 石灰浆体的硬化过程，包含了_____、_____和_____三个交错进行的过程。

3—11 石灰按成品加工方法不同分为_____、_____、_____、_____、_____五种。

3—12 建筑生石灰、建筑生石灰粉和建筑消石灰粉按照其主要活性指标_____的含量划分为_____、_____和_____三个质量等级。

3—13 硅酸盐水泥熟料中的主要矿物组分包括_____、_____、_____和_____。

3—14 生产硅酸盐水泥时，必须掺入适量的石膏，其目的是_____，当石膏掺量过多时会导致_____，过少则会导致_____。

3—15 引起硅酸盐水泥体积安定性不良的主要因素有_____、_____和_____。

3—16 引起硅酸盐水泥腐蚀的内因是_____和_____。

3—17 粉煤灰硅酸盐水泥与硅酸盐水泥相比，其早期强度_____，后期强度_____，水化热_____，抗蚀性_____，抗冻性_____。

3—18 矿渣硅酸盐水泥比硅酸盐水泥的抗蚀性_____，其原因是矿渣硅酸盐水泥水化产物中_____、_____含量少。

3—19 活性混合材料中均含有_____和_____成分。它们能和水泥水化产生化学作用，生成_____和_____。

3—20　国家标准规定：硅酸盐水泥的初凝时间不得早于_____，终凝时间不得迟于_____。

3—21　对硅酸盐水泥的技术要求主要有_____、_____、_____和_____。

3—22　市政工程中通用硅酸盐水泥主要包括_____、_____、_____、_____、_____和_____六大品种。

3—23　水泥石是一种_____体系。水泥石由_____、_____、_____和_____组成。

3—24　水泥的细度是指_____，对于硅酸盐水泥，其细度的标准规定是其比表面积应大于_____；对于其他通用水泥，细度的标准规定是_____。

3—25　硅酸盐水泥中 MgO 含量不得超过_____。如果水泥经蒸压安定性试验合格，则允许放宽到_____。SO_3 的含量不超过_____；硅酸盐水泥中的不溶物含量，Ⅰ型硅酸盐水泥_____，Ⅱ型硅酸盐水泥_____。

3—26　硅酸盐水泥的强度等级有_____、_____、_____、_____、_____和_____六个。其中 R 型为_____，主要是其_____ d 强度较高。

3—27　水泥石的腐蚀主要包括_____、_____、_____和_____四种。

3—28　混合材料按其性能分为_____和_____两类。

3—29　普通硅酸盐水泥、矿渣硅酸盐水泥、粉煤灰硅酸盐水泥和火山灰质硅酸盐水泥的强度等级有_____、_____、_____、_____和_____。其中 R 型为_____。

3—30　普通硅酸盐水泥、矿渣硅酸盐水泥、粉煤灰硅酸盐水泥和火山灰质硅酸盐水泥的性能，国家标准规定：
(1) 细度：通过_____的方孔筛筛余量不超过_____；
(2) 凝结时间：初凝不早于_____ min，终凝不迟于_____；
(3) SO_3 含量：矿渣硅酸盐水泥不超过_____，其他水泥不超过_____。
(4) 体积安定性：经过_____法检验必须_____。

3—31　硅酸盐水泥熟料中水化速度最快的矿物是_____，含量最高的矿物是_____。

3—32　常用的活性混合材料包括_____、_____和_____三种。

3—33　国家标准规定Ⅰ型硅酸盐水泥中的烧失量不得大于_____；Ⅱ型不得大于_____。

3—34　通用硅酸盐水泥中只有_____的 SO_3 含量≯4%，其他为≯3.5%。

3—35　袋装水泥储存三个月后，强度约降低_____；六个月后，约降低水泥_____。

第 5 章 石灰与水泥

5.3.4 单项选择题

4—1 生石灰和消石灰的化学式分别为( )。
A. $Ca(OH)_2$ 和 $CaCO_3$ B. CaO 和 $CaCO_3$
C. CaO 和 $Ca(OH)_2$ D. $Ca(OH)_2$ 和 CaO

4—2 在下列几种无机胶凝材料中,哪几种属于气硬性的无机胶凝材料?( )
A. 石灰、水泥、建筑石膏 B. 水玻璃、水泥、菱苦土
C. 石灰、建筑石膏、菱苦土 D. 沥青、石灰、建筑石膏

4—3 生石灰消解反应的特点是( )。
A. 放出大量热且体积大大膨胀 B. 吸收大量热且体积大大膨胀
C. 放出大量热且体积收缩 D. 吸收大量热且体积收缩

4—4 消石灰粉使用前应进行陈伏处理是为了( )。
A. 有利于硬化 B. 消除过火石灰的危害
C. 提高浆体的可塑性 D. 使用方便

4—5 为了保持石灰的质量,应使石灰储存在( )。
A. 潮湿的空气中 B. 干燥的环境中
C. 水中 D. 蒸汽的环境中

4—6 以容器包装的是( )。
A. 石灰 B. 石膏
C. 菱苦土 D. 水玻璃

4—7 为满足施工操作的要求,使用( )时,一般均需加硼砂或柠檬酸、亚硫酸盐纸浆废液等做缓凝剂。
A. 石灰 B. 石膏
C. 菱苦土 D. 水玻璃

4—8 石灰的体积密度为( )。
A. $1200 \sim 1300 kg/m^3$ B. $1200 \sim 1400 kg/m^3$
C. $1100 \sim 1300 kg/m^3$ D. $1100 \sim 1400 kg/m^3$

4—9 下列各项中,哪项不是影响硅酸盐水泥凝结硬化的因素?( )
A. 熟料矿物成分含量、水泥细度、用水量
B. 环境温湿度、硬化时间
C. 水泥的用量与体积
D. 石膏掺量

4—10 不宜用于大体积混凝土工程的水泥是( )。
A. 硅酸盐水泥 B. 矿渣硅酸盐水泥
C. 粉煤灰硅酸盐水泥 D. 火山灰质硅酸盐水泥

4—11 配制有抗渗要求的混凝土时,不宜使用( )。
A. 硅酸盐水泥 B. 普通硅酸盐水泥
C. 矿渣硅酸盐水泥 D. 火山灰质硅酸盐水泥

4—12 硅酸盐水泥中,对强度贡献最大的熟料矿物是( )。
A. C_3S　　　　　B. C_2S　　　　　C. C_3A　　　　　D. C_4AF

4—13 在硅酸盐水泥的主要成分中,水化速度最快的熟料矿物是( )。
A. C_3S　　　　　B. C_2S　　　　　C. C_3A　　　　　D. C_4AF

4—14 硅酸盐水泥某些性质不符合国家标准规定,应作为废品,下列哪项除外?( )
A. MgO 含量(超过 5.0%)、SO_3 含量(超过 3.5%)
B. 强度不符合规定
C. 安定性(用沸煮法检验)不合格
D. 初凝时间不符合规定(初凝时间早于 45min)

4—15 矿渣硅酸盐水泥比硅酸盐水泥抗硫酸盐腐蚀能力强的原因是由于矿渣硅酸盐水泥( )。
A. 水化产物中氢氧化钙较少
B. 水化反应速度较慢
C. 水化热较低
D. 熟料相对含量减少,矿渣活性成分的反应,因而其水化产物中氢氧化钙和水化铝酸钙都较少

4—16 高层建筑基础工程的混凝土宜优先选用下列哪一种水泥?( )
A. 硅酸盐水泥　　　　　　　　　　B. 普通硅酸盐水泥
C. 矿渣硅酸盐水泥　　　　　　　　D. 火山灰质硅酸盐水泥

4—17 铝酸盐水泥与硅酸盐水泥相比,具有如下特性,正确的是( )。
Ⅰ. 强度增长快、并能持续长期增长,故宜用于抢修工程
Ⅱ. 水化热高,且集中在早期放出
Ⅲ. 不宜采用蒸汽养护
Ⅳ. 抗硫酸盐腐蚀的能力强
Ⅴ. 铝酸盐水泥在超过 30℃ 的条件下水化时强度降低,故不宜用来配制耐火混凝土
A. Ⅰ、Ⅱ、Ⅲ　　　　　　　　　　B. Ⅱ、Ⅲ、Ⅳ
C. Ⅲ、Ⅳ、Ⅴ　　　　　　　　　　D. Ⅰ、Ⅲ、Ⅴ

4—18 水泥安定性是指( )。
A. 温度变化时,胀缩能力的大小
B. 冰冻时,抗冻能力的大小
C. 硬化过程中,体积变化是否均匀
D. 拌合物中保水能力的大小

4—19 下列四种水泥,在采用蒸气养护制作混凝土制品时,应选用( )。
A. 普通硅酸盐水泥　　　　　　　　B. 矿渣硅酸盐水泥
C. 硅酸盐水泥　　　　　　　　　　D. 矾土水泥

4—20 对出厂日期超过 3 个月的过期水泥的处理办法是( )。
A. 按原强度等级使用　　　　　　　B. 降低使用
C. 重新确定强度等级　　　　　　　D. 判为废品

第5章 石灰与水泥

4—21 水泥强度试体养护的标准环境是( )。
A.(20+3)℃,95%相对湿度的空气   B.(20+1)℃,95%相对湿度的空气
C.(20+3)℃的水中   D.(20+1)℃的水中

4—22 硅酸盐水泥初凝时间不得早于( )。
A. 45min   B. 30min
C. 60min   D. 90min

4—23 在配制机场跑道混凝土时,不宜采用( )。
A. 普通硅酸盐水泥   B. 矿渣硅酸盐水泥
C. 硅酸盐水泥   D. 粉煤灰硅酸盐水泥

4—24 有硫酸盐腐蚀的混凝土工程应优先选择( )硅酸盐水泥。
A. 硅酸盐   B. 普通
C. 矿渣   D. 高铝

4—25 有耐热要求的混凝土工程,应优先选择( )硅酸盐水泥。
A. 硅酸盐   B. 矿渣
C. 火山灰   D. 粉煤灰

4—26 下列材料中,属于非活性混合材料的是( )。
A. 石灰石粉   B. 矿渣
C. 火山灰   D. 粉煤灰

4—27 为了延缓水泥的凝结时间,在生产水泥时必须掺入适量( )。
A. 石灰   B. 石膏
C. 助磨剂   D. 水玻璃

4—28 通用水泥的储存期不宜过长,一般不超过( )。
A. 一年   B. 六个月
C. 一个月   D. 三个月

4—29 有抗冻要求的混凝土工程,在下列水泥中应优先选择( )硅酸盐水泥。
A. 矿渣   B. 火山灰
C. 粉煤灰   D. 普通

4—30 高铝水泥使用时,( )与硅酸盐水泥或石灰混杂使用。
A. 严禁   B. 适宜
C. 可以   D. 不可以

4—31 ( )中的三氧化硫的含量不得超过4%。
A. 普通硅酸盐水泥   B. 矿渣硅酸盐水泥
C. 火山灰质硅酸盐水泥   D. 粉煤灰硅酸盐水泥

4—32 用蒸汽养护加速混凝土硬化,宜选用( )硅酸盐水泥。
A. 硅酸盐   B. 高铝
C. 矿渣   D. 低热

4—33 沸煮法检验硅酸盐水泥的安定性时,主要检验的是( )对安定性的影响。
A. 游离氧化钙   B. 氧化镁

C. 游离氧化钙和氧化镁　　　　　　　D. 石膏

4—34 硅酸盐水泥熟料中含量最大的矿物是（　　）。
A. C_3A　　　　　　　　　　　　　B. C_3S
C. C_4AF　　　　　　　　　　　　D. C_2S

4—35 活性混合材料中主要参与水化反应的活性物质是活性（　　）。
A. SiO_2　　　　　　　　　　　　B. Al_2O_3
C. Fe_2O_3　　　　　　　　　　　D. SiO_2 和 Al_2O_3

4—36 火山灰质硅酸盐水泥（　　）用于受硫酸盐介质侵蚀的工程。
A. 可以　　　　　　　　　　　　　B. 部分可以
C. 不可以　　　　　　　　　　　　D. 适宜

4—37 高铝水泥最适宜使用的温度为（　　）。
A. 80℃　　　　　　　　　　　　　B. 30℃
C. >25℃　　　　　　　　　　　　D. 15℃左右

4—38 硅酸盐水泥熟料中对后期强度贡献最大的矿物是（　　）。
A. C_3A　　　　　　　　　　　　　B. C_3S
C. C_4AF　　　　　　　　　　　　D. C_2S

4—39 粉煤灰硅酸盐水泥是由硅酸盐水泥熟料、（　　）粉煤灰、适量石膏共同磨细制得的。
A. 20%~50%　　　　　　　　　　　B. 20%~40%
C. 20%~70%　　　　　　　　　　　D. 16%~50%

4—40 为了便于识别，火山灰质硅酸盐水泥、粉煤灰硅酸盐水泥和复合硅酸盐水泥包装袋上要求用（　　）字印刷。
A. 红色　　　　　　　　　　　　　B. 绿色
C. 黑色　　　　　　　　　　　　　D. 蓝色

5.3.5 多项选择题

5—1 硅酸盐水泥不适用于（　　）工程。
A. 早期强度要求高的混凝土
B. 大体积的混凝土
C. 与海水接触的混凝土
D. 抗硫酸盐的混凝土
E. 耐高温混凝土

5—2 水泥熟料中掺入非活性混合材料的意义是（　　）。
A. 提高强度　　　　B. 降低成本　　　　C. 提高耐热性
D. 减少水化热　　　E. 增加混凝土和易性

5—3 生产硅酸盐水泥的主要原料有（　　）。
A. 白云石　　　　　B. 黏土　　　　　　C. 铁矿粉
D. 矾土　　　　　　E. 石灰石

5—4 掺活性混合材料的硅酸盐水泥的共性是（　　）。
A. 早期强度低,后期强度增长快　　　B. 适合蒸汽养护
C. 水化热小　　　　　　　　　　　D. 耐腐蚀性较好
E. 密度较小

5—5 硅酸盐水泥腐蚀的基本原因是（　　）。
A. 含过多的游离 CaO　　B. 水泥石存在 Ca(OH)$_2$　　C. 掺石膏过多
D. 水泥石本身不密实　　E. 水泥石存在水化铝酸钙

5—6 高铝水泥主要适于（　　）工程中。
A. 紧急抢修　　　　　　B. 抗硫酸盐腐蚀　　　　　　C. 大体积
D. 高温环境　　　　　　E. 高湿环境

5—7 目前常用的膨胀水泥有（　　）。
A. 硅酸盐膨胀水泥　　　B. 低热微膨胀水泥　　　　　C. 硫铝酸盐膨胀水泥
D. 自应力水泥　　　　　E. 中热膨胀水泥

5—8 快硬硫铝酸盐水泥主要适于（　　）工程中。
A. 紧急抢修　　　　　　B. 低温施工　　　　　　　　C. 大体积
D. 有硫酸盐腐蚀的工程　E. 耐热要求

5—9 高铝水泥使用时应注意的问题有（　　）。
A. 施工环境温度不得超过 15℃
B. 施工环境温度不得超过 25℃
C. 严禁与石灰混用
D. 使用时应以最低稳定强度为设计依据
E. 严禁与硅酸盐水泥混用

5—10 矿渣硅酸盐水泥适用于（　　）的混凝土工程。
A. 抗渗性要求较高　　　B. 早期强度要求较高　　　　C. 大体积
D. 耐热　　　　　　　　E. 软水侵蚀

5—11 防止水泥石腐蚀的措施有（　　）。
A. 合理选用水泥品种　　B. 提高密实度　　　　　　　C. 提高 C_3S 含量
D. 提高 C_3A 含量　　　E. 表面加做保护层

5—12 影响硅酸盐水泥强度的主要因素包括（　　）。
A. 熟料组成　　　　　　B. 水泥细度　　　　　　　　C. 储存时间
D. 养护条件　　　　　　E. 龄期

5—13 下列水泥中不宜用于大体积混凝土工程、化学侵蚀及海水侵蚀工程（　　）。
A. 硅酸盐水泥　　　　　B. 普通硅酸盐水泥　　　　　C. 矿渣硅酸盐水泥
D. 火山灰质硅酸盐水泥　E. 粉煤灰硅酸盐水泥

5—14 水泥的质量标准有（　　）。
A. 细度　　　　　　　　B. 含泥量　　　　　　　　　C. 胶结程度
D. 体积安定性　　　　　E. 强度

5—15 矿渣硅酸盐水泥与硅酸盐水泥相比,其特性有( )。
A. 早期强度高   B. 水化热低   C. 抗冻性好
D. 抗腐蚀能力强   E. 早期强度低,后期强度增长较快

5.3.6 问答题

6—1 什么是胶凝材料?气硬性胶凝材料和水硬性胶凝材料有何区别?如何正确使用这两类胶凝材料?

6—2 建筑石灰按加工方法不同可分为哪几种?它们的主要化学成分各是什么?

6—3 何谓欠火石灰、过火石灰?各有何特点?欠火石灰和过火石灰对石灰的使用有什么影响?

6—4 简述石灰的消化和硬化过程及特点。

6—5 试从石灰浆体硬化原理,来分析石灰为什么是气硬性胶凝材料?

6—6 石灰是气硬性胶凝材料,耐水性较差,但为什么拌制的灰土、三合土却具有一定的耐水性?

6—7 生石灰在熟化时为何需要"陈伏"两星期以上?为何在"陈伏"时需在熟石灰表面保留一层水?

6—8 石灰的主要技术性能有哪些?其主要用途有哪些?在储存和保管时需要注意哪些方面?

6—9 过火石灰的膨胀对石灰的使用及工程质量十分不利,而建筑石膏体积膨胀却是石膏的一大优点,这是为什么?

6—10 为什么石灰经常被用于配制砂浆?

6—11 某多层住宅楼室内抹灰采用的是石灰砂浆,交付使用后逐渐出现墙面普通鼓包开裂,试分析原因。欲避免这种事故发生,应采取什么措施?

6—12 在没有检验仪器的条件下,欲初步鉴别一批生石灰的质量优劣,问可采取什么简易方法?

6—13 制造硅酸盐水泥时,为什么必须掺入适量石膏?石膏掺量太少或太多时,将产生什么情况?

6—14 硅酸盐水泥熟料的主要矿物组成有哪些?它们加水后各表现出什么性质?

6—15 为什么要规定水泥的凝结时间?什么是初凝时间和终凝时间?

6—16 什么是水泥的体积安定性?产生安定性不良的原因是什么?

6—17 硅酸盐水泥的水化产物有哪些?它们的性质各是什么?

6—18 试说明以下各条的原因:
(1)制造硅酸盐水泥时必须掺入适量的石膏;
(2)水泥粉磨必须有一定的细度;
(3)水泥体积安定性必须合格;
(4)测定水泥强度等级、凝结时间和体积安定性时,均必须采用规定加水量。

6—19 硅酸盐水泥腐蚀的类型有哪几种?各自的腐蚀机理如何?指出防止水泥石腐蚀的措施。

第5章 石灰与水泥

6—20 为什么生产硅酸盐水泥掺适量的石膏对水泥不起破坏作用,而硬化的水泥石在有硫酸盐的环境介质中生成石膏时就有破坏作用?

6—21 引起硅酸盐水泥安定性不良的原因有哪些?各如何检验?建筑工程使用安定性不良的水泥有何危害?水泥安定性不合格怎么办?

6—22 有下列混凝土构件和工程,试分别选用合适的水泥品种,并说明选用的理由:
(1)现浇混凝土楼板、梁、柱;
(2)采用蒸汽养护的混凝土预制构件;
(3)紧急抢修的工程或紧急军事工程;
(4)大体积混凝土坝和大型设备基础;
(5)有硫酸盐腐蚀的地下工程;
(6)高炉基础;
(7)海港码头工程;
(8)道路工程。

6—23 铝酸盐水泥的熟料与硅酸盐水泥的熟料有何区别?两种水泥的性质有何不同?

6—24 某工地建筑材料仓库存有白色胶凝材料三桶,原分别标明为磨细生石灰、建筑石膏和白水泥,后因保管不善,标签脱落,问可用什么简易方法来加以辨认?

6—25 水泥在储存和保管时应注意哪些方面?水泥的验收包括哪几个方面?过期受潮的水泥如何处理?

5.3.7 计算题

7—1 某复合硅酸盐水泥,储存期超过三个月。已测得其3d强度达到强度等级为32.5MPa的要求。现又测得其28d抗折、抗压破坏荷载如下表所示:

试件编号	1		2		3	
抗折破坏荷载(kN)	2.9		2.6		2.8	
抗压破坏荷载(kN)	65	64	64	53	66	70

计算后判定该水泥是否能按原强度等级使用。

7—2 称取25g某普通硅酸盐水泥作细度试验,称得筛余量为2.0g。问该水泥的细度是否达到标准要求?

7—3 一普通硅酸盐水泥28d的检测结果为:抗折荷载分别是2.98kN、2.83kN、2.38kN、抗压荷载分别是60.3kN、68.5kN、69.3kN、72.8kN、74.4kN、74.6kN,若其3d强度已满足要求,试确定该水泥的强度等级(提示:抗折时,支点的中心距离为100mm;抗压时,水泥标准压板面积40mm×40mm)。

5.4 习题解答

5.4.1 名词解释解答

1—1 【答】 凡在一定条件下,经过自身的一系列物理、化学作用后,能将散粒或块状材料胶结成为具有一定强度的整体的材料,统称为胶凝材料。

1—2 【答】 只能在空气中凝结硬化,保持并发展其强度的胶凝材料。

1—3 【答】 既能在空气中硬化,又能更好地在水中硬化,保持并继续发展其强度的胶凝材料。

1—4 【答】 在煅烧石灰时,当煅烧温度提高和时间延长时,晶粒变粗,内比表面积缩小,内部多孔结构变得致密,这种石灰为过火(过烧或死烧)石灰。

1—5 【答】 石灰浆应在储灰坑中储存两个星期以上以消除过火石灰的危害的过程。

1—6 【答】 混合材料磨成细粉,与石灰或与石灰和石膏拌合在一起,加水后在常温下,能生成具有胶凝性的水化产物,既能在潮湿的空气中硬化,也能在水中硬化的混合材料。

1—7 【答】 是指水泥在凝结硬化过程中体积变化的均匀性。

1—8 【答】 水泥的物理性质中有体积安定性和凝结时间,为了使检验的这两种性质有可比性,国家标准规定了水泥浆的稠度,获得这一稠度时所需的水量。

1—9 【答】 由于水分包裹水泥颗粒内部,使得其表面显得干稠的现象。

1—10 【答】 为了节省硅酸盐水泥熟料,降低水泥的成本,扩大水泥强度等级范围,改善硅酸盐水泥的性能所加入的材料。

1—11 【答】 当水泥用水调和后,成为可塑性浆体,同时产生水化作用。随着水化产物的增多,浆体逐渐失去可塑性,但尚不具有强度,这个过程称为"凝结",随后发展成为具有强度的石状体——水泥石,这一过程称为"硬化"。

1—12 【答】 初凝时间是指从水泥加水拌合至标准稠度的水泥净浆开始失去塑性所用的时间。

5.4.2 判断题解答

2—1 (×)	2—2 (×)	2—3 (√)	2—4 (×)
2—5 (×)	2—6 (√)	2—7 (√)	2—8 (√)
2—9 (√)	2—10 (√)	2—11 (×)	2—12 (×)
2—13 (√)	2—14 (×)	2—15 (×)	2—16 (×)
2—17 (√)	2—18 (×)	2—19 (×)	2—20 (×)
2—21 (√)	2—22 (×)	2—23 (×)	2—24 (×)
2—25 (×)	2—26 (×)	2—27 (√)	2—28 (×)
2—29 (×)	2—30 (×)	2—31 (×)	2—32 (√)
2—33 (×)	2—34 (×)	2—35 (√)	

5.4.3 填空题解答

3—1 <u>钙质石灰</u> <u>镁质石灰</u>

3—2 <u>膨胀</u> <u>开裂</u>

3—3 <u>石灰浆应在储灰坑中"陈伏"两个星期以上</u>

3—4 <u>热</u> <u>体积膨胀</u> <u>游离水</u> <u>收缩</u>

3—5 <u>良好</u> <u>快</u> <u>产生收缩</u> <u>差</u>

第5章 石灰与水泥

3—6　保水性和可塑性好　硬化慢,强度低　硬化时体积收缩大　耐水性差

3—7　无机胶凝材料　有机胶凝材料　水硬性胶凝材料　气硬性胶凝材料

3—8　熟化是一种水化作用,其反应式如下：
$$CaO + H_2O \longrightarrow Ca(OH)_2 + 65 kJ/mol$$
这一反应过程也称为石灰的消解（消化）过程　水化速率快,放热量大　水化过程中体积增大

3—9　欠火石灰　正火石灰　过火（过烧或死烧）石灰　镁质石灰　钙质石灰

3—10　水化过程　石灰浆体结构的形成　石灰的硬化过程

3—11　块状石灰　磨细石灰　消石灰（熟石灰）　石灰浆（石灰膏）　石灰乳

3—12　（CaO + MgO）　优等品　一等品　合格品

3—13　硅酸三钙　硅酸二钙　铁铝酸四钙　铝酸三钙

3—14　为了调节凝结时间　体积安定性不良　凝结硬化过快

3—15　熟料中过多的游离氧化钙　熟料中氧化镁含量过多　水泥中三氧化硫含量过多

3—16　水泥石的生成物中有易被腐蚀的成分　水泥石本身不密实

3—17　低　高　低　好　差

3—18　好　氢氧化钙　水化铝酸钙

3—19　活性氧化硅　活性氧化铝　水化硅酸钙　水化铝酸钙

3—20　45min　6.5h

3—21　细度　凝结时间　体积安定性　强度及强度等级

3—22　硅酸盐水泥　普通硅酸盐水泥　矿渣硅酸盐水泥　火山灰质硅酸盐水泥　粉煤灰硅酸盐水泥　复合硅酸盐水泥

3—23　非均质体　凝胶体　结晶体　未水化的水泥颗粒　水（自由水和吸附水）　孔隙（毛细孔和凝胶孔）

3—24　水泥的粗细程度　300m²/kg　0.08mm 方孔筛筛余不超过10%

3—25　5.0%　6.0%　3.5%　≯0.75%　≯1.5%

3—26　42.5　42.5R　52.5　52.5R　62.5　62.5R　早强型　3

3—27　软水腐蚀　一般酸的腐蚀　盐的腐蚀　强碱的腐蚀

3—28　活性混合材料　非活性混合材料

3—29　32.5　32.5R　42.5　42.5R　52.5　52.5R　早强型

3—30　(1)0.08mm　10%;(2)45min　10h;(3)4.0%　3.5%;(4)蒸煮法　合格

3—31　C_3A　C_3S

3—32　粒化高炉矿渣　火山灰质混合材料　粉煤灰

3—33　3.0%　3.5%

3—34　矿渣硅酸盐水泥

3—35　10% ~20%　15% ~30%

5.4.4　单项选择题解答

4—1　(C)　　4—2　(C)　　4—3　(A)　　4—4　(B)　　4—5　(B)

4—6 (D)	4—7 (B)	4—8 (C)	4—9 (C)	4—10 (A)
4—11 (C)	4—12 (A)	4—13 (C)	4—14 (B)	4—15 (D)
4—16 (D)	4—17 (B)	4—18 (C)	4—19 (D)	4—20 (C)
4—21 (D)	4—22 (A)	4—23 (D)	4—24 (C)	4—25 (B)
4—26 (A)	4—27 (B)	4—28 (D)	4—29 (B)	4—30 (A)
4—31 (B)	4—32 (A)	4—33 (A)	4—34 (B)	4—35 (D)
4—36 (B)	4—37 (D)	4—38 (D)	4—39 (B)	4—40 (C)

5.4.5 多项选择题解答

5—1 (B、C、D、E)	5—2 (B、C、D、E)	5—3 (B、C、E)
5—4 (A、B、C、D)	5—5 (B、D、E)	5—6 (A、E)
5—7 (A、C、D)	5—8 (A、B、D)	5—9 (B、C、D、E)
5—10 (C、D、E)	5—11 (A、B、E)	5—12 (A、B、C、D、E)
5—13 (A、B)	5—14 (A、D、E)	5—15 (B、D、E)

5.4.6 问答题解答

6—1 【答】 市政工程中，凡是经过一系列物理、化学作用，能将散粒材料或块状材料粘接成整体的材料称为胶凝材料。

气硬性胶凝材料是在空气中凝结、硬化并保持和增长强度的胶凝材料；水硬性胶凝材料是不仅能在空气中凝结和硬化，而且能在水中继续保持和增长强度的胶凝材料。

6—2 【答】 按石灰成品加工方法分类：

(1)块状石灰。由原料煅烧而得的产品，主要成分为 CaO。

(2)磨细石灰。由块状生石灰磨细而得的细粉，主要成分仍为 CaO。

(3)消石灰(熟石灰)。将石灰用适量的水消化而得的粉末，主要成分 $Ca(OH)_2$。

(4)石灰浆(石灰膏)。将生石灰用多量水(为石灰体积的 3~4 倍)消化而得的可塑性浆体，主要成分为 $Ca(OH)_2$。

(5)石灰乳。生石灰加较多的水消化而得的白色悬浮液，主要成分为 $Ca(OH)_2$ 和水。

6—3 【答】 欠火石灰是指石灰生产过程中若煅烧温度低或时间短时烧成的石灰颗粒，主要成分是尚未分解的石灰石，它不能消化，降低石灰的利用率；过火石灰是指在石灰生产过程中若煅烧温度过高或高温持续时间过长时，则会因高温烧结收缩而使石灰内部孔隙率减少，体积收缩，晶粒变得粗大，过火石灰的结构较致密，其表面常被黏土杂质熔融形成的玻璃釉状物所覆盖，致使其水化极慢，要在石灰使用硬化后才开始慢慢熟化，此时产生体积膨胀，引起已硬化的石灰体鼓包开裂破坏。

6—4 【答】 (1)生石灰的水化(熟化或消解)

生石灰使用前一般都用水熟化，熟化是一种水化作用，其反应式如下：

$$CaO + H_2O \longrightarrow Ca(OH)_2 + 65kJ/mol$$

这一反应过程也称为石灰的消解(消化)过程。生石灰水化反应具有以下特点：

1)水化速率快，放热量大。

2)水化过程中体积增大。

(2)石灰浆体的硬化包括两个同时进行的过程:结晶作用和碳化作用。

1)结晶作用

游离水分蒸发,氢氧化钙逐渐从饱和溶液中结晶析出。

2)碳化作用

碳化作用是氢氧化钙与空气中的二氧化碳化合生成碳酸钙晶体,释放出水分并被蒸发。其反应如下:

$$Ca(OH)_2 + CO_2 + nH_2O \longrightarrow CaCO_3 + (n+1)H_2O$$

6—5 【答】 由于石灰浆体从凝聚结构向结晶结构转变是一个自发过程,是通过细分散状态的氢氧化钙晶体的溶解和较粗大的氢氧化钙晶粒的长大并互相连生而形成的,这个过程只能在空气中进行。故石灰是种气硬性胶凝材料。

6—6 【答】 将消石灰粉与黏土拌合,称为石灰土(灰土),若再加入砂石或炉渣、碎砖等即成三合土。石灰常占灰土总重的10%~30%,即一九、二八及三七灰土。石灰量过高,往往导致强度和耐水性降低。施工时,将灰土或三合土混合均匀并夯实,可使彼此粘接为一体,同时黏土等成分中含有的少量活性SiO_2和活性Al_2O_3等酸性氧化物,在石灰长期作用下反应,生成不溶性的水化硅酸钙和水化铝酸钙,使颗粒间的粘接力不断增强,灰土或三合土的强度及耐水性能也不断提高。因此,灰土和三合土在一些建筑物的基础和地面垫层及公路路面的基层被广泛应用。

6—7 【答】 因为过火石灰颗粒的表面常被黏土杂质融化形成的玻璃釉状物所覆盖,水化极慢,要在石灰使用硬化后才开始慢慢熟化,此时产生体积膨胀,引起已硬化的石灰体鼓包开裂破坏。为了消除熟石灰中过火石灰颗粒的危害,石灰浆应在储灰坑中静置两星期以上,即"陈伏"。石灰在陈伏期间,石灰浆表面保持一层水膜,使之与空气隔绝,防止或减缓石灰膏与二氧化碳发生碳化反应。

6—8 【答】 石灰的主要技术性能:良好的保水性;凝结硬化慢、强度低;耐水性差;体积收缩大。其主要用途有:石灰乳涂料和石灰砂浆;灰土和三合土;硅酸盐制品;碳化石灰板。

石灰在空气中存放时,会吸收空气中水分熟化成石灰粉,再碳化成碳酸钙而失去胶结能力,因此生灰石不易久存。另外,生石灰受潮熟化会放出大量的热,并且体积膨胀,所以储运石灰应注意安全。

6—9 【答】 过火石灰的膨胀是产生在石灰使用硬化后,过火石灰才开始慢慢熟化,此时产生体积膨胀,引起已硬化的石灰体鼓包开裂破坏,所以对石灰的使用及工程质量十分不利。而建筑石膏的体积膨胀是产生在凝结硬化过程中,一般膨胀率为0.05%~0.15%。这种微膨胀性,不仅避免了干缩开裂,还可消除浆体内部的应力集中,使其硬化后具有良好的可加工性,还可使其硬化后具有良好的外观,并使制品表面光滑饱满、尺寸准确,从而可制成图案花形复杂的装饰构件、形状各异的模型或雕塑。

6—10 【答】 生石灰熟化为石灰浆时,生成了颗粒极细的(直径约$1\mu m$)呈胶体分散状态的氢氧化钙,表面吸附一层较厚的水膜,因而保水性好,水分不易泌出,并且水膜使颗粒间的摩擦力减小,故可塑性也好。石灰的这一性质常被用来改善砂浆的保水性,以克服水泥砂浆保水性较差的缺点。

6—11 【答】 这是由于在石灰砂浆中含有未熟化的过火石灰引起的,过火石灰的结构较致密,其表面常被黏土杂质熔融形成的玻璃釉状物所覆盖,致使其水化极慢,要在石灰使用硬化后才开始慢慢熟化,此时产生体积膨胀,引起已硬化的石灰体鼓包开裂破坏。要避免这种事故的发生,石灰浆应在储灰坑中静置两个星期以上,即"陈伏"。石灰在陈伏期间,石灰浆表面保持一层水膜,使之与空气隔绝,防止或减缓石灰膏与二氧化碳发生碳化反应。

6—12 【答】 可用加水消化的方法,如果消化反应快,发热量大,则说明其质量好;如果消化反应慢,发热量小,则其质量差。

6—13 【答】 石膏的掺量必须严格控制,掺量太少时缓凝作用小;掺量过多时会因在水泥浆硬化后继续生成水化硫铝酸钙产生体积膨胀,导致硬化的水泥石开裂而破坏,其掺量原则是保证在凝结硬化前(约加水后24h内)全部耗尽。适宜的掺量主要取决于水泥中 C_3A 含量和石膏中 SO_3 的含量。国家标准规定 SO_3 不得超过 3.5%,石膏掺量一般为水泥质量的 3%~5%。

6—14 【答】 硅酸盐水泥熟料主要矿物单独与水作用时的特性见下表:

名称		C_3S	C_2S	C_3A	C_4AF
水化反应速度		快	慢	最快	快
凝结硬化速度		快	慢	最快	快
28d 水化热		大	小	最大	中
强度	早期	高	低	低	低
	后期	高	高		
干缩性		中	小	大	小
耐化学侵蚀性		中	良	差	优

6—15 【答】 水泥的凝结时间分初凝和终凝。初凝是指从水泥加水拌合至标准稠度的水泥净浆开始失去塑性所用的时间。终凝是指从水泥加水拌合至标准稠度的水泥净浆完全失去可塑性的时间。

水泥的初凝时间和终凝时间对于工程施工具有实际意义。为使混凝土和砂浆在施工中有足够的时间进行搅拌、运输、浇注、砌筑和成型,要求初凝时间不能过早。初凝后希望混凝土或砂浆尽快形成强度,以加速施工进度,因此要求终凝时间不应过迟。国家标准规定:硅酸盐水泥初凝时间不早于 45min,终结时间不得迟于 6.5h。

6—16 【答】 水泥的体积安定性是指水泥在凝结硬化过程中体积变化的均匀性。

造成安定性不良的主要原因有以下三点:熟料中过多的游离氧化钙;熟料中氧化镁含量过多;水泥中三氧化硫含量过多。

6—17 【答】 硅酸盐水泥水化产物及性能见下表:

序 号	水化产物	性 能
1	水化硅酸钙	胶凝性强,强度高,不溶于水
2	水化铁酸钙	胶凝性差,强度低,难溶于水
3	氢氧化钙	强度较高,溶于水
4	水化铝酸钙	强度低,溶于水
5	水化硫铝酸钙	强度高,不溶于水,能提高水泥石早期强度

6—18 【答】 (1)在水泥的熟料矿物中C_3A水化速率最快,当液相中的氢氧化钙浓度达到饱和时,水化生成水化铝酸四钙晶体,在室温下它能稳定存在于水泥浆体的碱性介质中,其数量增长很快,是水泥浆体产生瞬时凝结的主要原因,如有石膏存在时,水化铝酸四钙会立即与石膏反应,生成高硫型水化硫铝酸钙,又称为钙矾石,是难溶于水的针状晶体,它包围在熟料颗粒的周围,形成"保护膜",延缓水化。但如果石膏掺量过多,在水泥硬化后,它还会继续与固态的水化铝酸四钙反应生成高硫型水化硫铝酸钙,体积约增大1.5倍,引起水泥石开裂,导致水泥安定性不良。所以制造硅酸盐水泥时必须掺入适量的石膏。

(2)水泥颗粒的粗细直接影响水泥的水化、凝结硬化、水化热、强度、干缩等性质。水泥颗粒越细总表面积越大,与水接触的面积也大,水化反应速度越快,水化热越大,早期强度较高。但水泥颗粒过细时,会增加磨细的能耗和提高成本,且不宜久存。此外,水泥过细时,其硬化过程中还会产生较大的体积收缩。所以水泥粉磨必须具有一定的细度。

(3)水泥的体积安定性是指水泥在凝结硬化过程中体积变化的均匀性,体积变化不均匀,会使水泥构件、混凝土结构产生膨胀性裂缝,引起严重的工程事故。所以水泥体积安定性必须合格。

(4)水泥的凝结时间、体积安定性以及强度等级都与用水量有很大的关系,为了消除差异,测定凝结时间和体积安定性必须采用相同稀稠程度的水泥净浆,即达到相同稀稠程度时,拌制水泥浆的加水量,就是水泥的标准稠度用水量;水泥的强度等级评定则采用相同的用水量。

6—19 【答】 硅酸盐水泥腐蚀的类型有四种:软水腐蚀(溶出性腐蚀)、离子交换腐蚀(溶解性腐蚀)、膨胀性腐蚀、碱的腐蚀。

软水腐蚀(溶出性腐蚀)的机理是当水泥石与软水长期接触时,水泥石中的氢氧化钙会溶于水中,若周围的水是流动的或有压力的,氢氧化钙将不断地溶解流失,使水泥石的碱度降低,同时由于水泥的水化产物必须在一定的碱性环境中才能稳定,氢氧化钙的溶出又导致其他水化产物的分解,最终使水泥石破坏。

离子交换腐蚀(溶解性腐蚀)的机理是溶解于水中的酸类和盐类可以与水泥石中的氢氧化钙起置换反应,生成易溶解的盐或无胶结力的物质,使水泥石结构破坏。这类腐蚀有碳酸的腐蚀、一般酸的腐蚀、镁盐的腐蚀。

膨胀性腐蚀的机理是水泥水化产物氢氧化钙与硫酸盐类物质反应生成体积膨胀1.5~2倍的高硫型水化硫铝酸钙(钙矾石),使水泥石产生内应力,导致水泥石的破坏。

碱的腐蚀机理是强碱与未水化的C_3A生成易溶于水的物质,或当水泥石被NaOH溶液饱和后,又放在空气中干燥,这时水泥石中的NaOH会与空气中的CO_2作用,生成体积膨胀的碳酸钠,使水泥石破坏。

防止水泥石腐蚀的措施有:当存在腐蚀性介质时,选择合适的水泥品种,减少水泥中易被腐蚀的物质;提高水泥石的致密度,降低水泥石的孔隙率,通过减小水灰比,掺加外加剂,采用机械搅拌和机械振捣,可以提高水泥石的密实度;在水泥石的表面涂抹或铺设保护层,隔断水泥石和外界的腐蚀性介质的接触。

6—20 【答】 在生产硅酸盐水泥时掺入适量的石膏是起到调节水泥凝结时间的作用,石膏是在水泥凝结硬化初期与水化铝酸四钙发生反应,所以对水泥不会起破坏作用,而当硬化的水泥石在有硫酸盐的环境介质中生成石膏时,此时的石膏再与水化铝酸四钙反应生成高硫型的水化硫铝酸钙(钙矾石),体积膨胀,使水泥石破坏。

6—21 【答】 引起水泥安定水泥熟料中含有过多的游离氧化钙和游离氧化镁以及石膏掺量过多。游离氧化钙可用沸煮法检验;游离氧化镁要用压蒸法才能检验出来,不便于快速检验,因此控制水泥中游离氧化镁的含量;石膏掺量过多造成的安定性不良,在常温下反应很慢,不便于检验,所以控制水泥中 SO_3 的含量。

在建筑工程使用安定性不良的水泥会由于不均匀的体积变化,使水泥构件、混凝土结构产生膨胀性的裂缝,引起严重的工程事故。体积安定性不合格的水泥是废品,不得用于任何工程。

6—22 【答】 (1)现浇混凝土楼板、梁、柱:宜选用硅酸盐水泥、普通硅酸盐水泥,因为该混凝土对早期强度有一定要求。

(2)采用蒸汽养护的混凝土预制构件:宜选用矿渣硅酸盐水泥、火山灰质硅酸盐水泥、粉煤灰硅酸盐水泥以及复合硅酸盐水泥,因为这几种水泥适宜蒸汽养护。

(3)紧急抢修的工程或紧急军事工程:宜选用快硬硅酸盐水泥、快硬硫铝酸盐水泥,因为要求早期凝结硬化快。

(4)大体积混凝土坝和大型设备基础:宜选用矿渣硅酸盐水泥、火山灰质硅酸盐水泥、粉煤灰硅酸盐水泥以及复合硅酸盐水泥,因为这几种水泥的水化热低。

(5)有硫酸盐腐蚀的地下工程:宜选用矿渣硅酸盐水泥、火山灰质硅酸盐水泥、粉煤灰硅酸盐水泥以及复合硅酸盐水泥,因为这几种水泥耐腐蚀性好。

(6)高炉基础:宜选用矿渣硅酸盐水泥,因为矿渣硅酸盐水泥的耐热性好。

(7)海港码头工程:宜选用矿渣硅酸盐水泥、火山灰质硅酸盐水泥、粉煤灰硅酸盐水泥以及复合硅酸盐水泥,因为这几种水泥的耐腐蚀性好。

(8)道路工程:宜选用硅酸盐水泥、普通硅酸盐水泥和复合硅酸盐水泥,因为这几种水泥的早期强度较高。

6—23 【答】 铝酸盐水泥熟料的主要成分是铝酸钙,而硅酸盐水泥熟料则是以硅酸钙为主。铝酸盐水泥凝结硬化快;水化热大,并且集中在早期,一天内可放出水化热70%~80%,使温度上升很高;抗硫酸盐性能强;耐热性好;耐碱性差。硅酸盐水泥早期强度和后期强度高;水化热大、抗冻性好;干缩小、耐磨性较好;抗碳化性能较好;耐腐蚀性差;不耐高温。

6—24 【答】 根据这三种材料的特性,用加水的方法来辨认,加水后凝结硬化最快是建筑石膏,发热最大的是生石灰,另一种则是白水泥。

6—25 【答】 水泥在运输和储存过程中不得混入杂物,应按不同品种、强度等级或强度等级和出厂日期分别加以标明,水泥储存时应先存先用,对散装水泥分库存放,而袋装水泥一般堆放高度不超过10袋。

水泥存放不可受潮,受潮的水泥表现为结块,凝结速度减慢,烧失量增加,强度降低。对于结块水泥的处理方法为:有结块但无硬块时,可压碎粉块后按实测强度等级使用;对部分结成硬块的,可筛除或压碎硬块后,按实测强度等级用于非重要的部位,对于大部分结块的,不能作水泥用,可作混合材料掺入到水泥中,掺量不超过25%。水泥的储存期不宜太久,常用水泥一般不超过三个月,因为三个月后水泥强度将降低10%~20%;六个月后降低15%~30%,一年后降低 25%～40%,铝酸盐水泥一般不超过两个月。过期水泥应重新检测,按实测强度使用。

水泥在验收时,应按国家标准规定,对细度、凝结的时间、体积安定性及强度等级进行检验。

5.4.7 计算题解答

7—1 【解】 (1)该复合硅酸盐水泥 28d 的抗折强度:

根据抗折强度的公式 $f_{ce,m} = \dfrac{3FL}{2bh^2}$,对于水泥抗折强度为 $f_{ce,m} = 0.00234F$,可得:

$$f_{ce,m1} = 0.00234 \times 2.9 \times 10^3 = 6.79 \text{MPa}$$
$$f_{ce,m2} = 0.00234 \times 2.6 \times 10^3 = 6.08 \text{MPa}$$
$$f_{ce,m3} = 0.00234 \times 2.8 \times 10^3 = 6.55 \text{MPa}$$

平均值为:

$$\bar{f}_{ce,m} = \frac{1}{3} \times (6.79 + 6.08 + 6.55) = 6.5 \text{MPa}$$

平均值的 ±10% 的范围为:

$$上限:6.5 \times (1 + 10\%) = 7.15 \text{MPa}$$
$$下限:6.5 \times (1 - 10\%) = 5.85 \text{MPa}$$

显然,三个试件抗折强度值中无超过平均值 ±10% 的,因此 28d 抗折强度应取三个试件抗折强度值的算术平均值,即:

$$f_{ce,m} = \bar{f}_{ce,m} = 6.5 \text{MPa}$$

(2)该复合硅酸盐水泥 28d 的抗压强度:

根据公式 $f_c = \dfrac{F}{A}$,对于水泥抗压强度试验试件的公式为 $f_{ce,c} = 0.000625F$,故:

$$f_{ce,c1} = 0.000625 \times 65 \times 10^3 = 40.62 \text{MPa}$$
$$f_{ce,c2} = 0.000625 \times 64 \times 10^3 = 40.00 \text{MPa}$$
$$f_{ce,c3} = 0.000625 \times 64 \times 10^3 = 40.00 \text{MPa}$$
$$f_{ce,c4} = 0.000625 \times 53 \times 10^3 = 33.12 \text{MPa}$$
$$f_{ce,c5} = 0.000625 \times 66 \times 10^3 = 41.25 \text{MPa}$$
$$f_{ce,c6} = 0.000625 \times 70 \times 10^3 = 43.75 \text{MPa}$$

取平均值为:

$$\bar{f}_{ce,c} = \frac{1}{6} \times (40.62 + 40.00 + 40.00 + 33.12 + 41.25 + 43.75) = 39.8 \text{MPa}$$

平均值的 ±10% 的范围为:

$$上限:39.8 \times (1 + 10\%) = 43.78 \text{MPa}$$

下限：$39.8 \times (1-10\%) = 35.82\text{MPa}$

因

$$f_{ce,c4} = 0.000625 \times 53 \times 10^3 = 33.12\text{MPa}$$

低于下限，根据水泥抗压强度计算取值原则，应予剔除，以其余五个强度值的算术平均值作为结果，即：

$$f_{ce,c} = \frac{1}{5} \times (40.62 + 40.00 + 40.00 + 41.25 + 43.75) = 41.1\text{MPa}$$

（3）判定

根据测定计算结果，该复合硅酸盐水泥 28d 的抗折强度和抗压强度分别为 6.5MPa 和 41.1MPa。

对于复合硅酸盐水泥 32.5MPa，其 28d 抗折强度和抗压强度值分别应不低于 5.5MPa 和 32.5MPa。

因此，该水泥能按原强度等级使用。

7—2 【解】 该普通硅酸盐水泥的细度筛余百分率为：

$$\frac{2.0}{25} \times 100\% = 8.0\%$$

对于普通硅酸盐水泥，其细度的规定为：通过 80μm 方孔筛筛余量不超过 10.0%，因此该水泥的细度达到要求。

7—3 【解】 该水泥试样的抗压、抗折的破坏荷载平均值为：

$$\overline{P}_{压28} = \frac{(60.3 + 68.5 + 69.3 + 72.8 + 74.4 + 74.6)}{6} = 70\text{kN}$$

因为 $\quad \frac{60.3 - 70.0}{70.0} \times 100\% = -13.9\% \ (< -10\%)$

所以 舍去 60.3kN

$$\overline{P}_{压28} = \frac{(68.5 + 69.3 + 72.8 + 74.4 + 74.6)}{5} = 71.9\text{kN}$$

所以 $\quad \overline{f}_{压28} = \frac{\overline{P}_{压28}}{A} = \frac{71.9 \times 10^3}{40^2} = 44.9\text{MPa}$

$$\overline{P}_{折28} = \frac{(2.98 + 2.83 + 2.38)}{3} = 2.73\text{kN}$$

因为 $\quad \frac{2.38 - 2.73}{2.73} \times 100\% = -12.8\% \ (< -10\%)$

所以 舍去 2.38kN

$$\overline{P}_{折28} = \frac{(2.98 + 2.83)}{2} = 2.91\text{kN}$$

所以 $\quad \overline{f}_{折28} = \frac{3\overline{P}_{折28}L}{2bh^2} = \frac{3 \times 2.91 \times 10^3 \times 100}{2 \times 40 \times 40^2} = 6.82\text{MPa}$

根据国家标准得知，该水泥的强度等级为：42.5R。

第6章 普通混凝土和砂浆

混凝土是由胶凝材料、集料按适当比例配合,与水(或不加水)拌合制成具有一定可塑性的浆体,经硬化而成的具有一定强度的人造石。它是现代市政工程中用途最广、用量最大的市政工程材料之一。

6.1 学习指导

进入21世纪,混凝土研究和实践将主要围绕两个焦点展开:一是解决好混凝土耐久性问题;二是混凝土走上可持续发展的健康轨道。

6.1.1 概述

1. 混凝土的分类

(1)体积密度分类

1)重混凝土。其体积密度 > 2600kg/m³,表观密度 > 2800kg/m³,常用重混凝土的体积密度 > 3200kg/m³。常采用重晶石、铁矿石、钢屑等作集料和锶水泥、钡水泥共同配制防辐射混凝土,作为核工程的屏蔽结构材料。

2)普通混凝土。其体积密度为 1950~2500kg/m³ 的混凝土,表观密度为 2300~2800kg/m³ 的混凝土,常用普通混凝土的体积密度 > 2300~2500kg/m³。是市政工程中最常用的混凝土。

3)轻混凝土。其体积密度 < 1950kg/m³,采用陶粒、页岩等轻质多孔集料或掺加引气剂、泡沫剂形成多孔结构的混凝土,具有保温隔热性能好、质量轻等优点,多用于保温材料或高层、大跨度建筑的结构材料。

(2)按所用胶凝材料分类

按所用胶凝材料的种类,混凝土可以分为普通混凝土、石膏混凝土、水玻璃混凝土、沥青混凝土、聚合物普通混凝土、树脂混凝土等。

(3)按流动性分类

按照新拌混凝土流动性大小,可分为干硬性混凝土(坍落度小于10mm且需用维勃稠度表示)、塑性混凝土(坍落度为10~90mm)、流动性混凝土(坍落度为100~150mm)及大流动性混凝土(坍落度≥160mm)。

(4)按用途分类

按用途,可分为结构混凝土、大体积混凝土、防水混凝土、耐热混凝土、膨胀混凝土、防辐射混凝土、道路混凝土等。

(5) 按生产和施工方法分类

按照生产方式,混凝土可分为预拌混凝土和现场搅拌混凝土;按照施工方法可分为泵送混凝土、喷射混凝土、碾压混凝土、挤压混凝土、离心混凝土、压力灌浆混凝土等。

(6) 按强度等级分类

1) 低强度混凝土。抗压强度小于20MPa。

2) 中强度混凝土。抗压强度为20~60MPa。

3) 高强度混凝土。抗压强度大于或等于60MPa。

4) 超高强混凝土。其抗压强度在100MPa以上。

2. 混凝土的性能特点

混凝土作为市政工程材料中使用最为广泛的一种,必然有其独特之处。它的优点主要体现在以下几个方面:

(1) 易塑性;(2) 经济性;(3) 安全性;(4) 耐火性;(5) 多用性;(6) 耐久性。

混凝土具有许多优点,当然相应的缺点也不容忽视,主要表现如下:

(1) 抗拉强度低;(2) 延展性不高;(3) 自重大,比强度低;(4) 体积不稳定性。(5) 需要养护的时间长。

3. 混凝土的基本要求

混凝土在建筑工程中使用,必须满足以下五项基本要求或准则:

(1) 满足施工规定所需的和易性要求;

(2) 满足设计的强度要求;

(3) 满足与使用环境相适应的耐久性要求;

(4) 满足业主或施工单位渴望的经济性要求;

(5) 满足可持续发展所必需的生态性要求。

4. 现代混凝土的发展方向

混凝土实现性能优化、解决好混凝土耐久性问题的主要技术途径如下:

(1) 降低水泥用量,由水泥、粉煤灰或磨细矿粉等共同组成合理的胶凝材料体系。

(2) 依靠减水剂实现混凝土的低水胶比。

(3) 使用引气剂减少混凝土内部的应力集中现象。

(4) 通过改变加工工艺,改善集料的粒形和级配。

(5) 减少单方混凝土用水量和水泥浆量。

混凝土工业必须走可持续发展之路。可采取下列措施:

(1) 大量使用工业废弃资源,如用尾矿资源作集料;大量使用粉煤灰和磨细矿粉替代水泥。

(2) 扶植再生混凝土产业,使越来越多的建筑垃圾作为集料循环使用。

(3) 不要一味追求高等级混凝土,应大力发展中、低等级耐久性好的混凝土。

6.1.2 混凝土的组成材料

组成普通混凝土的基本材料主要有六种:水泥、细集料、粗集料、水、外加剂和矿物掺合料。

1. 混凝土的组成材料的作用

水泥浆在硬化前起润滑作用,使混凝土拌合物具有可塑性,在混凝土拌合物中,水泥浆填充砂子孔隙,包裹砂粒,形成砂浆,砂浆又填充石子孔隙,包裹石子颗粒,形成混凝土浆体;在混凝土硬化后,水泥浆则起胶结和填充作用。

粗细集料主要起骨架作用、承担荷载作用、限制硬化水泥收缩作用和降低水化热及降低成本作用。

化学外加剂可以改善、调节混凝土的各种性能。

矿物细粉掺合料则可以有效提高新拌混凝土的工作性和硬化混凝土的耐久性,同时降低成本。

在普通混凝土中,水泥浆体占混凝土质量的25%~35%,砂石集料占65%~75%。

2. 混凝土的组成材料的技术要求

(1)水泥

在确定混凝土组成材料时,应正确选择水泥品种和水泥强度等级。

1)水泥品种的选择。水泥品种应该根据混凝土工程特点、所处的环境条件和施工条件等进行选择。

2)水泥强度等级的选择。水泥强度等级应与混凝土的设计强度等级相适应。原则上配制高强度等级的混凝土应选用强度等级高的水泥;配制低强度等级的混凝土,选用强度等级低的水泥。对于混凝土强度等级为C30及以下时,水泥强度等级为混凝土的设计强度等级的1.5~2.5倍;对于混凝土强度等级为C30~C50时,水泥强度等级为混凝土的设计强度等级的1.1~1.5倍;对于混凝土强度等级为C60及以上时,水泥强度等级与混凝土的设计强度等级的比值小于1,但一般不宜低于0.70。

(2)细集料

粒径在0.15~4.75mm的集料为细集料,它包括天然砂、人工砂。

1)含泥量、泥块含量和石粉含量。砂中的粒径小于75μm的尘屑、淤泥等颗粒的质量占砂子质量的百分率成为含泥量。砂中原粒径大于1.18mm,经水浸洗、手捏后小于600μm的颗粒含量称为泥块含量。石粉是在生产人工砂的过程中,在加工前经除土处理,加工后形成粒径小于75μm,其矿物组成和化学成分与母岩相同的物质。它的掺入对完善混凝土细集料级配、提高混凝土密实性有很大的益处,进而起到提高混凝土综合性能的作用。

2)颗粒形状及表面特征。山砂的颗粒大多具有棱角,表面粗糙,与水泥的粘接较好,用它拌制混凝土的强度较高,但拌合物的流动性较差;河砂、海砂其颗粒多呈圆形,表面光滑,与水泥的粘接较差,用于拌制的混凝土的强度较低,但拌合物的流动性较好。

3)砂的粗细程度和颗粒级配。砂的粗细程度是指不同粒径的砂混合在一起后的总体平均粗细程度。通常有粗砂、中砂、细砂之分。国家标准《建筑用砂》(GB/T 14684—2001)规定,砂的颗粒级配和粗细程度用筛分析的方法进行测定。用级配区表示砂的颗粒级配,用细度模数表示砂的粗细。砂的筛分析方法是用一套孔径为9.50mm、4.75mm、2.36mm、1.18mm及600μm、300μm、150μm的标准方孔筛,将质量为500g的干砂试样由粗到细依次过筛,然后称得余留在各个筛上的砂子质量(g),计算分计筛余百分率、累计筛余百分率。分计筛余与累计筛余的关系见表6-1。

表6-1 分计筛余与累计筛余的关系

筛孔尺寸(mm)	分计筛余量(g)	分计筛余(%)	累计筛余(%)
4.75	M_1	a_1	$A_1 = a_1$
2.36	M_2	a_2	$A_2 = a_1 + a_2$
1.18	M_3	a_3	$A_3 = a_1 + a_2 + a_3$
0.60	M_4	a_4	$A_4 = a_1 + a_2 + a_3 + a_4$
0.30	M_5	a_5	$A_5 = a_1 + a_2 + a_3 + a_4 + a_5$
0.15	M_6	a_6	$A_6 = a_1 + a_2 + a_3 + a_4 + a_5 + a_6$
<0.15	M_7	+	

根据下列公式计算砂的细度模数(M_x)

$$M_x = \frac{(A_2 + A_3 + A_4 + A_5 + A_6) - 5A_1}{100 - A_1}$$

按照细度模数把砂分为粗砂、中砂、细砂。其中 $M_x = 3.7 \sim 3.1$ 为粗砂,$M_x = 3.0 \sim 2.3$ 为中砂,$M_x = 2.2 \sim 1.6$ 为细砂;$M_x = 1.5 \sim 0.6$ 为特细砂。

颗粒级配是指不同粒径砂相互间搭配情况。良好的级配能使集料的空隙率和总表面积均较小,从而使所需的水泥浆量较少,并且能够提高混凝土的密实度,并进一步改善混凝土的其他性能。颗粒级配常以级配区和级配曲线表示,国家标准根据0.60mm方孔筛的累积筛余量分成三个级配区,如表6-2及图6-1所示。

表6-2 砂的颗粒级配(GB/T 14684–2001、JTG F30—2003)

方筛孔径(mm) \ 累计筛余(%)	级配区 1	级配区 2	级配区 3
9.50	0	0	0
4.75	10~0	10~0	10~0
2.36	35~5	25~0	15~0
1.18	65~35	50~10	20~0
0.60	85~71	70~41	40~16
0.30	95~80	92~70	85~55
0.15	100~90	100~90	100~90

注:1. 砂的实际颗粒级配与表中所列数字相比,除4.75mm和600μm筛挡外,可以略有超出,但超出总量应小于5%。
2. 1区人工砂中150μm筛孔的累计筛余可以放宽到100~85,2区人工砂中150μm筛孔的累计筛余可以放宽到100~80,3区人工砂中150μm筛孔的累计筛余可以放宽到100~75。

判断砂的级配是否合格的方法如下:
① 各筛上的累计筛余率原则上应完全处于表6-2或图6-1所规定的任何一个级配区内;
② 允许有少量超出,但超出总量应小于5%;
③ 4.75mm和0.60mm筛号上不允许有任何的超出。

一般认为,处于2区级配的砂,其粗细适中,级配较好,是配制混凝土最理想级配区。

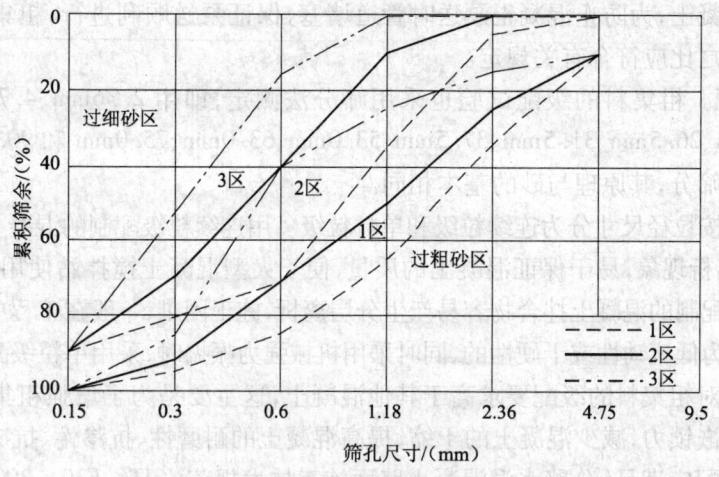

图6-1 砂的级配曲线

4）砂中有害物质的含量、坚固性。为保证混凝土的质量，混凝土用砂不应混有草根、树叶、树枝、塑料品、煤块、炉渣等杂物。砂中常含有如云母、有机物、硫化物及硫酸盐、氯盐、黏土、淤泥等杂质。

砂子的坚固性是指砂在自然风化和其他外界物理化学因素作用下抵抗破裂的能力。通常天然砂以硫酸钠溶液干湿循环五次后的质量损失来表示；人工砂用压碎指标进行试验。各指标应符合《普通混凝土用砂、石质量及检验方法标准》(JGJ 52—2006)的规定。

(3) 粗集料

粒径在4.75~90mm的集料称为粗集料，混凝土常用的粗集料有碎石和卵石。

为了保证混凝土质量，我国国家标准《建筑用卵石、碎石》(GB/T 14685—2001)按各项技术指标对混凝土用粗集料划分为Ⅰ、Ⅱ、Ⅲ类集料。其中Ⅰ类适用于C60以上的混凝土；Ⅱ类适用于C30~C60的混凝土；Ⅲ类适用于C30以下的混凝土，并且提出了具体的质量要求，主要有以下几个方面。

1）有害杂质含量。粗集料中的有害杂质主要有黏土、淤泥及细屑，硫酸盐及硫化物，有机物质，蛋白石及其他含有活性氧化硅的岩石颗粒等。它们的危害作用与在细集料中相同。

2）颗粒形状和表面特征。卵石表面光滑少棱角，空隙率和表面积均较小，拌制混凝土时所需的水泥浆量较少，混凝土拌合物和易性较好。碎石表面粗糙，富有棱角，集料的空隙率和总表面积较大，所需包裹集料表面和填充空隙的水泥浆较多。

碎石或卵石的针状颗粒（即颗粒的长度大于该颗粒的平均粒径2.4倍）和片状颗粒（即颗粒的厚度小于该颗粒的平均粒径0.4倍）含量应符合有关规定要求。

3）最大粒径与颗粒级配。

① 最大粒径。粗集料中公称粒级的上限称为该粒级的最大粒径。根据《混凝土结构工程施工质量验收规范(2011版)》[GB 50204—2002(2011版)]的规定，混凝土用粗集料的最大粒径不得超过结构截面最小尺寸的1/4，同时不得超过钢筋间最小净距的3/4。对于混凝土实心板，最大粒径不要超过板厚1/3，而且不得超过40mm。试验研究证明，在普通配合比的结构混凝土中，集料粒径大于40mm后，对混凝土的强度的发展并没有什么好处。

对于泵送混凝土,为防止混凝土泵送时管道堵塞,保证泵送顺利进行,粗集料的最大粒径与输送管的管径之比应符合有关规定。

② 颗粒级配。粗集料的级配试验也采用筛分法测定,即用 2.36mm、4.75mm、9.50mm、16.0mm、19.0mm、26.5mm、31.5mm、37.5mm、53.0mm、63.0mm、75.0mm 和 90.0mm 十二种孔径的方孔筛进行筛分,其原理与砂的基本相同。

石子的级配按粒径尺寸分为连续粒级和单粒粒级。用连续粒级配制的混凝土混合料和易性较好,不易发生离析现象,易于保证混凝土的质量,便于大型混凝土搅拌站使用,适合泵送混凝土。而单粒粒级配制的混凝土拌合物容易产生分层离析,施工困难,一般在工程中较少使用。如果混凝土拌合物为低流动性或干硬性的,同时采用机械强力振捣时,采用单粒级配是合适的。

路面混凝土对粗集料的级配要求高于其他混凝土,这主要是为了增强粗集料的骨架作用和在混凝土中的嵌锁力,减少混凝土的干缩,提高混凝土的耐磨性、抗渗性、抗冻性。路面混凝土对粗集料的级配应满足《公路水泥混凝土路面施工技术规范》(JTG F30—2003)的规定。

4)坚固性和强度。混凝土中粗集料起骨架作用必须具有足够的坚固性和强度。坚固性是指卵石、碎石在自然风化和其他外界物理化学因素作用下抵抗破裂的能力。

强度可用岩石抗压强度和压碎指标表示。岩石抗压强度是将岩石制成边长为50mm 的立方体(或 ϕ50mm×50mm 圆柱体)试件,浸没于水中浸泡48h 后,从水中取出,擦干表面,放在压力机上进行强度试验。其抗压强度火成岩应不小于80MPa,变质岩应不小于60MPa,水成岩应不小于30MPa。压碎指标是将一定量风干后筛除大于 19.0mm 及小于 9.50mm 的颗粒,并去除针片状颗粒的石子后装入一定规格的圆筒内,在压力机上施加荷载到 200kN 并稳定 5s,卸荷后称取试样质量(G_1),再用孔径为 2.36mm 的筛筛除被压碎的细粒,称取出留在筛上的试样质量(G_2)。计算公式如下:

$$Q_e = \frac{G_1 - G_2}{G_1} \times 100\%$$

式中　Q_e——压碎指标值,%;

　　　G_1——试样的质量,g;

　　　G_2——压碎试验后筛余的试样质量,g。

压碎指标值越小,表明石子的强度越高。

5)坚固性。坚固性是指卵石、碎石在自然风化和其他外界物理化学因素作用下抵抗破裂的能力。采用硫酸钠溶液法进行试验,卵石和碎石经 5 次循环后,其质量损失应符合相关规定。

6)碱活性。集料中若含有活性氧化硅或含有活性碳酸盐,在一定条件下会与水泥的碱发生碱-集料反应(碱-硅酸反应或碱-碳酸反应),生成凝胶,吸水产生膨胀,导致混凝土开裂。

(4)拌合与养护用水

饮用水、地下水、地表水、海水及经过处理达到要求的工业废水均可以用作混凝土拌合用水。混凝土拌合及养护用水的质量要求具体有:不得影响混凝土的和易性及凝结;不得有损于混凝土强度发展;不得降低混凝土的耐久性;不得加快钢筋腐蚀及导致预应力钢筋脆断;不得污染混凝土表面。

(5) 外加剂

外加剂是在拌制混凝土过程中掺入,用以改善混凝土性能的物质,掺量不大于水泥质量的 5%(特殊情况除外)。

1) 外加剂的分类。根据《混凝土外加剂定义、分类、命名与术语》(GB/T 8075—2005)的规定,混凝土外加剂按其主要功能分为四类:

① 改善混凝土拌合物流变性能的外加剂。包括各种减水剂、引气剂和泵送剂等。

② 调节混凝土凝结时间、硬化性能的外加剂。包括缓凝剂、早强剂和速凝剂等。

③ 改善混凝土耐久性的外加剂。包括引气剂、防水剂和阻锈剂等。

④ 改善混凝土其他性能的外加剂。包括加气剂、膨胀剂、防冻剂、着色剂、防水剂等。

2) 常用的混凝土外加剂。

① 减水剂。减水剂是一种在混凝土拌合料坍落度相同条件下能减少拌合水量的外加剂。减水剂按其减水的程度分为普通减水剂和高效减水剂。减水率在5%~10%的减水剂为普通减水剂,减水率大于12%的减水剂为高效减水剂。减水剂按其主要化学成分分为:木质素系、多环芳香族磺酸盐系、水溶性树脂磺酸盐系、糖钙以及腐殖酸盐等。

减水剂的作用机理:减水剂在水泥颗粒表面的吸附,使水泥颗粒表面能较低且带有相同电荷而相互电斥,导致水泥颗粒在液相中分散,絮凝结构中被水泥颗粒包围的水被释放出来,这就是减水剂的减水机理。

减水剂的技术经济效果:

A. 在不减少单位用水量的情况下,改善新拌混凝土的和易性,提高流动性,如坍落度可增加50~150mm;

B. 在保持一定和易性时,减少用水量8%~30%,提高混凝土的强度10%~40%;

C. 在保持一定强度情况下,减少单位水泥用量8%~30%,节约水泥10%~20%;

D. 减少混凝土拌合物的分层、离析和泌水;

E. 减缓水泥水化放热速度和减小混凝土的温升;

F. 改善混凝土的耐久性;

G. 可配制特殊混凝土或高强混凝土。

② 早强剂。能促进凝结,加速混凝土早期强度并对后期强度无明显影响的外加剂,称为早强剂。

早强剂的作用机理:

A. 氯盐类——氯化钙对普通混凝土的作用机理有两种论点:其一是氯化钙对水泥水化起催化作用,促使氢氧化钙浓度降低,因而加速了C_3S的水化;其二是氯化钙的Ca^{2+}吸附在水化硅酸钙表面,生成复合水化硅酸盐($C_3S \cdot CaCl_2 \cdot 12H_2O$)。同时,在石膏存在下与水泥石中$C_3A$作用生成水化氯铝酸盐($C_3A \cdot CaCl_2 \cdot 10H_2O$和$C_3A \cdot CaCl_2 \cdot 30H_2O$)。此外,氯化钙还增强水化硅酸钙缩聚过程。

B. 硫酸盐类——以硫酸钠为例,在水泥硬化时,硫酸钠很快与氢氧化钙作用生成石膏和碱,新生成的细粒二水石膏比在水泥粉磨时加入的石膏更加迅速发生反应生成硫铝酸钙晶体。反应如下:

$$Na_2SO_4 + Ca(OH)_2 + 2H_2O \longrightarrow CaSO_4 \cdot 2H_2O + 2NaOH$$

$$3(CaSO_4 \cdot 2H_2O) + 3CaO \cdot Al_2O_3 + 25H_2O_3 \longrightarrow CaO \cdot Al_2O_3 \cdot 3CaSO_4 \cdot 31H_2O$$

同时上述反应的发生也能加快 C_3S 的水化。其掺量一般为水泥质量的 0.5% ~ 2.0%, 硫酸钠对矿渣硅酸盐水泥混凝土的早强效果优于普通硅酸盐水泥混凝土。

③ 缓凝剂。缓凝剂是一种能延缓水泥水化反应, 从而延长混凝土的凝结时间, 使新拌混凝土较长时间保持塑性, 方便浇注, 提高施工效率, 同时对混凝土后期各项性能不会造成不良影响的外加剂。

缓凝剂的作用机理: 多数有机缓凝剂有表面活性, 它们在固-液界面上产生吸附, 改变固体粒子的表面性质, 或是通过其分子中亲水基团吸附大量的水分子形成较厚的水膜层, 使晶体间的相互接触受到屏蔽, 改变了结构形成过程; 或是通过其分子中的某些官能团与游离的 Ca^{2+} 生成难溶性的钙盐吸附于矿物颗粒表面, 从而抑制水泥的水化过程, 起到缓凝效果。

④ 速凝剂。速凝剂是能使混凝土迅速硬化的外加剂。速凝剂的主要种类有无机盐类和有机盐类。我国常用的速凝剂是无机盐类。其适宜掺量 2.5% ~ 4.0%。

速凝剂的作用机理:

A. 铝氧熟料加碳酸盐型速凝剂作用机理如下:

$$Na_2CO_3 + CaSO_4 = CaCO_3 \downarrow + Na_2SO_4$$

$$NaAlO_2 + 2H_2O = Al(OH)_3 + NaOH$$

$$2NaAlO_2 + 3Ca(OH)_2 + 3CaSO_4 + 30H_2O = 3CaO \cdot Al_2O_3 \cdot 3CaSO_4 \cdot 32H_2O + 2NaOH$$

B. 硫铝酸盐型速凝剂作用机理为: $Al_2(SO_4)_3$ 和石膏的迅速溶解使水化初期溶液中硫酸根离子浓度骤增, 它与溶液中的 Al_2O_3、$Ca(OH)_2$ 发生反应, 迅速生成微细针柱状钙矾石和中间产物次生石膏, 这些新晶体的增长和发展在水泥颗粒之间交叉生成网络状结构而呈现速凝。

C. 水玻璃型速凝剂作用机理为: 水泥中的 C_3S、C_2S 等矿物在水化过程中生成 $Ca(OH)_2$, 而水玻璃溶液能与 $Ca(OH)_2$ 发生强烈反应, 生成硅酸钙和二氧化硅胶体。其反应如下:

$$Na_2O \cdot nSiO_2 + Ca(OH)_2 = (n-1)SiO_2 + CaSiO_3 + 2NaOH$$

反应中生成大量 NaOH, 将进一步促进水泥熟料矿物水化, 从而使水泥迅速凝结硬化。

⑤ 膨胀剂。膨胀剂是能使混凝土产生一定体积膨胀的外加剂。按化学成分可分为: 硫铝酸盐系膨胀剂、石灰系膨胀剂、铁粉系膨胀剂、复合型膨胀剂。其掺量 (内掺, 等量取代水泥) 为 10% ~ 14% (低掺量的高效膨胀剂掺量为 8% ~ 10%)。

膨胀剂的作用机理:

A. 硫铝酸盐系膨胀剂加入普通混凝土后, 自身组成中的无水硫铝酸钙或参与水泥矿物的水化或与水泥水化产物反应, 形成高硫型硫铝酸钙 (钙矾石), 钙矾石相的生成使固相体积增加, 而引起表观体积的膨胀。

B. 石灰系膨胀剂的膨胀作用主要由氧化钙晶体水化生成氢氧化钙晶体, 体积增加所致。

C. 铁粉系膨胀剂则是由于铁粉中的金属铁与氧化剂发生氧化作用, 形成氧化铁, 并在水泥水化的碱性环境中还会生成胶状的氢氧化铁而产生膨胀效应。

⑥ 引气剂。在混凝土搅拌过程中引入大量均匀分布、稳定而封闭的微小气泡, 起到改善混凝土和易性, 提高混凝土抗冻性和耐久性的外加剂, 称为引气剂。

引气剂的作用机理：引气剂属于表面活性剂，其界面活性作用基本上与减水剂相似，区别在于减水剂的界面活性作用主要在液-固界面上，而引气剂的界面活性主要发生在气-液界面上。

引气剂对混凝土质量的影响：

A. 混凝土中掺入引气剂可改善混凝土拌合物的和易性，可以显著降低混凝土黏性，使它们的可塑性增强，减少单位用水量。通常每提高含气量1%，能减少单位用水量3%。

B. 减少集料离析和泌水量，提高抗渗性。

C. 提高抗腐蚀性和耐久性。

D. 含气量每提高1%，抗压强度下降3%~5%，抗折强度下降2%~3%。

E. 引入空气会使干缩增大，但若同时减少用水量，对干缩的影响不会太大。

F. 使混凝土对钢筋的粘接强度有所降低，一般含气量为4%时，对垂直方向的钢筋粘接强度降低10%~15%，对水平方向的钢筋粘接强度稍有下降。

⑦ 防水剂。防水剂是一种能降低砂浆、混凝土在静水压力下透水性的外加剂。防水剂按化学成分可分为无机质防水剂、有机质防水剂。

A. 无机质防水剂——都是通过水泥凝结硬化过程中与水发生化学反应，生成物填充在混凝土与砂浆的空隙中，提高混凝土的密实性，从而起到防水抗渗作用。

B. 有机质防水剂——此类防水剂分为憎水性表面活性剂和天然或合成聚合物乳液水溶性树脂。

3）外加剂与水泥的适应性问题及改善措施。外加剂与水泥的适应性可描述为：按照《混凝土外加剂应用技术规范》（GB 50119—2003），将经检验符合有关标准要求的某种外加剂，掺入按规定可以使用该外加剂且符合有关标准的水泥中，外加剂在所配制的混凝土中若能产生应有的作用效果，则称该外加剂与该水泥相适应。通常的外加剂与水泥的适应性问题指的是减水剂与水泥的适应性。

一般来说，影响外加剂与水泥适应性问题的因素包括三个因素：

① 水泥方面，如水泥的矿物组成、含碱量、混合材种类、细度等；

② 化学外加剂方面，如减水剂分子结构、极性基团种类、非极性基团种类、平均相对分子质量及相对分子质量分布、聚合度、杂质含量等；

③ 环境条件方面，如温度、距离等。

改善外加剂与水泥适应性，控制混凝土坍落度损失的方法主要有：

① 新型高性能减水剂的开发应用；

② 外加剂的复合使用；

③ 减水剂的掺入方法（先掺法、同掺法、后掺法）；

④ 适当"增硫法"；

⑤ 适当调整混凝土配合比方法。

(6) 矿物掺合料

矿物掺合料是指在混凝土拌合物中，为了节约水泥，改善混凝土性能加入的具有一定细度的天然或人造的矿物粉体材料，也称为矿物外加剂，是混凝土的第六基本组成材料。

1) 常用的矿物掺合料。常用的矿物掺合料有粉煤灰、硅灰、粒化高炉矿渣粉、沸石粉、燃烧煤矸石等。矿物掺合料的比表面积一般应大于$350m^2/kg$。比表面积一般应大于$500m^2/kg$

的称为超细矿物掺合料。

2)掺合料在混凝土中的作用。

① 改善新拌混凝土的和易性。

② 增大混凝土的后期强度。

③ 降低混凝土温升。

④ 提高混凝土的耐久性。

⑤ 抑制碱-集料反应。

⑥ 不同矿物细掺料复合使用的"超叠效应"。

⑦ 掺合料可以代替部分水泥,成本低廉,经济效益显著。

6.1.3 水泥混凝土主要技术性能

1. 新拌混凝土性能

混凝土在未凝结硬化之前,称为混凝土拌合物。

(1)和易性的概念

和易性(又称工作性)是混凝土在凝结硬化前必须具备的性能,是指混凝土拌合物易于施工操作(拌合、运输、浇灌、捣实)并获得质量均匀、成型密实的混凝土性能。和易性是一项综合的技术性质,包括流动性、黏聚性和保水性等三个方面的含义。

1)流动性。流动性是指混凝土拌合物在本身自重或施工机械振捣的作用下,克服内部阻力和与模板、钢筋之间的阻力,产生流动,并均匀密实地填满模板的能力。

2)黏聚性。黏聚性是指混凝土拌合物具有一定的黏聚力,在施工、运输及浇注过程中,不至于出现分层离析,使混凝土保持整体均匀性的能力。

3)保水性。保水性是指混凝土拌合物具有一定的保水能力,在施工中不至产生严重的泌水现象。

(2)和易性测定方法及指标

混凝土拌合物的和易性通常采用坍落度或维勃稠度来定量地测量流动性,黏聚性和保水性主要通过目测观察来判定。目前世界各国普遍采用的是坍落度方法,它适用于测定最大集料粒径不大于 40mm、坍落度不小于 10mm 的混凝土拌合物的流动性。

根据坍落度的不同,可将混凝土拌合物分为四级:干硬性混凝土(坍落度值<10mm)、塑性混凝土(坍落度值为 10~90mm)、流动性混凝土(坍落度值为 100~150mm)及大流动性混凝土(坍落度值≥160mm)。

选择混凝土拌合物坍落度,要根据构件截面大小,钢筋疏密和捣实方法来确定。

坍落度值小于 10mm 的混凝土叫做干硬性混凝土,通常采用维勃稠度仪测定其稠度(维勃稠度)。

(3)影响和易性的主要因素

影响和易性的主要因素有水泥浆的数量、水泥浆的稠度、砂率、水泥品种与外加剂、集料物理性质、时间和温度等。

(4)混凝土拌合物和易性的的调整与改善

1)当混凝土拌合物流动性小于设计要求时,为了保证混凝土的强度和耐久性,不能单独加水,必须保持水胶比不变,增加胶凝材料用量。

2)当混凝土拌合物流动性大于设计要求时,可在保持砂率不变的前提下,增加砂石用量。实际上是选择合理的浆骨比。

3)改善集料级配,既可增加混凝土拌合物流动性,也能改善拌合物黏聚性和保水性。

4)掺加化学外加剂与活性矿物掺合料,改善、调整拌合物的工作性,以满足施工要求。

5)尽可能选用最优砂率,当黏聚性不足时可适当增大砂率。

(5)拌合物浇筑后的性能

浇筑后至初凝期间约几个小时,拌合物呈塑性和半流体状态,各组分间由于密度不同,在重力作用下相对运动,集料与水泥下沉、水上浮。于是出现以下三种现象。

1)泌水。泌水发生在稀拌合物中,拌合物在浇筑与捣实以后、凝结之前(不再发生沉降)表面出现一层水分可以观察到,大约为混凝土浇筑高度的2%或更大。这些水或蒸发,随之出现两个问题:首先顶部或靠近顶部的混凝土因水分大,形成疏松的水化物结构,常称浮浆,其次,上升的水积存在集料下方形成水囊,明显影响硬化混凝土的强度;同时泌水过程中在混凝土中形成的泌水通道使硬化后的混凝土抗渗性、抗冻性下降。

2)塑性沉降。拌合物因泌水产生整体沉降,浇筑深度大时靠近顶部的拌合物运动距离长,如果沉降时受到阻碍,如遇到钢筋,则沿与钢筋垂直的方向,从表面向下至钢筋产生塑性沉降裂缝。

3)塑性收缩。到达顶部的泌出水会蒸发掉,如果泌水速度低于蒸发速度,表面混凝土含水减小,由于干缩产生塑性裂缝。

4)减小泌水的办法。集料的级配不良,缺少300μm以下的颗粒是引起泌水多的主要原因,可适当增加砂子用量来弥补,但如果砂太粗或无法增大砂率,使用引气剂是个有效的办法;使用硅灰及增大粉煤灰用量都是解决措施。用二次振捣也是减小泌水影响、避免塑性沉降裂缝和塑性收缩裂缝的有效措施,尤其是对各种大面积的平板。浇筑后必须尽快开始并在最初几天内注意养护。

5)含气量。任何搅拌好的混凝土拌合物中都有一定量的空气,它们是在搅拌过程中带进混凝土的,占总体积的0.5%~2%,称为混凝土拌合物的含气量。如果在配料里还掺有一些外加剂,混凝土拌合物的含气量可能还要大,因含气量对于硬化后混凝土的性能有重要影响,故在试验室与施工现场要对它进行测定并加予控制。用于普通集料制备的拌合物含气量测定标准方法是压力法。

6)凝结时间。混凝土拌合物的凝结时间通常是用贯入阻力法进行测定的。所使用的仪器为贯入阻力仪。先用5mm筛孔的筛从拌合物中筛取砂浆,按一定方法装入规定的容器中,然后每隔一定时间测定砂浆贯入到一定深度时的贯入阻力,绘制贯入阻力与时间关系的曲线,以贯入阻力3.5MPa及28.0MPa划两条平行于时间坐标的直线,直线与曲线交点的时间即分别为混凝土的初凝和终凝时间。这是从实用角度人为确定用该初凝时间表示施工时间的极限,终凝时间表示混凝土力学强度的开始发展。

2. 混凝土硬化后的力学性能

(1)混凝土的受压破坏机理

混凝土的受力破坏过程实际上是混凝土裂缝的发生和发展过程,也是混凝土内部结构由连续到不连续的演变过程。

(2) 混凝土的强度

1) 混凝土的立方体抗压强度(f_{cu})。根据国家《普通混凝土力学性能试验方法》(GB/T 50081—2002) 制作边长 150mm 的立方体标准试件,在标准条件[温度(20±2)℃,相对湿度 95% 以上]下,养护 28d 龄期,测得的抗压强度值作为混凝土的立方体抗压强度值,用 f_{cu} 表示。

测定混凝土抗压强度时,也可以采用非标准试件,然后将测定结果乘以换算系数,换算成相当于标准试件的强度值,对于边长为 100mm 的立方体试件,应乘以强度换算系数 0.95,边长为 200mm 的立方体试件,应乘以强度换算系数 1.05。

2) 混凝土立方体抗压标准强度($f_{cu,k}$)与强度等级。混凝土立方体抗压标准强度是指按标准方法制作和养护的边长为 150mm 的立方体试件,在 28d 龄期,用标准试验方法测得的强度总体分布中具有不低于 95% 保证率的抗压强度值,用 $f_{cu,k}$ 表示。

根据国家标准《混凝土结构设计规范》(GB 50010—2010),混凝土强度等级是按照立方体抗压标准强度来划分的。混凝土强度等级用符号 C 与立方体抗压强度标准值(以 MPa 计)表示,普通混凝土划分为 C15、C20、C25、C30、C35、C40、C45、C50、C55、C60、C65、C70、C75 和 C80 十四个等级。

3) 混凝土轴心抗压强度(f_{cp})。在结构设计中混凝土受压构件的计算采用混凝土轴心抗压强度。国家《普通混凝土力学性能试验方法标准》(GB/T 50081—2002)规定采用 150mm × 150mm × 300mm 的标准棱柱体试件进行抗压强度试验,也可以采用非标准尺寸的棱柱体试件。当混凝土强度等级 < C60 时,用非标准试件测得的强度值均应乘以尺寸换算系数,其值为对 200mm × 200mm × 400mm 的试件,为 1.05;对 100mm × 100mm × 300mm 的试件,为 0.95。当混凝土强度等级 > C60 时宜采用标准试件;使用非标准试件时,尺寸换算系数应由试验确定。通过多组棱柱体和立方体试件的强度试验表明:在立方体抗压强度 10~55MPa 的范围内,轴心抗压强度(f_{cp})和立方体抗压强度(f_{cu})之比为 0.70~0.80。

4) 劈裂抗拉强度(f_{ts})。《普通混凝土力学性能试验方法标准》(GB 50081—2002)规定,混凝土的抗拉强度采用立方体劈裂抗拉试验来测定,它是采用标准试件边长为 150mm 的立方体,按规定的劈裂抗拉装置检测劈拉强度。混凝土的轴心抗拉强度为抗压强度的 1/20~1/10。

在结构设计中抗拉强度是确定混凝土抗裂能力的重要指标,有时也用它来间接衡量混凝土与钢筋的粘接强度等。

5) 混凝土抗折强度(f_{cf})。在进行路面结构设计以及混凝土配合比设计时,是以抗折强度作为主要强度指标。

混凝土抗折强度试验采用边长为 150mm × 150mm × 600mm(或 550mm)的棱柱体试件作为标准试件,按三分点加荷方式加载测得其抗折强度。

6) 影响混凝土强度的因素。

在荷载作用下,混凝土破坏形式通常有三种:最常见的是集料与水泥石的界面破坏;其次是水泥石本身的破坏;第三种是集料的破坏。水泥石的强度及其与集料的粘接强度与水泥的强度等级、水胶比及集料的杂质有很大关系。另外,混凝土强度还受施工质量、养护条件及龄期的影响。

7)提高混凝土强度的措施。提高混凝土强度可采用下列措施:

① 采用高强度等级水泥;

② 采用低水胶比;

③ 采用有害杂质少、级配良好、颗粒适当的集料和合理的砂率;

④ 采用湿热处理(蒸汽养护或蒸压养护);

⑤ 采用机械搅拌合振捣混凝土;

⑥ 掺用混凝土外加剂、掺合料。

3. 混凝土的变形

(1)非荷载作用下的变形

1)化学收缩。由于水泥水化产物的总体积小于水化前反应物的总体积而产生的混凝土收缩称为化学收缩。收缩值为$(4 \sim 100) \times 10^{-6}$ mm/mm 时,可使混凝土内部产生细微裂缝。这些细微裂缝可能会影响混凝土的承载性能和耐久性能。

2)温度变形。混凝土与其他材料一样,也会随着温度的变化产生热胀冷缩的变形。混凝土的温度线膨胀系数为$(1 \sim 1.5) \times 10^{-5}$ mm/(mm·℃)。

为防止温度变形带来的危害,一般纵长的钢筋混凝土结构物,应采取每隔一段长度设置伸缩缝以及在结构物中设置温度钢筋等措施。而对于大体积混凝土工程,必须尽量减少混凝土发热量。目前常用的方法如下:

① 最大限度地减少用水量和水泥用量。

② 采用低热水泥。

③ 选用热膨胀系数低的集料,减小热变形。

④ 预冷原材料,在混凝土中埋冷却水管,表面绝热,减小内外温差。

⑤ 对混凝土合理分缝、分块、减轻约束等。

3)干湿变形。混凝土在干燥时,毛细孔水的蒸发,使毛细孔中形成负压,随空气湿度的降低,负压逐渐增大,产生收缩力,导致混凝土收缩。同时,水泥凝胶体颗粒的吸附水也发生部分蒸发,使凝胶体产生紧缩。混凝土这种体积收缩,在重新吸水后大部分可以恢复。当混凝土在水中硬化时,体积不变,甚至轻微膨胀。这是由于胶凝体中胶体粒子间的距离增大所致。

(2)在荷载作用下的变形

1)在短期荷载作用下的变形-混凝土的弹塑性变形。由于混凝土本身的不均质性,说明它是一种弹塑性体。受力时,混凝土既产生可以恢复的弹性变形,又会产生不可恢复的塑性变形,其应力与应变关系不是直线而是曲线。

混凝土弹性模量与混凝土的强度有一定的相关性。混凝土的强度越高,弹性模量也越高,当混凝土的强度等级由 C15 增加到 C60 时,其弹性模量大致由 2.20×10^4 MPa 增到 3.60×10^4 MPa。

2)在长期荷载作用下的变形-徐变。混凝土在恒定荷载的长期作用下,沿着作用力方向的变形随时间不断增长,一般要延续 2~3 年才逐渐趋于稳定。这种在长期荷载作用下产生的变形,称为徐变。

一般认为,混凝土的徐变是由于水泥石中凝胶体在长期荷载作用下的黏性流动,是凝胶孔水向毛细孔内迁移的结果。

影响混凝土徐变的因素很多,包括荷载大小、持续时间、混凝土的组成特性以及环境温湿度等,而最根本的是水灰比与水泥用量,即水泥用量越大,水灰比越大,徐变越大。

4. 混凝土耐久性

(1)混凝土耐久性的概念

混凝土的耐久性是指混凝土在使用条件下抵抗周围环境中各种因素长期作用而不破坏的能力。混凝土的耐久性是一个综合性概念,它主要包括抗渗性、抗冻性、抗侵蚀性、抗碳化性、抗碱-集料反应以及混凝土中的钢筋锈蚀等性能。

1)抗渗性。混凝土材料抵抗压力水渗透的能力称为抗渗性,它是决定混凝土耐久性最基本的因素。钢筋锈蚀、冻融循环、硫酸盐侵蚀和碱-集料反应这些导致混凝土品质劣化的原因中,水能够渗透到混凝土内部都是破坏的前提。

混凝土的抗渗性用抗渗等级表示,共有 P4、P6、P8、P10、P12 五个等级。混凝土的抗渗实验采用 185mm×175mm×150mm 的圆台形试件,每组 6 个试件。按照标准实验方法成型并养护至 28~60d 进行抗渗性试验。

2)抗冻性。混凝土的抗冻性是指混凝土在水饱和状态下经受多次冻融循环作用,能保持强度和外观完整性的能力。混凝土抗冻性用抗冻等级表示。

提高混凝土抗冻性的措施:

① 降低混凝土水胶比,降低孔隙率;

② 掺加引气剂,保持含气量在 4%~5%;

③ 提高混凝土强度,在相同含气量的情况下,混凝土强度越高,抗冻性越好。

④ 混凝土的碳化(中性化)。碳化是空气中的二氧化碳与水泥石中的水化产物在有水的条件下发生化学反应,生成碳酸钙和水。碳化过程是二氧化碳由表及里向混凝土内部逐渐扩散的过程。未经碳化的混凝土 pH = 12~13,碳化后 pH = 8.5~10,接近中性。混凝土碳化程度常用碳化深度表示。混凝土碳化的影响:

A. 使混凝土的碱度降低,减弱了对钢筋的保护作用。

B. 引起混凝土收缩,容易使混凝土的表面产生微细裂纹,抗拉和抗折强度下降。

C. 水泥石中的水化产物分解。

3)混凝土的抗侵蚀性。当混凝土所处使用环境中有侵蚀性介质时,混凝土很可能遭受侵蚀,通常有软水侵蚀、硫酸盐侵蚀、镁盐侵蚀、碳酸侵蚀、一般酸侵蚀与强碱腐蚀等。

4)碱-集料反应。混凝土中的碱性氧化物(Na_2O、K_2O)与集料中的活性 SiO_2、活性碳酸盐发生化学反应生成碱-硅酸盐凝胶或碱-碳酸盐凝胶,沉积在集料与水泥胶体的界面上,吸水后体积膨胀 3 倍以上导致混凝土开裂破坏。

混凝土中碱-集料反应一旦发生,不易修复,损失大。预防或抑制混凝土碱-集料反应的措施:

① 避免使用碱活性集料;

② 使用含碱小于 0.6% 的水泥,以降低混凝土中总的碱含量,一般 ≤3.5kg/m^3;

③ 掺用矿物细粉掺合料,如粉煤灰、磨细矿渣,但至少要替代 25% 以上的水泥;

④ 使混凝土密实,防止水分进入混凝土内部;

⑤ 掺用引气剂。

(2)提高混凝土耐久性的主要措施与要求

1)合理选择水泥品种,使其与工程环境相适应;

2)采用较小水胶比和保证胶凝材料用量;

3)选择质量良好、级配合理的集料和合理砂率;

4)掺用适量的引气剂或减水剂;

5)加强混凝土的质量的生产控制。

6.1.4 混凝土的质量控制与强度评定

混凝土的质量控制包括初步控制、生产控制和合格控制。

初步控制:混凝土生产前对人员配备、设备调试、组成材料的检验及混凝土配合比的确定与调整。

生产控制:包括控制计量、搅拌、运输、浇筑、振捣和养护等项内容。

合格控制:主要有批量划分、确定批量取样数、确定检测方法和检验界限等项内容。

1. 混凝土强度的质量控制

(1)混凝土强度的波动规律

对某种混凝土经随机取样测定其强度,其数据经过整理绘成强度概率分布曲线,一般均接近正态分布曲线(图6-2)。

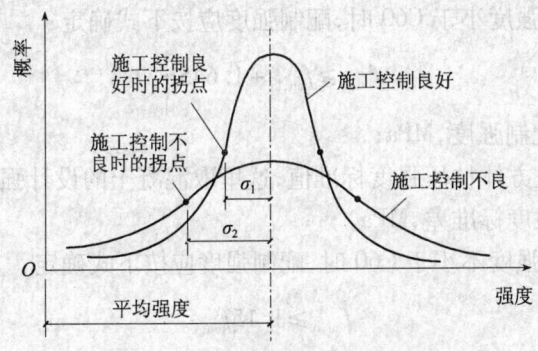

图 6-2 混凝土强度概率分布曲线

概率分布曲线窄而高,说明强度测定值比较集中,波动较小,混凝土的均匀性好,施工水平较高。如果曲线宽而矮,则说明强度值离散程度大,混凝土的均匀性差,施工水平较低。在数理统计方法中,常用强度平均值、标准差、变异系数和强度保证率等统计参数来评定混凝土质量。

1)强度平均值 $\bar{f}_{cu}$。

$$\bar{f}_{cu} = \frac{1}{n}\sum_{i=1}^{n} f_{cu,i}$$

2)标准差 σ。

$$\sigma = \sqrt{\frac{\sum_{i=1}^{n} f_{cu,i}^2 - n\bar{f}_{cu}^2}{n-1}}$$

标准差又称均方差，σ 越大，说明其强度离散程度越大，混凝土质量也越不稳定。

3) 变异系数 C_V。变异系数又称离散系数，是混凝土质量均匀性的指标。

$$C_V = \frac{\sigma}{f_{cu}}$$

σ 越小，说明混凝土质量越稳定，混凝土生产的质量水平越高。

(2) 混凝土强度保证率

它是指在混凝土总体中，不小于设计要求的强度等级标准值($f_{cu,k}$)的概率 $P(\%)$。

随机变量 t

$$t = \frac{\bar{f}_{cu} - f_{cu,k}}{\sigma}$$

我国在《混凝土强度检验评定标准》(GB/T 50107—2010)中规定，根据统计周期内混凝土强度标准差 σ 值和保证率 $P(\%)$，可将混凝土生产单位的生产管理水平划分为优良、一般及差三个等级。

(3) 混凝土配制强度($f_{cu,o}$)

根据《普通混凝土配合比设计规程》(JGJ 55—2011)规定，混凝土配制强度应按下列规定确定：

1) 当混凝土的设计强度小于 C60 时，配制强度应按下式确定：

$$f_{cu,o} \geq f_{cu,k} + 1.645\sigma$$

式中 $f_{cu,o}$ ——混凝土配制强度，MPa；
  $f_{cu,k}$ ——混凝土立方体抗压强度标准值，这里取混凝土的设计强度等级值，MPa；
  σ ——混凝土强度标准差，MPa。

2) 当混凝土的设计强度不小于 C60 时，配制强度应按下式确定：

$$f_{cu,o} \geq 1.15 f_{cu,k}$$

2. 混凝土强度的评定

(1) 统计方法评定

混凝土强度进行分批检验评定。一个检验批的混凝土应由强度等级相同、龄期相同以及生产工艺条件和配合比基本相同的混凝土组成。

当混凝土的生产条件在较长时间内能保持一致，且同一品种混凝土的强度变异性能保持稳定时，即标准差已知时，应由连续的三组试件组成一个检验批。其强度应同时满足下列要求：

$$mf_{cu} \geq f_{cu,k} + 0.7\sigma_0$$

$$f_{cu,min} \geq f_{cu,k} - 0.7\sigma_0$$

式中 mf_{cu} ——统一检验批混凝土立方体抗压强度的平均值，MPa，精确到 0.1MPa；
  $f_{cu,k}$ ——混凝土立方体抗压强度标准值，MPa，精确到 0.1MPa；

$f_{cu,min}$——统一检验批混凝土立方体抗压强度的最小值,MPa,精确到 0.1MPa;

σ_0——检验批混凝土立方体抗压强度的标准差,MPa,精确到 0.1MPa。

当混凝土强度等级不高于 C20 时,其强度的最小值还应满足下式要求:

$$f_{cu,min} \geqslant 0.85 f_{cu,k}$$

当混凝土强度等级高于 C20 时,其强度的最小值还应满足下式要求:

$$f_{cu,min} \geqslant 0.90 f_{cu,k}$$

当混凝土的生产条件在较长时间内不能保持一致且混凝土强度变异不能保持稳定时,或在前一个检验期内的同一品种混凝土没有足够的数据用以确定检验批混凝土立方体抗压强度的标准差时,应由不少于 10 组的试件组成一个检验批,其强度应同时满足下列公式的要求:

$$mf_{cu} \geqslant f_{cu,k} + \lambda_1 \cdot S_{f_{cu}}$$

$$f_{cu,min} \geqslant \lambda_2 \cdot f_{cu,k}$$

式中 $S_{f_{cu}}$——同一批检验混凝土立方体抗压强度的标准差(当 $S_{f_{cu}}$ 的计算值小于 $0.06 f_{cu,k}$,取 $S_{f_{cu}} = 0.06 f_{cu,k}$,MPa)。

λ_1, λ_2——合格评定系数。

混凝土立方体抗压强度的标准差 $S_{f_{cu}}$,可按下列公式计算:

$$S_{f_{cu}} = \sqrt{\frac{\sum_{i=1}^{n} f_{cu,i}^2 - n m f_{cu}^2}{n-1}}$$

式中 $f_{cu,i}$——前一检验期内同一品种、同一强度等级的第 i 组混凝土试件的立方体抗压强度代表值,MPa,精确到 0.1MPa;该检验期不应少于 60d,也不得大于 90d;

n——前一检验期内的样本容量,在该期间样本容量不应少于 45。

当用于评定的样本容量少于 10 组时,应采用非统计方法评定混凝土强度。

(2)非统计方法评定

若按非统计法评定混凝土强度时,其强度应同时满足下列要求:

$$mf_{cu} \geqslant \lambda_3 \cdot f_{cu,k}$$

$$f_{cu,min} \geqslant \lambda_4 \cdot f_{cu,k}$$

式中 λ_3, λ_4——合格评定系数。

若按上述方法检验,发现不满足合格条件时,则该批混凝土强度判为不合格。对不合格批的混凝土,可按国家现行的有关标准进行处理。

6.1.5 水泥混凝土配合比设计

混凝土配合比设计就是根据工程要求、结构形式和施工条件来确定各组成材料数量之间的比例关系。常用的表示方法有两种:

一种是以 1m³ 混凝土中各项材料的质量表示,如某配合比:水泥 240kg,水 180kg,砂 630kg,石子 1280kg,矿物质掺合料 160kg,该混凝土 1m³ 总质量为 2490kg;

另一种是以各项材料相互间的质量比来表示(以水泥质量为1),将上例换算成质量比为:水泥:砂:石:掺合料=1:2.63:5.33:0.67,水灰比=0.45。

1. 混凝土配合比的设计基本要求

市政工程中所使用的混凝土须满足以下五项基本要求:

(1)满足施工规定所需的和易性要求;

(2)满足设计的强度要求;

(3)满足与使用环境相适应的耐久性要求;

(4)满足业主或施工单位渴望的经济性要求;

(5)满足可持续发展所必需的生态性要求。

2. 混凝土配合比设计的三个参数

混凝土配合比设计,实质上就是确定胶凝材料、水、砂和石子这四种组成材料用量之间的三个比例关系:

(1)水与胶凝材料之间的比例关系,常用水胶比表示;

(2)砂与石子之间的比例关系,常用砂率表示;

(3)胶凝材料与集料之间的比例关系,常用单位用水量($1m^3$ 混凝土的用水量)来表示。

3. 混凝土配合比设计步骤

混凝土配合比设计步骤包括配合比计算、试配和调整、施工配合比的确定等。

(1)初步配合比计算

1)计算配制强度($f_{cu,o}$)。根据《普通混凝土配合比设计规程》(JGJ 55—2011)规定,混凝土配制强度应按下列规定确定:

① 当混凝土的设计强度小于 C60 时,配制强度应按下式确定:

$$f_{cu,o} \geq f_{cu,k} + 1.645\sigma$$

式中 $f_{cu,o}$——混凝土配制强度,MPa;

$f_{cu,k}$——混凝土立方体抗压强度标准值,这里取混凝土的设计强度等级值,MPa;

σ——凝土强度标准差,MPa。

② 当混凝土的设计强度不小于 C60 时,配置强度应按下式确定

$$f_{cu,o} \geq 1.15 f_{cu,k}$$

混凝土强度标准差 σ 应根据同类混凝土统计资料计算确定,其计算公式如下:

$$\sigma = \sqrt{\frac{\sum_{i=1}^{n} f_{cu,i}^2 - nm f_{cu}^2}{n-1}}$$

式中 $f_{cu,i}$——统计周期内同一品种混凝土第 i 组试件的强度值,MPa;

mf_{cu}——统计周期内同一品种混凝土。组试件的强度平均值,MPa;

n——统计周期内同品种混凝土试件的总组数。

当具有近 1~3 个月的同一品种、同一强度等级混凝土的强度资料,且试件组数不小于 30 时,其混凝土强度标准差 σ 应上式进行计算。

对于强度等级不大于 C30 的混凝土,当混凝土强度准差计算值不小于 3.0MPa 时,应按混凝土强度标准差计算公式计算结果取值;当混凝土强度标准差计算值小于 3.0MPa 时,应取 3.0MPa。

对于强度等级大于 C30 且小于 C60 的混凝土,当混凝土强度标准差计算值不小于 4.0MPa 时,应按混凝土强度标准差计算公式计算结果取值;当混凝土强度标准差计算值小于 4.0MPa 时,应取 4.0MPa。

当没有近期的同一品种、同一强度等级混凝土强度材料时,其强度标准差 σ 可按表 6-3 取值。

表 6-3 混凝土强度标准差 σ 值

混凝土强度等级	≤C20	C25~C45	C50~55
σ(MPa)	4.0	5.0	6.0

2)计算水胶比(W/B)。混凝土强度等级小于 C60 时,混凝土水灰比应按下式计算:

$$\frac{W}{B}=\frac{\alpha_a f_b}{f_{cu,o}+\alpha_a \alpha_b f_b}$$

式中 α_a、α_b——回归系数;回归系数可由表 6-4 采用。
f_b——胶凝材料 28d 胶砂抗压强度,可实测,MPa。

表 6-4 回归系数 α_a 和 α_b 选用表

系 数	碎 石	卵 石
α_a	0.53	0.49
α_b	0.20	0.13

当胶凝材料 28d 抗压强度(f_b)无实测值时,其值可按下式确定:

$$f_b = \gamma_f \cdot \gamma_s \cdot f_{ce}$$

式中 γ_f、γ_s——粉煤灰影响系数和粒化高炉矿渣粉影响系数,按表 6-5 选用;
f_{ce}——水泥 28d 胶砂抗压强度,可实测,MPa。

表 6-5 粉煤灰影响系数 γ_f 和粒化高炉矿渣粉影响系数 γ_s

掺 量(%)	粉煤灰影响系数(γ_f)	粒化高炉矿渣粉影响系数(γ_s)
0	1.00	1.00
10	0.85~0.95	1.00
20	0.75~0.85	0.95~1.00
30	0.65~0.75	0.90~1.00
40	0.55~0.65	0.80~0.90
50	—	0.70~0.85

注:1. 采用 Ⅰ 级、Ⅱ 级粉煤灰宜取上限值;
2. 采用 S75 级粒化高炉矿渣粉宜取下限值,采用 S95 级粒化高炉矿渣粉宜取上限值,采用 S105 级粒化高炉矿渣粉宜取上限值加 0.05;
3. 当超出表中的掺量时,粉煤灰和粒化高炉矿渣粉影响系数应经试验测定。

在确定 f_{ce} 值时，f_{ce} 值可根据3d强度或快测强度推定28d强度关系式得出。当无水泥28d抗压强度实测值时，其值可按下式确定：

$$f_{ce} = \gamma_c \cdot f_{ce,g}$$

式中　γ_c——水泥强度等级值的富余系数（可按实际统计资料确定）；当缺乏实际统计资料时，可按表6-6选用；

　　　$f_{ce,g}$——水泥强度等级值，MPa。

表6-6　水泥强度等级值的富余系数（γ_c）

水泥强度等级值	32.5	42.5	52.5
富余系数	1.12	1.16	1.10

3）每立方米混凝土用水量的确定。

① 干硬性和塑性混凝土用水量的确定。

水胶比在0.04~0.08范围内时，根据粗集料的品种、粒径及施工要求的混凝土拌合物稠度，其用水量可按表6-7、表6-8选取。

表6-7　干硬性混凝土用水量（单位：kg/m³）

拌合物稠度		卵石最大粒径(mm)			碎石最大粒径(mm)		
项目	指标	10.0	20.0	40.0	16.0	20.0	40.0
维勃稠度(s)	16~20	175	160	145	180	170	155
	11~15	180	165	150	185	175	160
	5~10	185	170	155	190	180	165

表6-8　塑性混凝土的用水量（单位：kg/m³）

拌合物稠度		卵石最大粒径(mm)				碎石最大粒径(mm)			
项目	指标	10.0	20.0	31.5	40.0	16.0	20.0	31.5	40.0
坍落度(mm)	10~30	190	170	160	150	200	185	175	165
	35~50	200	180	170	160	210	195	185	175
	55~70	210	190	180	172	220	205	195	185
	75~90	215	195	185	175	230	215	205	195

② 流动性和大流动性混凝土的用水量宜按下列步骤计算：

A. 以表6-8中坍落度90mm的用水量为基础，按坍落度每增大20mm用水量增加5kg，计算出未掺外加剂时的混凝土用水量。当坍落度增大到180mm以上时，随坍落度的相应增加的用水量可减少。

B. 掺外加剂时的混凝土用水量可按下式计算。

$$m_{wa} = m_{wo}(1 - \beta)$$

式中　m_{wa}——掺外加剂混凝土每立方米混凝土的用水量，kg；

　　　m_{wo}——未掺外加剂混凝土每立方米混凝土的用水量，kg；

　　　β——外加剂的减水率，应经混凝土的试验确定，%。

4）每立方米混凝土胶凝材料用量（m_{bo}）的确定。根据已选定的混凝土用水量 m_{wo} 和水胶比（W/B）可求出胶凝材料用量：

$$m_{bo} = \frac{m_{wo}}{W/B}$$

每立方米混凝土矿物掺合料用量（m_{fo}）的确定。

$$m_{fo} = m_{bo} \cdot \beta_f$$

式中 β_f——矿物掺合料掺量（%），矿物掺合料在混凝土中的掺量应通过试验确定。采用硅酸盐水泥或普通硅酸盐水泥时，钢筋混凝土和预应力混凝土中矿物掺合料最大掺量宜分别符合表 6-9 和表 6-10 的规定。对基础大体积混凝土，粉煤灰、粒化高炉矿渣粉和复合掺合料的最大掺量可增加 5%。采用掺量大于 30% 的 C 类粉煤灰的混凝土应以实际使用的水泥和粉煤灰掺量进行安定性检验。

表 6-9 钢筋混凝土中矿物掺合料最大掺量

矿物掺合料种类	水胶比	最大掺量（%） 采用硅酸盐水泥时	最大掺量（%） 采用普通硅酸盐水泥时
粉煤灰	≤0.4	45	35
	>0.4	40	30
粒化高炉矿渣粉	≤0.4	65	55
	>0.4	55	45
钢渣粉	—	30	20
磷渣粉	—	30	20
硅灰	—	10	10
复合掺合料	≤0.4	65	55
	>0.4	55	45

表 6-10 预应力混凝土中矿物掺合料最大掺量

矿物掺合料种类	水胶比	最大掺量（%） 采用硅酸盐水泥时	最大掺量（%） 采用普通硅酸盐水泥时
粉煤灰	≤0.4	35	30
	>0.4	25	20
粒化高炉矿渣粉	≤0.4	55	45
	>0.4	45	35
钢渣粉	—	20	10
磷渣粉	—	20	10
硅灰	—	10	10
复合掺合料	≤0.4	55	45
	>0.4	45	35

每立方米混凝土水泥用量(m_{co})的确定。

$$m_{co} = m_{bo} - m_{fo}$$

为保证混凝土的耐久性,由以上计算得出的胶凝材料用量还要满足有关规定的最小胶凝材料用量的要求,如算得的胶凝材料用量少于规定的最小胶凝材料用量,则应取规定的最小胶凝材料用量值。

5)砂率的确定。砂率可以根据以砂填充石子空隙,并稍有富余,以拨开石子的原则来确定。根据此原则可列出砂率计算公式如下:

$$V'_{so} = V'_{go} P'$$

$$\beta_s = \beta \frac{m_{so}}{m_{so} + m_{go}} = \beta \frac{\rho'_{so} V'_{so}}{\rho'_{so} V'_{so} + \rho'_{go} V'_{go}} =$$

$$\beta \frac{\rho'_{so} V'_{go} P'}{\rho'_{so} V'_{go} P' + \rho'_{so} V'_{go}} = \beta \frac{\rho'_{so} P'}{\rho'_{so} P' + \rho'_{go}}$$

式中 β_s——砂率,%;

m_{so}, m_{go}——每立方米混凝土中砂及石子用量,kg;

V'_{so}, V'_{go}——每立方米混凝土中砂及石子松散体积,其中 $V'_{so} = V'_{go} P'$,m³;

ρ'_{so}, ρ'_{go}——砂和石子堆积密度,kg/m³;

P'——石子空隙率,%;

β——砂浆剩余系数(一般取 1.1 ~ 1.4)。

6)粗集料和细集料用量的确定。

① 当采用质量法时,应按下列公式计算:

$$\begin{cases} m_{co} + m_{fo} + m_g + m_{so} + m_{wo} = m_{cp} \\ \beta_s = \dfrac{m_{so}}{m_{so} + m_{go}} \times 100\% \end{cases}$$

式中 m_{co}——每立方米混凝土的水泥用量,kg;

m_{fo}——每立方米混凝土的矿物掺合料用量,kg;

m_{go}——每立方米混凝土的粗集料用量,kg;

m_{so}——每立方米混凝土的细集料用量,kg;

m_{wo}——每立方米混凝土的用水量,kg;

m_{cp}——每立方米混凝土拌合物的假定质量(其值可取 2350 ~ 2450kg),kg;

β_s——砂率,%。

② 当采用体积法时,应按下列公式计算:

$$\begin{cases} \dfrac{m_{co}}{\rho_c} + \dfrac{m_{fo}}{\rho_f} + \dfrac{m_{go}}{\rho_g} + \dfrac{m_{so}}{\rho_s} + \dfrac{m_{wo}}{\rho_w} + 0.01 = 1 \\ \beta_s = \dfrac{m_{so}}{m_{so} + m_{go}} \times 100\% \end{cases}$$

式中 ρ_c——水泥密度(可取 2900~3100kg/m³),kg/m³;
　　ρ_f——矿物掺合料密度,kg/m³;
　　ρ'_g——粗集料的表观密度,kg/m³;
　　ρ'_s——细集料的表观密度,kg/m³;
　　ρ_w——水的密度(可取 1000kg/m³),kg/m³;
　　α——混凝土的含气量百分数(在不使用引气型外加剂时,α 可取 1)。

粗集料和细集料的表观密度 ρ_g 与 ρ_s 应按现行行业标准《普通混凝土用砂、石质量及检验方法标准》(JGJ 52—2006)规定的方法测定。

7)每立方米混凝土外加剂用量(m_{ao})的确定。每立方米混凝土外加剂用量(m_{ao})应按下列计算:

$$m_{ao} = m_{bo} \cdot \beta_a$$

式中 m_{ao}——计算配合比每立方米混凝土中外加剂用量,kg/m³;
　　m_{bo}——计算配合比每立方米混凝土中胶凝材料用量,kg/m³;
　　β_a——外加剂掺量,%,应经混凝土试验确定。

(2)配合比的试配、调整与确定

1)配合比的试配、调整。以上求出的各材料用量,是借助于一些经验公式和数据计算出来的,或是利用经验资料查得的,因而不一定符合实际情况,必须通过试拌调整,直到混凝土拌合物的和易性符合要求为止,然后提出供检验混凝土强度用的基准配合比。

2)配合比的确定。由试验得出的各胶水比值时的混凝土强度,用作图法或计算求出与 $f_{cu,o}$ 相对应的胶水比值,并按下列原则确定每立方米混凝土的材料用量:

① 用水量(m_w)和外加剂用量(m_a)。在试拌配合比的基础上,用水量(m_w)和外加剂用量(m_a)应根据确定的水胶比作调整;

② 胶凝材料用量(m_b)。胶凝材料用量(m_b)应以用水量乘以确定的胶水比计算得出;

③ 粗、细集料用量(m_g 及 m_s)。粗、细集料用量(m_g 及 m_s)应根据用水量和胶凝材料用量进行调整。

3)混凝土表观密度的校正。其步骤如下:

① 计算出混凝土的计算表观密度值($\rho_{c,c}$):

$$\rho_{c,c} = m_c + m_f + m_g + m_s + m_w$$

② 将混凝土的实测表观密度值($\rho_{c,t}$)除以 $\rho_{c,c}$ 得出校正系数 δ,即

$$\delta = \frac{\rho_{c,t}}{\rho_{c,c}}$$

③ 当 $\rho_{c,t}$ 与 $\rho_{c,c}$ 之差的绝对值不超过 $\rho_{c,c}$ 的 2% 时,由以上定出的配合比,即为确定的设计配合比;若二者之差超过 2% 时,则要将已定出的混凝土配合比中每项材料用量均乘以校正系数 δ,即为最终定出的设计配合比。

(3)施工配合比

设计配合比,是以干燥材料为基准的,而工地存放的砂、石材料都含有一定的水分。所以

现场材料的实际称量应按工地砂、石的含水情况进行修正,修正后的配合比,叫做施工配合比。

现假定工地测出的砂的含水率为 $a\%$、石子的含水率为 $b\%$,则将上述设计配合比换算为施工配合比,其材料的称量应为:

水泥: $m'_c = m_c (\text{kg})$

砂: $m'_s = m_s(1+a\%)(\text{kg})$

石子: $m'_g = m_g(1+b\%)(\text{kg})$

水: $m'_w = m_w - m_s \times a\% - m_g \times b\% (\text{kg})$

矿物掺合料: $m'_f = m_f(\text{kg})$

6.1.6 路面水泥混凝土

路面水泥混凝土是指满足路面摊铺工作性、弯拉强度、耐久性与经济性要求的水泥混凝土。

1. 路面水泥混凝土对组成材料的技术要求

(1)水泥

特重、重交通等级的普通混凝土路面,可使用旋窑硅酸盐水泥或普通硅酸盐水泥,应优先采用旋窑道路硅酸盐水泥。中、轻交通的路面,也可采用矿渣硅酸盐水泥。冬季施工、有快凝要求的路段可采用 R 型早强水泥,一般情况宜采用普通型水泥。《公路水泥混凝土路面施工技术规范》(JTG F30—2003)对各级交通等级路面混凝土用水泥的强度要求如表 6-11。

表 6-11 各交通等级路面水泥各龄期的强度要求

交通等级	特重交通		重交通		中、轻交通	
龄期	3	28	3	28	3	28
抗压强度(MPa),≥	25.5	57.5	22.0	52.5	16.0	42.5
抗折强度(MPa),≥	4.5	7.5	4.0	7.0	3.5	6.5

(2)粉煤灰

混凝土路面在掺用粉煤灰时,应掺用Ⅰ、Ⅱ级干排或磨细粉煤灰,不得使用Ⅲ级粉煤灰。贫混凝土、碾压混凝土基层或复合式路面下面层应掺用Ⅲ级或Ⅱ级以上粉煤灰,不得使用等外粉煤灰。

(3)粗集料

1)技术要求。粗集料应使用质地坚硬、耐久、洁净的碎石、碎卵石或卵石,应符合《公路水泥混凝土路面施工技术规范》(JTG F30—2003)的规定。高速公路、一级公路、二级公路及有抗(盐)冻要求的三、四级公路混凝土路面使用的粗集料级别应不低于Ⅱ级,无抗(盐)冻要求的三、四级公路混凝土路面、碾压混凝土及贫混凝土基层可使用Ⅲ级粗集料。有抗(盐)冻要求时,Ⅰ级集料吸水率不应大于 1.0%;Ⅱ级集料吸水率不应大于 2.0%。

2)最大公称粒径和级配要求。用作路面和桥面混凝土的粗集料不得使用不分级的统料,应按最大公称粒径的不同采用 2~4 个粒级的集料进行掺配。卵石最大公称粒径不宜大于 19.0mm;碎卵石最大公称粒径不宜大于 26.5mm;碎石最大公称粒径不应大于 31.5mm。贫混凝土基层粗集料最大公称粒径不应大于31.5mm；钢纤维混凝土与碾压混凝土粗集料最大公称粒径不宜大于19.0mm。碎卵石或碎石中粒径<75μm的石粉质量分数不宜大于1%。

(4)细集料

1)技术要求。细集料应采用质地坚硬、耐久、洁净的天然砂、机制砂或混合砂，应符合《公路水泥混凝土路面施工技术规范》(JTG F30—2003)的规定。高速公路、一级公路、二级公路及有抗(盐)冻要求的三、四级公路混凝土路面使用的砂不低于Ⅱ级，无抗(盐)冻要求的三、四级公路混凝土路面、碾压混凝土及贫混凝土基层可使用Ⅲ级砂。特重、重交通混凝土路面宜使用河砂，砂的硅质质量分数不应低于25%。

2)级配和细度要求。细集料的级配要求与普通混凝土一样，路面和桥面用天然砂宜为中砂，也可使用细度模数在2.0~3.5的砂。同一配合比用砂的细度模数变化范围不应超过0.3，否则，应分别堆放，并调整配合比中的砂率后使用。

(5)水

饮用水可以直接作为混凝土搅拌合养护用水，水中不得含有油污、泥及其他有害杂质。

(6)外加剂

外加剂可以改善混凝土的性能，通带掺入的外加剂有减水剂、引气剂、缓凝剂、抗冻剂等。在路面混凝土中所使用的高效减水剂，其减水率应达到15%，引气减水剂的减水率应达到12%。

2.路面水泥混凝土的技术性质

路面混凝土既要受到车辆荷载的反复作用，又要受到大自然、气候的直接影响，因而需要具备优良的技术性质。

(1)抗折强度

各种交通等级，对混凝土抗折强度要求不低于表6-12的标准，条件许可时尽量采用较高的设计强度，特别是特重交通的道路。

表6-12 路面水泥混凝土抗弯拉强度标准值

交通等级	特重	重	中等	轻
混凝土设计弯拉强度(MPa)	5.0	5.0	4.5	4.0

注：在特重交通的特殊路段，通过论证，可以使用设计抗折强度5.5MPa。

(2)工作性(和易性)

混凝土拌合物在施工拌合、运输浇注、捣实和抹平等过程中不分层、不离析、不泌水，能均匀密实填充在结构物模板内，即具有良好的工作性，符合施工要求。

不同路面施工方式的混凝土坍落度及最大单位用水量，可查表6-13。

表6-13 不同路面施工方式混凝土坍落度及最大单位用水量

摊铺方式	三辊轴机组摊铺		轨道摊铺机摊铺		小型机具摊铺	
出机坍落度(mm)	30~50		40~60		10~40	
摊铺坍落度(mm)	10~30		20~40		0~20	
最大单位用水量(kg/m³)	碎石153	卵石148	碎石156	卵石153	碎石150	卵石145

(3) 耐久性

混凝土与大自然接触,受到干湿、冷热、水流冲刷、行车磨耗和冲击、腐蚀等作用,要求混凝土路面必须具有良好的耐久性。在混凝土配合比设计时,采用限制最大水胶比和最小胶凝材料用量来满足路面耐久性的要求。

3. 路面混凝土配合比设计方法

普通混凝土路面用混凝土配合比设计方法,按行业现行标准《公路水泥混凝土路面施工技术规范》(JTG F30—2003)的规定,采用抗弯拉强度为指标。

路面水泥混凝土配合比设计,应满足工作性、抗弯拉强度、耐久性的要求。

路面水泥混凝土配合比设计按下列步骤进行:

(1) 确定配制强度(f_c)

$$f_c = \frac{f_r}{1-1.04c_v} + ts$$

式中 f_c——配制 28d 弯拉强度的均值,MPa;
f_r——混凝土设计抗弯拉强度标准值,MPa;
s——弯拉强度试验样本的标准差,MPa;
t——保证率系数。
c_v——混凝土弯拉强度变异系数。

(2) 水灰比(W/C)的计算、校核及确定

1) 按照混凝土弯拉强度计算水灰比。不同粗集料类型混凝土的水灰比 W/C 按下列经验公式计算。

碎石(或破碎卵石)混凝土:

$$\frac{W}{C} = \frac{1.5684}{f_c + 1.0097 - 0.3595f_s}$$

卵石混凝土:

$$\frac{W}{C} = \frac{1.2618}{f_c + 1.5492 - 0.4709f_s}$$

式中 f_c——混凝土配制弯拉强度,MPa;
f_s——水泥 28d 实测抗折强度,MPa。

2) 水胶比 $W/(C+F)$ 的计算。水胶比中的"水胶"是指水泥与粉煤灰质量之和,如果将粉煤灰作为掺合料时,应计入超量取代法中代替水泥的那一部分粉煤灰用量 F,代替砂的超量部分不计入,此时,水灰比 W/C 用水胶比 $W/(C+F)$ 代替。

3) 耐久性校核确定水灰(胶)比。按照路面混凝土的使用环境、道路等级确定,得到满足耐久性要求的最大水胶比(或水胶比)。在满足弯拉强度和耐久性要求的水灰比(或水胶比)中取小值作为路面混凝土的设计水灰比(或水胶比)。

(3) 选取砂率(β_s)

根据砂的细度模数和粗集料品种,查表 6-14 选取砂率 β_s。

表6-14 砂的细度模数与最优砂率的关系

砂的细度模数		2.2~2.5	2.5~2.8	2.8~3.1	3.1~3.4	3.4~3.7
砂率β_s(%)	碎石	30~34	32~36	34~38	36~40	38~42
	卵石	28~32	30~34	32~36	34~38	36~40

(4)单位用水量(m_{wo})

1)不掺外加剂和掺合料时,单位用水量的计算。单位用水量按照下列经验公式计算,其中砂石材料质量以自然风干状态计。

碎石:$m_{wo} = 104.97 + 0.309S_L + 11.27(C/W) + 0.61\beta_s$

卵石:$m_{wo} = 86.89 + 0.370S_L + 11.24(C/W) + 1.00\beta_s$

式中 S_L——坍落度,mm;

β_s——砂率,%;

C/W——灰水比。

2)掺外加剂的混凝土单位用水量。掺外加剂混凝土的单位用水量按下式计算。

$$m_{w,ad} = m_{wo}(1 - \beta_{ad})$$

式中 $m_{w,ad}$——掺外加剂混凝土的单位用水量,kg/m³;

m_{wo}——未掺外加剂时混凝土的单位用水量,kg/m³;

β_{ad}——外加剂减水率的实测值,以小数计。

(5)单位水泥用量(m_{co})的确定

单位水泥用量m_{co}按照下式计算。

$$m_{co} = m_{wo} \times (C/W)$$

式中 m_{co}——单位用水量,kg/m³;

C/W——混凝土的灰水比。

(6)单位粉煤灰用量

路面混凝土中掺用粉煤灰时,其配合比应按照超量取代法进行。代替水泥的粉煤灰掺量:Ⅰ型硅酸盐水泥≤30%;Ⅱ型硅酸盐水泥≤25%;道路水泥≤20%;普通硅酸盐水泥≤15%;矿渣硅酸盐水泥不得掺粉煤灰。粉煤灰的超量部分应代替砂,并折减用砂量。

(7)砂石材料用量(m_{so})和(m_{go})

1)采用质量法时,应按下列公式计算:

$$\begin{cases} m_{co} + m_{go} + m_{so} + m_{wo} = m_{cp} \\ \beta_s = \dfrac{m_{so}}{m_{so} + m_{go}} \times 100\% \end{cases}$$

式中 m_{co}——每立方米混凝土的水泥用量,kg;

m_{go}——每立方米混凝土的粗集料用量,kg;

m_{so}——每立方米混凝土的细集料用量,kg;

m_{wo}——每立方米混凝土的用水量,kg;

m_{cp}——每立方米混凝土拌合物的假定质量(其值可取 2350~2450kg),kg;

β_s——砂率,%。

2)当采用体积法时,应按下列公式计算:

$$\begin{cases} \dfrac{m_{co}}{\rho_c} + \dfrac{m_{go}}{\rho'_g} + \dfrac{m_{so}}{\rho'_s} + \dfrac{m_{wo}}{\rho'_w} + 0.01\alpha = 1 \\ \beta_s = \dfrac{m_{co}}{m_{so} + m_{go}} \times 100\% \end{cases}$$

式中 ρ_c——水泥密度(可取 2900~3100kg/m³),kg/m³;

ρ'_g——粗集料的表观密度,kg/m³;

ρ'_s——细集料的表观密度,kg/m³;

ρ_w——水的密度(可取 1000kg/m³),kg/m³;

α——混凝土的含气量百分数(在不使用引气型外加剂时,α 可取 1)。

经计算得到的配合比应验算单位粗集料填充体积率,且不宜小于 70%。

混凝土的初步配合比确定后,应对该配合比进行试配、调整,确定其设计配合比,有关方法与本章普通混凝土配合比设计方法相同。

6.1.7 其他功能混凝土

1. 泵送混凝土

(1)泵送混凝土定义及特点

1)定义。将搅拌好的混凝土,采用混凝土输送泵沿管道输送和浇注,称为泵送混凝土。

2)特点。采用混凝土泵输送混凝土拌合物,可一次连续完成垂直和水平输送,而且可以进行浇注,因而生产率高,节约劳动力,特别适用于工地狭窄和有障碍的施工现场,以及大体积混凝土结构物和高层建筑。

(2)泵送混凝土的可泵性

1)可泵性。泵送混凝土的可泵性实则就是拌合料在泵压下在管道中移动摩擦阻力和弯头阻力之和的倒数。阻力越小,则可泵性越好。

2)评价方法新拌混凝土的可泵性可用坍落度和压力泌水值双指标来评价。

压力泌水值是在一定的压力下,一定量的拌合料在一定的时间内泌出水的总量,以总泌水量(Ml)或单位混凝土泌水量(kg/m³)表示。压力泌水值太大,泌水较多,阻力大,泵压不稳定,可能堵泵;但是如果压力泌水值太小,拌合物黏稠,结构黏度过大,阻力大,也不易泵送。

在实际应用中,许多国家都对泵送混凝土的坍落度做了规定,一般认为 8~20cm 范围较合适,具体的坍落度值要根据泵送距离和气温对混凝土的要求而定。

(3)坍落度损失

混凝土拌合料从加水搅拌到浇灌要经历一段时间,在这段时间内拌合料逐渐变稠,流动性(坍落度)逐渐降低,这就是所谓"坍落度损失"。坍落度损失的原因是:

1)水分蒸发;

2)水泥在形成混凝土的最早期开始水化,特别是 C_3A 水化形成水化硫铝酸钙需要消耗一部分水;

3)新形成的少量水化生成物表面吸附一些水。这几个原因都使混凝土中游离水逐渐减少,致使混凝土流动性降低。

当坍落度损失成为施工中的问题时,可采取下列措施以减缓坍落度损失:

1)在炎热季节采取措施降低集料温度和拌合水温;在干燥条件下,采取措施防止水分过快蒸发。

2)在混凝土设计时,考虑掺加粉煤灰等矿物掺合料。

3)在采用高效减水剂的同时,掺加缓凝剂或引气剂或两者都掺。

(4)泵送混凝土配合比设计基本原则

1)要保证压送后的混凝土能满足所规定的和易性、匀质性、强度及耐久性等质量要求。

2)根据所用材料的质量、泵的种类、输送管的直径、压送距离、气候条件、浇注部位及浇注方法等,经过试验确定配合比。试验包括混凝土的试配和试送。

3)在混凝土配合成分中,应尽量采用减水性塑化剂等化学外加剂,以降低水胶比,适当提高砂率(一般为40%~50%),改善混凝土可泵性。

2. 高性能混凝土简述

(1)高性能混凝土的概念

1)国外的观点。

① 美、加学派认为:高性能混凝土不仅要求高强度,还应具有高耐久性,如高体积稳定性(高弹性模量、低干缩率、低徐变和低的温度应变)、高抗渗性和高和易性。

② 日本学者认为:高性能混凝土应具有高和易性、低温升、低干缩率、高抗渗性和足够的强度,属于水胶比很低的混凝土家族。

③ 第一届国际高性能混凝土研讨会将其定义为:靠传统的组分和普通的拌合、浇注、养护方法不可能制备出的具有所要求性质和均匀性的混凝土。

2)国内学术观点。高性能混凝土是以耐久性作为设计的主要指标。针对不同用途要求,高性能混凝土对下列性能重点地予以保证:耐久性、和易性、适用性、强度、体积稳定性、经济性。为此高性能混凝土在配置上的特点是低水胶比,选用优质原材料,必须掺加足够数量的矿物细粉和高效减水剂。强调高性能混凝土不一定是高强混凝土。

(2)高性能混凝土的组成和结构

1)高性能混凝土的水泥石微结构。按照中心质假说属次中心质的未水化水泥颗粒(H粒子)、属于次介质的水泥凝胶(L粒子)和属于负中心质的毛细孔组成水泥石。

2)高性能混凝土的界面结构和性能。高性能混凝土的界面特点主要也是由低水胶比和掺入外加剂与矿物细粉带来的。由于低水胶比提高了水泥石强度和弹性模量,使水泥石和集料弹性模量的差距变小,因而使界面处水膜层厚度减少,晶体生长的自由空间减少;掺入的活性矿物细粉与 $Ca(OH)_2$ 反应后,会增加 C-S-H 和 AFt,减少 $Ca(OH)_2$ 含量,并且干扰水化物的结晶,因此水化物结晶颗粒尺寸变小,富集程度和取向程度下降,硬化后的界面孔隙率也下降。

(3)高性能混凝土的原材料

1)水泥。高性能混凝土所用的水泥最好是强度高且同时具有良好的流变性能,并与大宗混凝土外加剂相容性好。

2) 矿物细掺料。矿物细掺料在高性能混凝土中的作用：

① 改善新拌混凝土的和易性和抹面质量；

② 降低混凝土的温升；

③ 调整实际构件中混凝土强度的发展；

④ 增进混凝土的后期强度；

⑤ 提高抗化学侵蚀的能力，提高混凝土耐久性；

⑥ 不同品质矿物细掺料复合使用的"超叠效应"。

3) 外加剂。外加剂主要有高效减水剂、引气剂、缓凝剂。

4) 集料。

① 粗集料。强度高、清洁、颗粒尽量接近等径状，针片状颗粒尽量少、不含碱活性组分，最好不用卵石。

② 细集料。高性能混凝土宜用粗中砂，最好的砂要求 $600\mu m$ 筛的累计筛余大于 70%，$300\mu m$ 筛的累计筛余大于 $85\% \sim 95\%$，而 $150\mu m$ 筛的累计筛余大于 98%。

6.1.8 建筑砂浆

砂浆是由胶凝材料、细集料、水，有时也加入适量掺合料和外加剂混合，在工程中起粘接、铺垫、传递应力作用的市政工程材料，又称为无集料的混凝土。

砂浆按所用的胶凝材料可分为水泥砂浆、水泥混合砂浆、石灰砂浆、石膏砂浆和聚合物砂浆等。

砂浆按用途分为砌筑砂浆、抹面砂浆和特种砂浆。

1. 砌筑砂浆

能够将砖、石块、砌块粘接成砌体的砂浆称为砌筑砂浆。在市政工程中用量很大，起粘接、垫层及传递应力的作用。

(1) 砌筑砂浆的材料组成

1) 胶凝材料。砂浆中使用的胶凝材料有各种水泥、石灰、石膏和有机胶凝材料等，常用的是水泥和石灰。

① 水泥。水泥的强度等级一般选择等级较低的强度等级为 32.5 的水泥，但对于高强砂浆也可以选择强度等级为 42.5 的水泥。

② 石灰。为节约水泥、改善砂浆的和易性，砂浆中常掺入石灰膏配制成混合砂浆。为保证砂浆的质量，应将石灰预先消化，并经"陈伏"，消除过火石灰的膨胀破坏作用后在砂浆中使用。

2) 细集料。细集料在砂浆中起骨架和填充作用。砂浆中使用的细集料，原则上应采用符合混凝土用砂技术要求的优质河砂。对砂子的最大粒径有所限制。用于砌筑毛石砌体的砂浆，砂子的最大粒径应小于砂浆层厚度的 $1/5 \sim 1/4$；用于砖砌体的砂浆，砂子的最大粒径应不大于 2.5mm；用于光滑的抹面及勾缝的砂浆，应采用细砂，且最大粒径小于 1.2mm。

3) 掺合料和外加剂。在砂浆中，掺合料是为改善砂浆和易性而加入的无机材料。为改善砂浆的和易性及其他性能，还可在砂浆中掺入外加剂。在水泥砂浆或混合砂浆中掺入外加剂，最常用的是微沫剂,它是一种松香热聚物,掺量一般为水泥质量的 0.005% ~ 0.010%。

4)拌和水。砂浆拌合用水的技术要求与混凝土拌合用水相同。

(2)砌筑砂浆的技术性质

1)新拌砂浆的和易性。和易性是指砂浆在搅拌、运输、摊铺时易于流动并不易失水的性质,和易性包括流动性和保水性两个方面。

① 流动性。砂浆的流动性是指砂浆在重力或外力的作用下流动的性能。砂浆的流动性用"稠度"来表示。砂浆稠度的大小用沉入度表示,单位用 mm 表示。

② 保水性。保水性是指新拌砂浆保持内部水分不流出的能力。用分层度来表示,单位 mm。砂浆的分层度一般控制在 10 ~ 30mm。

2)硬化后砂浆的强度及强度等级。砂浆抗压强度是以标准立方体试件(70.7mm × 70.7mm × 70.7mm),每组 3 块,在标准养护条件下,测定其 28d 的抗压强度值而定的。根据砂浆的平均抗压强度,将砂浆分为 M20、M15、M10、M7.5、M5.0、M2.5、M1.0 七个强度等级。

用于不吸水底面(如密实的石材)砂浆的抗压强度,与混凝土相似,主要取决于水泥强度和水灰比。关系式如下:

$$f_{m,o} = A \times f_{ce} \times \left(\frac{C}{W} - B\right)$$

式中 $f_{m,o}$——砂浆 28d 抗压强度,MPa;

f_{ce}——水泥 28d 实测抗压强度,MPa;

$A、B$——与集料种类有关的系数(可根据试验资料统计确定);

C/W——水灰比。

用于吸水底面(如砖或其他多孔材料)的砂浆的抗压强度主要取决于水泥强度及水泥用量,而与砌筑前砂浆中的水灰比基本无关。其关系如下:

$$f_{m,o} = A \cdot f_{ce} \cdot \frac{Q_C}{1000} + B$$

式中 Q_C——水泥用量,kg。

(3)砌筑砂浆的其他性能

1)粘接力。砂浆的粘接力是影响砌体结构抗剪强度、抗震性、抗裂性等的重要因素。为了提高砌体的整体性,保证砌体的强度,要求砂浆与基体材料有足够的粘接力。

2)砂浆的变形性能。砂浆在硬化过程中、承受荷载或在温度条件变化时均容易变形,变形过大会降低砌体的整体性,引起沉降和裂缝。

3)凝结时间。砂浆凝结时间,以贯入阻力达到 0.5MPa 为评定的依据。水泥砂浆不宜超过 8h,水泥混合砂浆不宜超过 10h,掺入外加剂应满足工程设计和施工的要求。

4)砂浆的耐久性。砂浆应具有良好的耐久性,为此,砂浆应与基底材料有良好的粘接力、较小的收缩变形。受冻融影响的砌体结构,对砂浆还有抗冻性的要求。

(4)砌筑砂浆的配合比设计

1)设计原则。对于砌筑砂浆,是根据结构的部位确定强度等级,查阅有关资料和表格选定配合比。

2) 配合比设计步骤。

① 砂浆配制强度的确定。

$$f_{m,o} = f_{m,k} - t\sigma_0 = f_2 + 0.645\sigma_0$$

式中　$f_{m,o}$——砂浆的配制强度，MPa；

　　　$f_{m,k}$——保证率为 95% 时的砂浆设计强度标准值，MPa；

　　　f_2——砂浆的抗压强度平均值（即砂浆设计强度等级）（$f_2 = f_{m,k} + \sigma_0$），MPa；

　　　t——概率度（当保证率为 95% 时，$t = -1.645$）

　　　σ_0——砂浆现场强度标准差，MPa。

② 计算水泥用量。砂浆中的水泥用量按下式计算确定：

$$Q_C = \frac{1000(f_{m,o} - B)}{A \times f_{ce}}$$

在无水泥的实测强度等级时，可按下式计算 f_{ce}：

$$f_{ce} = \gamma_c \cdot f_{ce,k}$$

式中　$f_{ce,k}$——水泥强度等级对应的强度值，MPa；

　　　γ_c——水泥强度等级值的富余系数（该值应按实际资料统计确定。无统计资料时，取 1.13 ~ 1.15）。

③ 掺合料的确定。为了保证砂浆有良好的和易性、粘接力和较小的变形，在配制砌筑砂浆时，一般要求水泥和掺合料总量为 300 ~ 400kg，一般取 350kg。水泥砂浆中水泥的最外用量不能低于 200kg。

$$Q_D = Q_A - Q_C$$

式中　Q_D——每立方米砂浆的掺合料用量，kg；

　　　Q_A——每立方米砂浆中水泥和掺合料总量，kg；

　　　Q_C——每立方米水泥用量，kg。

④ 确定砂用量和水用量。砂浆中砂的用量取干燥状态下砂的堆积密度值（单位为 kg）。用水量根据砂浆稠度的要求，在 240 ~ 310kg 选用。

⑤ 当砂浆的初配确定以后，应进行砂浆的试配，试配时以满足和易性和强度要求为准，进行必要的调整，最后将所确定的各种材料用量换算成以水泥为 1 的质量比或体积比，即得到最后的配合比。

2. 抹面砂浆

凡粉刷于市政工程的建筑物或构建表面的砂浆，统称为抹面砂浆。抹面砂浆按其功能不同可分为普通抹面砂浆、防水砂浆和装饰砂浆等。

（1）普通抹面砂浆

普通抹面砂浆用于室外、易撞击或潮湿的环境中，如外墙、水池、墙裙等，一般应采用水泥砂浆。其配合比为水泥∶砂 = 1∶（2 ~ 3）。

（2）防水砂浆

用作防水层的砂浆称为防水砂浆。砂浆防水层又称刚性防水层，适用于不受振动和具有一定刚度的混凝土和砖石砌体工程。

防水砂浆主要有普通硅酸盐水泥防水砂浆、掺加防水剂的防水砂浆、膨胀水泥和无收缩水泥防水砂浆三种。防水砂浆的配合比一般采用水泥：砂 = 1：(2.5~3)，水灰比为 0.5~0.55。水泥应采用 42.5 强度等级的普通硅酸盐水泥，砂子应采用级配良好的中砂。

3. 特种砂浆

(1) 绝热砂浆

绝热砂浆(又称保温砂浆)是采用水泥、石灰、石膏等胶凝材料与膨胀珍珠岩、膨胀蛭石、陶粒、陶砂或聚苯乙烯泡沫颗粒等轻质集料，按一定比例配制的砂浆。绝热砂浆质轻，且具有良好的绝热保温性能。其导热系数为 0.07~0.10W/(m·K)，一般用于屋面隔热层、隔热墙壁、冷库以及工业窑炉、供热管道隔热层等处。

(2) 膨胀砂浆

在水泥砂浆中加入膨胀剂或使用膨胀水泥，可配制膨胀砂浆。膨胀砂浆具有一定的膨胀特性，可补偿水泥砂浆的收缩，防止干缩开裂。

(3) 耐酸砂浆

耐酸砂浆是用水玻璃和氟硅酸钠加入石英砂、花岗岩砂、铸石按适当的比例配制的砂浆，具有耐酸性。

(4) 防辐射砂浆

防辐射砂浆是在水泥砂浆中加入重晶石粉和重晶石砂可配制具有防 X 射线和 γ 射线的砂浆。其配合比约为水泥：重晶石粉：重晶石砂 = 1：0.25：(4~5)。配制砂浆时加入硼砂、硼酸可制成具有防中子辐射能力的砂浆。

(5) 聚合物砂浆

聚合物砂浆是在水泥砂浆中加入有机聚合物乳液配制而成的砂浆，具有粘接力强、干缩率小、脆性低、耐腐蚀性好等特性，用于修补和防护工程。常用的聚合物乳液有氯丁胶乳液、丁苯橡胶乳液、丙烯酸树脂乳液等。

6.2 典型题解

【例 6-2-1】 普通混凝土的主要组成材料有哪些？各组成材料在硬化前后的作用如何？

【答】 普通混凝土的主要组成材料有水泥、细集料(砂)、粗集料(石)和水。另外还常加入适量的掺合料和外加剂。

在混凝土中，水泥与水形成水泥浆，水泥浆包裹在集料表面并填充其空隙。在混凝土硬化前，水泥浆起润滑作用，赋予拌合物一定的流动性、黏聚性，便于施工。在硬化后则起到了将砂、石胶结为一个整体的作用，使混凝土具有一定的强度、耐久性等性能。砂、石在混凝土中起骨架作用，可以降低水泥用量、减小干缩、提高混凝土的强度和耐久性。

【例 6-2-2】 配制混凝土应考虑哪些基本要求？

【答】 配制混凝土应考虑以下五项基本要求，即：

(1) 满足混凝土施工所要求的和易性；

(2) 满足结构设计的强度等级要求；

(3) 满足工程所处环境对混凝土耐久性的要求；

(4) 符合经济原则，即节约水泥以降低混凝土成本；

(5) 满足与业主、施工单位可持续发展的生态性要求。

【评】 强度要求达到95%强度保证率；经济原则是在满足强度要求、和易性要求、耐久性要求的前提下，尽量降低高价材料（水泥）的用量，达到降低成本的目的。

【例6-2-3】 为什么不宜用海水拌制混凝土？

【答】 用海水拌制混凝土时，由于海水中含有较多硫酸盐（SO_4^{2-}约2400mg/L），混凝土的凝结速度加快，早期强度提高，但28d及后期强度下降（28d强度约降低10%），同时抗渗性和抗冻性也下降。当硫酸盐的含量较高时，还可能对水泥石造成腐蚀。同时，海水中含有大量氯盐（约15000mg/L），对混凝土中钢筋有加速锈蚀作用，因此对于钢筋混凝土和预应力混凝土结构，不得采用海水拌制混凝土。

【评】 对有饰面要求的混凝土，也不得采用海水拌制，因为海水中含有大量的氯盐、镁盐和硫酸盐，混凝土表面会产生盐析而影响装饰效果。

【例6-2-4】 混凝土的流动性如何表示？工程上如何选择流动性的大小？

【答】 混凝土拌合物的流动性以坍落度或维勃稠度作为指标。坍落度适用于流动性较大的混凝土拌合物，维勃稠度适用于干硬的混凝土拌合物。

工程中选择混凝土拌合物的坍落度，主要依据构件截面尺寸大小、配筋疏密和施工捣实方法等来确定。当截面尺寸较小或钢筋较密，或采用人工插捣时，坍落度可选择大些。反之，如构件截面尺寸较大，钢筋较疏，或采用振动器振捣时，坍落度可选择小些。

【评】 正确选择混凝土拌合物的坍落度，对于保证混凝土的施工质量及节约水泥，有重要意义。在选择坍落度时，原则上应在不妨碍施工操作并能保证振捣密实的条件下，尽可能采用较小的坍落度，以节约水泥并获得质量较高的混凝土。

【例6-2-5】 何谓砂率？何谓合理砂率？影响合理砂率的主要因素是什么？

【答】 砂率是混凝土中砂的质量与砂和石总质量之比。

合理砂率是指用水量、水泥用量一定的情况下，能使拌合料具有最大流动性，且能保证拌合料具有良好的黏聚性和保水性的砂率。或是在坍落度一定时，使拌合料具有最小胶凝材料用量的砂率。

影响合理砂率的主要因素有砂、石的粗细，砂、石的品种与级配，水胶比以及外加剂等。石子越大，砂子越细、级配越好、水灰比越小，则合理砂率越小。采用卵石和减水剂、引气剂时，合理砂率较小。

【评】 砂率表示混凝土中砂子与石子二者的组合关系，砂率的变动，会使集料的总表面积和空隙率发生很大的变化，因此对混凝土拌合物的和易性有显著的影响。

当砂率过大时，集料的总表面积和空隙率均增大，当混凝土中胶凝材料用量一定的情况下，拌合物就显得干稠，流动性变小，如要保持流动性不变，则需增加胶凝材料用量，要多耗用胶凝材料。反之，若砂率过小，则拌合物中显得石子过多而砂子过少，形成砂浆量不足以包裹石子表面，并不能填满石子间空隙。使混凝土产生粗集料离析、胶凝材料流失，甚至出现溃散现象。

【例6-2-6】 现场浇灌混凝土时，严禁施工人员随意向混凝土拌合物中加水，试从理论上分析加水对混凝土质量的危害。

【答】 现场浇灌混凝土时,施工人员向混凝土拌合物中加水,虽然增加了用水量,提高了流动性,但是将使混凝土拌合料的黏聚性和保水性降低。特别是因水胶比 W/B 的增大,增加了混凝土内部的毛细孔隙的含量,因而会降低混凝土的强度和耐久性,并增大混凝土的变形,造成质量事故。故现场浇灌混凝土时,必须严禁施工人员随意向混凝土拌合物中加水。

【评】 不能采用仅增加用水量的方式来提高混凝土的流动性。施工现场万一必须提高混凝土的流动性时,必须在保证水灰比不变的情况下,既增加用水量,又增加胶凝材料用量。

【例6-2-7】 现场质量检测取样一组边长为 100mm 的混凝土立方体试件,将它们在标准养护条件下养护至 28 天,测得混凝土试件的破坏荷载分别为 306kN、286kN、270kN。试确定该组混凝土的标准立方体抗压强度、立方体抗压强度标准值,并确定其强度等级(假定抗压强度的标准差为 3.0MPa)。

【解】 100mm 混凝土立方体试件的平均强度为:

$$\bar{f}_{10} = \frac{(306 + 286 + 270) \times 1000}{0.1 \times 0.1 \times 3} \times 10^{-6} = 28.7(\text{MPa})$$

换算为标准立方体抗压强度:

$$f_{15} = 28.7 \times 0.95 = 27.3(\text{MPa})$$

混凝土立方体抗压强度标准值为:

$$f_k = f_{15} + 1.645\sigma_0 = 27.3 + 1.645 \times 3.0 = 32.2(\text{MPa})$$

故该组混凝土的强度等级为 C30。

【评】 边长为 100mm 立方体试件的强度换算系数为 0.95;混凝土立方体抗压强度标准值为具有 95% 强度保证率的混凝土抗压强度值。95% 强度保证率所对应的概率度 t 为 -1.645。

【例6-2-8】 配制混凝土时,制作 10cm×10cm×10cm 立方体试件 3 块,在标准条件下养护 7d 后,测得破坏荷载分别为 140kN、135kN、140kN,试估算该混凝土 28d 的标准立方体抗压强度。

【解】 7d 龄期时:

10cm 混凝土立方体的平均强度为:

$$\bar{f} = \frac{140 + 135 + 140}{100 \times 100 \times 3} = 13.8(\text{MPa})$$

换算为标准立方体抗压强度:

$$f_7 = 13.8 \times 0.95 = 13.1(\text{MPa})$$

混凝土立方体抗压强度标准值为:

$$f_{28} = \frac{\lg 28}{\lg 7} f_7 = 1.71 \times 13.1 = 22.4(\text{MPa})$$

故该混凝土 28d 的标准立方体抗压强度为 22.4MPa

【评】 实践证明,由中等强度等级的普通硅酸盐水泥配制的混凝土,在标准养护条件下,其强度发展大致与其龄期的常用对数成正比关系,其经验估算公式如下:

$$\frac{f_n}{f_{28}} = \frac{\lg n}{\lg 28}$$

式中 f_n——混凝土 nd 龄期的抗压强度,MPa;
f_{28}——混凝土 28d 龄期的抗压强度,MPa;
n——养护龄期,d,$n \geqslant 3$d。

【例 6-2-9】 什么是混凝土材料的标准养护、自然养护、蒸汽养护、压蒸养护?

【答】 标准养护是指将混凝土制品在温度为 (20 ± 2)℃,相对湿度大于 95% 的标准条件下进行的养护。评定强度等级时需采用该养护条件。

自然养护是指对在自然条件(或气候条件)下的混凝土制品适当地采取一定的保温、保湿措施,并定时定量向混凝土浇水,保证混凝土材料强度能正常发展的一种养护方式。

蒸汽养护是将混凝土材料在小于 100℃ 的高温水蒸气中进行的一种养护。蒸汽养护可提高混凝土的早期强度,缩短养护时间。

压蒸养护是将混凝土材料在 8~16atm 下,175~203℃ 的水蒸气中进行的一种养护。压蒸养护可大大提高混凝土材料的早期强度。

【评】 养护对混凝土强度发展有很大的影响。升高温度,水泥的水化加速,强度发展加快,但温度过高对用硅酸盐水泥和普通硅酸盐水泥拌制的混凝土的后期强度的发展有不利影响。温度降低,则水泥水化减慢,早期强度将明显降低。湿度同样是混凝土强度正常发展的必要条件。混凝土的抗压强度是在标准养护条件下养护后测得的值。自然养护和蒸汽养护属于非标准养护条件,强度值有一定的随意性。压蒸养护需要的蒸压釜设备比较庞大。仅在生产硅酸盐混凝土制品时应用。

【例 6-2-10】 某混凝土拌合物经试拌调整满足和易性要求后,各组成材料用量为水泥 3.15kg,水 1.89kg,砂 6.24kg,卵石 12.48kg,实测混凝土拌合物表观密度为 2450kg/m³;试计算每 m³ 混凝土的各种材料用量。

【解】 该混凝土拌合物各组成材料用量的比例为:

$$C : S : G : W = 3.15 : 6.24 : 12.48 : 1.89 = 1 : 1.98 : 3.96 : 0.60$$

由实测混凝土拌合物表观密度为 2450kg/m³

$$C + S + G + W = 2450(\text{kg})$$
$$C + 1.98C + 3.96C + 0.60C = 7.54C = 2450(\text{kg})$$

则每 m³ 混凝土的各种材料用量为:

水泥: $C = 325(\text{kg})$
砂: $S = 1.98C = 644(\text{kg})$
卵石: $G = 3.96C = 1287(\text{kg})$
水: $W = 0.6C = 195(\text{kg})$

【例 6-2-11】 试述减水剂的作用机理?

【答】 减水剂属于表面活性物质。减水剂能提高混凝土拌合物和易性及混凝土强度的原因,在于其表面活性物质间的吸附-分散作用,及其润滑、湿润作用所致。

水泥加水拌合后,由于水泥颗粒间分子引力的作用,产生许多絮状物而形成絮凝结构,使部分拌合水(游离水)被包裹在其中,从而降低了混凝土拌合物的流动性。

当加入适量减水剂后,减水剂分子定向吸附于水泥颗粒表面,使水泥颗粒表面带上电性相同的电荷,产生静电斥力,致使水泥颗粒相互分散,导致絮凝结构解体,释放出游离水,从而有效地增大了混凝土拌合物的流动性,使水泥更好地被水湿润而充分水化,因而混凝土强度得到提高。

【评】 大量试验表明,减水剂品种不同,其作用机理不完全相同。如木钙减水剂可明显降低表面张力,而萘系减水剂则几乎不降低表面张力,但静电斥力提高较大。所以萘系减水剂的分散力强于木钙减水剂,而润湿作用可能不及木钙减水剂。当然分散作用强的本身也有利于提高润湿和润滑作用。

【例 6-2-12】 普通抹面砂浆的主要性能要求是什么?不同部位应采用何种抹面砂浆?

【答】 抹面砂浆的使用主要是大面积薄层涂抹(喷涂)在墙体表面,起填充、找平、装饰等作用,对砂浆的主要技术性能要求不是砂浆的强度,而是和易性和与基层的粘接力。

普通抹面一般分两层或三层进行施工,底层起粘接作用,中层起找平作用,面层起装饰作用。有的简易抹面只有底层和面层。由于各层抹灰的要求不同,各部位所选用的砂浆也不尽相同。砖墙的底层较粗糙,底层找平多用石灰砂浆或石灰炉渣灰砂浆。中层抹灰多用粘接性较强的混合砂浆或石灰砂浆。面层抹灰多用抗收缩、抗裂性较强的混合砂浆、麻刀灰砂浆或纸筋石灰砂浆。

【评】 板条墙或板条顶棚的底层抹灰,为提高抗裂性,多用麻刀石灰砂浆。混凝土墙、梁、柱、顶板等底层抹灰,因表面较光滑,为提高粘接力,多用混合砂浆。在容易碰撞或潮湿的部位,应采用强度较高或抗水性好的水泥砂浆。

【例 6-2-13】 何谓防水砂浆?如何配制防水砂浆?

【答】 防水砂浆是指通过调整砂浆配比,采用特定的施工工艺使砂浆硬化后具有良好的防水、抗渗性能的水泥砂浆。在普通硅酸盐水泥砂浆中掺入一定量的防水剂而制得的防水砂浆,是应用最广泛的防水砂浆品种。

配制防水砂浆的配合比:其水泥与砂之比约为 1:2.5,水胶比应为 0.50~0.60,稠度不应大于 80mm。水泥宜选用 32.5 级以上的普通硅酸盐水泥,砂子应选用洁净的中砂。防水剂掺量按生产厂推荐的最佳掺量掺入,最后需经试配确定。

【评】 常加入的防水剂有硅酸钠类、金属皂类、氯化物金属盐及有机硅类等外加剂,使用防水剂前应进行试验确定合理掺量和配制工艺。

6.3 习 题

6.3.1 名词解释

1—1　水胶比　　　　1—2　砂率　　　　1—3　和易性

1—4 流动性	1—5 黏聚性	1—6 保水性
1—7 标准养护	1—8 标准立方体抗压强度	1—9 立方体抗压强度标准值
1—10 弹性模量	1—11 混凝土徐变	1—12 混凝土碳化
1—13 掺合剂	1—14 外加剂	1—15 减水剂
1—16 早强剂	1—17 缓凝剂	1—18 碱-集料反应
1—19 环箍效应	1—20 混凝土的强度等级	1—21 砂浆的强度
1—22 砌筑砂浆	1—23 防水砂浆	1—24 砂浆的粘接力
1—25 砂浆配合比	1—26 泵送混凝土	1—27 可泵性
1—28 坍落度损失	1—29 高性能混凝土	1—30 路面水泥混凝土

6.3.2 判断题

2—1 （　　）相同条件下，卵石混凝土强度小于碎石混凝土，但流动性要大些。

2—2 （　　）在混凝土拌合物中，保持 W/B 不变增加胶凝材料用量，可增大拌合物的流动性。

2—3 （　　）对混凝土拌合物强度大小起决定性作用的是加水量的多少。

2—4 （　　）流动性大的混凝土比流动性小的混凝土的强度低。

2—5 （　　）混凝土拌合物流动性越大，和易性越好。

2—6 （　　）W/B 很小的混凝土，其强度不一定高。

2—7 （　　）加荷速度越快，则得到的混凝土强度值越高。

2—8 （　　）混凝土的强度标准差 σ 值越大，表明混凝土质量越稳定，施工水平越高。

2—9 （　　）水胶比相同的混凝土，水泥用量越多，徐变越小。

2—10 （　　）混凝土的碱-集料反应是由于水泥中的活性氧化硅和集料中的碱在有水条件下，生成碱-硅酸凝胶而使混凝土破坏。

2—11 （　　）由于引气剂的加入使得混凝土孔隙率增加，因此抗冻性变差。

2—12 （　　）强度平均值、标准差和变异系数都可用于评定混凝土的生产质量水平。

2—13 （　　）在拌制混凝土中砂越细，合理砂率应该越大。

2—14 （　　）混凝土拌合物水泥浆越多，和易性就越好。

2—15 （　　）从含水率的角度看，以饱和面干状态的集料拌制混凝土合理，这样的集料既不放出水，又不能吸出水，使拌合用水量准确。

2—16 （　　）对于干硬性混凝土（坍落度小于 10mm），不能用坍落度评定混凝土流动性。

2—17 （　　）对混凝土试件尺寸越小，测得的混凝土强度越小。

2—18 （　　）在材料质量不变的情况下，水胶比越小，混凝土弹性模量越大。

2—19 （　　）混凝土强度越高，弹性模量越大。

2—20 （　　）相同流动性条件下，用粗砂拌制混凝土比用细砂所用的水泥浆要省。

2—21 （　　）配合比设计中，耐久性的考虑主要通过限定最小水胶比和最大水泥用量。

2—22 （　　）坍落度实验只适用于坍落度值不小于 10mm 的混凝土拌合物。

2—23 （　　）相对于硅酸盐水泥，矿渣硅酸盐水泥容易使混合土拌合物泌水性增加。

2—24　（　）混凝土水胶比越大，干燥收缩值越大。
2—25　（　）混凝土中水泥用量越多，徐变越大。
2—26　（　）混凝土弹性模量越大，徐变越大。
2—27　（　）减水剂后掺法最好，其次才是同掺法和先掺法。
2—28　（　）引气剂加入混凝土中，其产生的微小气泡对混凝土施工性能有利。
2—29　（　）当混凝土在水中硬化时，体积略微膨胀。
2—30　（　）所用水泥越细，混凝土的干燥收缩性值就越大。
2—31　（　）混凝土所有变形，包括徐变、干燥收缩、化学收缩都可以有部分恢复。
2—32　（　）干燥条件下混凝土的碳化不会发生或会停止。
2—33　（　）干硬性混凝土的流动性以坍落度表示。
2—34　（　）在结构尺寸及施工条件允许下，尽可能选择较大粒径的粗集料，这样可以节约胶凝材料用量。
2—35　（　）普通混凝土中的砂和石起骨架作用，称为集料。
2—36　（　）影响混凝土拌合物流动性的主要因素归根结底是总用水量的多少，主要采用多加水的办法。
2—37　（　）混凝土制品采用蒸汽养护的目的，在于使其早期和后期强度都得到提高。
2—38　（　）在混凝土拌合物中若掺入加气剂，则使混凝土密实度降低，使混凝土的抗冻性变差。
2—39　（　）在其他原材料相同的情况下，混凝土中的水泥用量愈多混凝土的密实度和强度愈高。
2—40　（　）流动性、黏聚性和保水性均可通过测量得到准确数据。
2—41　（　）在常用水胶比范围内，水灰比越小，混凝土强度越高，质量越好。
2—42　（　）混凝土抗压强度值等同于强度等级。
2—43　（　）在混凝土中掺入适量减水剂，不减少用水量，则可改善混凝土拌合物的和易性，显著提高混凝土的强度，并可节约水泥的用量。
2—44　（　）普通混凝土的强度与水胶比成线形关系。
2—45　（　）混凝土中掺入占水泥用量0.25%的木质素磺酸钙后，若保持流动性和水泥用量不变，则混凝土强度提高。
2—46　（　）碳化会使混凝土的碱度降低，从而会使混凝土中钢筋容易锈蚀。
2—47　（　）两种砂子的细度模数相同，它们的级配也一定相同。
2—48　（　）混凝土的强度平均值和标准差，都是说明混凝土质量的离散程度的。
2—49　（　）砂率是指砂与砂石总量之比。
2—50　（　）增加加气混凝土砌块墙体厚度，该加气混凝土的导热系数不变。

6.3.3　填空题

3—1　混凝土拌合物的和易性包括_____、_____和_____三个方面的含义，其中_____可采用坍落度和维勃稠度表示，_____和_____可以通过经验目测。

3—2 当混凝土其他条件相同时,水灰比越大,则强度越_____,而流动性越_____。

3—3 在原材料性质一定时,影响混凝土拌合物和易性的主要因素_____、_____、_____和_____。

3—4 配制混凝土时用_____砂率,这样可在水泥用量一定的情况下,获得最大的_____,或在_____一定的情况下,_____用量最少。

3—5 标准养护条件是温度为_____,相对温度_____。

3—6 影响混凝土强度的主要因素有_____、_____和_____,其中_____是决定因素。

3—7 提高混凝土耐久性的措施是_____、_____、_____、_____和_____。

3—8 混凝土的碳化又叫_____。

3—9 混凝土的徐变对钢筋混凝土结构的有利作用是_____和_____,不利作用是_____。

3—10 混凝土的变形包括_____、_____、_____和_____。

3—11 在混凝土拌合物中加入减水剂,会产生下列各效果:当原配合比不变时,可提高拌合物的_____;在保持混凝土强度和坍落度不变的情况下,可减少_____及节约_____;在保持流动性和水泥用量不变的情况下,可减少_____和提高_____。

3—12 设计混凝土配合比应同时满足_____、_____、_____、_____和_____五项基本要求。

3—13 在混凝土配合比设计中,水胶比主要由_____和_____等因素确定,用水量是由_____确定,砂率是由_____确定。

3—14 测定混凝土拌合物和易性的方法有_____法或_____法。

3—15 以无水石膏或工业氟石膏作缓凝剂的水泥,当使用_____减水剂时会容易出现凝结异常现象。

3—16 混凝土按表观密度的大小可分为_____、_____和_____。

3—17 普通混凝土的组成原材料有_____、_____、_____、_____和_____。

3—18 混凝土中的碱-集料反应会使混凝土产生_____。

3—19 混凝土的碳化会导致钢筋_____,使混凝土的_____及_____降低。

3—20 通用的混凝土强度公式是_____,而混凝土试配强度与设计强度等级之间的关系式是_____。

3—21 轻集料混凝土浇注成型时,振捣时间应当适宜,不宜过长,否则轻集料会_____,造成分层现象。

3—22 配制高强混凝土时,必须采用最大粒径_____的粗集料。

3—23 确定混凝土材料的强度等级,其标准试件尺寸为_____,其标准养护温度为_____,湿度_____,养护_____ d 测定其强度值。

3—24 海水不可以拌制_____混凝土。

3—25 在用水量相同的情况下,采用不同的水胶比可配制出流动性相同而_____不同的混凝土。

3—26 当混凝土拌合物出现黏聚性尚好,有少量泌水,坍落度太小,应在保持_____不变的情况下,适当地增加用量。

3—27 聚合物混凝土是由_____、无机胶凝材料和集料配制而成。

3—28 当混凝土拌合物有流浆出现,同时坍落度锥体有崩塌松散现象时,应保持_____不变,适当增加_____。

3—29 防水混凝土通常其抗渗等级等于或大于_____。

3—30 某工地浇筑混凝土构件,原计划采用机械振捣,后因设备出了故障,改用人工振实,这时混凝土拌合物的坍落度应_____,用水量要_____,水泥用量_____,水灰比_____。

3—31 轻集料堆积密度越大,筒压强度越高,则_____的强度也越高,配制的混凝土的强度也越高。

3—32 混凝土早期受冻破坏的原因是_____。硬化混凝土冻融循环破坏的现象是_____,原因是_____。

3—33 萘系减水剂适宜掺量为_____% ~ _____%。

3—34 混凝土的非荷载变形包括_____、_____和_____。

3—35 木质素系减水剂主要有:木钙、木钠和木镁,其中常用的是木钙(木质素磺酸钙),其适宜掺入量为_____% ~ _____%。

3—36 减水剂多属于_____活性剂。

3—37 混凝土外加剂一般情况下掺量不超过_____质量的5%。

3—38 砂浆按所用胶凝材料分_____、_____和_____等。

3—39 用于吸水底面的砂浆强度主要取决于_____与_____,而与_____没有关系。

3—40 砂浆按用途分有_____和_____。

3—41 为了改善砂浆的和易性和节约水泥,常常在砂浆中掺入适量的_____和_____制成混合砂浆。

3—42 砂浆按产品形式有_____和_____。

3—43 砂浆的和易性包括_____和_____,分别用指标_____和_____表示。

3—44 测定砂浆强度的标准试件是_____ mm 的立方体试件,在_____条件下养护_____ d,测定其_____强度,据此确定砂浆的_____。

3—45 防水砂浆常用的防水剂有_____、_____和_____。

3—46 砂浆流动性的选择,是根据_____和_____等条件来决定。夏天砌筑红砖墙体时,砂浆的流动性应选得_____些;砌筑毛石时,砂浆的流动性要选得_____些。

3—47 干混砂浆的原料组成有_____、_____、_____和_____。

3—48 砌筑砂浆出厂需检验初凝时间、_____、_____、_____和收缩率。

3—49 砂浆的流动性指标是_____,其单位是_____;砂浆的保水性指标是_____,其单位是_____。

3—50 路面水泥混凝土配合比设计,应满足_____、_____、_____的要求。

6.3.4 单项选择题

4—1 某工地实验室做混凝土抗压强度的所有试块尺寸均为100mm×100mm×100mm,经标准养护条件下28d测起抗压强度值,问如何确定其强度等级?( )
A. 必须用标准立方体尺寸150mm×150mm×150mm重做
B. 取其所有小试块中的最大强大度值
C. 可乘以尺寸换算系数0.95
D. 可乘以尺寸换算系数1.05

4—2 以什么强度来划分混凝土的强度等级?( )
A. 混凝土的立方体试件抗压强度
B. 混凝土的立方体试件抗压强度标准值
C. 混凝土的棱柱体抗压强度
D. 混凝土的抗弯强度值

4—3 下列有关普通混凝土的叙述,下列哪一项不正确?( )
A. 在混凝土中,除水泥外,集料与水泥的重量约占总量的80%以上
B. 在钢筋混凝土结构中,混凝土承受压力,钢筋承受拉力
C. 混凝土与钢筋的热膨胀系数大致相同
D. 普通混凝土的干表观密度与烧结普通砖相同

4—4 混凝土是( )。
A. 完全弹性体材料   B. 完全塑性体材料   C. 弹塑性体材料   D. 不好确定

4—5 混凝土的强度受下列哪些因素的影响?( )
Ⅰ. 坍落度   Ⅱ. 水胶比   Ⅲ. 水泥品种   Ⅳ. 水泥强度
A. Ⅰ、Ⅲ、Ⅳ   B. Ⅱ、Ⅲ、Ⅳ   C. Ⅲ、Ⅳ   D. Ⅱ、Ⅳ

4—6 在混凝土配合比设计中,选用合理砂率的主要目的是( )。
A. 提高混凝土的强度
B. 改善拌合物的和易性
C. 节省胶凝材料
D. 节省粗集料

4—7 提高混凝土拌合物的流动性,但又不降低混凝土的强度的措施为以下4条中的( )。
Ⅰ. 增加用水量   Ⅱ. 采用合理砂率
Ⅲ. 掺加减水剂   Ⅳ. 保持水胶比不变,增加胶凝材料用量
A. Ⅰ、Ⅱ、Ⅲ   B. Ⅱ、Ⅲ、Ⅳ   C. Ⅰ、Ⅲ、Ⅳ   D. Ⅰ、Ⅱ、Ⅲ、Ⅳ

4—8 在下列因素中,影响混凝土耐久性最重要的是( )。
A. 单位加水量   B. 集料配级   C. 混凝土密实度   D. 空隙特征

4—9 混凝土柱,在施工时是用同一种混凝土一次浇灌到顶。硬化后,经强度检验(   )。
A. 柱顶的强度最高   B. 柱中间的强度最高
C. 柱底部的强度最高   D. 整条柱的强度一样

4—10 为配制高强度混凝土,下列什么外加剂为宜?(   )
A. 早强剂   B. 减水剂   C. 缓凝剂   D. 速凝剂

4—11 混凝土的徐变是指(   )。
A. 在冲击荷载作用下产生的塑性变形   B. 在振动荷载作用下产生的塑性变形
C. 在瞬时荷载作用下产生的塑性变形   D. 在长期荷载作用下产生的塑性变形

4—12 在混凝土配合比设计时,水胶比应满足(   )。
Ⅰ. 和易性要求   Ⅱ. 强度要求
Ⅲ. 混凝土是在有水条件下使用   Ⅳ. 经济性要求
A. Ⅰ、Ⅱ、Ⅲ、Ⅳ   B. Ⅱ、Ⅲ、Ⅳ   C. Ⅰ、Ⅱ、Ⅲ   D. Ⅰ、Ⅱ、Ⅳ

4—13 某建材实验室有一张混凝土用量配方,数字清晰为 1:0.61:2.50:4.45,而文字模糊,下列哪种经验描述是正确的?(   )
A. 水:水泥:砂:石   B. 水泥:水:砂:石
C. 砂:水泥:水:石   D. 水泥:砂:水:石

4—14 大体积混凝土施工时内外温差不超过(   )。
A. 10℃   B. 25℃   C. 35℃   D. 50℃

4—15 混凝土的碱-集料反应必须具备什么才可能发生?(   )
Ⅰ. 混凝土中水泥和外加剂总含碱量偏高   Ⅱ. 使用了活性集料
Ⅲ. 混凝土是在有水条件下使用   Ⅳ. 混凝土是在干燥条件下使用
A. Ⅰ、Ⅱ、Ⅳ   B. Ⅰ、Ⅱ、Ⅲ   C. Ⅰ、Ⅱ   D. Ⅱ、Ⅲ

4—16 有关外加剂的叙述不正确的是(   )。
A. 氯盐、三乙醇胺及硫酸钠均属早强剂
B. 采用泵送混凝土施工时,首先外加剂通常是减水剂
C. 大体积混凝土施工时,常采用混凝剂
D. 加气混凝土通常木钙作为发气剂

4—17 高强混凝土、夏季大体积混凝土、负温施工混凝土、抗冻融混凝土宜选用的外加剂为(   )。
A. 萘系减水剂、早强剂、木钙减水剂、引起剂
B. 木钙减水剂、萘系减水剂、引起剂、早强剂
C. 萘系减水剂、木钙减水剂、早强剂、引起剂
D. 萘系减水剂、木钙减水剂、引起剂、早强剂

4—18 下列有关坍落度的叙述不正确的是(   )。
A. 它是表示塑性混凝土拌合物流动性的指标
B. 干硬性混凝土拌合物的坍落度小于 10mm 切须用维勃稠度(s)表示其稠度
C. 泵送混凝土拌合物的坍落度不低于 100mm
D. 在浇柱板、梁和大型及中型截面的柱子时,混凝土拌合物的坍落度宜选 70~90mm

4—19 当采用特细砂配制混凝土时,不可取的操作是( )。
A. 采用较小砂率　　　B. 增加水泥用量　　　C. 采用较小坍落度　　D. 掺减水剂

4—20 下列有关防水混凝土内容中错误的是( )。
A. 抗渗等级是根据其最大作用水头与混凝土最小壁后之比确定的
B. 防水混凝土施工浇水养护至少要 14d
C. 抗渗混凝土为抗渗等级等于或大于 P6 级的混凝土
D. 混凝土的抗渗等级是按圆台形标准试件在 7d 龄期所能承受的最大水压来确定的

4—21 混凝土配比设计的三个关键参数是( )。
A. 水胶比、砂率、石子用量　　　　　　B. 水泥用量、砂率、单位用水量
C. 水胶比、砂率、单位用水量　　　　　D. 水胶比、砂子用量、单位用水量

4—22 进行配合比设计时,水灰比是根据什么确定的?( )
A. 强度　　　　B. 工作性　　　　C. 耐久性　　　　D. 强度和耐久性

4—23 密实混凝土应符合抗渗强度等级不小于 12kg/cm^2、强度等级不小于 C20、水胶比不大于 0.5 等要求,还规定每立方米混凝土中水泥用量不得少于( )kg。
A. 200　　　　B. 250　　　　C. 320　　　　D. 350

4—24 混凝土强度与水胶比、温度、湿度以及集料等因素密切相关,下列说法正确的是( )。
A. 水灰比越小,越不能满足水泥水化反应对水的需求,混凝土强度也越低
B. 混凝土结构松散、渗水性增大、强度降低的主要原因是施工时环境湿度太大
C. 施工环境温度升高,水泥水化速度加快,混凝土强度上升也较快
D. 混凝土的强度主要取决于集料的强度

4—25 用于大体积混凝土或长距离运输的混凝土常用的外加剂是( )。
A. 减水剂　　　　B. 引气剂　　　　C. 早强剂　　　　D. 缓凝剂

4—26 混凝土拌合物的坍落度试验只适用于粗集料最大粒径( )mm 者。
A. ≤80　　　　B. ≤60　　　　C. ≤40　　　　D. ≤20

4—27 造成水泥浆包裹粗集料不充分的原因是( )。
A. 水胶比过小　　B. 水胶比过大　　C. 砂率过大　　D. 砂率过小

4—28 掺用引气剂后混凝土的( )显著提高。
A. 强度　　　　B. 抗冲击性　　　　C. 弹性模量　　　　D. 抗冻性

4—29 减水剂的技术经济效果有( )。
A. 保持强度不变,节约水泥用量 5%~20%
B. 提高混凝土早期强度
C. 提高混凝土抗冻融耐久性
D. 减少混凝土拌合物泌水离析现象

4—30 对混凝土拌合物流动性起决定性作用的是( )。
A. 水泥用量　　B. 用水量　　C. 水胶比　　D. 水泥浆数量

4—31 在混凝土配合比设计过程中,施工要求的坍落度主要用于确定( )。
A. 混凝土的流动性　　　　　　　B. 水胶比

C. 用水量 D. 混凝土早期强度

4—32 浇注配筋混凝土的要求坍落度,比浇注无筋混凝土的坍落度( )。
A. 大 B. 小 C. 相等 D. 无关

4—33 混凝土的棱柱体强度 f_{cp} 与混凝土的立方体强度 f_{cu} 的关系是( )。
A. $f_{cp} > f_{cu}$ B. $f_{cp} = f_{cu}$ C. $f_{cp} < f_{cu}$ D. $f_{cp} \leqslant f_{cu}$

4—34 钢纤维混凝土属于( )。
A. 无机材料 B. 有机材料 C. 复合材料 D. 功能材料

4—35 防止混凝土中钢筋锈蚀的主要措施是( )。
A. 钢筋表面刷油漆 B. 钢筋表面用碱处理
C. 提高混凝土的密实度 D. 加入阻锈剂

4—36 混凝土中掺用引气剂一般为水泥用量的( )。
A. 1.5%~2.5% B. 1.5‰~2.5‰
C. 0.5‰~1.5‰ D. 0.05‰~0.159‰

4—37 混凝土强度主要取决于水泥强度和( )。
A. 石子强度 B. 砂子强度
C. 掺合料强度 D. 水泥石与集料表面的粘接强度

4—38 采用硅酸盐水泥或矿渣硅酸盐水泥拌制的混凝土浇水养护时间不得少于( )。
A. 6d B. 7d C. 8d D. 9d

4—39 在保证混凝土质量的前提下,影响混凝土和易性的主要因素之一是( )。
A. 水泥强度等级 B. 水泥种类
C. 砂的粗细程度 D. 水泥浆稠度

4—40 引气剂和引气减水剂不宜用于( )。
A. 预应力混凝土 B. 抗冻混凝土
C. 轻集料混凝土 D. 防渗混凝土

4—41 凡涂在建筑物或构件表面的砂浆,可统称为( )。
A. 砌筑砂浆 B. 抹面砂浆
C. 混合砂浆 D. 防水砂浆

4—42 用于不吸水底面的砂浆强度,主要取决于( )。
A. 水灰比及水泥强度 B. 水泥用量
C. 水泥及砂用量 D. 水泥及石灰用量

4—43 在抹面砂浆中掺入纤维材料可以改变砂浆的( )。
A. 抗压强度 B. 抗拉强度 C. 保水性 D. 分层度

4—44 用于吸水底面的砂浆强度主要取决于( )。
A. 水灰比及水泥强度等级 B. 水泥用量和水泥强度等级
C. 水泥及砂用量 D. 水泥及石灰用量

4—45 水泥强度等级宜为砂浆强度等级的( )倍,且水泥强度等级宜小于32.5级。
A. 2~3 B. 3~4 C. 4~5 D. 5~6

4—46 砌筑加气混凝土砌块所用砂浆的稠度为( )mm。

A. 30~40　　　　B. 30~50　　　　C. 50~70　　　　D. 60~80

4—47　砌筑砂浆适宜分层度一般在（　　）mm。

A. 10~20　　　　B. 10~30　　　　C. 10~40　　　　D. 10~50

4—48　防水砂浆通常采用1:(2.5~3)的水泥砂浆,水灰比为（　　）。

A. 0.40~0.45　　B. 0.40~0.50　　C. 0.50~0.55　　D. 0.55~0.60

4—49　一般情况下,干拌的砌筑砂浆宜采用（　　）以上的砂浆。

A. M7.5　　　　B. M10　　　　C. M15　　　　D. M20

4—50　绝热砂浆具有轻质和良好的绝热性能,其导热系数为（　　）W/(m·K)。

A. 0.07~0.1　　B. 0.1~0.2　　C. 0.2~0.3　　D. 0.3~0.4

6.3.5　多项选择题

5—1　下列建筑材料属于复合材料的有（　　）。

A. 素混凝土　　　　B. 合成橡胶　　　　C. 水玻璃

D. 钢纤维混凝土　　E. 玻璃钢

5—2　特种混凝土包括（　　）。

A. 轻集料混凝土　　B. 碾压混凝土　　　C. 热拌混凝土

D. 防水混凝土　　　E. 高强混凝土

5—3　在胶凝材料用量不变的情况下,提高混凝土强度的措施有（　　）。

A. 采用高强度等级水泥　　B. 降低水胶比　　　　C. 提高浇筑速度

D. 提高养护温度　　　　　E. 掺入缓凝剂

5—4　配制混凝土掺入的早强剂有（　　）。

A. M型木钙粉　　　B. 氯化钙　　　　　C. 硫酸钠

D. 氯化钠　　　　　E. 氢氧化铝

5—5　依据提供资料,普通混凝土配合比设计步骤有（　　）。

A. 计算混凝土试配强度

B. 计算水胶比

C. 选用单位用水量

D. 确定养护条件、方式

E. 选择合理砂率,确定砂、石单位用量

5—6　混凝土的耐久性通常包括（　　）。

A. 抗冻性　　　　　B. 抗渗性　　　　　C. 抗老化性

D. 抗侵蚀性　　　　E. 抗碳化性

5—7　钢筋混凝土结构,除对钢筋要求有较高的强度外,还应具有一定的（　　）。

A. 弹性　　　　　　B. 塑性　　　　　　C. 韧性

D. 冷弯性　　　　　E. 可焊性

5—8　混凝土配筋的防锈措施,施工中可考虑（　　）。

A. 限制水灰比和水泥用量　　B. 保证混凝土的密实性　　C. 加大保护层厚度

D. 加大配筋量　　　　　　　E. 钢筋表面刷防锈漆

5—9 混凝土经碳化作用后,性能变化有( )。
A. 可能产生微细裂缝　　B. 抗压强度提高　　C. 弹性模量增大
D. 可能导致钢筋锈蚀　　E. 抗拉强度降低

5—10 砂浆的和易性包括( )。
A. 流动性　　　　　　　　　　　　　　B. 保水性
C. 黏聚性　　　　　　　　　　　　　　D. 稠度

5—11 砂浆的技术性质有( )。
A. 砂浆的和易性　　　　　　　　　　B. 砂浆的强度
C. 砂浆粘接力　　　　　　　　　　　D. 砂浆的变形性能

5—12 常用的普通抹面砂浆有( )等。
A. 石灰砂浆　　　　　　　　　　　　B. 水泥砂浆
C. 混合砂浆　　　　　　　　　　　　D. 砌筑砂浆

5—13 石碴类砂浆饰面有( )。
A. 拉条　　　　　　B. 水刷石　　　　　C. 水磨石
D. 假面砖　　　　　E. 拉假石

5—14 混凝土小型空心砌块用干混砌筑砂浆的技术要求有( )。
A. 抗压强度　　　　B. 抗冻性　　　　　C. 密度
D. 稠度　　　　　　E. 分层度

5—15 ( )使用时需要进行和易性检测。
A. 砌筑砂浆　　　　B. 抹面砂浆　　　　C. 干混砂浆
D. 干粉砂浆　　　　E. 装饰砂浆

6.3.6 问答题

6—1 普通混凝土是由哪些材料组成的？他们在混凝土凝结硬化前后各起什么作用？

6—2 混凝土和易性包括哪些内容？如何判断混凝土的和易性？

6—3 影响新拌混凝土和易性的主要因素有哪些？各是如何影响的？

6—4 改善混凝土拌合物和易性的主要措施有哪些？

6—5 什么是合理砂率？合理砂率有何技术及经济意义？

6—6 在测定新拌混凝土的和易性时,可能出现以下八种情况：
　　(1) 流动性比要求的较小；
　　(2) 流动性比要求的较大；
　　(3) 流动性比要求的较小,且黏聚性较好；
　　(4) 流动性比要求的较大且黏聚性保水性也差；
　　(5) 黏聚性好,也无泌水现象,但坍落度太小；
　　(6) 黏聚性尚好,有少量泌水,坍落度太大；
　　(7) 插捣难,黏聚性差,有泌水现象,轻轻敲击便产生崩塌现象；
　　(8) 拌合物色淡,有跑浆现象,黏聚性差,产生崩塌现象。
　　试问对这八种情况分别采取那些措施来解决或调整才能满足要求？

6—7　影响混凝土强度的主要因素有哪些？提高混凝土强度的主要措施有哪些？

6—8　当混凝土配合比不变时，用级配相同、强度等技术条件合格的碎石代替卵石拌制混凝土，会使混凝土的性质发生什么变化？为什么？

6—9　进行混凝土抗压试验时，在下述情况下，实验值将有无变化？如何变化？
(1) 试件尺寸加大；
(2) 试件高宽比加大；
(3) 试件受压表面加润滑剂；
(4) 试件位置偏离支座中心；
(5) 加荷速度加快。

6—10　配制混凝土时水泥品种和强度等级的选用原则是什么？

6—11　现场浇注混凝土时，严禁施工人员随意向新拌混凝土中加水，试从理论上分析加水对混凝土质量的危害。它与混凝土成型后的洒水养护有无矛盾？为什么？

6—12　何谓混凝土的干缩变形、徐变？它们可能受哪些因素的影响？

6—13　为什么混凝土在潮湿条件下养护时收缩较小，干燥条件下养护时收缩较大，而在水中养护时却不收缩？

6—14　简述混凝土耐久性的概念。它通常包括哪些性质？影响混凝土耐久性的关键是什么？怎样提高混凝土的耐久性？试说明混凝土抗冻性和抗渗性的表示方法。

6—15　混凝土抗渗性是混凝土耐久性中很重要的性能？提高混凝土抗渗性的措施有哪些？

6—16　什么是混凝土的碳化？碳化对钢筋混凝土性能有何影响？

6—17　用数理统计法控制混凝土质量可用哪些参数？

6—18　混凝土在下列情况下均能导致其产生裂缝，解释产生裂缝的原因，并指出主要防止措施。
(1) 水泥水化热过大；
(2) 水泥体积安定性不良；
(3) 大气温度变化较大；
(4) 混凝土早期受冻；
(5) 混凝土养护时缺水；
(6) 混凝土遭到硫酸盐腐蚀；
(7) 碱-集料反应；
(8) 混凝土碳化。

6—19　何谓碱-集料反应？产生碱-集料反应的条件是什么？防止措施是什么？

6—20　配制混凝土时掺入减水剂，在下列条件下可取得什么效果？为什么？
(1) 用水量不变时；
(2) 减水，但水泥用量不变时；
(3) 减水又减胶凝材料用量，但水胶比不变时。

6—21　何谓混凝土早强剂？常用早强剂有哪几种？

6—22　何谓混凝土引气剂？试述引气剂对混凝土性能所产生的影响。引气剂的掺量是如何控制的？

6—23 简述混凝土配合比设计的五项基本要求及配合比常用的表示方法。

6—24 简述混凝土配合比设计的三项基本参数及各自的确定原则。

6—25 为什么要控制混凝土的最大水胶比和最小胶凝材料用量？

6—26 高性能混凝土的特点是什么？混凝土达到高性能的措施有哪些？

6—27 某混凝土搅拌站原使用砂的细度模数为2.5，后改用细度模数为2.1的砂。改砂后原混凝土配方不变，发觉混凝土坍落度明显减小。请分析原因。

6—28 某市政工程队在夏季正午施工，铺筑路面水泥混凝土。浇注完后表面未及时覆盖，后发现混凝土表面形成众多表面微细龟裂痕，请分析原因，并说明如何防止？

6—29 现有一个大体积混凝土工程要选水泥，有四种水泥：硅酸盐水泥、普通硅酸盐水泥、铝酸盐水泥和粉煤灰水泥，试问：哪种水泥更合适，哪种水泥绝对不可以，为什么？

6—30 什么是混凝土材料的标准养护、自然养护、蒸汽养护、压蒸养护？

6—31 什么是混凝土的可泵性？可泵性用什么指标评定？

6—32 在水泥浆用量一定的条件下，为什么砂率过小和过大都会使混合料的流动性变差？

6—33 影响砌筑砂浆强度的因素有哪些？

6—34 新拌砂浆的和易性的含义是什么？新拌砂浆的和易性如何测定？怎样才能提高砂浆的和易性？和易性不良的砂浆对工程质量会有哪些影响？

6—35 何谓混合砂浆？工程中常采用水泥砂浆混合砂浆有何好处？为什么要在抹面砂浆中掺入纤维材料？

6.3.7 计算题

7—1 采用强度等级32.5的复合硅酸盐水泥、碎石、天然砂和各20% Ⅱ级粉煤灰和S95粒化高炉矿渣粉配制混凝土，制作尺寸为100mm×100mm×100mm试件3块，标准养护7d测得破坏荷载分别为140kN、135kN、142kN。试求：
(1) 该混凝土7d的立方体抗压强度标准值；
(2) 估算该混凝土28d的立方体抗压强度标准值；
(3) 估计该混凝土所用的水胶比。

7—2 现浇钢筋混凝土梁式楼梯，混凝土C20，楼梯截面最小尺寸150mm 钢筋最小净距29mm，提供普通硅酸盐水泥42.5和矿渣硅酸盐水泥52.5R，备有粒级为5～20mm卵石。问：
(1) 怎样选用水泥？
(2) 卵石粒级适宜否？
(3) 取样卵石烘干，称取5kg，经筛分析得筛余量如表：

筛孔尺寸(mm)	26.5	19.0	16.0	9.5	4.75	2.36
筛余量(kg)	0	0.20	0.80	1.70	2.20	0.10

判断卵石级配合格否？

7—3 甲、乙、丙工程的混凝土变异系数分别为10%，15%，20%，平均强度为23MPa，设计强度等级 C20,求各工程混凝土的标准差和强度保证率。

7—4 某工程设计要求混凝土强度等级为 C25,工地一个月内按施工配合比施工,先后取样制备了 30 组试件(15cm×15cm×15cm 立方体),测出每组(三个试件)28d 抗压强度(MPa)代表值见下表:

试件组编号	1	2	3	4	5	6	7	8	9	10
28d 抗压强度	24.1	29.4	20.0	26.0	27.7	28.2	26.5	28.8	26.0	27.5
试件组编号	11	12	13	14	15	16	17	18	19	20
28d 抗压强度	25.0	25.2	29.5	28.5	26.5	26.5	29.5	24.0	26.7	27.7
试件组编号	21	22	23	24	25	26	27	28	29	30
28d 抗压强度	26.1	25.6	27.0	25.3	27.0	25.1	26.7	28.0	28.5	27.3

请计算该批混凝土强度的平均值、标准差、保证率,并评定该工程的混凝土能否验收和生产质量水平。

7—5 混凝土 C20 的配合比为 1:2.2:4.4:0.58(水泥:砂:石:水),已知砂、石含水率分别为:3%、1%。计算 1 袋水泥(50kg)拌制混凝土的加水量。

7—6 混凝土表观密度为 2400kg/m³,水泥用量 220kg/m³,S95 粒化高炉矿渣粉 80kg/m³,水胶比 0.60,砂率 35%,计算混凝土的质量配合比。

7—7 某住宅楼工程柱用碎石混凝土,设计强度等级为 C20,配制混凝土所用的水泥 28d 抗压强度实测值为 35.0MPa,并在配制过程中,各加 20% I 级粉煤灰和 S95 粒化高炉渣粉,已知混凝土强度标准差为 4.0MPa,试确定混凝土的配制强度 $f_{cu,o}$ 及满足强度要求的水胶比值 W/B。

7—8 某混凝土预制构件厂,生产钢筋混凝土大梁需要用设计强度为 C30 的混凝土,现场施工用原材料情况下:

水泥:P·O42.5 级普通硅酸水泥,$\rho_c = 3.10 \text{g/cm}^3$,水泥强度富余 6%;

中砂:级配合格,$\rho_{on} = 2.65 \text{g/cm}^3$,砂子含水率为 3%;

碎石:规格为 5~20mm,级配合格,$\rho_{og} = 2.70 \text{g/cm}^3$,石子含水率为 1%。

已知混凝土施工要求的坍落度为 10~30mm,试求:

(1)每立方米混凝土各材料的用量;

(2)混凝土施工配合比;

(3)每拌两包水泥的混凝土时各材料的用量;

(4)如果在上述混凝土中掺入 0.5% UNF-2 减水剂,并减水 10%,减水泥 5%,求这时每立方米混凝土中各材料的用量。

7—9 某钢筋混凝土结构,设计要求的混凝土强度等级为 C25,从施工现场统计得到平均强度 $f = 31$MPa,强度标准差 $\sigma = 6$MPa。试求:

(1)此混凝土的强度保证率是多少?

(2)如果满足 95% 强度保证率的要求,应采取什么措施?

7—10 某实验室欲配制 C20 的碎石混凝土,经计算按初步计算配合比试配 25L 混凝土拌合物,需个材料用量为:水泥 4.50kg、砂 9.20kg、石子 17.88kg、水 2.70kg。经试配调整在增加 10% 水泥浆后新拌混凝土的实际表观密度为 2450kg/m³,试确定混凝土的基准配合比(以每 1m³ 混凝土中各材料用量表示)。就此配合比制作边长 100mm 立方米试件一组,经 28d 标准养护,测得其抗压强值分别为 26.8MPa、26.7MPa、27.5MPa。试分析该混凝土强度是否满足设计要求(已知混凝土强度标准差为 4.0MPa)。

7—11 某工程基础用碎石混凝土的设计强度等级为 C30,配制混凝土所用水泥 28d 抗压强度实测为 48.0MPa,已知混凝土强度标准为 4.8MPa,初步计算配合比选定的水胶比为 0.54,试校该混凝土的强度。

7—12 已知某混凝土的水胶比为 0.5,用水量为 180kg/m³,砂率为 33%,混凝土拌合料成型后实测其表观密度为 2400kg/m³,试求该混凝土配合比(精确到 1kg/m³)。

7—13 某混凝土,取立方体试件一组,试件尺寸为 100mm×100mm×100mm,标准养护 28d 所测得的抗压破坏荷载分别为 356kN、285kN、304kN,计算该组试件标准立方体抗压强度值(精确到 0.1MPa)。

7—14 某混凝土工程,没有到任何矿物掺合料,所用配合比为水泥∶砂∶碎石=1∶1.98∶3.90,$W/B=0.64$。已知混凝土拌合物的体积密度为 2400kg/m³。
(1) 试计算 1m³ 混凝土各材料的用量(精确到 1kg/m³);
(2) 如采用 42.5 级普通硅酸盐水泥,水泥实际强度 48.0MPa,试估计该混凝土 28d 强度(精确到 0.1MPa)。

7—15 某工程需要配制 C20 混凝土,经计算初步配合比为 1∶2.6∶4.6∶0.6($m_{co}∶m_{so}∶m_{go}∶m_{wo}$),其中水泥密度为 3.10g/cm³,砂的体积密度为 2.60g/cm³,碎石的体积密度为 2.65g/cm³,不掺入任何矿物掺合料。
(1) 求 1m³ 混凝土中各材料的用量。
(2) 按照上述配合比进行试配,水泥和水各加 5% 后,坍落度才符合要求,并测得拌合物的表观密度为 2390kg/m³,求满足坍落度要求的各种材料用量。

7—16 某混凝土的配合比为 1∶2.45∶4.68∶0.60(水泥∶砂∶石∶水),没有矿物掺合料,水泥用量为 280kg/m³,若砂,石含水率分别为:2%、1%。试求该混凝土的施工材料用量。

7—17 某一工程砌砖墙,需要制 M5.0 的水泥石灰混合砂浆。现材料供应如下:
水泥:42.5 强度等级的普通硅酸盐水泥;
砂:粒径小于 2.5mm,含水率 3%,紧堆密度 1600kg/m³;
石灰膏:表观密度 1300kg/m³。
求 1m³ 砂浆各材料的用量。

7—18 某框架结构工程现浇钢筋混凝土的配合比为:水泥 356kg,砂 644kg,石子 1197kg,水 185kg,假定不掺任何矿物掺合料,现为了既要使混凝土拌合物和易性有所改善,又要节约一些水泥用量,决定减水 12%,减水泥 6%,在混凝土拌合物中掺入 NNO 引气型减水剂,引气量 1%,适宜掺量 0.5%,试求掺减水剂混凝土的配合比(已知矿渣硅酸盐水泥密度 3000kg/m³,砂和石子的表观密度分别为 2650kg/m³ 和 2700kg/m³)。

6.4 习题解答

6.4.1 名词解释解答

1—1 【答】 混凝土中水与总的胶凝材料的质量比。

1—2 【答】 是指混凝土中砂的质量占砂、石总质量的百分率。

1—3 【答】 又称工作性,是指混凝土拌合物易于施工操作(拌合、运输、浇灌、捣实)并能获得质量均匀,成型密实的性能。

1—4 【答】 是指混凝土拌合物在本身自重或施工机械振捣的作用下,能产生流动,并均匀密实地充满模板的性能。

1—5 【答】 是指混凝土拌合物具有一定的黏聚力,在施工、运输及浇注过程中,不致出现分层离析,使混凝土保持整体均匀的性能。

1—6 【答】 是指混凝土拌合物具有一定的保水能力,在施工过程中不致产生严重的泌水现象。

1—7 【答】 使混凝土处于养护温度为(20±2)℃,相对湿度≥95%时的条件。

1—8 【答】 以边长为150mm的立方体试件为标准试件,标准养护28d,测定的混凝土抗压强度。

1—9 【答】 是指具有95%强度保证率的标准立方体抗压强度值,也就是指在混凝土立方体抗压强度测定值的总体分布中,低于该值的百分率不超过5%。

1—10 【答】 在应力-应变曲线上任一点的应力与应变的比值,叫做混凝土在该应力下的变形模量。在测试中,使混凝土的应力在40%轴心抗压强度水平下经多次反复加荷、卸荷,最后所得应力-应变曲线与初始切线大致平行,这样测出的变形模量称为弹性模量。

1—11 【答】 混凝土在长期荷载作用下,沿着作用力的方向的变形会随着时间不断增长,这种长期荷载作用下的变形就叫徐变。

1—12 【答】 又叫混凝土的中性化,空气中的二氧化碳与水泥石中的氢氧化钙在有水存在的条件下发生化学作用,生成碳酸钙和水。

1—13 【答】 为了节约水泥,改善混凝土性能,在拌制混凝土时掺入的矿物粉状材料。

1—14 【答】 是在拌制混凝土过程中掺入的用以改善混凝土性质的物质。其掺量很小,一般不大于水泥质量的5%(特殊情况除外)。

1—15 【答】 在混凝土坍落度基本相同情况下,能减少拌合用水量的外加剂。

1—16 【答】 能加速混凝土早期强度发展的外加剂。

1—17 【答】 能延长混凝土凝结时间而不显著降低混凝土后期强度的外加剂。

1—18 【答】 是指当水泥中含碱量(K_2O,Na_2O)较高,又使用了活性集料(主要指活性SiO_2),水泥中的碱类便可能与集料中的活性二氧化硅发生反应,在集料表面生成复杂的碱-硅酸凝胶。这种凝胶体吸水时,体积会膨胀,从而改变了集料与水泥浆原来的界面,所生成的凝胶是无限膨胀性的,会把水泥石胀裂。

1—19 【答】 试件受压面与试验机承压板(钢板)之间存在着摩擦力,当试件受压时,承压板的横向应变小于混凝土试件的横向应变,因而承压板对试件的横向膨胀起约束作用。这种约束作用通常称为"环箍效应"。

1—20 【答】 混凝土强度等级是按照立方体抗压标准强度来划分的。混凝土强度等级用符号 C 与立方体抗压强度标准值(以 MPa 计)表示。

1—21 【答】 砂浆抗压强度是以标准立方体试件($70.7mm \times 70.7mm \times 70.7mm$),一组三块,在标准养护条件下,测定其 28d 的抗压强度值而定的。

1—22 【答】 能够将砖、石块、砌块粘接成砌体的砂浆称为砌筑砂浆。

1—23 【答】 用作防水层的砂浆称为防水砂浆。

1—24 【答】 为了提高砌体的整体性,保证砌体的强度,要求砂浆要和基体材料有足够的粘接力。

1—25 【答】 砂浆配合比设计就是根据工程要求、结构形式和施工条件来确定各组成材料数量之间的比例关系。

1—26 【答】 将搅拌好的混凝土,采用混凝土输送泵沿管道输送和浇注,称为泵送混凝土。

1—27 【答】 可泵性实则就是拌合料在泵压下在管道中移动摩擦阻力和弯头阻力之和的倒数。阻力越小,则可泵性越好。

1—28 【答】 混凝土拌合料从加水搅拌到浇灌要经历一段时间,在这段时间内拌合料逐渐变稠,流动性(坍落度)逐渐降低,这就是所谓"坍落度损失"。

1—29 【答】 高性能混凝土是一种新型高技术混凝土,是在大幅度提高水泥混凝土性能的基础上采用现代混凝土技术制作的混凝土。

1—30 【答】 路面水泥混凝土是指满足路面摊铺工作性、弯拉强度、耐久性与经济性要求的普通混凝土。

6.4.2 判断题解答

2—1 (×)	2—2 (√)	2—3 (×)	2—4 (×)	2—5 (×)
2—6 (√)	2—7 (√)	2—8 (×)	2—9 (×)	2—10 (×)
2—11 (√)	2—12 (×)	2—13 (×)	2—14 (×)	2—15 (×)
2—16 (×)	2—17 (×)	2—18 (×)	2—19 (√)	2—20 (√)
2—21 (×)	2—22 (√)	2—23 (×)	2—24 (√)	2—25 (×)
2—26 (×)	2—27 (×)	2—28 (×)	2—29 (×)	2—30 (×)
2—31 (×)	2—32 (√)	2—33 (×)	2—34 (×)	2—35 (√)
2—36 (×)	2—37 (×)	2—38 (×)	2—39 (×)	2—40 (×)
2—41 (√)	2—42 (×)	2—43 (√)	2—44 (×)	2—45 (×)
2—46 (√)	2—47 (×)	2—48 (×)	2—49 (√)	2—50 (×)

6.4.3 填空题解答

3—1 <u>流动性 黏聚性 保水性 流动性 黏聚性 保水性</u>

3—2 <u>低 高</u>

3—3　水胶比　单位用水量　砂率　减水剂用量

3—4　合理　流动性　流动性　水泥

3—5　(20 ± 2)℃　95%以上

3—6　水胶比　胶凝材料胶砂抗压强度　胶凝材料用量　水胶比

3—7　合理选择水泥品种　控制水胶比及胶凝材料用量　砂石质量　掺入引气剂或减水剂　加强混凝土质量控制

3—8　中性化

3—9　消除应力集中　消除大体积混凝土一部分温度变形引起的破坏应力　使钢筋的预加应力损失

3—10　化学收缩　温度变形　干湿变形　在荷载作用下的变形

3—11　流动性　用水量　胶凝材料　水胶比　强度

3—12　和易性　强度　耐久性　经济性　可持续发展

3—13　配制强度　粗集料种类　所要求的坍落度　混凝土拌合物的坍落度、黏聚性及保水性

3—14　坍落度　维勃稠度

3—15　木质素磺酸钙

3—16　轻混凝土　普通混凝土　重混凝土

3—17　水泥　普通砂　石　水

3—18　开裂破坏

3—19　锈蚀　抗拉强度　抗折强度

3—20　$\dfrac{W}{B}=\dfrac{\alpha_a f_b}{f_{cu,o}+\alpha_a\alpha_b f_b}$　$f_{cu,o}=f_{cu,k}+1.645\sigma$

3—21　上浮

3—22　<16mm 或 <20mm

3—23　150mm×150mm×150mm　(20 ± 2)℃　95%以上　28

3—24　钢筋混凝土和预应力

3—25　强度

3—26　水胶比 W/B

3—27　高分子聚合物

3—28　砂率　砂石用量

3—29　P8

3—30　增大　减小　适当提高　适当降低

3—31　轻集料

3—32　水泥无法正常水化　无法保持整体完整　在冻融循环的作用下,混凝土结构受到结冰体积膨胀造成的静水压力和因冰水蒸气压的差异推动未冻结区向冻结区迁移所造成的渗透压力,当这两种压力所产生的内应力超过混凝土的抗拉强度,混凝土就会产生裂缝,多次冻融循环使裂缝不断扩展直到破坏

3—33　0.5　1.0

3—34　化学收缩　温度变形　干湿变形
3—35　0.2　0.3
3—36　阴离子表面
3—37　水泥
3—38　水泥砂浆　石膏砂浆　聚合物砂浆
3—39　水泥强度　水泥用量　水胶比
3—40　砌筑砂浆　抹面砂浆
3—41　掺合料（石灰膏、粉煤灰、石膏等）
3—42　砌筑砂浆　抹面砂浆
3—43　流动性　保水性　沉入度　分层度
3—44　70.7mm×70.7mm×70.7mm　标准　28　抗压　强度等级
3—45　硅酸钠类　金属皂类　氯化物金属盐及有机硅类
3—46　砌体基材　施工气候　大　小
3—47　聚合物　砂　掺合料
3—48　强度　沉入度　分层度
3—49　沉入度　mm　分层度　mm
3—50　工作性　抗弯拉强度　耐久性

6.4.4　单项选择题解答

4—1	(C)	4—2	(B)	4—3	(D)	4—4	(C)	4—5	(D)
4—6	(B)	4—7	(B)	4—8	(C)	4—9	(C)	4—10	(B)
4—11	(D)	4—12	(C)	4—13	(B)	4—14	(B)	4—15	(B)
4—16	(D)	4—17	(C)	4—18	(D)	4—19	(D)	4—20	(D)
4—21	(C)	4—22	(A)	4—23	(C)	4—24	(C)	4—25	(C)
4—26	(C)	4—27	(C)	4—28	(C)	4—29	(C)	4—30	(C)
4—31	(C)	4—32	(A)	4—33	(C)	4—34	(C)	4—35	(C)
4—36	(D)	4—37	(D)	4—38	(C)	4—39	(D)	4—40	(A)
4—41	(C)	4—42	(A)	4—43	(C)	4—44	(B)	4—45	(C)
4—46	(C)	4—47	(B)	4—48	(C)	4—49	(A)	4—50	(A)

6.4.5　多项选择题解答

5—1	(A、B、D、E)	5—2	(A、D)	5—3	(A、B、D)
5—4	(B、C)	5—5	(A、B、C、E)	5—6	(A、B、D、E)
5—7	(B、C、D、E)	5—8	(B、C、E)	5—9	(A、D、E)
5—10	(A、B)	5—11	(A、B、C、D)	5—12	(A、B、C)
5—13	(B、C、E)	5—14	(A、B、C)	5—15	(A、B、E)

6.4.6 问答题解答

6—1 【答】 水泥、粗、细集料、水、外加剂和掺合料。

(1)水泥浆凝结硬化前起润滑作用,凝结硬化后起填充、胶结作用;

(2)粗、细集料起骨架作用,起稳定体积作用,起降低成本作用;

(3)外加剂它赋予新拌混凝土和硬化混凝土以优良的性能,如提高抗冻性、调节凝结时间和硬化时间、改善工作性、提高强度等,是生产各种高性能混凝土和特种混凝土必不可少的组分;

(4)掺合料起着节约水泥,改善混凝土性能的性能。

6—2 【答】 和易性是一项综合的技术性质,包括流动性、黏聚性和保水性三个方面的含义。

通常采用坍落度或维勃稠度来定量地测量流动性,黏聚性和保水性主要通过目测观察来判定。

6—3 【答】 (1)水泥浆。集料间胶凝材料用量越多,摩擦力越小,因此原材料一定时,坍落度主要取决于胶凝材料用量多少和黏度大小。

(2)集料品种与品质的影响。碎石比河卵石粗糙、棱角多,内摩擦阻力大,因而在水泥浆量和水灰比相同的条件下,流动性与压实性要差一些;石子最大粒径较大时,需要的胶凝材料用量少,流动性要好一些,但稳定性较差,即容易离析;细砂的表面积大,拌制同样流动性的混凝土拌合物需要较多胶凝材料用量或砂浆。

(3)砂率。砂率是指混凝土拌合物砂用量与砂石总量比值的百分率。在混凝土拌合物中,是砂子填充石子(粗集料)的空隙,而水泥浆则填充砂子的空隙,同时有一定富裕量去包裹集料的表面,润滑集料,使拌合物具有流动性和易密实的性能。

(4)水泥与外加剂的影响。在拌制混凝土拌合物时加入适量外加剂,如减水剂、引气剂等,使混凝土在较低水胶比、较小用水量的条件下仍能获得很高的流动性。

(5)矿物掺合料。矿物掺合料不仅自身水化缓慢,还减缓了水泥的水化速率,使混凝土的工作性更加流畅,并防止泌水及离析的发生。

(6)含气量。一方面,气泡包含于水泥浆中,相当于浆体的一部分,使浆体量增大;另一方面,小的气泡在混凝土中还可以起滚珠润滑作用,同时,封闭的气泡提高混凝土拌合物的稳定性,工作性会因此改善。

(7)搅拌作用的影响。不同搅拌机械拌合出的混凝土拌合物,即使原材料条件相同,和易性仍可能出现明显的差别。特别是搅拌水泥用量大、水胶比小的混凝土拌合物,这种差别尤其显著。即使是同类搅拌机,如果使用维护不当,叶片被硬化的混凝土拌合物逐渐包裹,就减弱了搅拌效果,使拌合物越来越不均匀,和易性差。

(8)时间和温度。搅拌后的混凝土拌合物,随着时间的延长而逐渐变得干稠,坍落度降低,流动性下降,这种现象称为坍落度损失,从而使和易性变差。

6—4 【答】 在实际施工中,可以采取如下措施来改善混凝土的和易性。

(1)采用合理砂率,有利于和易性的改善,同时可以节省胶凝材料用量,提高混凝土的强度等质量。

(2)改善集料粒形与级配,特别是粗集料的级配,并尽量采用较粗的砂、石。

(3)掺加化学外加剂与活性矿物掺合料,改善、调整拌合物的工作性,以满足施工要求。

(4)当混凝土拌合物坍落度太小时,保持水胶比不变,适当增加水与胶凝材料用量;当坍落度太大时,保持砂率不变,适当增加砂、石集料用量。

6—5 【答】 合理砂率是指在用水量及水泥用量一定时,能使混凝土拌合物获得最大流动性,且黏聚性及保水性良好的砂率值。此时集料的空隙率和总表面积相对最小,包裹所需的水泥浆最少,就可节约水泥。

6—6 【答】 (1)流动性比所要求的较小时,保持水胶比不变,适量增加胶凝材料的用量。

(2)流动性比所要求的较大时,保持砂率不变,适量增加砂、石的用量。

(3)流动性比所要求的较小,且黏聚性较好时,保持水胶比不变,适量减小砂率。

(4)流动性比所要求的较大,且黏聚性、保水性也差时,保持水胶比不变,适量增大砂率。

(5)黏聚性好,也无泌水现象,但坍落度太小,保持水胶比不变,适量增加胶凝材料的用量。

(6)黏聚性尚好,有少量泌水,坍落度太大,保持砂率不变,适量增加砂、石的用量。

(7)插捣难,黏聚性差,有泌水现象,轻轻敲击便产生崩塌现象,保持水胶比不变,适量增大砂率。

(8)拌合物色淡,有跑浆现象,黏聚性差,产生崩塌现象,保持水胶比不变,适量增大砂率。

6—7 【答】 (1)水泥强度等级和水胶比。在水泥强度等级相同的情况下,水胶比愈小,配制的混凝土强度愈高。水泥强度等级愈高,配制的混凝土强度也愈高。

(2)集料的种类、质量和数量。当集料中含有的杂质较多,或集料材质低劣,强度较低时,将降低混凝土的强度,表面粗糙并富有棱角的集料,与水泥石的粘接力较强,对混凝土的强度有利,故在相同水泥强度等级及相同水胶比的条件下,碎石混凝土的强度较卵石混凝土高。

(3)湿度与温度的影响。浇注完毕的混凝土,如果处于干燥环境,水化会因为水分的逐渐蒸发而停止,混凝土出现干缩裂缝,面层疏松,起灰,以致影响混凝土强度增长和耐久性能。在保证足够湿度的同时,混凝土养护温度不同,强度的增长也受影响。当室外日平均气温连续5d低于5℃或日最低气温低于−3℃,均应按冬季施工的规定,采取保温措施,防止混凝土早期受冻。

(4)龄期的影响。混凝土在正常养护条件下,强度将随龄期的增长而提高,最初3~7d强度提高速度较快,28d以后逐渐变缓,可以延续多年。

(5)试件尺寸、形状及加荷速度的影响。同样形状而不同尺寸的试件,尺寸越小,测得的强度偏高;尺寸越大,测得的强度偏低;同样截面尺寸,不同形状的试件,试件是h/a值大,试验测得的强度偏低;加荷速度越快,测得的混凝土强度偏高,加荷速度越慢,测得的混凝土强度偏低。

提高混凝土强度,可以从以下几方面着手:

(1)选料:采用高强度等级水泥;选用级配良好的集料,以求提高混凝土强度;选用合适的外加剂(如减水剂),可在保证和易性不变的情况下减少用水量,提高混凝土强度,或采用早强剂,可提高混凝土早期强度;掺加外掺料,如掺磨细粉煤灰或磨细高炉矿渣,配制高强、超高强混凝土。

(2) 采用机械搅拌合振捣。
(3) 采用合适的养护工艺。

6—8 【答】 在混凝土配合比不变的条件下,用级配相同、强度等技术条件合格的碎石代替卵石拌制混凝土,碎石混凝土的流动性比卵石混凝土的流动性差,因为碎石的表面是粗糙的、有棱角的,而卵石的表面是光滑的,由此混凝土中粗集料与水泥浆的粘接强度是碎石混凝土高于卵石混凝土。

6—9 【答】 (1)试件尺寸加大,实验值将偏小。
(2)试件高宽比加大,实验值将偏小。
(3)试件受压表面加润滑剂,实验值将偏小。
(4)试件位置偏离支座中心,实验值将偏小。
(5)加荷速度加快,实验值将偏大。

6—10 【答】 配制混凝土所用水泥的品种,应根据工程性质、部位、工程所处环境及施工条件,参考各水泥品种的特性进行合理选择。水泥强度等级的选择,应当与混凝土的设计强度等级相适应。若水泥强度选用过高,不但会使成本较高,而且可能使所配制的新拌混凝土施工操作性能不良,甚至影响混凝土的耐久性;反之若采用强度过低的水泥来配制较高强度的混凝土,则很难达到强度要求,即使是达到了强度要求,其他性能也会受到影响,而且往往也会导致成本过高。配制普通混凝土时,通常要求水泥强度为混凝土强度的 1.5~2.0 倍,配制较高强度混凝土时,可取 0.9~1.5 倍。

6—11 【答】 当混凝土配合比确定后,其水胶比是一定的,水胶比是混凝土配合比中非常重要的一个参数,影响到混凝土的强度和耐久性等性质。若在混凝土浇注现场,施工人员随意向新拌混凝土中加水,则改变了混凝土的水胶比,使混凝土的水胶比增大,导致混凝土的强度、耐久性降低,所以,应严禁在现场浇注混凝土时,施工人员随意向新拌混凝土中加水。而混凝土成型后,混凝土中的水分会不断地蒸发,对混凝土的强度发展不利,为了保证混凝土凝结硬化所需的水分,所以要进行洒水养护。

6—12 【答】 混凝土的干缩变形:当混凝土处于干燥环境中时,水分的蒸发首先失去的是自由水然后是毛细管水,当毛细管水蒸发损失时,就会在毛细管中形成负压,且随着空气湿度的降低和毛细管水分的不断蒸发,负压逐渐增大而产生较大的收缩力,导致混凝土的体积收缩,若继续干燥,当混凝土中毛细管水分蒸发完时,水泥凝胶体中的吸附水也开始部分蒸发,从而使凝胶体因失水而紧缩。影响混凝土干缩变形的主要因素有:水泥用量、细度及品种;水胶比;集料的质量;施工质量。

混凝土徐变:是指混凝土在长期恒荷载作用下,随着时间的延长,沿着作用力的方向发生的变形。这种随时间而发展的变形性质,是混凝土徐变的特点。影响混凝土徐变的因素有:首先,混凝土水胶比的大小、龄期的长短;集料的多少;混凝土养护的质量。

6—13 【答】 这是由于混凝土在潮湿条件或水中凝胶水或毛细管水不易挥发,而在干燥条件易挥发的缘故。

6—14 【答】 混凝土耐久性是指混凝土抵抗环境条件的长期作用,并保持其稳定良好的使用性能和外观完整性,从而维持混凝土结构安全、正常使用的能力。混凝土耐久性是一个综合性能,包括抗渗、抗冻、抗侵蚀、抗碳化、抗碱-集料反应及防止混凝土中钢筋锈蚀的能力等性能。

在工程实际中,常用抗渗等级来表示混凝土的抗渗性。抗渗等级所表示的是以 28d 龄期的标准试件在标准条件下所能承受的最大静水压力,并以 P4、P6、P8、P10 及 P12 分别表示混凝土可抵抗 0.4MPa、0.6MPa、0.8MPa、1.0MPa、1.2MPa 的静水压力而不渗透的 5 个抗渗等级。

混凝土的抗冻性常用抗冻等级表示。混凝土的抗冻等级是以 28d 龄期的混凝土标准试件,在饱水后承受反复冻融循环,以其抗压强度损失不超过 25%,质量损失不超过 5% 时,混凝土所能承受的最多的冻融循环次数来表示。

6—15 【答】 因为混凝土抗渗性是决定混凝土耐久性的最基本的因素,如果其抗渗性较差,水等液体介质不仅易渗入内部,当环境温度降至负温或环境水中含有侵蚀介质时,混凝土还易遭受冰冻和侵蚀破坏,对钢筋混凝土也容易引起其内部钢筋锈蚀所造成的各种危害。

提高混凝土抗渗性的关键在于提高其密实度和改变其孔隙结构,主要是减少连通孔隙及开裂等缺陷。通常采用的措施有:采用尽可能低的水胶比;所用集料要致密、干净、级配良好;混凝土施工振捣要密实;保证混凝土的养护条件,使其有适当的温度和充分的湿度以避免各种缺陷的产生;在混凝土中掺加引气剂、引气型减水剂或磨细矿物混合材料等以改善其内部结构。

6—16 【答】 混凝土的碳化是指在湿度相宜时,混凝土内水泥石中氢氧化钙与空气中的二氧化碳发生化学反应并生成碳酸钙和水的过程,该过程也称为混凝土的中性化。碳化是二氧化碳由表及里逐渐向混凝土内部扩散的过程。

碳化对钢筋混凝土主要的不利影响,一是因为碳化降低了混凝土的碱度,减弱了对钢筋的保护作用。二是碳化还使混凝土碳化层产生拉应力,可能产生微细裂缝,使混凝土抗拉、抗折强度降低。碳化对混凝土也有有利的一面,即显著增加混凝土收缩,使混凝土抗压强度增大。

6—17 【答】 在数理统计方法中,常用强度平均值、标准差、变异系数和强度保证率等统计参数来评定混凝土质量。

6—18 【答】 (1)水泥水化热过大:由于水泥水化放出的热量较多,而混凝土的导热性较差,这些热量积聚在混凝土内部便可使混凝土内外温差很大,有时可达 50~70℃,这将造成混凝土产生内胀外缩的变形,使混凝土在表面产生较大的拉应力,导致混凝土表面开裂。

防止措施:在混凝土中掺加矿物掺合料,减少水泥用量,或使用低热水泥。

(2)水泥体积安定性不良会使混凝土结构产生不均匀的体积膨胀性破坏,导致混凝土变形、开裂或溃散。只能使用安定性合格的水泥。

(3)大气温度变化较大:混凝土硬化后的热胀冷缩变形,使混凝土开裂。混凝土的温度线膨胀系数为 $(1.0~1.5) \times 10^{-5}/℃$,即温度每升降 1℃,1m 长的混凝土结构物将产生 0.01~0.015mm 的膨胀和收缩变形。这对纵长的混凝土结构和大面积混凝土工程来说,其累积热胀冷缩也能导致破坏。因此,为了防止受大气温度变化影响而产生开裂,市政工程中通常采用每隔一段距离设置一道伸缩缝,或在结构中设置温度钢筋等措施,以避免其热胀冷缩变形造成的破坏。

(4)混凝土早期受冻:由于混凝土中的水分大部分结冰,体积膨胀(约 9%)对混凝土孔壁产生很大的压应力(可达 100MPa),导致混凝土结构开裂。防止措施:低温环境中的混凝土施工,要特别注意保温养护,以免混凝土早期受冻破坏。

（5）混凝土养护时缺水：水是水泥进行水化反应的必要条件，浇注后的混凝土只有在环境湿度适宜的条件下，水泥水化反应才能不断地顺利进行，若混凝土在养护时缺水，除会使混凝土强度降低以外，还将导致混凝土结构疏松，形成干缩裂缝。防止措施：浇注成型后加强保水养护。

（6）混凝土遭到硫酸盐腐蚀：硫酸盐很容易与水泥石中氢氧化钙产生化学反应，生成硫酸钙，所生成的硫酸钙又与硬化水泥石结构中的水化铝酸钙作用生成高硫性水化硫铝酸钙，即钙矾石。钙矾石含有大量的结晶水，且比原来的体积增加 1.5 倍以上，导致混凝土开裂破坏。防止措施：合理选择水泥品种；降低水胶比等措施；以提高混凝土密实度或改善混凝土孔结构。

（7）混凝土中的碱性氧化物（Na_2O、K_2O）与集料中的活性 SiO_2、活性碳酸盐发生化学反应生成碱-硅酸盐凝胶或碱-碳酸盐凝胶，沉积在集料与水泥胶体的界面上，吸水后体积膨胀 3 倍以上导致混凝土开裂破坏。防止措施：

1）避免使用碱活性集料。

2）限制混凝土中碱总含量，一般 $\leq 3.5 kg/m^3$。

3）掺用矿物细粉掺合料，如粉煤灰、磨细矿渣，但至少要替代 25% 以上的水泥。

4）掺用引气剂。

5）保证混凝土在使用期一直处于干燥状态，注意隔绝水的侵入。

（8）因为碳化后，固相体积减小，引起混凝土明显收缩。导致混凝土产生裂缝。防止措施：采取降低水胶比，这样孔隙率减少，二氧化碳气体和水不易扩散到混凝土内部，可避免因碳化而引起开裂。

6—19 【答】 碱-集料反应是指混凝土内水泥中的碱性氧化物——氧化钠、氧化钾，与集料中的活性二氧化硅发生化学反应，生成碱-硅酸凝胶，其吸水后产生很大的体积膨胀（体积增大可达 3 倍以上），从而导致混凝土产生膨胀开裂破坏，这种现象称为碱-集料反应。

混凝土发生碱-集料反应必须具备以下三个条件：

（1）水泥中碱含量高。以等当量 Na_2O 计，$(Na_2O + 0.658K_2O)\%$ 大于 0.6%。

（2）砂、石集料中夹含有活性二氧化硅成分。含活性二氧化硅成分的矿物有蛋白石、玉髓、鳞石英等，它们常存在于流纹岩、安山岩、凝灰岩等天然岩石中。

（3）有水存在。在无水的情况下，混凝土不可能发生碱-集料膨胀反应。

采用含碱量小于 0.6% 的水泥，或在水泥中掺加能抑制碱-集料反应的混合材料；当使用含钾、钠离子的混凝土外加剂时，必须进行专门试验，并严格限制其用量；用海砂配制钢筋混凝土时，砂中氯离子含量不应大于 0.06%；控制集料质量，经检验判定为碱-碳酸盐反应的集料，则不宜用作配制混凝土；适当掺入引气型外加剂，使混凝土内形成微小气孔，以缓冲膨胀破坏应力。

6—20 【答】 （1）用水量不变时：在原配合比不变的条件下，可增大混凝土拌合物的流动性，且不致降低混凝土的强度。

（2）减水，但胶凝材料用量不变时：在保持流动性及胶凝材料用量不变的条件下，可减少用水量，从而降低水胶比，使混凝土的强度及耐久性得到提高。

（3）减水又减水泥，但水胶比不变时：保持流动性及水胶比不变，节约胶凝材料用量。

6—21 【答】 早强剂是加速混凝土早期强度发展的外加剂。

常用早强剂有：氯盐类早强剂、硫酸盐类早强剂、有机胺类早强剂。氯盐类早强剂主要有氯化钙、氯化钠、氯化钾、氯化铵、氯化铁等；硫酸盐早强剂主要有硫酸钠、硫代硫酸钠、硫酸钙、硫酸铝等；有机胺类早强剂主要有三乙醇胺。

6—22 【答】 引气剂是在搅拌混凝土过程中能引入大量均匀分布、稳定而封闭的微小气泡的外加剂。

引气剂对混凝土质量的影响：

(1)混凝土中掺入引气剂可改善混凝土拌合物的和易性，可以显著降低混凝土黏性，使它们的可塑性增强，减少单位用水量。通常每提高含气量1%，能减少单位用水量3%。

(2)减少集料离析和泌水量，提高抗渗性。

(3)提高抗腐蚀性和耐久性。

(4)含气量每提高1%，抗压强度下降3%~5%，抗折强度下降2%~3%。

(5)引入空气会使干缩增大，但若同时减少用水量，对干缩的影响不会太大。

(6)使混凝土对钢筋的粘接强度有所降低，一般含气量为4%时，对垂直方向的钢筋粘接强度降低10%~15%，对水平方向的钢筋粘接强度稍有下降。

松香热聚物其适宜掺量为水泥质量的0.005%~0.02%；松香皂掺量约为水泥质量的0.02%。

6—23 【答】 混凝土配合比设计的五项基本要求是：

(1)满足施工所要求的混凝土拌合物的和易性；

(2)满足混凝土结构设计的强度等级；

(3)满足耐久性要求；

(4)节约胶凝材料用量，降低成本；

(5)混凝土的可持续发展。

混凝土配合比常用的表示方法有两种：一种是以每$1m^3$混凝土中各项材料的质量比表示；另一种是以各项材料间的质量比来表示(以水泥质量为1)。

6—24 【答】 (1)水与胶凝材料用量之间的比例关系，用水胶比表示。

(2)砂与石子之间的比例关系，用砂率表示。

(3)胶凝材料与集料之间的比例关系，常用单位用水量来反映($1m^3$混凝土的用水量)。

6—25 【答】 混凝土耐久性主要取决于组成材料质量、混凝土本身的密实度和施工质量。最关键的仍然是混凝土的密实度。混凝土本身构造密实了，不仅强度高、界面粘接好，而且水分和有害气体也难于渗入，因而耐久性随之提高。在一定工艺条件下，混凝土密实度与水胶比有直接关系，与水泥单位用量有间接关系。从而为了保证混凝土的密实度，需要严格控制在不同环境条件和不同结构类型下混凝土的最大水胶比和最小胶凝材料用量。

6—26 【答】 高性能混凝土(HPC)是指多方面均具有较高质量的混凝土，其高质量包括良好的和易性(易于浇注、捣实且不离析)，优良的物理力学性能(较高的强度与刚度、较好的韧性、体积稳定性)，可靠的耐久性(抗渗、抗冻性、抗腐蚀、抗碳化、耐磨性好)等。

高性能混凝土配制过程中除了要求技术性能较好的胶凝材料、水、集料外，必须(也是配制高性能混凝土的关键措施)掺加适量优质的活性细矿物掺合材料及效率更高的化学外加剂。在工程实际中通常采用以下措施：(1)采用较低的混凝土水胶比。通常要将混凝土的水胶比控制在 0.38 以下。所采用的减水剂应具有较高的减水率(应不低于 20%~30%),并有适当的引气性与抗坍落度损失能力。所掺矿物活性混合材料宜采用超细化材料,通常采用硅灰(比表面积达 2000m^2/kg)、比表面积达到 600m^2/kg 以上的矿渣、天然沸石、粉煤灰等。(2)改善集料级配,降低集料间的空隙率;(3)控制胶凝材料的用量。

6—27 【答】 因砂粒径变细后,砂的总表面积增大,当胶凝材料用量不变,包裹砂表面的胶凝材料量小,流动性就变差,即坍落度变小。

6—28 【答】 由于夏季正午天气炎热,混凝土表面蒸发过快,造成混凝土产生急剧收缩。混凝土的早期强度低,难以抵抗这种变形应力而表面易形成龟裂,属塑性收缩裂缝。

预防措施:在夏季施工尽量选在晚上或傍晚,且浇注混凝土后要及时覆盖养护,增加环境湿度,在满足和易性的前提下尽量降低坍落度。若已出现塑性收缩裂缝,可于初凝后终凝前两次抹光,然后进行下一道工序并及时覆盖洒水养护。

6—29 【答】 由于水泥水化放热,易导致大体积混凝土内外温差过大而开裂,因此,大体积混凝土应选择水化热小的。粉煤灰水泥中因为含有 20%~40%的粉煤灰,水泥熟料含量降低,水化热和水化放热速度下降,因此可用于大体积混凝土。

硅酸盐水泥和普通硅酸盐水泥可在掺入大量矿物掺合料时,在采取降温措施后水化热及水化放热速度下降,也可以勉强应用于大体积混凝土。

而铝酸盐水泥因为水化放热量大,水化速度快,同时长期强度要下降,因此,被严格禁止用于大体积混凝土。

6—30 【答】 混凝土材料在标准条件[温度(20±2)℃,相对湿度 95% 以上]下进行的养护称为标准养护;

混凝土材料在自然条件下进行的养护称为自然养护;

混凝土材料在常压、饱和蒸汽条件下进行的养护称为蒸汽养护;

混凝土材料在一定压力、饱和蒸汽下进行的养护称为压蒸养护。

6—31 【答】 可泵性实则就是拌合料在泵压下在管道中移动摩擦阻力和弯头阻力之和的倒数。

新拌混凝土的可泵性可用坍落度和压力泌水值双指标来评价。

6—32 【答】 砂率过大,细集料含量相对增多,集料的总表面积明显增大,包裹砂子颗粒表面的胶凝材料用量显得不足,砂粒之间的内摩阻力增大成为降低混凝土拌合物流动性的主要矛盾。这时,随着砂率的增大流动性将降低。

砂率过大,粗集料含量相对增多,集料的总表面积明显增大,包裹石子颗粒表面的胶凝材料用量显得不足,石子之间的内摩阻力增大成为降低混凝土拌合物流动性的主要矛盾。这时,随着砂率的减小流动性将降低。

故在水泥浆用量一定的条件下,砂率过小和过大都会使混合料的流动性变差。

6—33 【答】 影响砂浆抗压强度的因素很多,用于不吸水底面(如密实的石材)砂浆的抗压强度,与混凝土相似,主要取决于水泥强度和水胶比;用于吸水底面(如砖或其他多孔材料)的砂浆,砂浆的抗压强度主要取决于水泥强度及水泥用量。

6—34 【答】 新拌砂浆的和易性的含义是指新拌制的砂浆拌合物的工作性,砂浆在硬化前应具有良好的和易性,即砂浆在搅拌、运输、摊铺时易于流动并不易失水的性质,和易性包括流动性和保水性两个方面；

新拌砂浆的和易性是通过砂浆的稠度试验和砂浆的分层度试验来测定的；

为了提高砂浆的流动性、保水性，常加入一定的掺合料（石灰膏、粉煤灰、石膏等）和外加剂；

和易性不良的砂浆，不仅影响施工质量，同时也会影响硬化后砂浆的粘接力和强度，还会影响砂浆的抗渗性和干缩等。

6—35 【答】 所谓混合砂浆就是在水泥砂浆中为改善砂浆和易性而加入如石灰膏、粉煤灰、沸石粉等的掺合料而成的砂浆。

为节约水泥、改善砂浆的和易性，砂浆中常掺入石灰膏、粉煤灰等以配制成水泥混合砂浆。

在抹面砂浆中掺入纤维材料是为了提高其抗拉强度。

6.4.7 计算题解答

7—1 【解】 (1)混凝土7d的平均破坏荷载为：

$$\overline{P} = \frac{(140+135+142)}{3} = 139(\text{kN})$$

强度：

$$\overline{f}_{cu} = \frac{139 \times 10^3}{100 \times 100} = 13.9(\text{MPa})$$

混凝土7d立方体抗压强度标准值为13.9MPa。

(2)该混凝土28d的立方体抗压强度标准值约为：

$$f_{cu,28} = \frac{13.9 \times \lg 28}{\lg 7} = 23.8(\text{MPa})$$

该混凝土所用的水胶比：根据鲍罗米公式有

$$\frac{W}{B} = \frac{\alpha_a f_b}{f_{cu,o} + \alpha_a \alpha_b f_b}$$

$$= \frac{0.53 \times (0.85 \times 1.00 \times 1.12 \times 32.5)}{23.8 + 0.53 \times 0.20 \times (0.85 \times 1.00 \times 1.12 \times 32.5)} = 0.60$$

得 $W/B = 0.60$。

7—2 【解】 (1)因混凝土的强度等级为C20，水泥强度等级一般为混凝土强度等级的1.5~2倍，所以：选择42.5MPa普通硅酸盐水泥。

(2)根据规范要求粗集料的最大粒径不得超过结构最小尺寸的1/4，同时不得超过钢筋间最小净间距的3/4。有：

楼梯截面最小尺寸150mm；钢筋最小净间距29mm，

150mm/4 = 37.5mm，29mm × 3/4 = 21.75mm

所以卵石粒级适宜。

(3)计算卵石的累计筛余百分率填入表中：

与粗集料级配规定对比可知,卵石级配合格。

筛孔尺寸(mm)	26.5	19.0	16.0	9.5	4.75	2.36
筛余量(g)	0	0.20	0.80	1.70	2.20	0.10
分计筛余率(%)	0	4	16	34	44	2
累计筛余率(%)	0	4	20	54	98	100

7—3 【解】 因为有:

$$C_v = \frac{\sigma}{f_{cu}}$$

标准差、强度保证率为:
甲工程:$23\text{MPa} \times 0.10 = 2.3\text{MPa}$;$t = (23-20)/2.3 = 1.30$ 查表得:强度保证率为90%。
乙工程:$23\text{MPa} \times 0.15 = 3.45\text{MPa}$;$t = (23-20)/3.45 = 0.87$ 查表得:强度保证率为80%。
丙工程:$23\text{MPa} \times 0.20 = 4.6\text{MPa}$;$t = (23-20)/4.6 = 0.65$ 查表得:强度保证率为70%。

7—4 【解】 平均值为:

$$\bar{f} = \frac{\sum_{i=1}^{30} f_{cu,i}}{30} = 27.0(\text{MPa})$$

标准差为:

$$\sigma = \sqrt{\frac{\sum_{i=1}^{30}(f_{cu,i} - \bar{f}_{cu})^2}{30-1}} = 1.58(\text{MPa})$$

强度保证率 P 为:

$$t = (27-25)/1.58 = 1.27,\text{查表得} P \text{为} 90\%。$$

采用统计法进行验收评定:

$$mf_{cu} = 27.0 > 25 + 0.7 \times 1.58 = 26.1(\text{MPa})$$
$$f_{cu,min} = 24.0 > 25 - 0.7 \times 1.58 = 23.9(\text{MPa})$$
$$f_{cu,min} = 24.0 > 0.90 \times 25 = 22.5(\text{MPa})$$

可以验收。其施工质量水平优良。

7—5 【解】 $W = 50\text{kg} \times 0.58 - 50\text{kg} \times 2.2 \times 3\% - 50\text{kg} \times 4.4 \times 1\% = 23.5\text{kg}$
答:1袋水泥(50kg)拌制混凝土的加水量为23.5kg。

7—6 【解】 水的用量为:$W = (220+80) \times 0.60 = 180(\text{kg/m}^3)$
根据砂率有:

$$35\% = \frac{S}{S+G}$$

$$220 + 80 + 180 + S + G = 2400$$

得：
$$S = 671 \text{kg/m}^3$$
$$G = 1249 \text{kg/m}^3$$

答：混凝土的质量配合比为：1m^3 混凝土水泥 220kg、砂 671kg、石 1249kg、水 180kg、粒化高炉矿渣粉 80kg。

7—7【解】 混凝土的配制强度 $f_{\text{cu,o}}$ 为：
$$f_{\text{cu,o}} = 20 + 1.645 \times 4.0 = 26.58(\text{MPa})$$

根据鲍罗米公式得：
$$\frac{W}{B} = \frac{\alpha_a f_b}{f_{\text{cu,o}} + \alpha_a \alpha_b f_b}$$
$$= \frac{0.53 \times (0.85 \times 1.00 \times 35.0)}{26.58 + 0.53 \times 0.20 \times (0.85 \times 1.00 \times 35.0)} = 0.53$$

7—8【解】 (1)混凝土的配制强度：
$$f_{\text{cu,o}} = f_{\text{cu,k}} + 1.645\sigma = 30 + 1.645 \times 4 = 36.58(\text{MPa})$$

水胶比：
$$\frac{W}{B} = \frac{\alpha_a f_b}{f_{\text{cu,o}} + \alpha_a \alpha_b f_b} = \frac{0.53 \times 42.5 \times 1.06}{36.58 + 0.53 \times 0.20 \times 42.5 \times 1.06} = 0.58$$

查混凝土的最大水胶比和最小胶凝材料用量表，取 $W/C = 0.58$。

根据碎石的最大粒径 20mm，混凝土坍落度为 10~30mm，每 m^3 混凝土的用水量为 185kg/m^3。

由于没有加入矿物掺合料，所以水泥用量：
$$C_o = \frac{W_o}{W/B} = \frac{185}{0.58} = 319(\text{kg/m}^3)$$

砂率：查混凝土砂率选用表，取 S_p 为 35%。
计算砂、石的用量：
$$\frac{319}{3.10} + \frac{S_o}{2.65} + \frac{G_o}{2.70} + \frac{185}{1} + 10 = 1000$$
$$\frac{S_o}{S_o + G_o} = 35\%$$

计算得：$S_o = 659 \text{kg/m}^3$，$G_o = 1224 \text{kg/m}^3$。因此，1m^3 混凝土各材料得用量为水泥 319kg、水 185kg、砂 659kg、石 1224kg。

(2)混凝土施工配合比：

173

$$C = 319(\text{kg})$$
$$S = 659 \times (1 + 0.03) = 678(\text{kg})$$
$$G = 1224 \times (1 + 0.01) = 1236(\text{kg})$$
$$W = 185 - 659 \times 0.03 - 1224 \times 0.01 = 153(\text{kg})$$

(3) 2 包水泥为 100kg，

所以用水量为：$185 \times 100/319 = 58.0(\text{kg})$

砂的用量为：$678 \times 100/319 = 212.5(\text{kg})$

碎石的用量为：$1236 \times 100/319 = 387.5(\text{kg})$

(4) 如果在上述混凝土中掺入 0.5% UNF-2 减水剂，并减水 10%，减水泥 5%，这时每 m³ 混凝土中各材料的用量为：

水泥：$319 \times (1 - 0.05) = 303(\text{kg})$

水：$185 \times (1 - 0.10) = 166.5(\text{kg})$

砂：$[(319 + 185 + 659 + 1224) - 303 - 166.5] \times 0.35 = 671(\text{kg})$

碎石：$(319 + 185 + 659 + 1224) - 303 - 166.5 - 671 = 1246.5(\text{kg})$

7—9 【解】 (1) 计算 t 值：

$$t = \frac{31 - 25}{6} = 1$$

查表得：混凝土强度保证率为：84.1%。

(2) 如要满足 95% 强度保证率的要求，应该采取提高混凝土的配制强度；提高混凝土生产质量，降低强度标准差。

7—10 【解】 混凝土的基准配合比为：

试配混凝土时所用的水泥：$4.5 \times (1 + 0.10) = 4.95(\text{kg})$

水：$2.70 \times (1 + 0.10) = 2.97(\text{kg})$

$$C = \frac{4.95}{4.95 + 2.97 + 9.2 + 17.88} \times 2450 = 346.5(\text{kg})$$

$$W = \frac{2.97}{4.95 + 2.97 + 9.2 + 17.88} \times 2450 = 208(\text{kg})$$

$$S = \frac{9.2}{4.95 + 2.97 + 9.2 + 17.88} \times 2450 = 644(\text{kg})$$

$$G = \frac{17.88}{4.95 + 2.97 + 9.2 + 17.88} \times 2450 = 1251.6(\text{kg})$$

28d 混凝土试件的强度为：因为 26.7 和 27.5 均未超过中间值 26.8 的 15%，所以有：

$$\frac{26.8 + 26.7 + 27.5}{3} = 27(\text{MPa})$$

混凝土试件的强度代表值为：$27 \times 0.95 = 25.65 \text{MPa}$

按非统计进行强度评定：

平均强度:$mf_{cu}=27\geqslant1.15\times20=23(MPa)$

强度最小值:$f_{cu,min}=26.7\geqslant0.95\times20=19(MPa)$

所以该混凝土强度满足设计要求。

7—11 【解】 混凝土的配制强度应为:

$$f_{cu}=f_{cu,k}+1.645\sigma=30+1.645\times4.8=37.9(MPa)$$

根据鲍罗米公式:

$$f_{cu}=\alpha_a f_b\left(\frac{1}{W/B}-\alpha_b\right)=0.53\times1.0\times1.0\times48.0\times\left(\frac{1}{0.54}-0.20\right)=42.0(MPa)$$

【答】混凝土的强度有42.0MPa,满足设计要求。

7—12 【解】 (1)确定水泥的用量:

$$C=\frac{W}{W/B}=\frac{180}{0.50}=360(kg)$$

(2)确定砂和石子的用量:(根据质量法)

$$\begin{cases}S+G+C+W=\rho_o\\ \dfrac{S}{S+G}=S_p\end{cases}$$

代入数据得:

$$\begin{cases}S+G+360+180=2400\\ \dfrac{S}{S+G}=33\%\end{cases}$$

解得 $S=614kg,G=1246kg$

故该混凝土配合比为:$C:W:S:G=360:180:614:1246=1:0.5:1.70:3.46$

7—13【解】

$$R_{max}=(P_{max}/A)\times0.95=35.6(MPa)$$
$$R_{min}=(P_{min}/A)\times0.95=28.5(MPa)$$
$$R_{中间}=(P_{中间}/A)\times0.95=30.4(MPa)$$
$$\frac{R_{max}-R_{中间}}{R_{中间}}=\frac{35.6-30.4}{30.4}\times100\%=17.3\%>15\%$$
$$\frac{R_{中间}-R_{min}}{R_{中间}}=\frac{30.4-28.5}{30.4}\times100\%=6.3\%<15\%$$

因此,将强度的最大值与最小值一并舍去,该组试件标准立方体抗压强度等于中间值30.4MPa。

7—14 【解】 (1)设水泥用量为C,则砂、石、水的用量分别为$1.98C$、$3.90C$、$0.64C$,因此有:

故
$$C + 1.98C + 3.90C + 0.64C = 2400$$
$$C = 319(\text{kg}), S = 632(\text{kg})$$
$$G = 1244(\text{kg}), W = 204(\text{kg})$$

(2)根据鲍罗米公式：
$$f_{28} = \alpha_a f_b (B/W - \alpha_b) = 0.53 \times 48.0 \times \left(\frac{1}{0.64} - 0.20\right) = 34.6(\text{MPa})$$

即预计该混凝土28d强度可达到33.0MPa。

7—15 【解】 (1)设水泥用量为C，则砂、碎石和水用量分别为$2.6C$、$6.4C$和$0.6C$，根据绝对体积法：
$$\frac{C}{3100} + \frac{2.6C}{2600} + \frac{4.6C}{2650} + \frac{0.6C}{1000} + 0.01 = 1$$

求得1m^3混凝土中各材料的用量：
$$\text{水泥 } C = 271(\text{kg}), \text{砂 } S = 705(\text{kg})$$
$$\text{碎石 } G = 1247(\text{kg}), \text{水 } W = 163(\text{kg})$$

(2)确定满足坍落度要求的各种材料用量：

水泥：$C' = \dfrac{271(1+5\%)}{271(1+5\%) + 163 \times (1+5\%) + 705 + 1247} \times 2390 = 282(\text{kg})$

沙：$S' = \dfrac{705}{271(1+5\%) + 163 \times (1+5\%) + 705 + 1247} \times 2390 = 700(\text{kg})$

碎石：$G' = \dfrac{1247}{271(1+5\%) + 163 \times (1+5\%) + 705 + 1247} \times 2390 = 1238(\text{kg})$

水：$W' = \dfrac{163 \times (1+5\%)}{271(1+5\%) + 163 \times (1+5\%) + 705 + 1247} \times 2390 = 170(\text{kg})$

7—16 【解】 该混凝土的施工材料用量为：
$$C = 280(\text{kg})$$
$$S = 2.45 \times (1+2\%) \times 280 = 700(\text{kg})$$
$$G = 4.68 \times (1+1\%) \times 280 = 1324(\text{kg})$$
$$W = 0.60 \times 280 - 2.45 \times 280 \times 2\% - 4.68 \times 280 \times 1\% = 141(\text{kg})$$

7—17 【解】 (1)确定砂浆得配制强度：
$$f_{m,o} = f_m + 0.645\sigma = 5 + 0.645 \times 1.25 = 5.81(\text{MPa})$$

(2)确定水泥得用量：
$$C = \frac{f_{m,o} - B}{A f_{ce}} \times 1000 = \frac{5.81 + 15.09}{3.03 \times 42.5} \times 1000 = 162(\text{kg})$$

(3)确定石灰膏的用量：$D = 350 - 162 = 188(\text{kg})$
(4)确定砂的用量：$S = 1600(\text{kg})$
(5)确定水的用量：$W = 280(\text{kg})$

则该砂浆的质量配合比为：

水泥∶石灰膏∶砂∶水 = 162∶188∶1600∶280 = 1∶1.16∶9.88∶1.73。

7—18 【解】 $1m^3$ 掺减水剂混凝土中各材料的用量：

水泥：$C = 356 \times (1 - 6\%) = 335(kg)$

水：$W = 185 \times (1 - 12\%) = 163(kg)$

砂、石子：采用绝对体积法计算，因减水剂 NNO 引气量为 1%，α 取 2。

$$\frac{335}{3000} + \frac{163}{1000} + \frac{S}{2650} + \frac{G}{2700} + 0.01 \times 2 = 1000$$

$$\frac{S}{S + G} \times 100\% = 35\%$$

解得：$S = 662(kg)$，$G = 1229(kg)$

减水剂 NNO：$J = 335 \times 0.5\% = 1.68(kg)$

故该混凝土的配合比为：

水泥∶砂∶石子∶水∶NNO = 335∶662∶1229∶163∶1.68 = 1∶1.98∶3.67∶0.49∶0.005。

第7章 钢 材

钢材是在严格的技术控制下生产的材料,其质量均匀、强度高、有一定的塑性和韧性,且能承受冲击荷载和振动荷载的作用;既可冷热加工,又能焊接或铆接,便于预制和装配。

7.1 学习指导

7.1.1 市政工程用钢材的冶炼和分类

1. 市政工程用钢材

市政工程中所使用的钢材主要包括钢结构中使用的各种型钢、钢板、钢管、钢筋混凝土和预应力钢筋混凝土结构所用的各种钢筋和钢丝。

2. 钢的冶炼和加工对钢材质量的影响

钢铁的主要化学成分是铁和碳(又称铁碳合金),此外还有少量的硅、锰、磷、硫、氧和氮等。含碳量大于2%的铁碳合金称为生铁或铸铁;含碳量小于2%的铁碳合金称为钢。钢是将熔融的铁水进行氧化,使碳的含量降低到预定的范围,磷、硫等杂质降低到允许的范围而得到的。

3. 钢的分类

(1)按化学成分分类

1)碳素钢。根据含碳量的不同,碳素钢又分为三种:

① 低碳钢。含碳量小于0.25%。

② 中碳钢。含碳量为0.25%~0.6%。

③ 高碳钢。含碳量大于0.6%。

2)合金钢。合金钢按合金元素总含量分为三种:

① 低合金钢。合金元素总含量小于5%。

② 中合金钢。合金元素总含量为5%~10%。

③ 高合金钢。合金元素总含量大于10%。

(2)冶炼方法分类

1)氧气转炉钢——氧气转炉钢是向转炉中烧融的铁水中吹入氧气而制成的钢。

2)平炉钢——以固态或液态铁、铁矿石或废钢铁为原料,煤气或重油为燃料,在平炉中炼制的钢称为平炉钢。

3)电炉钢——电炉钢是利用电流效应产生的高温炼制的钢。

(3)按脱氧程度分类

1) 沸腾钢

沸腾钢是脱氧不充分的钢。脱氧后钢液中还剩余一定数量的氧化铁（FeO），氧化铁和碳继续作用放出 CO_2 气体，因此钢液在钢锭模内呈沸腾状态，故称沸腾钢，其代号"F"。

2) 镇静钢

镇静钢是脱氧充分的钢。由于钢液中氧已经很少，当钢液浇铸后在锭模内呈静止状态，故称镇静钢，其代号"Z"。

3) 特殊镇静钢

特殊镇静钢的脱氧程度比镇静钢还要充分彻底，其质量最好。其代号"TZ"。

市政工程用钢材的主要钢种是普通碳素钢和合金钢中的普通低合金钢。

7.1.2 市政工程用钢材的技术性能

市政工程用钢材的技术性能主要有力学性能和工艺性能。

1. 力学性能

(1) 抗拉性能

钢材有较高的抗拉性能，抗拉性能是市政工程用钢材的重要性能。市政工程用钢材的抗拉性能，可由低碳钢（也称软钢）受拉的应力-应变图来说明。低碳钢的受拉过程明显地划分为四个阶段：弹性阶段、屈服阶段、强化阶段和颈缩阶段。

由拉力试验测得的屈服点、抗拉强度和伸长率是钢材的重要技术指标。设计中一般以屈服点 σ_s 作为强度取值的依据。

屈服点与抗拉强度的比值（即屈强比 σ_s/σ_b）却能反映钢材的利用率和安全可靠程度。屈强比小，反映钢材在受力超过屈服点工作时的可靠程度大，因而结构的安全度高。但屈强比太小，钢材可利用的应力值小，钢材利用率低，造成钢材浪费；反之，若屈强比过大，虽然提高了钢材的利用率，但其安全度却降低了。

钢材在实际使用中，尤其受动荷载作用的结构，对钢材的塑性有较高的要求。而伸长率是表示钢材塑性大小的指标。

高碳钢（包括高强度钢筋和钢丝，也称硬钢）受拉时的应力-应变曲线与低碳钢的完全不同。其特点是没有明显的屈服阶段，抗拉强度高，伸长率小，拉断时呈脆性破坏。这类钢因无明显的屈服阶段，故不能测定其屈服点。因此，《规范》规定残余应变为 0.2% 时的应力作为屈服点，以 $\sigma_{0.2}$ 表示，称其为条件屈服点。

(2) 冲击韧性

钢材在瞬间动载作用下，抵抗破坏的能力称为冲击韧性。冲击韧性的大小是用冲断试件时单位截面积（cm^2）上所消耗的功，即为冲击功（也称冲击值）a_k 表示。a_k 值越大，表示冲断试件时消耗的功越多，钢材的冲击韧性越好。

冷脆性是冬季一些钢结构发生事故的主要原因。因此，在负温下使用钢结构时，应评定钢材的冷脆性。由于脆性临界温度的测定较复杂，通常根据气温条件在 -20℃ 或 -40℃ 时测定 a_k 值，以此来推断其脆性临界温度范围。

随着时间的进展，钢材的强度提高，而塑性和冲击韧性降低的现象称为时效。因时效而导致钢材性能改变的程度称为时效敏感性，时效敏感性的大小可以用时效前后冲击值降低的程度(时效前后冲击值之差与时效前冲击值之比)来表示。时效敏感性越大的钢材,经过时效以后其冲击韧性的降低越显著。为了保证安全,对于承受动荷载作用的重要结构,应当选用时效敏感性小的钢材。

(3)耐疲劳性

钢材在交变荷载反复作用下,常常在远小于其屈服点应力作用下而突然破坏,这种破坏称疲劳破坏。若发生破坏时的危险应力是在规定周期(交变荷载反复作用次数)内的最大应力,则称其为疲劳极限或疲劳强度。此时规定的周期 N 称为钢材的疲劳寿命。

2. 工艺性能

市政工程用钢材不仅应有优良的力学性能,而且应有良好的工艺性能,以满足施工工艺的要求。其中冷弯性能和焊接性能是钢材的重要工艺性能。

(1)冷弯性能

钢材在常温下承受弯曲变形的能力称为冷弯性能。钢材冷弯性能指标是用试件在常温下所承受的弯曲程度表示。弯曲程度可以通过试件被弯曲的角度和弯心直径对试件厚度(或直径)的比值来表示。

钢材的冷弯,是通过试件受弯处的塑性变形实现的。它和伸长率一样,都反映钢材在静载下的塑性。但冷弯是钢材局部发生的不均匀变形下的塑性,而伸长率则反映钢材在均匀变形下的塑性,故冷弯试验是一种比较严格的检验,它比伸长率更能很好地揭示钢材是否存在内部组织不均匀、内应力和夹杂物等缺陷。

冷弯试验对焊接质量也是一种严格的检验,它能揭示焊件在受弯表面存在的未熔合、微裂纹和夹杂物等缺陷。

(2)焊接性能

在工业与民用建筑中焊接联结是钢结构的主要联结方式;在钢筋混凝土工程中,焊接则广泛应用于钢筋接头、钢筋网、钢筋骨架和预埋件的焊接,以及装配式构件的安装。因此,要求钢应有良好的可焊性。

钢的可焊性能主要受其化学成分及含量的影响。当含碳量超过 0.25% 后,钢的可焊性变差。锰、硅、钒等对钢的可焊性能也都有影响。其他杂质含量增多,也会使可焊性降低。特别是硫能使焊缝处产生热裂纹并硬脆,这种现象称为热脆性。

采取焊前预热和焊后热处理的方法,可以使可焊性较差的钢材的焊接质量得以提高。此外,正确地选用焊接材料和焊接工艺,也是提高焊接质量的重要措施。

7.1.3 钢材的化学成分对钢材性能的影响

化学成分对钢材性能的影响主要是通过固溶于铁素体,或形成化合物及改变晶粒大小等来实现的。

1. 磷、硫

磷含量提高时,钢的强度提高,塑性和韧性显著下降。温度越低,对塑性和韧性的影响越大。此外,磷在钢中的分布不均匀,偏析严重,使钢的冷脆性显著增大,焊接时容易产生冷裂纹,使钢的可焊性显著降低。因此,在碳素钢中对磷的含量有严格要求。

硫是以硫化铁夹杂物的形式存在于钢中,能降低钢的各种力学性能。由于硫化铁的熔点低,当钢在热加工或焊接时,易使钢材内部产生裂纹,引起钢材断裂,这种现象称为热脆性。热脆性将大大降低钢的热加工性能与可焊性能。硫还能降低钢的冲击韧性、疲劳强度和抗腐蚀性。因此,碳素钢中对硫的含量有严格限制。

2. 氧、氮

氧多以氧化铁的形式存在于钢中的非金属夹杂物中,降低各种机械性能,尤其是韧性降低显著。氧化物所造成的低熔点也使钢的可焊性降低,而且氧有促进时效倾向的作用,故氧在钢中的含量应有所限制。

氮是在炼钢过程中随空气进入钢水中而存留下来的元素。它可以提高钢的屈服点、抗拉强度和硬度,但使其塑性特别是韧性显著降低。氮还加剧钢材的时效敏感性和冷脆性,降低可焊性,也使冷弯性能变差,故应限制其含量。

3. 碳

对于含碳量不大于0.8%的碳素钢,随着含碳量的增加,钢的抗拉强度和硬度提高,而塑性和冲击韧性则降低。但当含碳量大于1%时,强度开始下降,钢中含碳量的增加,而使钢的可焊性降低。当含碳量超过0.25%时,钢的可焊性将显著下降。含碳量增大,将增加钢的冷脆性和时效倾向,而且降低抵抗大气腐蚀的能力。

4. 合金元素

硅是在钢的精炼过程中为了脱氧而有意加入的元素。当硅含量小于1%时,可提高钢的强度,但对塑性和韧性无明显影响,且可提高其抗腐蚀能力。硅是我国钢筋用钢的主加合金元素,其主要作用是提高钢材的强度。

锰也是在钢的精炼过程中为了脱氧和去硫而加入的。它可削弱硫所引起的热脆性,改善钢材的热加工性。同时,锰还能提高钢的强度和硬度,但含量较高时,将显著降低钢的焊接性能。因此,碳素钢的含锰量控制在0.9%以下。锰是我国低合金结构钢和钢筋用钢的主加合金元素,一般其含量控制为1%~2%。

钛是强脱氧剂,且能使晶粒细化,故可以显著提高钢的强度,而塑性略有降低。同时,因晶粒细化,可改善钢的韧性,还能提高可焊性和抗大气腐蚀性。因此,钛是常用的合金元素。

钒是弱脱氧剂,它加入钢中能削弱碳和氮的不利影响。钒能细化晶粒,提高强度和改善韧性,并能减少时效倾向,但钒将增大焊接时的硬脆倾向而使可焊性降低。

7.1.4 钢材的冷加工及热加工

1. 冷加工强化

将钢材在常温下进行冷拉、冷拔或冷轧,使之产生塑性变形,从而提高其机械强度,相应降低塑性和韧性的过程,称为冷加工强化或冷加工硬化处理。

冷加工强化的机理是:钢材经冷加工变形后,钢材内部分晶粒沿某些滑移面产生滑移,晶格扭曲,晶粒的形状也相应改变即受拉晶粒被拉长或受压晶粒被压扁,滑移面上的晶粒甚至破碎;当继续加大荷载或重新加载时,已经变形的晶粒对继续进行的滑移将产生巨大阻力,使已经滑移过的区域增加了对塑性变形的抗力,因而硬度与强度提高。原来已经滑移的晶粒也不再进行滑移,新的滑移将在其他区域内发生。换言之,要使钢材重新产生变形(即滑移)就必须增加外力,所以显示出屈服点的提高。钢的塑性、韧性则由于塑性变形后滑移减少而降低,脆性增大。由于塑性变形中产生内应力,故钢材的弹性模量降低。

建筑工地或预制构件厂常利用冷加工强化,对钢筋或低碳钢盘条按一定要求进行冷拉或冷拔加工,提高屈服点以达到节约钢材的目的。

2. 时效处理

将经过冷拉的钢筋在常温下存放15~20d或加热到100~200℃保持2~3h,其屈服点将进一步提高,抗拉强度稍有增长,塑性和韧性继续降低,这个过程称为时效处理。前者为自然时效;后者则为人工时效。由于时效过程中内应力的消减,故其弹性模量可基本恢复。

钢材产生时效的根本原因是:由于其晶体组织中的碳原子、氮原子有向缺陷处移动、集中的倾向,甚至呈碳化物或氮化物微粒析出。钢材受冷加工变形以后或在使用中受到反复振动,则碳原子、氮原子的移动、集中会大大加快。这将使缺陷处碳原子、氮原子富集,阻碍晶粒发生滑移,增加了对塑性变形的抗力,因而强度提高,塑性和韧性降低。

钢筋冷拉后,不仅可以提高屈服点和抗拉强度20%~25%,而且还可以简化施工工艺;圆盘钢筋可使开盘、矫直、冷拉三道工序一次完成;直条钢筋则可使矫直、冷拉一次完成,并使钢筋锈皮自行脱落。

一般市政工程中,应通过试验选择合理的冷拉应力和时效处理措施。强度较低的钢筋可采用自然时效,而强度较高的钢筋则应采用人工时效。

3. 热处理

热处理是将钢材按规定的温度,进行加热、保温和冷却处理,以改变其组织,得到所需要性能的一种工艺。热处理包括淬火、回火、退火和正火。

7.1.5 钢材的标准和选用

市政工程用钢材主要分为钢结构用钢和钢筋混凝土结构用钢筋及钢丝两大类。

1. 市政工程常用钢种

(1)碳素结构钢

1)牌号及其表示方法。根据国家标准《碳素结构钢》(GB/T 700—2006)中的规定,钢的牌号由代表屈服点的字母、屈服点数值、质量等级符号、脱氧方法符号四个部分按顺序组成,其中,以"Q"代表屈服点;屈服点数值共分195MPa、215MPa、235MPa和275MPa四种;质量等级以硫、磷等杂质含量由多到少,分别由A、B、C、D符号表示;脱氧方法以F代表沸腾钢,Z和TZ分别表示镇静钢和特殊镇静钢,Z和TZ在钢的牌号中予以省略。例如,Q235-A·F表示屈服点为235MPa的A级沸腾钢;Q215-B表示屈服点为215MPa的B级镇静钢。

国家标准《碳素结构钢》(GB/T 700—2006)将碳素结构钢分为四个牌号,每个牌号又分为不同的质量等级。牌号数值越大,含碳量越高,其强度、硬度也越高,但塑性、韧性降低,冷弯性能逐渐变差。同一钢材的质量等级越高,钢材的质量越好。

2)技术要求。碳素结构钢的技术要求包括化学成分、力学性能、冶炼方法、交货状态及表面质量五个方面。各牌号钢的化学成分、力学性质和工艺性质应符合国家标准《碳素结构钢》(GB/T 700—2006)的规定。

3)碳素钢的选用。钢材的选用一方面要根据钢材的质量、性能及相应的标准;另一方面要根据工程使用条件对钢材性能的要求。

① Q195——该牌号钢材强度不高,塑性、韧性、加工性能与焊接性能较好,主要用于轧制薄板和盘条等。钢钉、铆钉、螺栓及铁丝等。

② Q215——该牌号钢材与Q195钢基本相同,其强度稍高,大量用作管坯、螺栓等。

③ Q235——强度适中,有良好的承载性,又具有较好的塑性和韧性,可焊性和可加工性也较好,是钢结构常用的牌号,大量制作成钢筋、型钢和钢板用于建造房屋和桥梁等。

④ Q275——强度更高,硬而脆,适于制作耐磨构件、机械零件和工具。也可以用于钢结构构件。

工程结构的荷载类型、焊接情况及环境温度等条件对钢材性能有不同的要求,选用钢材时必须满足。

(2) 低合金结构钢

1) 牌号的表示方法。根据国家标准《低合金高强度结构钢》(GB/T 1591—2008)规定,低合金高强度结构钢共有八个牌号:Q345、Q390、Q420、Q460、Q500、Q550、Q620和Q690。其牌号的表示方法是由屈服点字母Q、屈服点数值、质量等级(分A、B、C、D、E五级)三个部分组成。

2) 标准与性能

低合金高强度结构钢的化学成分、力学性能,可见国家标准《低合金高强度结构钢》(GB/T 1591—2008)的要求。

低合金高强度钢的含碳量一般都较低,以便于钢材的加工和焊接要求。其强度的提高主要是靠加入的合金元素结晶强化和固溶强化来达到。采用低合金高强度钢的主要目的是减轻结构质量,延长使用寿命。这类钢具有较高的屈服点和抗拉强度、良好的塑性和冲击韧性,具有耐锈蚀、耐低温性能,综合性能好。

2. 市政工程常用钢材

市政工程中常用的钢筋混凝土结构及预应力混凝土结构钢筋,根据生产工艺、性能和用途的不同,主要品种有热轧钢筋、冷拉热轧钢筋、冷轧带肋钢筋、热处理钢筋、冷拔低碳钢丝、预应力混凝土用钢丝及钢绞线等。

(1) 钢筋与钢丝

直径为5mm以上的称为钢筋,5mm及其以下的称为钢丝。

1) 热轧钢筋。热轧钢筋是钢筋混凝土和预应力钢筋混凝土的主要组成材料之一,不仅要求有较高的强度,而且应有良好的塑性、韧性和可焊性能。热轧钢筋分为热轧光圆钢筋及热轧带肋钢筋。

① 热轧光圆钢筋。热轧光圆钢筋是经热轧成型,横截面通常为圆形,表面光滑的成品钢筋。国家标准《钢筋混凝土用钢 第1部分:热轧光圆钢筋》(GB 1499.1—2008)将碳素结构钢分为两个牌号,有HPB230和HPB300两个牌号。其强度较低,但具有塑性及焊接性能好,伸长率高,便于弯折成形和进行各种冷加工等特点,其技术要求包括牌号和化学成分、冶炼方法、力学性能和工艺性能、表面质量四个方面。

热轧光圆钢筋广泛用于普通钢筋混凝土构件中,作为中小型钢筋混凝土结构的主要受力钢筋和各种钢筋混凝土结构的箍筋等。

② 热轧带肋钢筋。热轧带肋钢筋分为普通热轧带肋钢筋和细晶粒热轧带肋钢筋。

A.《钢筋混凝土用钢 第 2 部分:热轧带肋钢筋》国家标准第 1 号修改单(GB 1499.2—2007/XG1—2009)将普通热轧带肋钢筋分为 HRB335、HRB400、HRB500、HRB335E、HRB400E、HRB500E 六个牌号,牌号由 HRB 和牌号的屈服点最小值构成。

B.《钢筋混凝土用钢 第 2 部分:热轧带肋钢筋》国家标准第 1 号修改单(GB 1499.2—2007/XG1—2009)将细晶粒热轧带肋钢筋分为 HRBF335、HRBF400、HRBF500、HRBF335E、HRBF400E、HRBF500E 六个牌号。牌号由 HRBF 和牌号的屈服点最小值构成。

根据《钢筋混凝土用钢 第 2 部分:热轧带肋钢筋》国家标准第 1 号修改单(GB 1499.2—2007/XG1—2009),热轧带肋钢筋的技术要求包括牌号和化学成分、交货形式、力学性能、工艺性能、疲劳性能、焊接性能、晶粒度及表面质量八个方面。

HRB335、HRB400、HRBF335 和 HRBF400 广泛用于大、中型钢筋混凝土结构的主筋,经冷拉处理后也可作为预应力筋。HRB500 主要用于市政工程中的预应力钢筋。

2)冷拉热轧钢筋。将热轧钢筋在常温下拉伸至超过屈服点小于抗拉强度的某一应力,然后卸荷,即成了冷拉钢筋。冷拉可使屈服点提高 17% ~ 27%,材料变脆,伸长率降低,冷拉时效后强度略有提高。冷拉既可以节约钢材,又可以制作预应力钢筋,是钢筋加工的常用方法之一。

3)冷轧带肋钢筋。冷轧带肋钢筋采用热轧圆盘条经冷轧而成,表面带有沿长度方向均匀分布的三面或两面的月牙肋。根据国家标准《冷轧带肋钢筋》(GB 13788—2008)规定,冷轧带肋钢筋的牌号是由 CRB 和钢筋抗拉强度最小值构成的,冷轧带肋钢筋分为 CRB550、CRB650、CRB800、CRB970 四个牌号,分别表示抗拉强度不小于 550MPa、650MPa、800MPa、970MPa 的钢筋。CRB550 钢筋的公称直径范围为 4 ~ 12mm。其中 CRB650 及以上牌号的钢筋公称直径为 4mm、5mm、6mm。

冷轧带肋钢筋广泛用于中、小预应力混凝土结构构件和普通钢筋混凝土结构构件中,也可以用冷轧带肋钢筋焊接成钢筋网使用于上述构件的生产。

4)冷拔低碳钢丝

冷拔低碳钢丝是用 6.5 ~ 8mm 的碳素结构钢 Q235 或 Q215 盘条,通过多次强力拔制而成的直径为 3mm、4mm、5mm 的钢丝。其屈服强度可提高 40% ~ 60%。但失去了低碳钢的性能,变得硬脆,属硬钢类钢丝。

5)热处理钢筋

预应力混凝土用热处理钢筋是用热轧中碳低合金钢钢筋经淬火、回火调质处理的钢筋。通常有直径为 6mm、8.2mm、10mm 三种规格,抗拉强度 $\sigma_b \geq 1500MPa$,屈服点 $\sigma_{0.2} \geq 1350MPa$,伸长率 $\delta_{10} \geq 6\%$。使用时应按所需长度切割,不能用电焊或氧气切割,也不能焊接,以免引起强度下降或脆断。热处理钢筋的设计强度取标准强度的 0.8,先张法和后张法预应力的张拉控制应力分别为标准强度的 0.7 和 0.65。

6)预应力混凝土用钢丝及钢绞线

按照《预应力混凝土用钢丝》(GB/T 5223—2002)的规定,钢丝按加工状态分为冷拉钢丝(代号为 WCD)和消除应力钢丝两种。消除应力钢丝按松弛性能又分为低松弛级钢丝(代号为 WLR)和普通松弛级钢丝(代号为 WNR)。若钢丝表面沿着长度方向上具有规则间隔的压痕即成刻痕钢丝。

预应力钢丝、刻痕钢丝适用于大荷载、大跨度及曲线配筋的预应力混凝土。

(2) 型钢

钢结构构件一般应直接选用各种型钢。型钢之间可直接连接或附加连接钢板进行连接。连接方式可铆接、螺栓连接或焊接。钢结构所用钢主要是型钢和钢板。型钢有热轧(常用的有角钢、工字钢、槽钢、T形钢、H形钢、Z形钢等)及冷成(常用的有角钢、槽钢及空心薄壁型等)两种，钢板也有热轧和冷轧两种。

7.1.6 钢材的腐蚀与防止

1. 钢材的腐蚀

钢材的腐蚀是指钢的表面与周围介质发生化学作用或电化学作用而遭到的破坏。

(1) 化学腐蚀是钢与干燥气体及非电解质液体的反应而产生的腐蚀。这种腐蚀通常为氧化作用，使钢被氧化形成疏松的氧化物(如氧化铁等)。

(2) 电化学腐蚀是钢材与电解质溶液接触而产生电流，形成微电池而引起的腐蚀。电化学腐蚀是钢材在使用及存放过程中发生腐蚀的主要形式。

2. 钢材的保护

(1) 钢材的防腐

1) 涂敷保护层；2) 设置阳极或阴极保护；3) 掺入阻锈剂。

(2) 钢材的防火

钢结构防火保护的基本原理是采用绝热或吸热材料，阻隔火焰和热量，推迟钢结构的升温速率。防火方法以包覆法为主，即以防火涂料、不燃性板材或混凝土和砂浆将钢构件包裹起来。较为有效的钢结构防火保护措施的是：

1) 外包层；2) 结构内充水；3) 屏蔽；4) 采用膨胀材料。

7.2 典型题解

【例7-2-1】 为什么说屈服点(σ_s)、抗拉强度(σ_b)和伸长率(δ)是建筑工程用钢的重要技术性能指标？

【答】 屈服点(σ_s)是结构设计时取值的依据，表示钢材在正常工作时承受应力不超过 σ_s 值；屈服点与抗拉强度的比值(σ_s/σ_b)称为屈强比。它反映钢材的利用率和使用中的安全可靠程度；

伸长率(δ)表示钢材的塑性变形能力。钢材在使用中，为避免正常受力时在缺陷处产生应力集中发生脆断，要求其塑性良好，即具有一定的伸长率，可以使缺陷处应力超过 σ_s 时，随着发生塑性变形使应力重分布，而避免结构物的破坏。

【评】 常温下将钢材加工成一定形状，也要求钢材要具有一定塑性(伸长率)。但伸长率不能过大，否则会使钢材在使用中发生超过允许的变形值。

【例7-2-2】 什么是钢材的冷弯性能？它的表示方法及实际意义是什么？

【答】 冷弯性能是指钢材在常温下承受弯曲变形的能力。钢材的冷弯性能，常用弯曲的角度、弯心直径 d 与试件直径(或厚度 a)的比值来表示。弯曲角度愈大，d/a 愈小，说明试件受弯程度愈高。当按规定的弯曲角度和 d/a 值对试件进行冷弯时试件受弯处不发生裂缝、断裂或起层,即认为冷弯性能合格。

冷弯性能表示钢材在常温下易于加工而不破坏的能力。其实质反映了钢材内部组织状态、含有内应力及杂质等缺陷的程度。因此,可以利用冷弯的方法,使焊口处受到不均匀变形,来检验建筑钢材各种焊接接头的焊接质量。

【评】 钢材的冷弯性能和伸长率均是塑性变形能力的反映。但伸长率是在试件轴向均匀变形条件下测定的,而冷弯性能则是在更严格条件下钢材局部变形的能力。它可揭示钢材内部结构是否均匀,是否存在内应力和夹杂物等缺陷。

【例 7-2-3】 低温冷脆性、脆性转变温度、时效和时效敏感性的概念及其实际意义是什么?

【答】 钢材冲击韧性随环境温度降低而下降,当达到某一温度时,其冲击韧性值显著降低的现象称为钢材的低温冷脆性。出现低温冷脆性时的温度(范围),称为脆性转变温度。

随时间的推移,钢材的机械强度提高,而塑性和韧性降低的现象称为时效。因时效作用导致钢材性能改变的程度称为钢材的时效敏感性。

承受动荷载的结构,选用钢材时,必须按规范要求测定其冲击韧性值。处于低温条件下的钢结构要选用脆性临界温度低于环境最低温度的钢材。若在严寒地区,露天焊接钢结构,受振动荷载作用时,要选用脆性临界温度低和时效敏感性小的钢材。

【评】 冲击韧性是指在冲击振动荷载作用下,钢材吸收能量、抵抗破坏的能力。冲击韧性以冲断试件时单位面积所消耗的功,称为冲击功(值)来表示。

【例 7-2-4】 简述碳元素对钢材基本组织和性能的影响规律。

【答】 碳素钢中基本组织的相对含量与其含碳量关系密切,当含碳量小于 0.8% 时,钢的基本组织由铁素体和珠光体组成,其间随着含碳量提高,铁素体逐渐减少而珠光体逐渐增多,钢材则随之强度、硬度逐渐提高而塑性、韧性逐渐降低。

当含碳量为 0.8% 时,钢的基本组织仅为珠光体。当含碳量大于 0.8% 时,钢的基本组织由珠光体和渗碳体组成,此后随含碳量增加,珠光体逐渐减少而渗碳体相对渐增,从而使钢的硬度逐渐增大而塑性、韧性逐渐减少,且强度下降。

【例 7-2-5】 从一批钢筋中抽样,并截取两根钢筋做拉伸试验,测得如下结果:屈服下限荷载分别为 42.4kN、42.8kN;抗拉极限荷载分别为 62.0kN、63.4kN,钢筋公称直径为 12mm,标距为 60mm,拉断时长度分别为 70.6mm 和 71.4mm,评定其级别?说明其利用率及使用中安全可靠程度如何?

【解】 (1)钢筋试样屈服点为:

$$\sigma_{s1} = \frac{P}{A} = \frac{42.4 \times 10^3}{\pi \times 6^2} = 375(N/mm^2)$$

$$\sigma_{s2} = \frac{P}{A} = \frac{42.8 \times 10^3}{\pi \times 6^2} = 394(N/mm^2)$$

$$\sigma_s = \frac{394 + 375}{2} = 385(N/mm^2)$$

(2)钢筋试样抗拉强度为:

$$\sigma_{b1} = \frac{P}{A} = \frac{62.0 \times 10^3}{\pi \times 6^2} = 548(\text{N}/\text{mm}^2)$$

$$\sigma_{b2} = \frac{P}{A} = \frac{63.4 \times 10^3}{\pi \times 6^2} = 561(\text{N}/\text{mm}^2)$$

$$\sigma_s = \frac{548 + 561}{2} = 555(\text{N}/\text{mm}^2)$$

(3) 钢筋试样伸长率为：

$$\delta_{5,1} = \frac{l_1 - l_0}{l_0} = \frac{70.6 - 60}{60} = 17.7\%$$

$$\delta_{5,2} = \frac{l_1 - l_0}{l_0} = \frac{71.4 - 60}{60} = 19.0\%$$

$$\delta = \frac{17.7 + 19.0}{2} = 18.4\%$$

查表知：σ_{s1}、σ_{s2} 均大于 335N/mm²，σ_{b1}、σ_{b2} 均大于 490N/mm²，均大于 16%。故该钢筋为 Ⅱ级钢。

(4) 该钢筋的屈强比为：

$$\sigma_s/\sigma_b = 385/555 = 0.69$$

该 Ⅱ级钢筋屈强比在 0.65~0.75 范围内，表明其利用率较高，使用中安全可靠度较好。

7.3 习　　题

7.3.1　名词解释

1—1　镇静钢　　　1—2　沸腾钢　　　1—3　断后伸长率　　1—4　屈服点
1—5　屈强比　　　1—6　冷脆性　　　1—7　冷加工强化　　1—8　钢材的时效
1—9　疲劳破坏　　1—10　屈服强度　　1—11　抗拉强度　　　1—12　临界温度
1—13　硬度　　　　1—14　淬火　　　　1—15　冷弯性能

7.3.2　判断题

2—1　（　）在结构设计时，屈服点是确定钢材强度取值的依据。

2—2　（　）钢材的品种相同时，其伸长率 $\delta_{10} > \delta_5$。

2—3　（　）钢材的屈强比越大，表示使用时的安全度越高。

2—4　（　）碳素钢的牌号越大，其强度越高，塑性越好。

2—5　（　）钢含磷较多时呈热脆性，含硫较多时呈冷脆性。

2—6　（　）对钢材冷拉处理，其强度提高，而塑性韧性降低。

2—7　（　）一般来说，钢材硬度越高，强度越大。

2—8　（　）所有钢材都会出现屈服现象。

2—9　（　）屈服强度的大小表明钢材塑性变形能力。
2—10　（　）市政工程中的碳素结构钢主要是中碳钢。
2—11　（　）钢材冶炼时常把硫、磷加入作为脱氧剂。
2—12　（　）根据有害杂质的不同,将钢材分为镇静钢、半镇静钢、沸腾钢及特殊镇静钢。
2—13　（　）所有钢材都是韧性材料。
2—14　（　）硬钢无明显屈服点,因此无法确定其屈服强度大小。
2—15　（　）与伸长率一样,冷弯性能也可表明钢材的塑性大小。
2—16　（　）碳素钢中含碳量越高,强度越高,塑性越差。
2—17　（　）由于合金元素的加入,钢材强度提高,但塑性却大幅度下降。
2—18　（　）钢材的屈服强度是以屈服下限 B 点所对应的应力值来表示的。
2—19　（　）在市政工程上,对重要结构应选用时效敏感性小的钢材使用。
2—20　（　）钢材冷拉是指在常温下将钢材拉断,以伸长率作为性能指标。
2—21　（　）中碳钢和高碳钢在进行拉伸试验时,没有明显的屈服现象。
2—22　（　）钢材的硬度可用布氏硬度和洛氏硬度表示,较常用的是布氏硬度法,是以压头压入试件深度来表示硬度值的。
2—23　（　）某厂生产钢筋混凝土梁,配筋需用冷拉钢筋,但现有冷拉钢筋不够长,因此将此筋对接焊接加长使用。
2—24　（　）增加钢材中碳的含量,虽能降低钢材的塑性和韧性,但可提高钢材的强度和硬度。
2—25　（　）钢材的腐蚀主要是化学腐蚀,其结果是钢材表面生成氧化铁等而失去金属光泽。
2—26　（　）钢材的屈强比越大,反应结构的安全性越高,但钢材的有效利用率低。
2—27　（　）钢材的回火处理总是紧接着退火处理进行的。
2—28　（　）钢材的伸长率表明钢材的塑性变形能力,伸长率越大,钢材的塑性越好。
2—29　（　）碳素结构钢的牌号中的质量等级 A、B、C、D,其磷、硫含量是依次增加的。
2—30　（　）钢材在焊接时产生裂纹,原因之一是钢材中含磷较高所致。

7.3.3　填空题

3—1　碳素钢按含碳量的多少分为＿＿＿＿＿＿、＿＿＿＿＿＿和＿＿＿＿＿＿。建筑上多采用＿＿＿＿＿＿。

3—2　碳素结构钢随着牌号的增大,其拉伸的三指标中＿＿＿＿＿＿和＿＿＿＿＿＿提高,＿＿＿＿＿＿降低。

3—3　Q235-A·Z 是表示＿＿＿＿＿＿。

3—4　低碳钢受拉直至破坏,经历了＿＿＿＿＿＿、＿＿＿＿＿＿、＿＿＿＿＿＿和＿＿＿＿＿＿四个阶段。

3—5　随着钢材中含碳量的增加,则硬度＿＿＿＿＿＿、塑性＿＿＿＿＿＿、焊接性能＿＿＿＿＿＿。

3—6 钢的基本组织主要有_____、_____和_____三种。
3—7 冷弯性能是指钢材在常温下承受_____变形的能力。
3—8 建筑钢材的主要基本组织是_____和_____。
3—9 对冷加工后的钢筋进行时效处理,可用_____时效和_____时效两种方法。
3—10 经冷加工时效处理后的钢筋,其_____进一步提高,_____、_____有所降低。
3—11 按标准规定,碳素结构钢分_____种牌号,即_____、_____、_____和_____。各牌号又按其硫和磷含量由多至少分_____种质量等级。
3—12 Q235-A·F钢叫做_____,Q235表示_____,A表示_____,F表示_____。
3—13 钢材在发生冷脆时的温度称为_____,其数值愈_____,说明钢材的低温冲击性能愈_____,所以在负温下使用的结构,应当选用脆性临界温度较工作温度_____的钢材。
3—14 碳素结构钢随着牌号的_____,其含碳量_____,强度_____,塑性和韧性_____,冷弯性能逐渐_____。
3—15 钢材的技术性质主要有两个方面,其力学性能包括:_____、_____、_____和_____;工艺性能包括:_____和_____。
3—16 炼钢过程中,由脱氧程度不同,钢可分_____、_____和_____三种,其中_____脱氧完全,_____脱氧很不完全。
3—17 建筑工地或混凝土预制构件厂,对钢筋的冷加工方法有_____及_____,钢筋冷加工后_____提高,故可达到_____的目的。
3—18 钢材的淬火是将钢材加热至_____以上,经保温,_____冷的过程。
3—19 一般情况下在动荷载状态、焊接结构或严寒低温下使用的结构,往往限制使用_____钢。
3—20 根据国家标准《低合金高强度结构钢》(GB/T 1591—2008)的规定,低合金高强度结构钢共有_____个牌号,低合金高强度结构钢的牌号由_____、_____和_____三个要素组成。
3—21 根据锈蚀作用的机理,钢材锈蚀可分_____和_____两种。
3—22 钢材当含碳质量分数提高时,可焊性_____;含_____元素较多时可焊性变差;钢中杂质量多时对可焊性_____。

7.3.4 单项选择题

4—1 有一种广泛应用于建筑业的金属在自然界贮藏极丰富,几乎占地壳总重的8.13%,占地壳全部金属含量的1/3,它是下列的哪一种?(　　)

A. 铁　　　　　B. 铝　　　　　C. 铜　　　　　D. 钙

4—2　钢是指含碳量小于2%的铁碳合金,而含碳量大于2%时,则称为(　　)。

A. 熟铁　　　　B. 生铁　　　　C. 合金铁　　　　D. 马口铁

4—3　钢的含碳量应小于多少?(　　)

A. 1%　　　　B. 1.5%　　　　C. 2.0%　　　　D. 2.5%

4—4　钢材按化学成分可分为以下哪几种?(　　)

Ⅰ. 碳素钢　　Ⅱ. 结构钢　　Ⅲ. 镇静钢　　Ⅳ. 锰钢　　Ⅴ. 合金钢

A. Ⅰ、Ⅲ、Ⅳ　　B. Ⅰ、Ⅳ、Ⅴ　　C. Ⅰ、Ⅴ　　D. Ⅰ、Ⅲ、Ⅳ、Ⅴ

4—5　钢材是在严格的技术控制下生产的材料,下面哪一条不属于它的优点?(　　)

A. 品质均匀,强度高

B. 防火性能好

C. 有一定的塑性和韧性,具有承受冲击和振动荷载的能力

D. 可以焊接或铆接

4—6　反应钢材工艺性能的指标有?(　　)

Ⅰ. 抗拉强度　　Ⅱ. 冷弯性能　　Ⅲ. 冲击韧性　　Ⅳ. 硬度　　Ⅴ. 焊接性能

A. Ⅰ、Ⅱ、Ⅲ　　B. Ⅱ、Ⅲ、Ⅳ　　C. Ⅱ、Ⅴ　　D. Ⅰ、Ⅱ、Ⅲ、Ⅳ

4—7　低碳钢的含碳量为(　　)。

A. 2.5%　　　　B. 0.6%~2.5%　　　　C. 0.6%~1.0%　　　　D. 0.6%~2%

4—8　我国钢铁牌号的命名,采用以下哪个方法?(　　)

A. 采用汉语拼音字母

B. 采用化学元素符号

C. 采用阿拉伯数字、罗马数字

D. 采用汉语拼音字母、化学元素符号、阿拉伯数字、罗马数字相结合

4—9　下类四种钢筋,哪一种强度较高,可自行加工成材,成本较低,发展较快,适宜用于中、小型预应力构件?(　　)

A. 热轧钢筋　　B. 冷拔低碳钢丝　　C. 碳素钢丝　　D. 钢绞线

4—10　下列关于钢材性质的叙述不正确的是?(　　)

A. 使钢材产生热脆性的有害元素是硫;使钢材产生冷脆性的有害元素是磷

B. 钢结构设计时,碳素结构钢以屈服强度作为设计计算的依据

C. 碳素结构钢分为四个牌号:Q195、Q215、Q235、Q275,牌号越大含碳量越多,钢的强度与硬度越高,但塑性韧性降低。

D. 检测碳素结构钢时,必须做拉伸、冲击、冷弯及硬度实验

4—11　下列有关钢筋的叙述错误的是?(　　)

A. 热轧钢金有四个级别,Ⅰ级钢筋表面形状是光滑圆形的,Ⅱ、Ⅲ、Ⅳ级表面均为带肋的

B. 热轧钢金号越高,强度越高,但塑性、韧性较差,Ⅳ级钢筋是房屋建筑的主要预应力钢筋,使用前可进行冷拉处理以提高屈服点

C. 热轧钢金必须检测的项目是拉伸、冷弯及冲击韧性实验

D. 当施工中遇有钢筋品种或规格与设计要求不符时,可进行代换

4—12 钢材经冷加工时效处理后,会产生下列何种结果?( )
A. 弹性模量提高 B. 屈服点提高
C. 塑性提高 D. 冲击韧性提高

4—13 有关低合金结构钢及合金元素的内容,叙述错误的是?( )
A. 锰是我国低合金钢的主加合金元素,可提高钢的强度并消除脆性
B. 低合金高强度结构钢中加入的合金元素总量小于15%
C. 低合金高强度结构钢具有较高的强度,较好的塑性、韧性和可焊性,在大跨度、承受动载荷和冲击载荷的结构物中更为适合
D. 硅是我国合金钢的主加合金元素

4—14 钢筋混凝土结构中,要防止钢筋生锈,下列错误的是?( )
A. 严格控制钢筋、钢丝的质量 B. 确保足够的保护厚度
C. 增加氯盐的掺量 D. 掺入亚硝酸盐

4—15 有关钢材的知识叙述正确的是?( )
A. 钢与生铁的区别在于钢的含碳量值应小于2.0%
B. 钢材的耐火性好
C. 低碳钢为含碳量小于0.60%的碳素钢
D. 沸腾钢的冲击韧性和可焊性较镇静钢好

4—16 下列关于冷加工与热处理的叙述错误的是?( )
A. 钢材经冷拉、冷拔、冷轧等冷加工后,屈服点较高、塑性增大,钢材变硬、变脆
B. 钢筋经冷拉后,在放置一段时间("自然时效"处理),钢筋的屈服点明显提高,抗拉强度也有提高,塑性韧性降低较大,弹性模量基本不变
C. 在正火、淬火、回火、退火四种热处理方法中,淬火可是钢材表面硬度大大提高
D. 冷拔低碳钢丝是用碳素结构钢热轧盘条经冷拔工艺拔制而成,强度较高,可自行加工成材,成本交底,适宜用于中小型预应力构件

4—17 钢的化学成分除铁、碳外,还有其他元素,下列元素中哪些属于有害杂质?( )
Ⅰ. 磷   Ⅱ. 锰   Ⅲ. 硫   Ⅳ. 氧
A. Ⅰ、Ⅱ、Ⅲ   B. Ⅱ、Ⅲ、Ⅳ   C. Ⅰ、Ⅲ、Ⅳ   D. Ⅰ、Ⅱ、Ⅳ

4—18 钢结构防止锈蚀的方法通常是表面刷漆。请在下列常用油漆涂料中选一种正确的做法。( )
A. 刷调和漆 B. 刷沥青漆
C. 用红丹做底漆,灰铅油做面漆 D. 用沥青漆打底,机油抹面

4—19 抗拉性能是建筑钢材最重要的性能。设计时,强度取值的依据一般为( )。
A. 强度极限   B. 屈服极限   C. 弹性极限   D. 比例极限

4—20 钢结构设计时,碳素结构钢以( )强度作为设计计算取值的依据。
A. σ_s B. σ_b C. $\sigma_{0.2}$ D. σ_p

4—21 钢材随着碳含量的增加,则钢板的( )提高。
A. 硬度   B. 可焊性   C. 韧性   D. 塑性

4—22 随着钢材含碳质量分数的提高（　　）。
A. 强度、硬度、塑性都提高　　　　B. 强度提高,塑性降低
C. 强度降低,塑性提高　　　　　　D. 强度、塑性都降低

4—23 热轧钢筋的级别高,则其（　　）。
A. 屈服强度、抗拉强度高、且塑性好
B. 屈服强度、抗拉强度高、且塑性差
C. 屈服强度、抗拉强度低、但塑性好
D. 屈服强度、抗拉强度低、且塑性差

4—24 预应力混凝土用热处理钢筋是用（　　）经淬火和回火等调质处理而成的。
A. 热轧带肋钢筋　　　　　　　　B. 冷轧带肋钢筋
C. 热轧光圆钢筋力　　　　　　　D. 冷轧光圆钢筋力

4—25 钢与铁以含碳质量分数（　　）%为界,含碳质量分数小于这个值时为钢,大于这个值时为铁。
A. 0.25　　　B. 0.60　　　C. 0.80　　　D. 2.0

4—26 吊车梁和桥梁钢,要注意选用（　　）较大,且时效敏感性小的钢材。
A. 塑性　　　B. 韧性　　　C. 脆性　　　D. 可焊接性

4—27 钢结构设计时,对直接承受动荷载的结构应选用（　　）。
A. 氧气转炉镇静钢　　　　　　　B. 沸腾钢
C. 氧气转炉半镇静钢　　　　　　D. 氧气转炉沸腾钢

4—28 钢材中硅的含量较低时,增加含硅量可提高钢材的强度,但若含量超过（　　）时,会增加钢材的冷脆性,降低可焊性。
A. 0.55　　　B. 0.80　　　C. 1.00　　　D. 2.0

4—29 伸长率表征钢材的塑性变形能力,不同长径比的钢材伸长率不同,δ_5（　　）δ_{10}。
A. 大于　　　B. 小于　　　C. 等于　　　D. 大于或等于

4—30 HRB500级钢筋是用（　　）轧制而成的。
A. 中碳钢　　　　　　　　　　　B. 低合金钢
C. 中碳镇静钢　　　　　　　　　D. 中碳低合金镇静钢

4—31 预应力混凝土热处理钢筋,其条件屈服强度为不小于1350MPa,抗拉强度不小于1500MPa,伸长率δ_{10}不小于（　　）,1000h应力松弛不大于3.5%。
A. 6%　　　B. 8%　　　C. 10%　　　D. 12%

4—32 冷拔低碳钢丝是由直径为6~8mm的（　　）热轧圆条经冷拔而成。
A. Q195　　　B. Q215　　　C. Q235　　　D. Q195、Q215 或 Q235

4—33 白口铁中碳以（　　）状态存在,其质硬脆而冷却后收缩大,铸造、加工都困难,故常作为炼钢原料。
A. FeC　　　B. Fe_2C　　　C. Fe_3C　　　D. C

4—34 钢材的时效处理是将经过冷拉的钢筋于常温下存放15~20d,或加热到100~200℃并保持（　　）左右。
A. 1h　　　B. 2h　　　C. 3h　　　D. 4h

4—35 建筑结构钢合理的屈强比一般为( )。
A. 0.50~0.65　　B. 0.60~0.75　　C. 0.70~0.85　　D. 0.80~0.95

4—36 从便于加工、塑性和焊接性好的角度出发,应选择( )。
A. Ⅰ级钢筋　　B. Ⅱ级钢筋　　C. Ⅲ级钢筋　　D. Ⅳ级钢筋

4—37 钢材试件拉断后的伸长率,表明钢材的( )。
A. 弹性　　B. 塑性　　C. 韧性　　D. 冷弯性

4—38 钢材冷加工目的是( )。
A. 提高材料的抗拉强度
B. 提高材料的塑性
C. 改善材料的弹性性能
D. 改善材料的焊接性能

4—39 钢材中硫是有害元素,它会引起( )。
A. 冷脆性　　B. 热脆性　　C. 腐蚀性提高　　D. 焊接性能的提高

4—40 在负温下直接承受动荷载的结构钢材,要求低温冲击韧性,其判断指标为( )。
A. 屈服点　　B. 弹性模量　　C. 布氏硬度　　D. 脆性临界温度

7.3.5 多项选择题

5—1 钢筋经冷拉及时效处理后,其性质将产生变化的是( )。
A. 屈服强度提高
B. 塑性提高
C. 冲击韧性降低
D. 抗拉强度提高
E. 塑性降低

5—2 预应力混凝土用钢绞线主要用于( )。
A. 大跨度屋架及薄腹梁
B. 大跨度吊车梁
C. 桥梁
D. 电杆
E. 轨枕

5—3 钢材的表面防火方法有( )。
A. 刷红丹
B. 刷醇酸磁漆
C. 热浸镀锌
D. 刷 STI-A 涂料
E. 刷 LG 涂料

5—4 低合金结构钢具有( )等性能。
A. 较高的强度
B. 较好的塑性
C. 较好的可焊性
D. 较好的抗冲击韧性
E. 较好的冷弯性

5—5 钢筋混凝土结构,除对钢筋要求有较高的强度外,还应具有一定的( )。
A. 弹性　　B. 塑性　　C. 韧性　　D. 冷弯性
E. 可焊接性

5—6 建筑钢材中可直接用作预应力钢筋的有( )。
A. 冷拔低碳钢丝
B. 冷拉钢筋
C. 热轧Ⅰ级钢筋
D. 碳素钢丝
E. 钢绞线

5—7　仓储中钢材锈蚀的防止措施有（　　）。
A. 创造有利保管环境　　　　　　B. 表面涂一层防锈剂
C. 加强检查　　　　　　　　　　D. 经常维护
E. 保护好防护与包装

5—8　影响钢材冲击韧性的重要因素有（　　）。
A. 钢材的化学成分　　　　　　　B. 所承受荷载的大小
C. 钢材内在缺陷　　　　　　　　D. 环境温度
E. 钢材组织状态

5—9　混凝土配筋的防锈措施有（　　）。
A. 提高混凝土的密实度　　　　　B. 增加保护层的厚度
C. 使用防锈剂　　　　　　　　　D. 钢材表面涂油
E. 限制氯盐外加剂掺量

5—10　Q275 号钢,具有（　　）的性能。
A. 强度较高　　　　　　　　　　B. 塑性、韧性较差
C. 可焊接性差　　　　　　　　　D. 易冷加工
E. 多用于制造机械零件

5—11　HPB235 光圆钢筋是用 Q235 碳素结构钢轧制而成的,具有（　　）性质。
A. 强度高　　　　　　　　　　　B. 塑性好
C. 伸长率高　　　　　　　　　　D. 便于弯折成形
E. 容易焊接

5—12　冷轧带肋钢筋与冷拔带肋钢筋相比较有（　　）的性能。
A. 强度高　　　　　　　　　　　B. 可焊性能好
C. 塑性好　　　　　　　　　　　D. 导热性能强
E. 延展性好

7.3.6　问答题

6—1　钢和生铁在化学成分上有何区别？钢按化学成分不同可分为哪些种类？市政工程中主要用哪些钢种？

6—2　钢中含碳量对各项性能的影响。

6—3　什么是钢材的屈强比？其大小对钢材的使用性能有何影响？

6—4　冶炼方法对钢材品质有何影响？何谓镇静钢和沸腾钢？它们的优缺点是？

6—5　试解释低碳钢受拉过程中出现屈服阶段和强化阶段的原因。

6—6　伸长率表示钢材的什么性质？如何计算？对同一种钢材来说,δ_5 和 δ_{10} 哪个值大？为什么？

6—7　何谓钢材的冷加工强化和时效处理？钢材的冷加工及时效处理后,其机械性能有何变化？工程中对钢材的冷拉、冷拔或时效处理的主要目的是什么？

6—8　碳素结构钢有几个牌号？建筑工程中常用的牌号是哪个？为什么？碳素结构钢随牌号的增大,其主要技术性能有什么变化？

6—9 试述低合金高强度结构的钢优点？

6—10 低合金高强结构钢与碳素结构钢有何不同？

6—11 说明 Q235-C 与 Q390-D 所属的钢种及符号的意义？

6—12 对于有冲击、震动荷载和低温下工作的结构采用什么钢材？

6—13 钢材腐蚀的原理与防止腐蚀的措施有哪些？

6—14 工地上为何对强度偏低热塑性偏大的低碳盘条钢筋进行冷拉。

6—15 试说明低碳钢未冷拉、冷拉后和冷拉时效处理的不同点。

6—16 钢的脱氧程度对钢的性能有何影响？

6—17 解释下列钢牌号的含义

A. Q235-A； B. Q275-D； C. Q460-C； D. Q420-D

6—18 如何区分钢与铸造生铁？为何现代不以铸造生铁建大桥？

6—19 Q235 钢与 Q345 钢在哪种情况下使用更合适？

6—20 为什么不用钢材的抗拉强度作为结构设计时取值的依据？屈强比在工程中有何意义？

6—21 为何说伸长率(δ)是建筑用钢材的重要技术性能指标？δ_5、δ_{10} 和 δ_{100} 的意义有何差别？

6—22 为何不宜采用一般的焊条直接焊接中碳钢？

6—23 在建筑工程中常对哪些类型的钢筋进行冷加工？为什么？

6—24 冷轧带肋钢筋有何特点？

6—25 用作钢结构的钢材必须具有哪些性能？

6—26 "鸟巢"巨型钢柱所使用的 110mm 的 Q460E-235 钢材为何引人关注？

6—27 为何央视主楼钢结构工程中用 Q345-GJ 钢替代 Q390-D 钢是可行的？

6—28 如何鉴别钢筋的质量？

6—29 从材料的角度看钢结构有哪些主要隐患？

6—30 钢结构是否耐火？

7.3.7 计算题

7—1 直径为 16mm 钢筋，截取两根式样作拉伸实验，达到屈服点的荷载分别为 72.3kN 和 72.2kN，拉断时的荷载分别为 104.5kN 和 108.5kN。试件表距长度为 80mm，拉断后的表距长度分别为 96mm 和 94.4mm。问该钢筋属于何牌号？

7—2 从新进货的一批钢筋中抽样，截取两根式样作拉伸实验，测得如下结果：屈服下限荷载分别为 27.8kN、26.8kN；抗拉极限荷载分别为 44.4kN、43.8kN，钢筋称直径为 12mm，标距为 60mm，拉断时长度分别为 67.0mm、66.0mm。分别计算这两根钢筋的屈服强度、极限抗拉强度、屈强比及断后伸长率 δ_5（强度精确到 0.1MPa，伸长率精确到 0.1%）。

7.4 习题解答

7.4.1 名词解释解答

1—1 【答】 为消除氧元素对钢材性能的不利影响,在钢材精炼后要脱氧,脱氧程度充分的钢,就叫镇静钢。

1—2 【答】 为消除氧元素对钢材性能的不利影响,在钢材精炼后要脱氧,脱氧程度不充分的钢,就叫沸腾钢。

1—3 【答】 钢筋拉伸试验时,试样拉断后,标距的伸长与原始标距长度的百分率,称为断后伸长率。

1—4 【答】 钢筋拉伸时,试件进入塑性变形阶段,在该阶段应力不再增大,而试件继续伸长,这时相应的应力称为屈服点,或屈服极限。

1—5 【答】 钢材屈服强度与极限抗拉强度之比。

1—6 【答】 随着温度的降低,钢材的塑性和韧性降低,脆性增加的性质。

1—7 【答】 将钢材在常温下进行冷拉、冷拔或冷轧,使其产生塑性变形,从而提高屈服强度,称为冷加工强化。

1—8 【答】 将经过冷加工后的钢材在常温下存放15~20d,或加热到100~200℃并保持一定时间,钢筋强度提高,塑性和韧性逐渐降低这一过程称为时效处理。前者称自然时效,后者称人工时效。

1—9 【答】 受交变荷载反复作用时,钢材常常在远低于其屈服点应力作用下而突然破坏,这种破坏称疲劳破坏。

1—10 【答】 屈服点也称为屈服强度。

1—11 【答】 钢材受拉时,由于钢材内部组织的变化,经过应力重分布以后,其抵抗塑性变形的能力进一步加强,钢材所对应的最大应力称为抗拉强度(又称极限强度)。

1—12 【答】 钢材随环境温度降低,钢的冲击韧性也降低,当达到某一负温时,钢的冲击韧性突然发生明显降低,此为钢的低温冷脆性,此时温度称为脆性临界温度。

1—13 【答】 钢材的硬度是指其表面抵抗重物压入产生塑性变形的能力。

1—14 【答】 淬火是将钢材加热到显微组织转变温度(723℃)以上,保持一段时间,使钢材的显微组织发生转变,然后将钢材置于水火油中冷却。

1—15 【答】 钢材在常温下承受弯曲变形的能力称为冷弯性能。

7.4.2 判断题解答

2—1 (√)	2—2 (×)	2—3 (√)	2—4 (×)	2—5 (×)
2—6 (√)	2—7 (√)	2—8 (×)	2—9 (×)	2—10 (×)
2—11 (×)	2—12 (×)	2—13 (×)	2—14 (×)	2—15 (√)
2—16 (√)	2—17 (×)	2—18 (√)	2—19 (√)	2—20 (×)
2—21 (√)	2—22 (×)	2—23 (×)	2—24 (×)	2—25 (×)

2—26 （×） 2—27 （×） 2—28 （√） 2—29 （×） 2—30 （×）

7.4.3 填空题解答

3—1　低碳钢　　　中碳钢　　　高碳钢　　　低碳钢

3—2　屈服强度　　抗拉强度　　伸长率

3—3　表示屈服点为 235MPa 的 A 级镇静碳素结构钢

3—4　弹性阶段　　屈服阶段　　强化阶段　　颈缩阶段

3—5　提高　　　　降低　　　　变差

3—6　铁素体　　　珠光体　　　渗碳体

3—7　弯曲

3—8　珠光体　　　渗碳体

3—9　自然　　　　人工

3—10　强度　　　　塑性　　　　韧性

3—11　四　　Q195　　Q215　　Q235　　Q275　　四

3—12　屈服点为 235MPa 的 A 级沸腾钢　屈服点为 235MPa　质量等级为 A 级　沸腾钢

3—13　脆性临界温度　　低　　　　好　　　　低

3—14　增大　　　　增大　　　　提高　　　降低　　　降低

3—15　强度　　弹性　　塑性　　耐疲劳性能　　冷变形性能　　可焊接性

3—16　沸腾钢　　镇静钢　　特殊镇静钢　　特殊镇静钢　　沸腾钢

3—17　冷拉　　　时效　　　强度　　　节省钢材

3—18　723℃　　　急

3—19　沸腾

3—20　八　　　屈服点字母 Q　屈服点数值　质量等级(分 A、B、C、D、E 五级)

3—21　化学腐蚀　　电化学腐蚀

3—22　变差　　　硫　　　影响大

7.4.4 单项选择题解答

4—1　（B）　　4—2　（B）　　4—3　（C）　　4—4　（C）　　4—5　（B）
4—6　（C）　　4—7　（A）　　4—8　（D）　　4—9　（B）　　4—10　（D）
4—11　（C）　　4—12　（B）　　4—13　（B）　　4—14　（C）　　4—15　（A）
4—16　（A）　　4—17　（C）　　4—18　（C）　　4—19　（B）　　4—20　（A）
4—21　（A）　　4—22　（B）　　4—23　（A）　　4—24　（A）　　4—25　（D）
4—26　（A）　　4—27　（A）　　4—28　（A）　　4—29　（A）　　4—30　（B）
4—31　（A）　　4—32　（D）　　4—33　（C）　　4—34　（B）　　4—35　（B）
4—36　（A）　　4—37　（B）　　4—38　（A）　　4—39　（B）　　4—40　（D）

7.4.5 多项选择题解答

5—1　(A、C、E)　　5—2　(A、B、C)　　5—3　(D、E)　　5—4　(A、B、C、D、E)

5—5 (B、C、D、E)　5—6 (A、B、D、E)　5—7 (A、B、D、E)　5—8 (A、D、E)
5—9 (A、C、E)　5—10 (A、B、C、E)　5—11 (B、C、D、E)　5—12 (A、B、C)

7.4.6 问答题解答

6—1 【答】 在化学成分上钢的含碳量在2.06%以下,而生铁的含碳量高于2.06%。钢按化学成分可分为碳素钢和合金钢两大类。钢的主要成分是铁和碳,还有少量难以除净的硅、锰、磷、硫、氧、氮等,其中硫、磷、氧、氮为有害杂质。市政工程中主要使用碳素钢中的低碳钢,普通钢中的低合金钢。

6—2 【答】 建筑用钢中含碳量不大于0.8%,当碳含量提高,钢中的珠光体随之增多,故强度和硬度相应提高,而塑性和韧性则相应降低。碳还增加钢的冷脆性和时效敏感性,降低抗大气锈蚀性。

6—3 【答】 钢材的屈服强度σ_s与抗拉强度σ_b之比为屈强比σ_s/σ_b,屈强比愈小,反映钢材受力超过屈服点工作时的可靠性愈大,因而结构的安全性高;但屈强比太小,反映钢材不能有效地被利用,造成浪费。

硬钢拉伸时的应力-应变曲线与软钢不同,其抗拉强度高,塑性变形小,没有明显的屈服现象,硬钢由于不能测定屈服点,故规范规定以产生0.2%残余变形时的应力值作为名义屈服点,用$\sigma_{0.2}$表示。

6—4 【答】 不同的冶炼方法对钢材的质量有着不同的影响。

氧气转炉炼钢是以熔融的铁水为原料,由炉顶向转炉内吹入高压氧气,使铁水中的碳和硫等杂质氧化除去,得到纯净的钢水。氧气转炉炼钢周期短,生产效率高,杂质清除较充分,钢的质量较好。

平炉炼钢是利用拱形炉顶的反射原理,以固态或液态生铁、适量铁矿石和废钢做原料,用煤气或重油为燃料进行冶炼,它是利用废钢铁和铁矿石中的氧使杂质氧化。平炉的冶炼时间长,有足够的时间调整和控制其成分,去除杂质更为彻底,故炼得的钢质量高。但由于设备一次投资大,燃料热效率低,冶炼时间较长,故其成本较高。

电炉炼钢是用电加热进行高温冶炼的炼钢法,其原料主要是废钢及生铁。电炉熔炼温度高,而且温度可以自由调节,除去杂质较易,因此电炉钢的质量最好,但成本也高。

沸腾钢脱氧不充分,故浇铸后在钢液冷却时有大量一氧化碳气体外溢,引起钢液激烈沸腾,故称为沸腾钢;镇静钢则在浇铸时钢液平静地冷却凝固。沸腾钢中碳和有害磷、硫等的偏析(元素在钢中分布不匀,富集于某些区间的现象称为偏析)较严重,钢的致密程度较差。故沸腾钢的冲击韧性和可焊性较差,特别是低温冲击韧性的降低更显著。从经济上比较,沸腾钢只消耗少量的脱氧剂,钢锭的收缩孔减少,成品率较高,故成本较低。

6—5 【答】 屈服阶段:当荷载增大,试件应力超过σ_p时,应变增加的速度大于应力增长速度,应力与应变不再成比例开始产生塑性变形。钢材受力达屈服点后,变形即迅速发展,尽管尚未破坏但已不能满足使用要求。故设计中一般以屈服点作为强度取值依据。

强化阶段:当荷载超过屈服点以后,由于试件内部组织发生变化,如晶格畸变、错位等抵抗塑性变形的能力又重新提高,故称为强化阶段。

6—6 【答】 伸长率是衡量钢材塑性的重要技术指标,伸长率愈大,表明钢材的塑性越好,尽管结构是在钢的弹性范围内使用,但在应力集中处,其应力可能超过屈服点。一定的塑性变形能力,可保证应力重分布,从而避免结构破坏。

试件拉断后将断裂处对接,测断后标距 L_1(mm),断裂后标距与原始标距 L_0(mm)的百分比,称为伸长率 δ_n:

$$\delta_n = \frac{L_1 - L_0}{L_0} \times 100\%$$

对同一种钢材来说,δ_5 值大于 δ_{10} 值。因为钢材拉伸时塑性变形在试件标距内的分布是不均匀的,颈缩处的伸长较大,故原始标距 L_0(mm)与直径(D_0)之比愈大,颈缩处的伸长值在总伸长值中所占的比例就愈小,则计算所得伸长率值(δ_n)也愈小。

6—7 【答】 将钢材于常温下进行冷拉、冷拔或冷轧,使之产生一定的塑性变形,强度明显提高,塑性和韧性有所降低,这个过程称为钢材的冷加工强化。

将经过冷拉的钢筋于常温下存放 15~20d,或加热到 100~200℃并保持 2~3h 后,则钢筋强度将进一步提高,这个过程成为时效处理,前者称为自然时效,后者称为人工时效。通常对强度较低的钢筋可采用自然时效,强度较高的钢筋则需采用人工时效。钢筋经冷拉及时效后,屈服强度得到进一步提高,且抗拉强度亦有所提高,塑性和韧性则要相应降低。

在工程中,钢筋采用冷加工具有明显的经济效益。钢筋经冷拉后,一般屈服点可提高 20%~25%,冷拔钢丝屈服点可提高 40%~90%,由此即可适当减少钢筋混凝土结构设计截面,或减少混凝土中配筋数量,从而达到节约钢材的目的。

6—8 【答】 碳素结构钢有四个牌号,即 Q195、Q215、Q235、Q275。建筑工程中常用的碳素结构钢牌号为 Q235,由于该牌号钢既具有较高的强度,又具有较好的塑性和韧性,可焊性也好,故能较好地满足一般钢结构和钢筋混凝土结构的用钢要求。相反,Q195 和 Q215 号钢,虽塑性很好,但强度太低;而 Q275 号钢,它们强度很高,但塑性较差,所以均不太适用。碳素结构钢随着牌号的增大,其含碳量增加,强度提高,塑性和韧性降低,冷弯性能逐渐变差。

6—9 【答】 由于合金元素的细晶强化和固深强化等作用,使低合金钢不仅具有较高而且也具有较好的塑性、韧性和可焊性。因此,它是综合性能较为理想的市政工程材料。

6—10 【答】 低合金高强结构钢与碳素结构钢相比:它的强度高,可以减轻自重,节约钢材,综合性能好,如抗冲击性强、耐低温和腐蚀,有利于延长使用年限,塑性韧性和可焊性好,有利于加工和施工。低合金高强结构钢主要用于轧制型钢、钢板、钢管及钢筋,广泛用于钢筋混凝土结构和钢结构中,特别是重型、大跨度、高层结构和桥梁等。

6—11 【答】 Q235-C 属于碳素结构钢,符号表示屈服强度不小于 235MPa,C 级镇静钢;Q390-D 表示屈服强度不小于 390MPa,D 级低合金高强结构钢。

6—12 【答】 采用低合金高强结构钢。这是由于合金元素的细晶强化和固深强化等作用,使低合金钢不仅具有较高而且也具有较好的塑性、韧性和可焊性。

6—13 【答】 钢材的锈蚀指钢的表面与周围介质发生化学反应而遭到的破坏。

根据钢材表面与周围介质的不同作用,锈蚀可分为下述两类:

(1)化学锈蚀:钢材直接与周围介质发生化学反应而产生的锈蚀称为化学锈蚀。这种锈蚀多数是氧化作用,使钢材表面形成疏松的氧化物。在常温下,钢材表面形成一薄层钝化很弱的氧化保护膜 FeO,它疏松,易破裂,有害介质可进一步渗入而发生反应,造成锈蚀。

(2)电化学锈蚀:由于金属表面形成原电池而产生的锈蚀称为电化学锈蚀。钢材本身含有铁、碳等多种成分,其电极电位不同,形成许多微电池。在阳极区,铁被氧化成 Fe^{2+} 离子进入水膜,因为水中溶有来自空气中的氧,故在阳极区氧将被还原为 OH^- 离子,两者结合成为不溶于水的 $Fe(OH)_2$,并进一化成为疏松而易剥落的红棕色铁锈 $Fe(OH)_3$。

防止腐蚀的措施有:在钢材的表面施加保护层,使其与周围介质隔离,从而防止锈蚀;合金钢,钢材的化学成分对耐锈蚀有很大影响。如在钢中加入合金元素铬、镍、钛、铜制成钢,可以提高耐锈蚀能力。

6—14 【答】 对钢筋冷拉可提高其屈服强度,但塑性变形能力有所降低,工地上常对强度偏低而塑性偏大的低碳盘条钢筋进行冷拉,以提高钢筋的利用率。

6—15 【答】 两者的不同点是:

(1)冷拉后,屈服强度和极限抗拉强度都增加,韧性与塑性降低,脆性增加。

(2)冷拉时效后,屈服强度与极限抗拉强度比冷拉强化更高,塑性和韧性降低,脆性也将增加。

6—16 【答】 钢的脱氧程度不同,钢的性能也不同。脱氧不充分的钢,其化学成分不均匀、易偏析、钢的致密程度较差,故其抗蚀性、冲击韧性和可焊性较差,尤其在低温时冲击韧性降低更显著;脱氧充分的钢,其化学成分均匀、机械性能稳定、焊接性能和塑性较好、抗蚀性也较强。其缺点是钢锭中有缩孔、成材率低。它多用于承受冲击荷载及其他重要的结构上。

6—17 【答】 A. Q235-A 表示屈服强度不小于 235MPa,A 级镇静钢;

B. Q275-D 表示屈服强度不小于 275MPa,D 级特殊镇静钢;

C. Q460-C 表示屈服强度不小于 460MPa,C 级低合金高强结构钢。

D. Q420-D 表示屈服强度不小于 420MPa,D 级低合金高强结构钢。

6—18 【答】 钢材是以铁为主要元素,其含碳量为 0.02% ~ 2.06%,并含有其他元素的合金材料。铸造生铁为含碳量高于 2.06% 的铁碳合金。铸造生铁中的碳以片状的石墨形态存在,它的断口为灰色,通常又叫灰口铁。它的抗拉强度不够,故不能锻轧,只能用于制造各种铸件,如铸造各种机床底座、铁管等。

世界上第一座铸铁桥为 1779 年在英国建造的 COALEROOKDALE 桥,该桥 1934 年已禁止车辆通行。1878 年,英国人曾用铸铁在北海的 Tay 湾上建造全长 3160m、单跨 73.5m 的跨海大桥,采用梁式桁架结构,在石材和砖砌筑的基础上以铸铁管做桥墩,建成不到两年,一次台风夜袭,加之火车冲击荷载的作用,铸铁桥墩脆断,桥梁倒塌,车毁人亡,教训惨痛。此后人们研究和比较了钢材与铸铁的性能,发现钢材不仅抗压强度高,抗拉强度和抗冲击韧性也高,更适于建造桥梁。1791 年,德国人将英国的 IRON 铸铁拱桥按比例缩为 1/4,以钢材建造,这是人类首先使用钢材建造人行桥。至今,人类总结了两百多年使用钢材建桥的经验,采用钢材建造的悬索桥已成为特大跨径桥梁的主要形式。

6—19 【答】 当结构截面需按强度控制,且在有条件的情况下,宜采用 Q345 钢。当跨度较大时,一般是以变形控制,但是有重荷载时又有区别。Q345 比 Q235 屈服强度提高 45% 左右,理论上用 Q345 可节约用钢量 15% ~ 25%。从技术角度,凡是以强度控制的宜用 Q345,以变形控制的宜用 Q235。从经济角度看,目前两种价差很少,而 Q345 强度提高较多,Q345 性价比较高,故多用 Q345。

两种钢材在常温静载下的韧性差不多,在低温时,Q345 钢材的韧性要好一些,在动载下,随着加载速度的增加,脆性都增加,但是 Q235 脆性增加得更快。所以,在温度比较低、承受动载时,适合用 Q345 钢材。从经济上,如果采用 Q345 比 Q235 用钢量降低 10% 以上,就采用 Q345。

另外,两者采用焊接材料是不同的,Q345 宜用 E50 型,Q235 宜用 E43 型。Q345 焊接用 E50 型焊条,焊接条件要求高些,对施焊人员技术要求也高些,所以设计时不但要考虑强度和变形,还应考虑施焊条件,尽可能避免现场焊接 Q345 钢材。当 Q235 与 Q345 焊接时,宜采用 E43 型焊条,即焊条宜与性能低的材料相匹配。

6—20 【答】 屈服强度和极限抗拉强度是衡量钢材强度的两个重要指标。极限抗拉强度是试件能够承受的最大应力。在结构设计中,要求构件在弹性变形范围内工作,即使少量的塑性变形也尽量避免,所以规定以钢材的屈服强度作为设计时容许应力取值的依据,表示钢材在正常工作时承受的应力不超过屈服强度。而钢材受力达到屈服强度后,变形迅速增长,尽管尚未断裂,已不能满足使用要求。

极限抗拉强度是试件能承受的最大应力。抗拉强度在设计中虽然不能利用,但是屈服点与抗拉强度的比值(σ_s/σ_b)称为屈强比,却是判断和评价钢结构的安全可靠程度及钢材的使用可靠性的一个重要参数。屈强比愈小,钢材受力超过屈服点工作时的可靠性越大,安全性越高,但是,屈强比太小,钢材强度的利用率偏低,浪费材料。钢材的屈强比最好在 0.60~0.75 之间。

6—21 【答】 伸长率(δ)表示钢材的塑性变形能力。钢材在使用中,为避免正常受力时在缺陷处产生应力集中发生脆断,要求其塑性良好,即具有一定的伸长率,可以使缺陷处应力超过 σ_s 时,随着材料发生塑性变形使应力重新分布,从而避免及结构提早破坏。同时,常温下将钢材加工成一定形状,也要求钢材要具有一定塑性。但伸长率不能过大,否则会使钢材在使用中超过允许的变形值。

δ_5、δ_{10} 为钢材拉伸试件的标距原长 l_0 取 $5d_0$ 或 $10d_0$(d_0 为拉伸试件原直径)时的伸长率。δ_{100} 表示钢材拉伸试件的标距为 100mm 时的伸长率。

6—22 【答】 钢材的可焊性是指钢材在一定的焊接工艺条件下,在焊缝及其附近过热区是否产生裂缝及硬脆倾向,焊接后的接头强度是否具有与母体相近的性能。可焊性好的钢材易于用一般的焊接方法和工艺施焊,焊口处不易形成裂纹、气孔、夹渣等缺陷;焊接后钢材的力学性能,特别是强度不低于母材,硬脆倾向小。

例如,某厂的钢结构屋架使用中碳钢,采用一般的焊条直接焊接,使用一段时间后屋架坍落。从该事故可吸取有关的教训:1)钢材选用不当。影响钢材可焊性的主要因素是钢材的化学成分,即碳含量、杂质元素含量和合金元素含量。碳含量在 0.12%~0.20% 范围内的碳素钢,可焊性最好。碳含量提高可使焊缝和热影响区变脆。随钢材的含碳量、合金元素及杂质元素含量的提高,钢材的可焊性降低。中碳钢的含碳量超过 0.25%,其塑性、韧性差于低碳钢,且焊接时温度高,热影响区的塑性及韧性下降较多,易于形成裂纹,可焊性明显降低。2)焊条选用及焊接方式亦有不妥。中碳钢由于含碳量较高,焊接易产生裂缝,最好采用铆接或螺栓连接。若只能采用焊接方法,应选用低氢型焊条,且构件宜预热。

6—23 【答】 在建筑工地和混凝土预制厂,经常对使用上强度偏低的钢筋和塑性偏大的钢筋或低碳盘条钢筋进行冷拉或冷拔并时效处理,以提高其屈服强度和利用率。经过冷加工的钢材,可适当减小钢筋混凝土结构设计截面,或减小混凝土中的配筋数量,从而达到节约钢材的目的。钢筋冷拉还有利于简化施工工序。冷拉盘条钢筋可省去开盘和调直工序;冷拉直条钢筋则可与矫直、除锈等工序一并完成。但冷拔钢丝的屈强比较大,相应的安全储备较小。建筑工程中大量使用的钢筋采用冷加工强化具有明显的经济效益,而且冷加工所用机械比较简单,容易操作,效果明显,因而建筑工程中常用此方法。

钢材加工至塑性变形后,由于塑性变形区域内的晶粒产生相对滑移,使滑移面下的晶粒破碎,晶格变形,构成滑移面的凹凸不平,从而给以后的变形造成较大的困难。所以,使得其塑性降低、脆性增大。

6—24 【答】 冷轧带肋钢筋是用普通线材经冷轧挤压成为带有肋的钢筋。冷轧带肋钢筋与热轧光圆钢筋相比具有不少特点:一是钢筋强度提高,可节约钢材;二是冷轧带肋钢筋经过冷加工后塑性降低,但其伸长率仍较同类的冷加工钢材大;三是冷轧带肋钢筋的锚固强度较高。

6—25 【答】 用作钢结构的钢材必须具有下列性能:

(1) 较高的强度。即抗拉强度和屈服点比较高。屈服点高可以减小截面,从而减轻自重,节约钢材,降低造价。抗拉强度高,可以增加结构的安全保障。

(2) 足够的变形能力,即塑性和韧性性能好。塑性好则结构破坏前变形比较明显从而可减少脆性破坏的危险性,并且塑性变形还能调整局部高峰应力,使之趋于平缓。韧性好表示在动荷载作用下破坏时要吸收比较多的能量,同样也降低脆性破坏的危险程度。对采用塑性设计的结构和地震区的结构而言,钢材变形钱力的大小具有特别重要的意义。

(3) 良好的加工性能。即适合冷、热加工,同时具有良好的可焊性,不因这些加工而对强度,塑性及韧性带来较大的有害影响。

此外,根据结构的具体工作条件,在必要时还应该具有适应低温、有害介质侵蚀(包括大气锈蚀)以及重复荷载作用等的性能。

在符合上述性能的条件下,同其他建筑材料一样,钢材也应该容易生产,价格便宜。

6—26 【答】 "鸟巢"结构设计奇特新颖,其最大跨度达 343m,如果使用普通钢材,厚度至少要达到 220mm。这样不仅用钢量多,而且钢板太厚,焊接起来困难。专家们讨论认为,Q460E 钢是最好的选择,因为这种低合金高强度结构钢的强度级别高,屈服强度达到 460MPa,质量等级为 E,Q460E-235 钢材的 Z 是指厚度方向性能,其延伸率达 35% 的指标。以前一般从国外进口。经科技攻关,"鸟巢"用钢实现了全部国产化,大大减轻了"鸟巢"的质量。

需指出的是,在国家标准中,Q460E 的最大厚度也只是 100mm。一般来说,强度大的钢材更易断裂,Q460E-235 的高强韧度性能与 Q460E 的强度无疑是两个互相对立的指标;100mm 以上厚度的抗拉性能更不易保障;更何况还有抗低温、易焊接、抗震性能强的要求。我国现已能自主生产高质量的 110mm 厚的 Q460E-235 钢板。

6—27 【答】 正确合理选用钢材,了解其性能要求对保证工程质量有重要意义。央视主楼钢结构工程中,大量选用了 Q390 钢材,最大厚度达 130mm,同时对钢材的强度、延性、抗震性能、焊接性能等综合性能要求很高。后来,经专家论证会讨论以 Q345-GJ 钢替代 Q390-D 钢。

经专家论证会讨论提出，该工程选用的 Q390 钢材其性能和技术指标符合设计规范，但大批量 Q390 钢特别是大批量厚板在国内大型、重要建筑工程中首次采用，应用经验不足。同时 Q390 钢为通用性低合金钢，按该工程使用要求尚需附加屈强比、屈服强度上限与碳当量等多项补充技术要求。且 Q390 钢板的焊接要求高，与施工进度要求不相适应。而《建筑结构用钢板》（GB/T 19879—2005）生产的高层建筑用 Q345-GJ 厚板较 Q390 钢有较好的延性、冲击韧性和焊接性能，已在国内多项大型重点工程上成功应用于国家体育场、五棵松文化体育中心等。经分析比较，Q345-GJ 厚板（50～100mm）钢的强度级别相当于 Q390 钢，综合性能优于 Q390 钢，因此该工程可用 Q345-GJ 替代 Q390-D，并要求钢厂保证较为稳定的屈服强度区间，适当加密检验批次，以确保质量。

6—28 【答】 用户在选择热轧钢筋时，要对其质量加以鉴别，一般可以从以下几个方面入手：

（1）在一批钢筋出厂时，厂家还应附有钢筋的质量证明书或试验报告单。钢材出厂合格证应由钢厂质检部门提供或供销部门转抄，其中主要内容应包括：生产厂家名称、炉罐号（或批号）、钢种、钢号、钢筋的公称直径、强度级别、机械性能检验数据及结论、化学成分检验数据及结论、检验出厂日期等，并有钢厂质检部门印章及标准编号。

（2）鉴别钢筋的标志、尺寸的测量和检验技术性能：国家标准规定，带肋钢筋应在其表面轧上钢筋级别标志，依次还可轧上厂名（或商标）和直径毫米数字。用户可以首先从钢筋表面标志是否完整正确来判别钢筋质量，然后按照统一炉罐（批）号、统一规格（直径）分批检验。

检验内容包括查对标志、外观检查、抽取试样做化学性能试验，合格后方可使用。鉴别热轧钢筋表面质量时，主要是用肉眼逐根判别。要求其表面不得有裂纹、结疤和折叠，虽然表面允许有凸块，但不得超过横肋的高度。尺寸的测量即用游标卡尺测量钢筋的直径。

另外，出厂的每批钢筋（即由同一牌号、同一规格、同一炉罐号的钢筋）都附有质量证明书，用户可以与此规定值比较。若要求严格或条件允许，用户还可以从中任意选取两根钢筋送国家认可的检测部门进行实样检测，以确定其技术性能是否符合要求。热轧钢筋取样每批重量不大于 60t，在每批钢筋中任选两根，切取两个试样供拉力试验用，再任选两根，切取两个试样供冷弯试验用，其拉力试验和冷弯试验必须符合相应技术标准要求，如有某一项不合格，取双倍数量的试件复试，如仍有一项指标不合格，则该批钢筋判断为不合格。

（3）钢筋在加工过程中，如发现脆断、焊接性能不良或力学性能显著不正常等现象，应对该批钢筋进行化学成分检验或其他专项检验。

6—29 【答】 钢结构具有许多优点，但也存在隐患。有失稳、腐蚀和火灾三个方面。

钢结构的失稳分两类：整体失稳和局部失稳。整体失稳大多数是由局部失稳造成的，当受扭部位或受弯部位的长细比超过允许值时，会失去稳定。它受很多客观因素影响，如荷载变化，钢材的初始缺陷等。如出现 1988 年加拿大一停车场的屋盖结构塌落等事故。

普通钢材的抗腐蚀性能较差，尤其是处于湿度较大、有腐蚀性介质的环境中，会较快地生锈腐蚀。钢结构的腐蚀问题正在给世界各国的国民经济带来巨大的损失。据一些工业发达国家统计，每年由于钢结构腐蚀而造成的经济损失约占国民经济生产总值的 2%～4%。

钢材的许多性能随温度的升降而变化。当温度达到 430～540℃，钢材的屈服点、抗拉强度和弹性模量将急剧下降，失去承载能力。例如，"9.11"恐怖袭击中倒塌的纽约世贸大厦，在撞击事件发生后,大厦内部发生猛烈燃烧,高温令到金属结构发生变化,失去了支撑力,整座建筑物倒塌时是一层层往下坠,形成了一个非常令人震惊的现象。为此,钢结构防火十分重要。

6—30 【答】 钢结构与传统的混凝土结构相比较,具有自重轻、强度高、抗震性能好、施工快等优点。特别适合于大跨度空间结构、高耸构筑物,也符合环保与资源再利用的国策。钢是不燃性材料,但这并不表明钢材能够抵抗火灾。耐火试验与火灾案例表明:以失去支持能力为标准,无保护层时钢柱和钢屋架的耐火极限只有0.25h,而裸露钢梁的耐火极限为0.15h。温度在200℃以内,可以认为钢材的性能基本不变;超过300℃以后,弹性模量、屈服点和极限强度均开始显著下降,应变急剧增大;达到600℃时已经失去承载能力。美国"9.11"事件后,钢结构的一大致命缺陷即抗高温软化能力很差的问题引起人们的普遍关注。

7.4.7 计算题解答

7—1 【解】 两根试样的屈服强度分别为:

$$\sigma_{s1} = \frac{f}{A} = \frac{72.3 \times 10^3}{\pi \times 8^2 \times 10^{-6}} = 359.8(\text{MPa})$$

$$\sigma_{s2} = \frac{f}{A} = \frac{72.2 \times 10^3}{\pi \times 8^2 \times 10^{-6}} = 359.3(\text{MPa})$$

两根试样的抗拉强度分别为:

$$\sigma_{b1} = \frac{f}{A} = \frac{104.5 \times 10^3}{\pi \times 8^2 \times 10^{-6}} = 520(\text{MPa})$$

$$\sigma_{b2} = \frac{f}{A} = \frac{108.5 \times 10^3}{\pi \times 8^2 \times 10^{-6}} = 539.9(\text{MPa})$$

两根试样的断后伸长率分别为:

$$\delta_1 = \frac{l_1 - l_0}{l_0} = \frac{96 - 80}{80} = 20\%$$

$$\delta_2 = \frac{l_1 - l_0}{l_0} = \frac{94.4 - 80}{80} = 18\%$$

故该钢筋属于HRB335(二级热轧钢筋)。

7—2 【解】 两根试样的屈服强度分别为:

$$\sigma_{s1} = \frac{f}{A} = \frac{27.8 \times 10^3}{\pi \times 6^2 \times 10^{-6}} = 246(\text{MPa})$$

$$\sigma_{s2} = \frac{f}{A} = \frac{26.8 \times 10^3}{\pi \times 6^2 \times 10^{-6}} = 237(\text{MPa})$$

两根试样的抗拉强度分别为:

$$\sigma_{b1} = \frac{f}{A} = \frac{44.4 \times 10^3}{\pi \times 6^2 \times 10^{-6}} = 393(\text{MPa})$$

$$\sigma_{b2} = \frac{f}{A} = \frac{43.8 \times 10^3}{\pi \times 6^2 \times 10^{-6}} = 387(\text{MPa})$$

屈强比分别为：

$$第一根钢筋：\frac{246}{393} = 0.63$$

$$第二根钢筋：\frac{237}{387} = 0.61$$

两根试样的断后伸长率分别为：

$$\delta_1 = \frac{l_1 - l_0}{l_0} = \frac{67.0 - 60.0}{60.0} = 11.7\%$$

$$\delta_2 = \frac{l_1 - l_0}{l_0} = \frac{66.0 - 60.0}{60.0} = 10.0\%$$

第8章 沥青材料

沥青是一种憎水性的有机胶凝材料,它是一种由许多高分子碳氢化合物及其非金属(氧、硫等)衍生物所组成的在常温下呈褐色或黑褐色固体、半固体及液体状态的复杂的混合物。

8.1 学习指导

沥青具有与矿质混合料良好的粘接力;同时结构致密,几乎完全不溶于水和不吸水;而且还具有较好的抗腐蚀能力,能抵抗一般的酸性、碱性及盐类等具有腐蚀性的液体或气体的腐蚀等特点。故沥青是市政工程中不可缺少的材料之一,广泛用于道路桥梁、水利工程以及其他防水防潮工程中。

8.1.1 沥青

沥青按产源不同分为地沥青与焦油沥青两大类。地沥青中有石油沥青与天然沥青;焦油沥青则有煤沥青、木沥青、页岩沥青及泥炭沥青等几种。市政工程中主要使用石油沥青和煤沥青,以及以沥青为原料通过加入表面活性物质而得到的乳化沥青。

1. 石油沥青

石油沥青是石油(原油)经蒸馏等工艺提炼出各种轻质油及润滑油以后得到的残留物,或者再经加工得到的残渣。

(1)石油沥青的分类

1)按原油加工后所得沥青中含蜡量多少分类

石油沥青按原油基层不同分为石蜡基沥青、沥青基沥青和中间基沥青三种。

2)按加工方法分类

按加工方法不同,石油可炼制成不同种类的沥青。

(2)石油沥青的化学组成与结构

1)沥青的化学组成。石油沥青是高分子碳氢化合物及其非金属衍生物的混合物。其主要化学成分是碳(80%~87%)和氢(10%~15%),少量的氧、硫、氮(约为5%)及微量的铁、钙、铅、镍等金属元素。

沥青的化学组分分析就是利用沥青在不同有机溶剂中的选择性溶解或在不同吸附剂上的选择性吸附,将沥青分离为几个化学性质比较接近,而又与其胶体结构性质、流变性质和技术性质有一定联系的化合物组。这些组就称为沥青的组分(也称组丛)。

2)石油沥青胶体结构。石油沥青的主要成分是油质、树脂和地沥青质。石油沥青的胶体结构是以沥青质为核心,其周围吸附着高相对分子质量的树脂而形成胶团,无数胶团分散于溶有低相对分子质量树脂的油分中而形成胶体结构。其胶体结构可分为三类：溶胶型结构、凝胶型结构和溶-凝胶型结构。

(3) 石油沥青的技术性质

1) 黏性(黏滞性)。黏滞性是指在外力作用下，沥青粒子相互位移时抵抗变形的能力。沥青的黏滞性以绝对黏度表示，工程上常用相对(条件)黏度代替绝对黏度，它是沥青性质的重要指标之一。

2) 延展性。石油沥青的延展性以延度表示。延度越大，说明沥青的延展性越好。

3) 温度敏感性。温度敏感性是指石油沥青的黏滞性和塑性随温度升降而变化的性能。沥青软化点是反映沥青温度敏感性的重要指标。由于沥青材料从固态至液态有一定的变态间隔，故取液化点与固化点之间温度间隔的 87.21% 作为软化点。

石油沥青的针入度、延度和软化点是评定黏稠石油沥青牌号的三大指标。

4) 大气稳定性。沥青随时间的进展而流动性和塑性减小，硬脆性逐渐增大，直至脆裂，此过程称为沥青的"老化"。抵抗"老化"的性质，称为大气稳定性(耐久性)。

石油沥青的大气稳定性常以加热后的蒸发损失和蒸发后针入度比来评定。蒸发损失百分数越小，蒸发后针入度比越大，表示沥青的大气稳定性越高，老化越慢，耐久性越好。

5) 溶解度。溶解度是石油沥青在溶剂(苯、三氯甲烷、四氯化碳等)中溶解的百分率，以确定石油沥青中有效物质的含量。石油沥青的溶解度一般均在 98% 以上。

6) 施工安全性——闪点与燃点。沥青在使用时均需要加热，在加热过程中，沥青中挥发出的油分蒸气与周围空气组成油气混合物，此混合气体在规定条件下与火焰接触，初次发生有蓝色闪光时的沥青温度即为闪点。若继续加热，油气混合物的浓度增大，与火焰接触能持续燃烧 5s 以上时的沥青温度即为燃点。通常燃点比闪点高约 10℃。

(4) 道路石油沥青的技术标准与选用

1) 道路石油沥青的技术标准。道路石油沥青技术标准除针入度外，对不同牌号各等级沥青的针入度指数、软化点、延度、闪点、密度等指标提出了相应的要求。

沥青的牌号越大，沥青的黏滞性越小(针入度越大)，塑性越好(延度越大)，温度稳定性越差(软化点越低)，使用寿命越长。

2) 黏稠石油沥青和液体石油沥青的技术标准。石油沥青按稠度大小可分为黏稠石油沥青和液体石油沥青。而黏稠石油沥青按道路的交通量，道路石油沥青分为中、轻交通石油沥青和重交通石油沥青。

中、轻交通石油沥青的技术标准相当于石油化工行业标准《道路石油沥青》(NB/SH/T 0522—2010)中的技术标准，该标准是将道路石油沥青按针入度值划分为 A-60、A-100、A-140、A-180、A-200 等五个牌号。其中 A-100 和 A-60 又按延度的不同分为甲、乙两个副牌号。中、轻交通道路石油沥青主要用作一般道路路面、车间地面等工程。

而重交通道路石油沥青按国家标准《重交通道路石油沥青》(GB/T 15180—2010)，分为 AH-50、AH-70、AH-90、AH-110 和 AH-130 等五个牌号。重交通道路石油沥青主要用于高速公路、一级公路路面、机场道面以及重要的城市道路路面等工程。

(5) 石油沥青在道路工程的选用

各个沥青等级的使用范围应符合表 8-1 的规定。经建设单位同意，沥青的 PI 值、60℃动力黏度、10℃的延度可作为选择性指标。

表8-1 道路石油沥青的适用范围

石油沥青等级	适用范围
A级石油沥青	各个等级的公路,适用于任何场合和层次
B级石油沥青	1)高速公路、一级公路沥青下面层及以下的层次,二级及二级以下公路的各个层次; 2)用作改性沥青、乳化沥青、改性乳化沥青、稀释沥青的基质沥青
C级石油沥青	三级及三级以下公路的各个层次

(6)石油沥青的存放和贮存

沥青必须按品种、牌号分开存放。除长期不使用的沥青可放在自然温度下存储外,沥青在储罐中的贮存温度不宜低于130℃,并不得高于170℃。桶装沥青应直立堆放,加盖苫布。

道路石油沥青在贮运、使用及存放过程中应有良好的防水措施,避免雨水或加热管道蒸汽进入沥青中。

2. 煤沥青

将高温煤焦油进行再蒸馏,蒸去水分和全部轻油及部分中油、重油和蒽油、萘油后所得的残渣即为煤沥青。

(1)煤沥青的原料——煤焦油

煤沥青的原料是煤焦油,它是生产焦炭和煤气的副产物。将烟煤在隔绝空气的条件下加热干馏,干馏中的挥发物气化流出,冷却后仍为气体者即为煤气;冷凝下来的液体除去氨及苯后,即为煤焦油。

(2)煤沥青技术性质的特点

煤沥青技术性质特点是:1)温度稳定性差;2)塑性较差;3)大气稳定性较差;4)与矿质材料的黏附性好;5)防腐力较强。

(3)石油沥青和煤沥青的比较——在技术性质上和外观上以及气味上存在着较大差异。主要差异见表8-2。

表8-2 石油沥青和煤沥青的主要差异

	项目	石油沥青	煤沥青
技术性质	密度	近于1.0	1.25~1.28
	塑性	较好	低温脆性较大
	温度稳定性	较好	较差
	大气稳定性	较好	较差
	抗腐蚀性	差	强
	与矿料颗粒表面的黏附性能	一般	较好
外观及气味	气味	加热后有松香味	加热后有臭味
	烟色	接近白色	呈黄色
	溶解	能全部溶解于汽油或煤油,溶液呈黑褐色	不能全部溶解,且溶液呈黄绿色
	外观	呈黑褐色	呈灰黑色,剖面看似有一层灰
	毒性	无毒	有刺激性的毒性

8.1.2 乳化沥青

乳化沥青是将沥青热融,经过机械的作用,使其以细小的微滴状态分散于含有乳化剂的水溶液之中,形成水包油状的沥青乳液。

1. 乳化沥青的组成材料

乳化沥青主要由沥青、水、乳化剂、稳定剂等材料组成。

2. 乳化沥青形成机理

乳化沥青是油—水分散体系。乳化沥青的结构是以沥青细微颗粒为固体核,乳化剂包覆沥青微粒表面形成吸附层(包覆膜),此膜具有一定的电荷,沥青微粒表面的膜层较紧密,向外则逐渐转为普通的分散介质;吸附层之外是带有相反电荷的扩散离子层水膜。由上可知,乳化沥青能够形成和稳定存在的原因主要如下:

(1)乳化剂在沥青-水系统界面上的吸附作用,降低了两相物质间的界面张力,这种作用可以抵制沥青微粒的合并。

(2)沥青微粒表面均带有相同电荷,使微粒间相互排斥不靠拢,达到分散颗粒的目的。

(3)微粒外水膜的形成,可以机械地阻碍颗粒的聚集。

3. 乳化沥青的分解破乳

所谓分解破乳就是指沥青乳液的性质发生变化,沥青与乳液中的水相分离,使许多微小的沥青颗粒互相聚结,成为连续整体薄膜。

沥青乳液分解破乳所需要的时间,即为沥青乳液的分解破乳速度。影响分解破乳速度的因素有以下几个。

(1)离子电荷的吸引作用;

(2)集料的孔隙度、粗糙度与干湿度的影响;

(3)施工时气候条件的影响;

(4)机械冲击与压力作用的影响;

(5)集料颗粒级配的影响;

(6)乳化剂种类与用量的影响。

4. 乳化沥青的技术要求

道路用乳化沥青的技术要求,应满足《公路沥青路面施工技术规范》(JTG F40—2004)要求。在高温条件下宜采用黏度较大的乳化沥青,寒冷条件下宜采用黏度较小的乳化沥青。

5. 乳化沥青的优缺点

(1)乳化沥青的优点

1)节约能源;2)节省资源;3)提高工程质量;4)延长施工时间;5)改善施工条件,减少环境污染;6)提高工作效率。

(2)乳化沥青的缺点

1)储存期较短。2)乳化沥青修筑道路的成型期较长,最初要控制车辆的行驶速度。

6. 乳化沥青的应用

乳化沥青的品种与适用范围见表8-3。

表 8-3　乳化沥青的品种与适用范围

分　类	品种及代号	适　用　范　围
阳离子乳化沥青	PC-1	表处、贯入式路面及下封层
	PC-2	透层油及基层养生
	PC-3	粘层油
	BC-1	稀浆封层或冷拌沥青混合料
阴离子乳化沥青	PA-1	表处、贯入式路面及下封层
	PA-2	透层油及基层养生
	PA-3	粘层油
	BA-1	稀浆封层或冷拌沥青混合料
非离子乳化沥青	PN-2	透层油
	BN-1	与水泥稳定集料同时使用（基层路拌或再生）

8.1.3　改性沥青

改性沥青是指掺加橡胶、树脂、高分子聚合物、磨细的橡胶粉或其他填料等外掺剂，或采用对沥青轻度氧化等措施，使性能得到改善后的沥青。

改性沥青的改性剂种类繁多，主要有：高聚物类改性剂、微填料类改性剂、纤维类改性剂、硫磷类改性剂等。

1. 改性沥青的分类及特性

目前道路改性沥青一般是指聚合物改性沥青，改性沥青按改性剂不同可分为以下种类：

（1）热塑橡胶类改性沥青

目前使用最多的为 SBS 改性沥青，此类改性沥青最大的特点是高温稳定性和低温抗裂性好，且具有良好的弹性恢复性能和抗老化性能。

（2）橡胶类改性沥青

橡胶类改性沥青也称为橡胶沥青，其使用最多的是丁苯橡胶（SBR）和氯丁橡胶（CR）。SBR 改性沥青最大的特点是低温稳定性较好，但老化试验后的延度严重降低，主要适宜于寒冷地区。

（3）热塑性树脂类改性沥青

常用的热塑性树脂类改性沥青有聚乙烯（PE）、乙烯-乙酸乙烯共聚物（EVA）、聚丙烯、聚氯乙烯以及聚苯乙烯。

（4）其他改性沥青

1）掺天然沥青的改性沥青。将一定的特立尼达湖沥青（TLA）掺入沥青中能提高沥青的高温稳定性、低温抗裂性及耐久性。掺加页岩的沥青耐久性好，具有抗剥离、耐老化、高温抗车辙等特点。

2）碳黑改性沥青。在改性好的 SBS 改性沥青中加入碳黑，可使改性沥青的黏度增大，回弹性能提高。

3）多价金属皂化物改性沥青。将由一元酸与多价金属所形成的金属皂溶解在沥青中形成改性沥青,可使沥青的塑性增加、脆点降低,明显提高沥青与集料的黏附性,增加混合料的强度,提高沥青路面的柔性和疲劳强度。

4)玻纤格栅。将一种自粘接型的玻璃纤维格栅,用专用机械铺于沥青混合料中,可以提高沥青的耐热性、粘接性、高温抗车辙、低温抗裂性,同时还可防止路面的反射裂缝。

2. 改性剂的选择

改性剂的选用应根据工程所在地的地理位置、气候条件、道路等级、路面结构等综合比较考虑。我国使用的聚合物改性剂主要是热塑性橡胶类(如 SBS)、橡胶类(如 SBR)、热塑性树脂类(如 EVA 及 PE)。

(1)根据不同气候条件选择改性剂

1)Ⅰ类 SBS 类热塑性橡胶类聚合物改性沥青。Ⅰ—A 型、Ⅰ—B 型适用于寒冷地区,Ⅰ—C 型适用于较热地区,Ⅰ—D 型适用于炎热地区及重交通量路段。

2)Ⅱ类 SBR 橡胶类聚合物改性沥青。Ⅱ—A 型适用以寒冷地区,Ⅱ—B 型、Ⅱ—C 型适用于较热地区。

3)Ⅲ类热塑性树脂类聚合物改性沥青,适用于较热和炎热地区。通常要求软化点温度比最高月使用温度的最大日空气温度要高 20℃ 左右。

(2)根据沥青改性目的和要求选择改性剂

1)为提高抗永久变形能力,宜使用热塑性橡胶类、热塑性树脂类改性剂。

2)为提高抗低温开裂能力,宜使用热塑性橡胶类、橡胶类改性剂。

3)为提高抗疲劳开裂能力,宜使用热塑性橡胶类、橡胶类、热塑性树脂类改性剂。

4)为提高抗水损害能力,宜使用各类抗剥剂等外加剂。

3. 主要改性沥青

(1)SBS 改性沥青——SBS 改性沥青的主要特点是:

1)温度高于 160℃ 后,改性沥青的黏度与原沥青基本相近,可与普通沥青一样拌合使用;

2)温度低于 90℃ 后,改性沥青的黏度是原沥青的数倍,高温稳定性好,因而改性沥青混合料路面的抗车辙能力大大提高;

3)改性沥青的低温延度、脆点较原沥青均有明显改善,因而改性沥青混合料的低温抗裂能力及疲劳寿命均明显提高。

(2)PE 改性沥青

这类改性沥青的高温稳定性与矿料黏附性、感温性、抗老化性能都有不同程度的改善,不过常温(25℃)时的延性有所降低。

(3)SBR 改性沥青

总体来说,SBR 改性沥青的热稳定性、延性以及黏附性,均较原沥青有所改善,并且热老化性能也有所提高。

(4)EVA 改性沥青

EVA 改性沥青的热稳定性有所提高,但耐久性改变不大。

4. 改性沥青技术标准

目前道路改性沥青一般是指聚合物改性沥青,聚合物改性沥青的评价指标,除常规指标外,针对其不同特点,各自有几种重点评价指标。SBS改性沥青的高温和低温性能都好,且具有良好的弹性恢复性能,因此采用软化点、5℃低温延度、回弹率作为主要指标。SBR改性沥青的低温性能较好,所以以5℃低温延度及黏韧性作为主要评价指标。EVA及PE改性沥青高温性能改善明显,以软化点作为评价指标。

5. 改性沥青的应用

目前,改性沥青常用于排水及防水层;为防止反射裂缝,在老路面上做应力吸收膜中间层;用于加铺沥青面层以提高路面的耐久性;在老路面上或新建一般公路上做表面处治等。

8.2 典型题解

【例8-2-1】 试述石油沥青的三大组分及其特性。石油沥青组分与其性质有何关系?

【答】 石油沥青的三大组分及其特性如下:

(1)油分。油分为淡黄色至红褐色的油状液体,是沥青中分子量最小和密度最小的组分,密度介于 $0.7 \sim 1.0 g/cm^3$ 之间。在170℃较长时间加热,油分可以挥发。油分能溶于石油醚、二硫化碳、三氯甲烷、苯、四氧化碳和丙酮等有机溶剂中,但不溶于酒精。油分的多少决定了沥青的流动性。

(2)树脂(沥青脂胶)。沥青脂胶为黄色至黑褐色黏稠状物质(半固体),分子量比油分大(600~1000),密度为 $1.0 \sim 1.1 g/cm^3$。沥青脂胶中绝大部分属于中性树脂。中性树脂含量增加,石油沥青的延度和粘接力等品质愈好。

(3)地沥青质(沥青质)。地沥青质为深褐色至黑色固态无定形物质(固体粉末),分子量比树脂更大(1000以上),密度大于 $1g/cm^3$,不溶于酒精、正戊烷,但溶于三氯甲烷和二硫化碳,染色力强,对光的敏感性强,感光后就不能溶解。地沥青质是决定石油沥青温度敏感性、黏性的重要组成部分。

石油沥青的组分与其性质的关系为:油分赋予沥青以流动性。沥青脂胶使石油沥青具有良好的塑性和粘接性。地沥青质含量愈多,则软化点愈高,黏性愈大,即愈硬脆。

【例8-2-2】 石油沥青的主要技术性质是什么?各用什么指标表示?

【答】 石油沥青的主要技术性质有:

(1)黏滞性。石油沥青的黏滞性又称黏性。黏滞性应以绝对黏度表示,工程中常用相对黏度(条件黏度)来表示黏滞性,对使用黏稠(半固体或固体)的石油沥青用针入度表示,对液体石油沥青则用黏滞度表示。

(2)塑性。石油沥青的塑性用延度表示。延度愈大,塑性愈好。

(3)温度敏感性。温度敏感性是指石油沥青的黏滞性和塑性随温升降而变化的性能。

温度敏感性以软化点指标表示。由于沥青材料从固态至液态有一定的变态间隔,故规定以其中某一状态作为从固态转变到黏流态的起点,相应的温度则称为沥青的软化点。另外,沥青的脆点是反映温度敏感性的另一个指标,它是指沥青从高弹态转到玻璃态过程中的某一规定状态的相应温度,该指标主要反映沥青的低温变形能力。

(4)大气稳定性。石油沥青在热、阳光、氧气和潮湿等大气因素的长期综合作用下抵抗老化的性能,称为大气稳定性,也是沥青材料的耐久性。石油沥青的大气稳定性以加热蒸发损失百分率和加热前后针入度比来评定。

【例 8-2-3】 怎样划分石油沥青牌号？牌号大小与沥青技术性质之间的关系如何？

【答】 石油沥青按针入度指标来划分牌号,牌号数字约为针入度的平均值。常用的建筑石油沥青和道路石油沥青的牌号与主要性质之间的关系是:牌号愈高,其黏性愈小(针入度越大),塑性愈大(即延度越大),温度稳定性愈低(即软化点愈低)。

【评】 严格地讲,石油沥青的牌号是按沥青的针入度、延度和软化点指标来划分的。

【例 8-2-4】 石油沥青的老化与组分有何关系？沥青老化过程中性质发生哪些变化？沥青老化对工程有何影响？

【答】 在石油沥青的老化过程中,在温度、空气、阳光和水的综合作用下,沥青中各组分会发生不断递变,低分子化合物将逐步转变成高分子物质,即油分和树脂逐渐减少,而沥青质逐渐增多。

在石油沥青的老化过程中,随着时间的进展,由于树脂向地沥青质转变的速度更快,使低分子量组成减少,地沥青质微粒表面膜层减薄,沥青的流动性和塑性将逐渐减小,硬脆性逐渐增大,直至脆裂,致使沥青防水层开裂破坏,或造成路面使用品质下降,产生龟裂破坏,对工程产生不良影响。

【评】 沥青经若干年后,性质变得脆硬、易于开裂的现象称为"老化"。沥青抗老化能力称为大气稳定性。

【例 8-2-5】 试述采用矿物填充料对沥青进行改性的机理。

【答】 由于沥青对矿物填充料的润湿和吸附作用,沥青与矿粉发生交互作用,沥青在矿粉表面产生化学组分的重新排列,在矿粉表面形成一层扩散溶剂化膜,在此膜厚度以内的沥青称为"结构沥青"。如果矿粉颗粒之间接触处是由结构沥青膜所联结,这样促成沥青具有更高的黏度和更大的扩散溶化膜的接触面积,因而使沥青可以获得更大的黏聚力。

8.3 习 题

8.3.1 名词解释

1—1 沥青的塑性   1—2 温度敏感性   1—3 黏滞性
1—4 大气稳定性   1—5 溶解度   1—6 闪点
1—7 燃点   1—8 油纸和油毡   1—9 沥青玻璃布油毡
1—10 沥青再生胶油毡   1—11 冷底子油   1—12 沥青胶
1—13 柔韧性   1—14 沥青嵌缝材料   1—15 乳化沥青
1—16 乳化沥青的分解破乳   1—17 耐热性   1—18 改性沥青

8.3.2 判断题

2—1 （ ）石油沥青的组分是油分、树脂和地沥青质,它们都是随时间的延长而逐渐减少。

2—2 （　）石油沥青的黏滞性用针入度表示,针入度值的单位是"mm"。
2—3 （　）当温度在一定范围内变化时,石油沥青的黏性和塑性变化较小时,则温度敏感性较大。
2—4 （　）石油沥青的牌号越高,其温度敏感性越大。
2—5 （　）石油沥青的软化点越低,其温度敏感性越小。
2—6 （　）煤沥青的温度敏感性比石油沥青的大。
2—7 （　）为了提高沥青的粘接能力和增加温度敏感性,常加入一定数量矿物填料。
2—8 （　）石油沥青中的有害成分包括蜡、沥青和树脂。
2—9 （　）在石油沥青中当油分含量减少时,则黏滞性增大。
2—10 （　）针入度反映了石油沥青抵抗剪切变形有能力,针入度值愈小,表明沥青黏度越小。
2—11 （　）地沥青质是决定石油沥青温度敏感性和黏性的重要组分,其含量愈多,则软化点愈高,黏性愈小,也愈硬脆。
2—12 （　）在石油沥青中,树脂使沥青具有良好的塑性和粘接性。
2—13 （　）软化点小的沥青,其抗老化能力较好。
2—14 （　）当温度的变化对石油沥青的黏性和塑性影响不大时,则认为沥青的温度稳定性好。
2—15 （　）将石油沥青加热到160℃,经5h后,质量损失较小,针入度比也小,则表明该沥青老化较慢。

8.3.3 填空题

3—1 石油沥青的牌号越高,其黏性＿＿＿＿；塑性＿＿＿＿；温度敏感性＿＿＿＿。

3—2 石油沥青的温度敏感性是沥青的＿＿＿＿和＿＿＿＿随温度的变化而改变的性能。当温度升高时,沥青的＿＿＿＿增大,＿＿＿＿减少。

3—3 沥青胶是由＿＿＿＿与＿＿＿＿或＿＿＿＿的矿物填料均匀混合而成。

3—4 煤沥青与石油沥青相比较,煤沥青的塑性＿＿＿＿,温度敏感性＿＿＿＿,大气稳定性＿＿＿＿,防腐能力＿＿＿＿,与矿物表面的＿＿＿＿较好。

3—5 石油沥青的三大技术指标是＿＿＿＿、＿＿＿＿和＿＿＿＿,它们分别表示沥青的＿＿＿＿、＿＿＿＿和＿＿＿＿,石油沥青的牌号是以其中的＿＿＿＿指标来划分的。

3—6 评定石油沥青黏滞性的指标是＿＿＿＿；评定石油沥青塑性的指标是＿＿＿＿；评定石油沥青温度敏感性的指标是＿＿＿＿。

3—7 沥青胶的牌号是以＿＿＿＿来划分的,沥青胶中矿粉的掺量愈多,则其＿＿＿＿愈高,＿＿＿＿愈大,但＿＿＿＿降低。

8.3.4 单项选择题

4—1 石油沥青的牌号是由三个指标组成的,在下列指标中的( )指标与划分牌号无关?
A. 针入度　　　　　　　　　　B. 延度
C. 塑性　　　　　　　　　　　D. 软化点

4—2 以下关于沥青的说法,何者是错误的?( )
A. 沥青的牌号越大,则其针入度值越大
B. 沥青的针入度值越大,则其黏性越大
C. 沥青的延度越大,则其塑性越大
D. 沥青的软化点越低,则其温度稳定性越差

4—3 石油沥青的主要技术性质包括以下哪些?( )
Ⅰ. 稠度　　Ⅱ. 塑性　　Ⅲ. 闪点　　Ⅳ. 大气稳定　　Ⅴ. 温度稳定性
A. Ⅰ、Ⅱ、Ⅲ　　　　　　　　B. Ⅳ、Ⅴ
C. Ⅰ、Ⅱ、Ⅲ、Ⅴ　　　　　　D. Ⅰ、Ⅱ、Ⅳ、Ⅴ

4—4 沥青的软化点表示沥青的何种性质?( )
A. 黏性　　　　　　　　　　　B. 塑性
C. 温度敏感性　　　　　　　　D. 大气稳定性

4—5 以下有关石油沥青改性的叙述,哪一项不正确?( )
A. 常用橡胶、树脂和矿物填料等来改善石油沥青的某些性质
B. 橡胶是沥青的重要改性材料,它和沥青有较好的混溶性,并能使沥青具有橡胶的很多优点,如高温变形性小、低温柔性好等。橡胶在 −30℃ ~120℃ 范围内具有极为优越的弹性
C. 在沥青中掺入矿物填料能改善沥青的粘接能力和耐热性,减小沥青的温度敏感度
D. 用某些树脂(如古马隆树脂、聚乙烯等)可以改进沥青的耐寒性、耐热性、粘接性和不透气性

4—6 有关黏稠石油沥青三大指标的内容中,以下哪一项是错误的?( )
A. 石油沥青的黏滞性(黏性)可用针入度(1/10mm)表示,针入度属相对黏度(即条件黏度),它反映沥青抵抗剪切变形的能力
B. 延度(伸长度,cm)表示沥青的塑性
C. 软化点(%)表示沥青的温度敏感性
D. 软化点高,表示沥青的耐热性好、温度敏感性小(温度稳定性好)

4—7 沥青是一种有机胶凝材料,以下哪个性能是不属于它的?( )
A. 粘接性　　　　　　　　　　B. 塑性
C. 憎水性　　　　　　　　　　D. 导电性

4—8 用有机溶剂和沥青融合,可制成一种沥青涂料,称为冷底子油。冷底子油应涂抹刷在干燥的基层上,通常要求水泥砂浆找平层的含水率应不大于多少?( )
A. 5%　　　　　　　　　　　　B. 8%
C. 10%　　　　　　　　　　　D. 15%

4—9 沥青胶的技术性能包括三方面的指标,下列何者除外?（　　）
A. 气密性　　　　　　　　　　B. 柔韧性
C. 耐热度　　　　　　　　　　D. 粘接力

4—10 用于屋面及底下防水作用的沥青团化点应选用比本地区屋面可达到的最高温度（或防水层周围介质可能达到的最高温度）高多少度?（　　）
A. 20℃　　　　　　　　　　　B. 20℃~25℃
C. 25℃~40℃　　　　　　　　D. 40℃

4—11 石油沥青中加入再生的废橡胶粉,并与沥青进行混炼,主要是为了提高沥青的何种性能?（　　）
A. 沥青的黏性　　　　　　　　B. 沥青的抗拉强度
C. 沥青的耐热性　　　　　　　D. 沥青的低温柔韧性

4—12 下列有关石油沥青胶（玛琋脂）的内容中,哪一项不正确?（　　）
A. S-70 牌号石油沥青胶适用的屋面坡度是 1%~3%
B. 北方地区,屋面坡度为 2% 的卷材屋面,应选用的石油沥青胶牌号为 S-60
C. 沥青胶是在沥青中掺入适量粉状或纤维状填充材料拌制而成
D. 沥青胶主要用于粘贴沥青类防水卷材,嵌缝补漏及作为防水涂层等。粘贴石油沥青毡不能用煤沥青胶

4—13 在铺设屋面油毡防水层之前,在基层上涂刷冷底子油。关于冷底子油的作用,下列何者是正确的?（　　）
A. 封闭基层的气孔　　　　　　B. 加强油毡防水层和基层的粘接力
C. 防止水进入基层　　　　　　D. 防止水进入防水层

4—14 改性沥青油毡是用多种高分子材料分别以沥青和纸胎进行改性,沥青油毡的哪些性能改变了?（　　）
Ⅰ. 断裂延伸率高　　　　　　　Ⅱ. 低温柔韧性好
Ⅲ. 有较好的耐高温性　　　　　Ⅳ. 改善了纸胎的粘贴力
A. Ⅱ、Ⅲ　　　　　　　　　　 B. Ⅰ、Ⅱ、Ⅲ
C. Ⅱ、Ⅲ、Ⅳ　　　　　　　　 D. Ⅰ、Ⅱ、Ⅲ、Ⅳ

4—15 沥青胶（玛琋脂）的牌号是依据什么来划分的?（　　）
A. 耐热度　　　　　　　　　　B. 延度
C. 针入度　　　　　　　　　　D. 软化点

4—16 建筑石油沥青的牌号越大,则其（　　）。
A. 黏性越大　　　　　　　　　B. 塑性越小
C. 软化点越高　　　　　　　　D. 使用年限越长

4—17 黏稠沥青的黏性用针入度值表示,当针入度值愈大时,（　　）。
A. 黏性愈小;塑性愈大;牌号增大
B. 黏性愈大;塑性愈差;牌号减小
C. 黏性不变;塑性不变;牌号不变
D. 无法确定

4—18 石油沥青的塑性用延度的大小来表示,当沥青的延度值愈小时,(　　)。
A. 塑性愈大　　　　　　　　B. 塑性愈差
C. 塑性不变　　　　　　　　D. 无法确定

4—19 石油沥青的温度稳定性可用软化点表示,当沥青的软化点愈高时,(　　)。
A. 温度稳定性愈好　　　　　B. 温度稳定性愈差
C. 温度稳定性不变　　　　　D. 无法确定

4—20 石油沥青随牌号的增大,(　　)。
A. 其针入度由大变小　　　　B. 其延度由小变大
C. 其软化点由低变高　　　　D. 无法确定

4—21 油分、树脂及地沥青质是石油沥青的三大组分,这三种组分长期在空气(　　)。
A. 固定不变　　　　　　　　B. 慢慢挥发
C. 逐渐递变　　　　　　　　D. 与日俱增

4—22 在进行沥青试验时,要特别注意(　　)。
A. 室内温度　　　　　　　　B. 试件所在水中的温度
C. 养护温度　　　　　　　　D. 试件所在容器中的温度

4—23 沥青的牌号是依据(　　)来确定的。
A. 软化点　　　　　　　　　B. 强度
C. 针入度　　　　　　　　　D. 耐热度

4—24 对高温地区及受日晒部位的屋面防水工程所使用的沥青胶,在配制时宜选用哪种(　　)。
A. A-60 甲　　　　　　　　 B. A-100 乙
C. 软煤沥青　　　　　　　　D. 10 号石油沥青

4—25 不同性质的矿粉与沥青吸附力是不同的,(　　)易与石油沥青产生较强黏附力。
A. 石灰石粉　　　　　　　　B. 石英砂粉
C. 花岗岩粉　　　　　　　　D. 石棉粉

8.3.5 多项选择题

5—1 煤沥青的主要组分有(　　)。
A. 油分　　B. 沥青质　　C. 树脂　　D. 游离碳　　E. 石蜡

5—2 沥青中的矿物填充料有(　　)。
A. 石灰石粉　　B. 滑石粉　　C. 石英粉　　D. 云母粉　　E. 石棉粉

5—3 沥青胶根据使用条件应有良好的(　　)。
A. 耐热性　　B. 粘接性　　C. 大气稳定性　　D. 温度敏感性　　E. 柔韧性

8.3.6 问答题

6—1 石油沥青的主要技术性质是什么?各用何指标表示?这些性质的影响因素有哪些?

6—2 怎样划分石油沥青的牌号?牌号大小与沥青主要技术性质之间的关系怎样?

6—3 石油沥青的老化与组分有何关系？沥青老化过程中性质发生哪些变化？沥青老化对工程有何影响？

6—4 在建筑屋面防水过程中，选用石油沥青的原则是什么？建筑屋面多层防水措施时，能用煤沥青粘贴石油沥青油毡吗？为什么？

6—5 与石油沥青相比，煤沥青在外观、性质和应用方面何不同？某工地运来两种外观相似的沥青，已知其中有一种是煤沥青，为了不造成错用，请用两种以上的方法进行鉴别。

6—6 沥青胶是如何配制的？试述其特性及用途。

6—7 对石油沥青进行改性的意义和目的是什么？

6—8 主要有哪两类石油沥青改性剂？它们改善了沥青的哪些性能？

6—9 为什么煤沥青在建筑工程中很少使用？

6—10 石油沥青的组分比例改变对沥青的性质有何影响？

8.3.7 计算题

7—1 某建筑工程屋面防水，需用软化点为75℃的石油沥青，但工地仅有软化点为95℃和25℃的两种沥青，问应如何掺配？

7—2 某工地需用软化点为85℃石油沥青5t，现有10号石油沥青3.5t，30号石油沥青1t和60号石油沥青3t，试通过计算确定3种牌号沥青各需用多少t？

8.4 习题解答

8.4.1 名词解释解答

1—1 【答】 石油沥青在外力作用时产生变形而不破坏，除去外力后仍保持变形后的形状的性质。用延度表示。

1—2 【答】 是反映沥青性质（黏性、塑性等）随温度变化而变化的一种性能。

1—3 【答】 反映沥青材料内部阻碍其相对流动的一种特性。工程上常用针入度来表示其相对黏度。

1—4 【答】 石油沥青在热、阳光、氧气和潮湿等因素的长期作用下抵抗老化的性能。

1—5 【答】 石油沥青在四氯化碳、三氯乙烯或苯中溶解的百分率，以表示石油沥青中有效物质的含量，即纯净程度。

1—6 【答】 也叫闪火点。指加热沥青至挥发出的可燃气体和空气的混合物，在规定条件下与火焰接触，初次闪火时的温度。

1—7 【答】 也叫着火点。指加热沥青至挥发出的可燃气体和空气的混合物，与火焰接触能持续燃烧5s以上时沥青的温度。

1—8 【答】 用低软化点沥青浸渍原纸而成的制品叫油纸；用高软化点沥青涂敷油纸的两面，再撒一层滑石粉或云母片而成的制品叫油毡。

1—9 【答】 用石油沥青浸涂玻璃纤维织布的两面，并撒以粉状撒布材料所制成的一种无机纤维为基料的沥青防水卷材称沥青玻璃布油毡。

1—10 【答】 将废橡胶粉掺入石油沥青中,经过高温脱硫为再生胶,再掺入填料经炼胶机混炼,然后经压延而成的防水卷材称为再生胶油毡。

1—11 【答】 用汽油、煤油、柴油、工业苯等有机溶剂与沥青溶合制得的沥青溶液,在常温下用于防水工程的底部,故称冷底子油。

1—12 【答】 由沥青和适量粉状或纤维状矿质填充料均匀混合而成的胶黏剂称为沥青胶,俗称玛琋脂。

1—13 【答】 柔韧性表示沥青胶在一定温度下的抵抗变形断裂的性能。

1—14 【答】 以石油沥青为基料,加入改性材料、稀释剂和填充料混合制成的冷用膏状材料称为沥青嵌缝材料,简称油膏。

1—15 【答】 乳化沥青是将沥青热融,经过机械的作用,使其以细小的微滴状态分散于含有乳化剂的水溶液之中,形成水包油状的沥青乳液。

1—16 【答】 所谓分解破乳就是指沥青乳液的性质发生变化,沥青与乳液中的水相分离,使许多微小的沥青颗粒互相聚结,成为连续整体薄膜。

1—17 【答】 耐热性表示沥青胶在一定时间、温度上不软化流淌的性质,以耐热度表示。

1—18 【答】 改性沥青是指掺加橡胶、树脂、高分子聚合物、磨细的橡胶粉或其他填料等外掺剂,或采用对沥青轻度氧化等措施,使性能得到改善后的沥青。

8.4.2 判断题解答

2—1 (√)	2—2 (×)	2—3 (×)	2—4 (×)	2—5 (×)
2—6 (×)	2—7 (×)	2—8 (√)	2—9 (√)	2—10 (×)
2—11 (√)	2—12 (√)	2—13 (×)	2—14 (√)	2—15 (×)

8.4.3 填空题解答

3—1 越小　　越好　　越大

3—2 黏滞性　　塑性　　塑性　　黏滞性

3—3 沥青　　适量粉状　　纤维状

3—4 差　　大　　差　　强　　黏附性

3—5 针入度　　延度　　软化点　　黏滞性　　塑性　　温度敏感性　　针入度

3—6 绝对黏度　　延度　　软化点

3—7 耐热度指标　　耐热性　　粘接能力　　温度敏感性

8.4.4 单项选择题解答

4—1 (C)	4—2 (B)	4—3 (D)	4—4 (C)	4—5 (B)
4—6 (C)	4—7 (D)	4—8 (C)	4—9 (A)	4—10 (B)
4—11 (D)	4—12 (A)	4—13 (B)	4—14 (B)	4—15 (A)
4—16 (D)	4—17 (A)	4—18 (B)	4—19 (A)	4—20 (B)

4—21（C） 4—22 （D） 4—23（C） 4—24（D） 4—25（A）

8.4.5 多项选择题解答

5—1 （A、C、D） 5—2 （A、B、E） 5—3 （A、B、E）

8.4.6 问答题解答

6—1 【答】 石油沥青的主要技术性质是：黏滞性、塑性、温度敏感性、大气稳定性。

黏滞性：用针入度或相对黏度表示。黏滞性的大小与组分及温度有关，若地沥青质含量较高，又有适量树脂，而油分含量较少时，则黏滞性较大；在一定温度范围内，当温度升高时，则黏滞性随之降低，反之则增大。

塑性：用延度表示。石油沥青中树脂含量较多，且其他组分含量又适当时，则塑性较大。影响沥青塑性的因素有温度和沥青膜层厚度，温度升高，则塑性增大，膜层愈厚则塑性愈高。

温度敏感性：用软化点表示。沥青的温度敏感性大，则其黏滞性和塑性随温度的变化幅度就大。

大气稳定性：用加热蒸发损失率和加热前后针入度比来确定。大气稳定性是指石油沥青在热、阳光、氧气和潮湿等因素的长期综合作用下，抵抗老化的性能，即沥青材料的耐久性。

6—2 【答】 石油沥青是按针入度指标划分牌号。同一品种石油沥青材料中，牌号越小，沥青越硬；牌号越大，沥青越软。同时随着牌号增大沥青的黏度减小（针入度增大），塑性增大（延度增大），温度敏感性增大（软化点降低）。

6—3 【答】 沥青老化是使沥青中各组分不断发生递变，低分子化合物逐渐转变为高分子化合物，即油分和树脂逐渐减少，而地沥青质逐渐增多。

故石油沥青随着时间的推移，流动性和塑性会逐渐减小，硬脆性会逐渐增大，至脆裂。

沥青老化是一个不可逆的过程，使沥青的使用性能改变，降低沥青的使用寿命。

6—4 【答】 在建筑屋面防水工程中，选用石油沥青的原则是其温度稳定性要好。一般是用建筑石油沥青和防水防潮石油沥青。

建筑屋面多层防水施工时，不能用煤沥青粘贴石油沥青油毡。因为煤沥青的温度敏感性较大，其组分中所含可溶性树脂多，由固态或黏稠态转变为黏流态（或液态）的温度间隔较窄，夏天易软化流淌，冬天易脆裂。而且煤沥青和石油沥青不是同一产源的油料。

6—5 【答】 煤沥青与石油沥青相比在外观上大体相同；在性能和应用方面，煤沥青的特点：(1)温度敏感性较大；(2)大气稳定性较差；(3)塑性较差；(4)与矿料表面黏附力较强；(5)防腐性好。

煤沥青与石油沥青的鉴别方法见表 8-2。

6—6 【答】 沥青胶又叫沥青玛琋脂，它是在熔化的沥青中加入粉状或纤维状的填充料经均匀混合而成。填充料粉状的如滑石粉、石灰石粉、白云石粉等，纤维状的如石棉屑、木纤维等，也可两者混用。一般矿粉越多，沥青胶的耐热性越好，粘接力越大，但柔韧性降低，施工流动性也变差。

石油沥青胶用于粘接和涂抹石油沥青油毡，煤沥青胶用于粘接和涂抹煤沥青油毡。

6—7 【答】 现代市政工程对石油沥青性能要求越来越高，无论是作为防水材料或防腐材料,还是路面胶结材料,都要求石油沥青必须具有更好的使用性能与耐久性。如用作屋面防水工程的沥青材料不仅要求有较好的耐高温性,还要求有更好的抗老化能力与抗低温脆断能力;用作路面胶结材料的沥青不仅要求有较好的抗高温能力,还应有较高的抗变形能力(黏滞性)、抗低温开裂能力、抗老化能力和较强的黏附性。

通常由石油加工厂生产的沥青并不能完全满足市政工程对沥青的性能要求,即良好的低温柔韧性,足够的高温稳定性,一定的抗老化能力,较强的黏附力,以及对构件变形有良好的适应性和耐疲劳性等。因此,只有对现有沥青的性能进行改性才能满足市政工程的技术要求,常用矿物填料和高分子合成材料对沥青进行改性。

6—8 【答】 石油沥青改性剂主要有两类:一类是高分子聚合物,主要品种有热塑性橡胶类聚合物、橡胶类聚合物和热塑性树脂类聚合物,加入这些物质后可以显著改善石油沥青的高温稳定性、低温抗裂性和抗疲劳性;另一类是各种辅助添加剂,如抗氧化剂、抗剥落剂以及各种矿物填料等,加入这些物质也可以明显改善沥青的某些物理力学性能。

6—9 【答】 由于煤沥青在技术性能上存在较多的缺点,而且成分不稳定,并有毒性,对人体和环境不利,已很少用于建筑、道路和防水工程中。

6—10 【答】 石油沥青的组分比例是不稳定的,在阳光、空气、水等外界因素作用下,各组分之间会不断演变,油分、树脂会不断减少,地沥青质不断增多,这一演变过程称为沥青的老化。沥青老化后,其流动性、塑性变差,脆性增大,从而变硬,易发生脆裂乃至松散,使沥青失去防水、防腐效能。

8.4.7 计算题解答

7—1 【解】 令 $T_2 = 95℃$, $T_1 = 25℃$, $T = 75℃$。

则:
$$Q_1 = \frac{T_2 - T}{T_2 - T_1} \times 100\% = \frac{95 - 75}{95 - 25} \times 100\% = 28.6\%$$
$$Q_2 = 100\% - Q_1 = 100\% - 28.6\% = 71.4\%$$

【答】 可用28.6%的25℃的沥青与71.4%的95℃的沥青掺配得到75℃的沥青。

7—2 【解】 查相关表格得知:

10 号石油沥青的软化点为:95℃

30 号石油沥青的软化点为:75℃

60 号石油沥青的软化点为:50℃

先用10号石油沥青3.5t和30号石油沥青1t掺配得到软化点为 T 的石油沥青 $3.5t + 1t = 4.5t$。

$$\frac{1}{3.5+1} = \frac{95-T}{95-75}$$

得 $T = 91℃$

再用60号石油沥青与其掺配,则需用60号石油沥青为:

$$\frac{91-85}{91-50} \times 5 = 0.73(t)$$

掺配得软化点为91℃得石油沥青需用：

$$\left(1-\frac{91-85}{91-50}\right)\times 5 = 4.27(t)$$

其中10号石油沥青为：

$$\frac{3.5}{3.5+1}\times 4.27 = 3.32(t)$$

30号石油沥青为：

$$\frac{1}{3.5+1}\times 4.27 = 0.95(t)$$

【答】 用10号石油沥青3.32t,30号石油沥青0.95t和60号石油沥青0.73t配制得到5t软化点为85℃得石油沥青。

第9章 沥青混合料

由于沥青混合料路面平整性好、行车平稳舒适、噪声小,沥青混合料是现代高速公路及城市道路的主要路面材料。

9.1 学习指导

9.1.1 概述

在我国在建或已建的90%以上的高速公路采用沥青材料作结合料粘接矿料成混合料修筑面层与各类基层和垫层所组成的路面结构,已成为高级路面结构的主要材料。

1. 定义

沥青混合料是将粗集料、细集料和填料经人工合理选择级配组成的矿质混合料与沥青拌合而成的混合料的总称,包括沥青混凝土混合料(以 AC 表示,采用圆孔筛时用 LH 表示)和沥青碎石混合料(以 AM 表示,采用圆孔筛时用 LS 表示)。

2. 沥青混合料的分类

(1)按沥青路面成型时的技术特性可将沥青混合料分类。沥青表面处治、沥青贯入式碎石和热拌沥青混合料。

(2)按结合料分类。分为石油沥青混合料和煤沥青混合料。

(3)按施工温度分类。按沥青混合料拌制和摊铺温度分为:热拌热铺沥青混合料、温拌温铺沥青混合料和冷拌冷铺沥青混合料。

(4)按矿质集料级配类型分类。分为连续级配沥青混合料和间断级配沥青混合料。

(5)按混合料密实度分类。分为密级配沥青混凝土混合料[它按其剩余空隙率又可分为:Ⅰ型沥青混凝土混合料(剩余空隙率3%~6%)和Ⅱ型沥青混凝土混合料(剩余空隙率4%~10%)]、开级配沥青混凝土混合料(剩余空隙率大于15%)及半开级配沥青混合料(剩余空隙率10%~15%)。

(6)按最大粒径分类。按沥青混凝土混合料的集料最大粒径可分为下列五类:粗粒式沥青混合料(集料最大粒径≥26.5mm)、中粒式沥青混合料(集料最大粒径为16mm或19mm)、细粒式沥青混合料(集料最大粒径为9.5mm或13.2mm)、砂粒式沥青混合料(集料最大粒径≤4.75mm)和特粗式沥青碎石混合料(集料最大粒径37.5mm以上)。

3. 沥青混合料的优缺点

(1)沥青混合料的优点。

沥青混合料具有优良的力学性能、良好的抗滑性、噪声小、施工方便、断交时间短、提供良好的行车条件、经济耐久、便于分期建设等优点。

(2)沥青混合料的缺点或不足。

沥青混合料的缺点或不足主要体现在老化现象和感温性大上。

9.1.2 沥青混合料的组成材料

1. 沥青

沥青材料是沥青混合料中的结合料,其品种和强度等级的选择随交通性质、沥青混合料的类型、施工条件以及当地气候条件而不同。

2. 粗集料

沥青混合料用的粗集料,可以采用碎石、破碎砾石和矿渣等。使用时要求洁净、干燥、无风化、不含杂质。其技术要求应满足《公路沥青路面施工技术规范》(JTG F40—2004)

3. 细集料

沥青混合料所需的细集料,可选用天然砂和轧制碎石时的石屑。砂质应坚硬、洁净、干燥,不含或少含杂质,无风化现象,并有适当级配。其主要技术要求应满足《公路沥青路面施工技术规范》(JTG F40—2004)的规定。

4. 填料

沥青混合料的填料宜采用石灰岩或岩浆岩中的强基性岩石,经磨细得到的矿粉。原石料中泥土含量应小于3%,并不得含有其他杂质。矿粉要求干燥、洁净,其质量应符合沥青混合料用矿粉质量技术要求的规定,当采用水泥、石灰、粉煤灰作填料时,其用量不宜超过矿料总量的2%。

9.1.3 沥青混合料的结构与强度理论

沥青混合料的强度理论目前主要是"表面理论"和"胶浆理论"。两种理论的主要差别在于:"表面理论"强调矿质集料的骨架作用,认为强度的关键首先是矿质集料的强度与密实度;"胶浆理论"则重视沥青胶浆在混合料中的作用,突出沥青与填料之间的交互作用和关系。

1. 沥青混合料的结构

沥青混合料有三种不同类型的结构:密实-悬浮结构、骨架-空隙结构和密实-骨架结构。

2. 沥青混合科的强度理论

沥青混合料强度的产生是矿质集料的骨架作用、沥青的胶结作用以及填料的填充和胶结作用的结果。沥青混合料的组成结构属于分散体系,主要考虑混合料在高温时必须具有一定的抗剪强度和抵抗变形的能力,称它们为高温时的强度和稳定性。沥青混合料的强度和稳定性主要取决于混合料中结构沥青的形成和质量。

高强度的沥青混合料的基本条件是:密实的矿物骨架,这可以通过适当地选择级配和使矿物颗粒最大限度地相互接近来取得;对所用的混合料、拌制和压实条件都适合的最佳沥青用量;能与沥青起化学吸附的活性矿料。

9.1.4 沥青混合料的技术性质和技术要求

1. 沥青混合料的技术性质

(1)高温稳定性

沥青混合料的高温稳定性是指混合料在高温情况下,承受外力不断作用,抵抗永久变形的能力。沥青混合料路面在长期的行车荷载作用下,会出现车辙现象。

对一级公路和高速公路根据《公路沥青路面设计规范》(JTG D50—2006)规定"对于高速公路、一级公路的表面层和中间层的沥青混凝土作配合比设计时,应进行车辙试验,以检验沥青混凝土的高温稳定性。"

(2)低温抗裂性

沥青混合料不仅应具备高温的稳定性,同时还要具有低温的抗裂性,以保证路面在冬季低温时不产生裂缝。

对沥青混合料低温抗裂性要求,许多研究者曾提出过不同的指标,目前所采用的方法是测定混合料在低温时的纯拉劲度和温度收缩系数,用上述两参数作为沥青混合料在低温时的特征参数,用温度应力与抗拉强度对比的方法来预估沥青混合料的断裂温度。

(3)耐久性

为保证路面具有较长的使用年限必须具备有较好的耐久性。常采用空隙率、饱和度和残留稳定度等指标来评价沥青混合料的耐久性。影响沥青混合料耐久性的因素有:沥青的化学性质、矿料的矿物成分、混合料的组成结构等。

(4)抗滑性

沥青混合料路面的抗滑性与矿质集料的微表面性质、混合料的级配组成以及沥青用量等因素有关。我国现行国标《沥青路面施工及验收规范》(GB 50092—1996)对抗滑层集料提出了磨光值、道路磨耗值和冲击值等三项新指标。

(5)水稳定性

沥青混合料的水稳定性是通过马歇尔试验和抗冻劈裂试验来检验的,要求两项指标同时符合沥青混合料水稳定性检验技术要求的规定。

(6)施工和易性

要保证室内配料在现场施工条件下顺利实现,沥青混合料除了应具备前述的技术要求外,还应具备适宜的施工和易性。影响沥青混合料施工和易性的因素很多,诸如当地气温、施工条件及混合料性质等。

2. 热拌沥青混合料的技术指标

我国的现行标准《沥青路面施工及验收规范》(GB 50092—1996)中对热拌沥青混合料马歇尔试验技术指标的要求,如表9-1 所示。

表9-1 热拌沥青混合料马歇尔试验技术指标

项 目		沥青混合料类型	高速公路、一级公路、城市快速路、主干路	其他等级公路及城市道路	行人道路
击实次数(次)		沥青混凝土 沥青碎石、抗滑表层	两面各75 >50	两面各50 两面各50	两面各35 两面各35
技术指标	1. 稳定度 MS/kN	Ⅰ型沥青混凝土 Ⅱ型沥青混凝土、抗滑表层	>8.0 >5.0	>50 >40	>3.0 —

技术指标	项 目	沥青混合料类型	高速公路、一级公路、城市快速路、主干路	其他等级公路及城市道路	行人道路
	2. 流值 FL(0.1mm)	Ⅰ型沥青混凝土 Ⅱ型沥青混凝土、抗滑表层	20～40 20～40	20～45 20～45	20～50 —
	3. 空隙率 VV(%)	Ⅰ型沥青混凝土 Ⅱ型沥青混凝土 Ⅲ型沥青混凝土、抗滑表层	3～6 4～10 >10	3～6 4～10 >10	2～5 — —
	4. 沥青饱和度 VFA(%)	Ⅰ型沥青混凝土 Ⅱ型沥青混凝土、抗滑表层	70～85 60～75	70～85 60～75	70～90 —
	5. 残留稳定度 MS_0(%)	Ⅰ型沥青混凝土 Ⅱ型沥青混凝土、抗滑表层	>75 >70	>75 >70	>75 —

注：1. 粗粒式沥青混凝土的稳定度可降低 1～1.5kN；
  2. Ⅰ型细粒式及砂粒式混凝土的空隙率可放宽至 2%～6%。

9.1.5 沥青混合料的配合比设计

沥青混合料配合比设计分三个阶段进行：目标配合比设计阶段、生产配合比设计阶段和生产配合比验证阶段。通过配合比设计决定沥青混合料的材料品种、矿料级配和沥青用量。

目标配合比设计包括两大部分：首先设计矿料的组成比例，即确定粗、细集料及矿粉的用量比例；然后设计矿料与沥青的用量比例，即确定沥青最佳用量。

1. 目标配合比设计阶段

（1）矿质混合料配合比设计方法

矿质混合料配合比设计方法很多，归纳起来主要有数解法和图解法两大类。

1）数解法。数解法是指用数学方法求解矿质混合料组成的方法，常用的有"试算法"。它是用于 3～4 种矿料的组成计算。其基本原理是：

设有几种矿质集料，欲将其配制成符合一定级配要求的矿质混合料。在决定各组成材料在混合料中所占的比例时，先假定混合料中某种粒径的颗粒，是由某一种对这一粒径占优势的集料所组成，其他各种集料不含这种粒径。用这种方法根据各个主要粒径去试探各种集料在混合料中的大致比例。如果比例不当，可加以调整，逐步渐近，最终可求得符合混合料级配要求的各种集料的配合比例。现将其具体设计计算方法介绍如下：

现有 A、B、C 三种矿质集料，欲配合成符合 M 级配的矿质混合料。

设：X、Y、Z 为 A、B、C 三种集料在矿质混合料中的比例，则有：

$$X + Y + Z = 100\%$$

又设：混合料 M 中某一级粒径要求的含量为 $M_{(i)}$，A、B、C 三种集料在此粒径上的含量分

别为 $M_{A(i)}$、$M_{B(i)}$ 和 $M_{C(i)}$,有

$$M_{A(i)} \cdot X + M_{B(i)} \cdot Y + M_{C(i)} \cdot Z = M_{(i)}$$

① 计算 A 料在矿质混合料中的用量。在计算 A 料在混合料中的用量时,根据基本原理的假定,按 A 料中含量较多的某一粒径计算,而忽略其他集料在此粒径的含量。

现按粒径尺寸为 $i(\mathrm{mm})$ 时进行计算,由基本原理可知,此时 $M_{B(i)}$ 和 $M_{C(i)}$ 均等于零,于是

$$M_{A(i)} \cdot X = M_{(i)}$$

所以

$$X = \frac{M_{(i)}}{M_{A(i)}}$$

② 计算 C 料在矿质混合料中的用量。同理,计算 C 料在混合料中的用量时,按 C 料占优势的某一粒径计算,而忽略其他集料在此粒径的含量。设按粒径尺寸 $j(\mathrm{mm})$ 计算,令 $M_{A(i)}$、$M_{B(i)}$ 均为零,则有

$$M_{C(i)} \cdot Z = M_{(i)}$$

所以

$$Z = \frac{M_{(j)}}{M_{C(j)}}$$

③ 计算 B 料在矿质混合料中的用量。由于 X 和 Z 均已求出,则 Y 值也已确定:

$$Y = 100\% - (X + Z)$$

2)图解法。常用的"修正平衡面积法"(以下简称图解法)来确定矿质混合料组成。具体计算步骤如下:
① 绘制级配曲线坐标图。
② 确定各种集料用量。
③ 校核。按图解所得的各种集料用量,校核计算所得合成级配是否符合要求。
(2)确定沥青最佳用量
沥青混合料的最佳沥青用量可以通过马歇尔试验法确定。
1)制备试件。
① 按确定的矿质混合料配合比,计算各种矿质材料的用量。
② 按有关推荐的沥青用量范围及实践经验,估计适宜的沥青用量或油石比。
③ 以估计沥青用量为中值,按 0.5% 间隔变化,取 5 个不同的沥青用量,用小型拌和机与矿料拌和,按有关规定的击实次数成型马歇尔试件。试件直径为 101.6mm、高为 63.5mm 的圆柱体试件。
2)测定物理力学指标。
为确定沥青混合料的沥青最佳用量,需要测定沥青混合料的马歇尔稳定度、流值、密度、空隙率、沥青饱和度等物理力学指标。
3)马歇尔试验结果分析。

① 绘制沥青用量与物理-力学指标关系图;
② 确定最佳沥青用量的初始值1;
③ 确定最佳沥青用量的初始值2;
④ 根据最佳沥青用量的初始值1和初始值2综合确定最佳沥青用量,并检查其是否符合热拌沥青混合料马歇尔试验技术标准,当不符合时,应调整级配,重新进行配合比设计,直至各项指标均能符合要求为止。
⑤ 根据气候条件和交通量特性调整最佳沥青用量。

4)水稳定性检验。

5)高温稳定性检验。

现行国家标准《沥青路面施工及验收规范》(GB 50092—1996)规定,用于上面层、中面层的沥青混凝土,在60℃、轮压0.7MPa条件下进行车辙试验的动稳定度,对高速公路、城市快速路应不小于800次/mm,对一级公路及城市主干路应不小于600次/mm。

2. 生产配合比设计阶段

以上决定的矿料级配及最佳沥青用量为目标配合比设计阶段,对间歇式拌和机,必须从二次筛分后进入各热料仓的材料取样进行筛分,以确定各热料仓的材料比例,供拌和机控制室使用。同时,反复调整冷料仓进料比例以达到供料均衡,并取目标配合比设计的最佳沥青用量及最佳沥青用量±0.3%的三个沥青用量进行马歇尔试验,确定生产配合比的最佳沥青用量。

9.2 典型题解

【例9-2-1】 何谓沥青混合料?试述沥青混合料的强度理论。

【答】 沥青混合料是将沥青、石子、砂和矿粉按照一定的比例拌和所组成的混合物。

有两种不同的沥青混合料强度理论:

表面理论认为,沥青混合料是由粗、细集料和矿粉,大小不同粒径组成密实矿质混合料的骨架,利用沥青胶结料的黏聚力,在加热状态下施工,使沥青包裹在矿料的表面,经过压实固结后,将松散的矿质颗粒胶结成具有一定强度的整体。

胶浆理论认为,沥青混合料是一种具有空间网络状结构的多级分散体系。它是以粗集料为分散相,沥青砂浆为分散介质的粗分散系;沥青砂浆又以细浆料为分散相,沥青胶结物为分散介质的细分散系;而沥青胶结物又以矿粉为分散相,沥青为分散介质的微分散系。

【评】 两种理论的主要区别是,表面理论重点突出矿质集料的骨架作用,产生强度的关键首先是矿质集料的强度和密实度;而胶浆理论则突出沥青胶结构在混合料中的作用,以及沥青与填充料之间的关系,这对沥青混合料的高温稳定性和低温抗裂性的影响尤为重要。

【例9-2-2】 简述沥青混凝土的技术性质。

【答】 沥青混凝土的技术性质主要有:

(1)高温稳定性

沥青混合料的高温稳定性是指在夏季高温条件下,沥青混合料承受多次重复荷载作用而不发生过大的累积塑性变形的能力。沥青混合料路面在车轮作用下受到垂直力和水平力的综合作用,能抵抗高温而不产生车辙和波浪等破坏现象的为高温稳定性符合要求。

(2)低温抗裂性

沥青混合料为弹性-黏性-塑性材料,其物理性质随温度而有很大变化。沥青混合料在低温下抵抗断裂破坏的能力,称为低温抗裂性能。

(3)耐久性

沥青混合料的耐久性是指其在修筑成路面后,在车辆荷载和大气因素(如阳光、空气和雨水等)的长期作用下,仍能基本保持原有性能的能力。

(4)抗滑性

沥青混凝土路面的抗滑能力与沥青混合料的粗糙度、级配组成、沥青用量和矿质集料的微表面性质等因素有关。面层集料应选用质地坚硬具有棱角的碎石,通常采用玄武岩。采取适当增大集料粒径,适当减少一些沥青用量及严格控制沥青的含蜡量等措施,均可提高路面的抗滑性。

(5)施工和易性

影响沥青混合料施工和易性的因素很多,如当地气温、施工条件以及混合料性质等。单纯从混合料材料性质而言,影响施工难易性的因素有混合料的级配、沥青用量的多少,矿粉用量等。

【评】 沥青混合料在路面中,承受汽车荷载的反复作用,同时还受到各种自然因素的影响,为保证安全、舒适、快速、耐久等要求,沥青混合料需满足一定的技术要求。

9.3 习　　题

9.3.1 名词解释

1—1 沥青混合料　　　　1—2 物理吸附　　　　1—3 化学吸附
1—4 选择性扩散吸附　　1—5 高温稳定性　　　1—6 残留稳定度

9.3.2 判断题

2—1 (　　)悬浮密实结构的沥青混合料表现为密实度和强度较高,稳定性较好。

2—2 (　　)我国现行规范是采用空隙率、饱和度和残留稳定度等指标来表征沥青混合料耐久性。

2—3 (　　)测定路面抗滑性的指标为路面摩擦系数、构造深度。

2—4 (　　)骨架-空隙结构具有以下特点:采用间断型密级配集料;较强的粘接力;较高的抗剪强度;密实度、强度、稳定性较好。

2—5 (　　)沥青用量多及沥青含石蜡量高对路面抗滑性有利。

2—6 (　　)沥青混合料的低温裂缝是由混合料的低温脆化、低温缩裂和温度疲劳引起产生的。

2—7 (　　)沥青混合料配合比设计分三个阶段进行:目标配合比设计阶段、生产配合比设计阶段和生产配合比验证阶段。

2—8　(　　)残留稳定度在很大程度上反映了混合料的耐久性。

2—9　(　　)饱和度过大,影响沥青混合料的黏聚性,降低沥青混凝土的耐久性;饱和度过小,抗滑性能明显变差,同时降低沥青混凝土的高温稳定性。

2—10　(　　)马歇尔模数是马歇尔稳定度试验中测得的稳定度与流值的比值,一般认为马歇尔模数与车辙深度有一定的相关性,马歇尔模数越大,车辙深度越小。

2—11　(　　)在马歇尔稳定度试验时,当试件达到最大荷载时,其压缩变形值,也就是此时流值表上的读数,即为流值。

2—12　(　　)随沥青用量增大时,沥青混合料黏聚力和内摩阻力也增大。

2—13　(　　)矿料的表面积越大,沥青混合料的黏聚力就越高。

2—14　(　　)当矿料颗粒处在结构沥青的联系中时,矿料和沥青间有较高的黏附性,沥青混合料将具有较高的黏聚力。

2—15　(　　)沥青混合料在其他条件相同的情况下,沥青混合料的黏聚力随沥青黏度的提高而增大,使其具有较高的抗剪强度。

9.3.3　填空题

3—1　根据沥青混合料压实后剩余空隙率的不同,沥青混合料可分为_____和_____两大类。

3—2　沥青混合料根据其矿料的级配类型,可分为_____和_____两大类。

3—3　沥青混合料的组成结构形态有_____结构、_____结构和_____结构。

3—4　沥青混合料的技术性能主要包括_____、_____、_____、_____、_____和_____等六方面。

3—5　沥青混合料配合比设计分三个阶段进行:_____阶段、_____阶段和_____阶段。

9.3.4　单项选择题

4—1　不同性质的矿粉与沥青的吸附力是不同的,(　　)易与石油沥青产生较强的吸附力。
A. 石灰石粉　　　　　　　　B. 石英砂粉
C. 花岗岩粉　　　　　　　　D. 石棉粉

4—2　沥青混合料路面的抗滑性与矿质混合料的表面性质有关,选用(　　)的石料与沥青有较好的黏附性。
A. 酸性　　　　　　　　　　B. 碱性
C. 中性　　　　　　　　　　D. 都不是

4—3　通常采用马歇尔稳定度和流值作为评价沥青混合料的(　　)主要技术指标。
A. 施工和易性　　　　　　　B. 高温稳定性
C. 低温抗裂性　　　　　　　D. 耐久性

4—4 沥青混合料的粗集料要求洁净、干燥、无风化、无杂质,并且具有足够的强度和( )。
A. 体积密度　　　　　　　　　　B. 表面粗糙
C. 耐磨性　　　　　　　　　　　D. 石料压碎指标

4—5 ( )是为高速公路、一级公路的表观抗滑需要而实验的指标。
A. 石料磨光值　　　　　　　　　B. 石料冲击值
C. 石料压碎值　　　　　　　　　D. 洛杉矶磨耗损失

9.3.5 多项选择题

5—1 连续级配的沥青混合料按其压实后的剩余空隙率,可分为( )级配沥青混合料。
A. 密实式　　　　　B. 半开式　　　　　C. 开式
D. 封闭式　　　　　E. 半密实式

5—2 热拌沥青混合料的技术性质有( )。
A. 施工和易性　　　B. 高温稳定性　　　C. 低温抗裂性
D. 耐久性　　　　　E. 抗滑性

5—3 沥青混合料耐久性常用( )评价。
A. 浸水马歇尔试验　　　　B. 真空饱和马歇尔试验　　　C. 强度的实验
D. 马歇尔稳定度试验　　　E. 马歇尔稳定度和流值试验

9.3.6 问答题

6—1 沥青混合料的组成结构有哪几种类型?它们各有何特点?
6—2 试述沥青混合料应具备的主要技术性能。
6—3 沥青混合料组成材料有哪些?
6—4 何谓沥青混合料?它是怎样分类的?沥青混合料路面具有哪些特点?
6—5 沥青混合料的强度是怎样形成的?影响沥青混合料强度的主要因素有哪些?
6—6 对矿粉性质有哪些要求?
6—7 沥青的性质和用量对沥青混合料的性质有何影响?为什么?
6—8 马歇尔试验要求测定哪些指标?这些指标表征沥青混合料的什么性质?
6—9 矿质混合料配合比设计常用哪些方法?数解法中的试算法的基本原理是什么?
6—10 怎样确定沥青混合料中的沥青最佳用量?

9.4 习 题 解 答

9.4.1 名词解释解答

1—1 【答】 沥青混合料是将粗集料、细集料和填料经人工合理选择级配组成的矿质混合料与沥青拌和而成的混合料的总称。

1—2 【答】 一切固态物质的相界面都具有吸引周围介质的分子或离子到其表面上来

的能力。固体与液体的相互作用,主要是由分子间的引力作用而产生的,故称为物理吸附。

1—3 【答】 化学吸附是指沥青材料中的活性物质(如沥青酸)与矿料中的金属(钙、镁、铁等)离子发生化学反应,在矿料表面形成单分子的化学吸附层

1—4 【答】 所谓选择性扩散吸附,是指一相物质由于扩散作用沿着毛细管渗透到另一相物质内部的吸附。

1—5 【答】 沥青混合料的高温稳定性是指混合料在高温情况下,承受外力不断作用,抵抗永久变形的能力。

1—6 【答】 沥青混合料的残留稳定度定义为浸水48h的和按常规处理的两种沥青混合料试件的马歇尔稳定度的比值。

9.4.2 判断题解答

2—1 (×)   2-2 (√)   2-3 (×)   2-4 (×)   2-5 (×)
2—6 (√)   2-7 (√)   2-8 (√)   2-9 (×)   2-10 (√)
2—11 (√)   2-12 (×)   2-13 (√)   2-14 (√)   2-15 (√)

9.4.3 填空题解答

3—1 <u>密实式沥青混凝土混合料</u>   <u>半密实式沥青混凝土混合料</u>

3—2 <u>连续级配沥青混合料</u>   <u>间断级配沥青混合料</u>

3—3 <u>密实-悬浮</u>   <u>骨架-空隙</u>   <u>密实-骨架</u>

3—4 <u>沥青混合料的施工和易性</u>   <u>沥青路面的水稳定性</u>   <u>沥青混合料的表面抗滑性</u>   <u>沥青混合料的耐久性</u>   <u>沥青混合料的低温抗裂性</u>   <u>沥青混合料的高温稳定性</u>

3—5 <u>目标配合比设计</u>   <u>生产配合比设计</u>   <u>生产配合比验证</u>

9.4.4 单项选择题解答

4—1 (A)   4-2 (B)   4-3 (B)   4-4 (C)   4-5 (D)

9.4.5 多项选择题解答

5—1 (A、E)   5-2 (A、B、C、D、E)   5-3 (A、B、D)

9.4.6 问答题解答

6—1 【答】 沥青混合料的组成结构有:

(1)密实-悬浮结构。当采用连续型密级配矿质混合料时,易形成此种结构。由于矿料颗粒由大到小连续存在,且各占一定比例,同一粒径的较大颗粒被次级较小颗粒拨开,犹如悬浮状态处于较小的颗粒中,这种结构通常按最佳级配原理设计,故密实度及强度较高。但因结构中粗颗粒含量较少,不能形成骨架,所以内摩阻力较小。混合料受沥青材料性质的影响较大,故稳定性较差。

(2)骨架-空隙结构。当采用连续型开级配矿质混合料时,粗集料较多,彼此紧密接触,石料能充分形成骨架;但细集料较少,不足以充分填充空隙,混合料的空隙率较大,因而成为一种

骨架-空隙结构。在此结构中,粗集料间的嵌挤力和内摩阻力起重要作用,混合料受沥青性质的影响较小,所以热稳定性较好。但沥青与矿料的粘结力小,故表现较低的黏聚力,耐久性差。

(3)密实-骨架结构。当采用间断型密级配设计原则时,易于形成此种结构。此时粗集料较多,可以形成骨架,同时又有一定数量的细集料足以填满空隙,再加入适量沥青即可组成既密实又有较大黏聚力的整体结构。具有密实-骨架结构的沥青混合料综合了以上两种结构的优点:密实度最大,同时具有较高的强度和稳定性较好,是一种理想的结构类型。

6—2 【答】 沥青混合料应具备的主要技术性能有高温稳定性、低温抗裂性、耐久性、抗滑性、水稳定性和施工和易性。

6—3 【答】 沥青混合料组成材料有沥青、粗集料、细集料和填料。

6—4 【答】 (1)沥青混合料是将粗集料、细集料和填料经人工合理选级配组成的矿质混合料与沥青拌和而成的混合料的总称。

(2)沥青混合料不同的标志有不同的分类方法:

1)按沥青路面成型时的技术特性可将沥青混合料分类。沥青表面处治、沥青贯入式碎石和热拌沥青混合料。

2)按结合料分类。分为石油沥青混合料和煤沥青混合料。

3)按施工温度分类。按沥青混合料拌制和摊铺温度分为:热拌热铺沥青混合料、温拌温铺沥青混合料和冷拌冷铺沥青混合料。

4)按矿质集料级配类型分类。分为连续级配沥青混合料和间断级配沥青混合料。

5)按混合料密实度分类。分为密级配沥青混凝土混合料[密级配沥青混凝土混合料按其剩余空隙率又可分为:Ⅰ型沥青混凝土混合料(剩余空隙率3%~6%)和Ⅱ型沥青混凝土混合料(剩余空隙率4%~10%)]、开级配沥青混凝土混合料(剩余空隙率大于15%)及半开级配沥青混合料[剩余空隙率10%~15%]。

6)按最大粒径分类。按沥青混凝土混合料的集料最大粒径可分为下列五类:粗粒式沥青混合料(集料最大粒径等于或大于26.5mm)、中粒式沥青混合料(集料最大粒径为16mm或19mm)、细粒式沥青混合料(集料最大粒径为9.5mm或13.2mm)、砂粒式沥青混合料(集料最大粒径等于或小于4.75mm)和特粗式沥青碎石混合料(集料最大粒径37.5mm以上)。

(3)沥青混合料路面具有以下特点:

1)沥青混合料的优点。沥青混合料具有优良的力学性能、良好的抗滑性、噪声小、施工方便、断交时间短、提供良好的行车条件、经济耐久、便于分期建设等优点。

2)沥青混合料的缺点或不足。沥青混合料的缺点或不足主要体现在老化现象和感温性大上。

6—5 【答】 沥青混合料的强度的产生和形成是矿质集料的骨架作用、沥青的胶结作用以及填料的填充和胶结作用的结果。

影响沥青混合料强度的主要因素有:沥青本身的性质、矿料(主要是填料)的组成和性质、沥青与矿料间的交互作用以及沥青与填料的用量等。

6—6 【答】 对矿粉性质应符合沥青混合料用矿粉质量技术要求的规定。

6—7 【答】 沥青材料是沥青混合料中的结合料,其品种和强度等级的选择随交通性质、沥青混合料的类型、施工条件以及当地气候条件而不同。通常气温较高、交通量大时,采用细粒式或微粒式混合料;当矿粉较粗时,宜选用稠度较高的沥青。寒冷地区应选用稠度较小、延度大的沥青。在其他条件相同时,稠度较高的沥青配制的沥青混合料具有较高的力学强度和稳定性。但稠度过高,混合料的低温变形能力较差,沥青路面容易产生裂缝。使用稠度较低的沥青配制的沥青混合料,虽然有较好的低温变形能力,但在夏季高温时往往因稳定性不足而导致路面产生推挤现象。

6—8 【答】 马歇尔试验指标包括稳定度、流值、空隙率、沥青饱和度及残留稳定度等。

这些指标表征沥青混合料的性质是:稳定度表征沥青混合料稳定性;流值表征沥青混合料塑性变形能力;空隙率表征沥青混合料密实程度;沥青饱和度表征沥青混凝土的耐久性和高温稳定性;残留稳定度表征沥青混合料耐水性。

6—9 【答】 矿质混合料配合比设计常用的方法有数解法和图解法两大类。

试算法是数解法中较简单的方法,其基本原理是:设有几种矿质集料,欲将其配制成符合一定级配要求的矿质混合料。在决定各组成材料在混合料中所占的比例时,先假定混合料中某种粒径的颗粒,是由某一种对这一粒径占优势的集料所组成,其他各种集料不含这种粒径。用这种方法根据各个主要粒径去试探各种集料在混合料中的大致比例。如果比例不当,可加以调整,逐步渐近,最终可求得符合混合料级配要求的各种集料的配合比例。

6—10 【答】 沥青混合料的最佳沥青用量可以通过马歇尔试验法确定。

第10章 市政给排水管道材料

市政给排水是公共道路、桥梁公共场所等设施处的给排水、供热、消防等工程。其采用的管道材料包括给水管道材料和排水管道材料。

10.1 学习指导

10.1.1 给水塑料管材及管件

塑料管道除了它特有的物理性能和优良的化学性能外，还具有良好的卫生性能。

1. 建筑热水输配管和供暖管

（1）交联聚乙烯铝塑复合管（PEX-Al-PEX）

铝塑复合管为五层复合结构（塑料·粘接剂·铝材·粘接剂·塑料）管，即内外层是聚乙烯塑料，中间层是铝材。

铝塑复合管的五层结构材料分别为：高密度聚乙烯或交联高密度聚乙烯，热熔胶粘接剂，铝材，热熔胶粘接剂，高密度聚乙烯或交联高密度聚乙烯。

1) 交联聚乙烯铝塑复合管的性能特点

交联聚乙烯铝塑复合管具有物理机械性能、耐腐蚀性能、耐候性能、卫生性能和安装性能。

2) 交联聚乙烯铝塑复合管的产品质量要求

交联聚乙烯铝塑复合管的质量要求可参照美国《交联聚乙烯/铝/交联聚乙烯（PEX-Al-PEX）压力管标准规范》（ASTM F1281—1997）进行控制。

3) 交联聚乙烯铝塑复合管的主要应用领域

交联聚乙烯铝塑复合管主要应用于热水输送系统、暖气输送系统、燃气输送系统、饮用给水系统、饮料和药液输送系统等领域。

（2）交联聚乙烯（PEX）管

交联聚乙烯管由于具有很好的卫生性能和综合物理力学性能，被视为新一代的绿色管材。

1) 交联聚乙烯管的性能特点

采取交联的方式对聚乙烯进行改性，可使聚乙烯的耐温性能得到较大的提高。交联可以通过辐射交联、过氧化物交联、硅烷交联等方法来实现。

① 硅烷交联技术的优点：

A. 设备投资少，生产效率高，成本低。

B. 工艺通用性强，适用于各种密度的聚乙烯，也适用于填料体系 PE。

C. 不受制品厚度的限制。

D. 过氧化物用量少,有利于工艺过程防止过早交联。

E. 耐老化性能好,使用寿命长。

② 交联后性能的变化:

硅烷交联聚乙烯是 PE 链上接枝硅烷长链后,经硅烷端基间的脱水缩合而形成立体交联的,交联后在以下几个方面的性能上发生了显著的变化。

A. 耐热性能提高。

B. 耐化学性优异。

C. 物理力学性能增强。由于分子链间架起了"链桥",使得交联材料硬度、刚度、耐磨性、耐蠕变性和尺寸稳定性都得到提高;当交联材料受到冲击时,交联部分因交联而强度提高,未交联部分也因存在较微振动以消除冲击能,使得材料冲击强度也得到提高。

D. 电绝缘性能突出。

交联聚乙烯管与其他管道的部分性能比较见表 10-1。

表 10-1 几种管材部分性能比较

类　　别	镀锌管	铜管	PVC-U 管	铝塑管	PEX 管	PP-R 管
使用寿命(a)	5~10	不明	5~10	50	50	50
耐温性	好	好	差	好	好	好
卫生性	差	差	差	好	好	好
结垢	有	有	无	无	无	无
耐腐蚀性	差	差	好	好	好	好
安装	难	难	一般	简易	简易	简易
价格	较低	很高	较低	高	一般	一般
可靠性	差	差	一般	一般	一般	好
节能、环保性	差	差	一般	好	好	好

2) 交联聚乙烯管的产品质量要求。硅烷交联聚乙烯管目前尚未出台国家标准,各地执行的都是企业标准。常用的硅烷交联聚乙烯管材规格尺寸及公差,物理性能要求等。

3) 交联聚乙烯管的主要应用领域。硅烷交联聚乙烯管主要应用于以下领域:①建筑用空调冷热水系统适用于各类公用建筑内的集中空调用冷、热水管,还包括太阳能热水输送管道。②建民间建筑供暖系统适用于北方地区民宅集中供暖系统中各类建筑物内的供热用热水管道,以及家用独立供暖系统用热水管道。③建地面采暖系统适用于家庭居室、卧室以及公用浴室、游泳池、幼儿园、托儿所、医院、养老院等采暖用,还适用于其他特殊需要地面采暖用管道,如机场跑道和城市干道及高速公路融雪管道。④建建筑用冷、热水供应系统适用于民用住宅及公寓、办公楼、宾馆医院等公用建筑物内的冷、热水管道系统。⑤建饮用水给输系统。⑥建家用热水器系统。⑦建食品工业、医药制药工程系统。⑧建制冷及水处理系统。⑨建其他工业用管。

(3) 无规共聚聚丙烯(PP-R)管

PP-R 管材和管件是采用无规共聚聚丙烯(简称 PP-R),也可称为三型聚丙烯为原料经挤出成型,被广泛地应用于冷热水给输工程。

1)冷热水用聚丙烯管材的性能特点

PP-B、PP-R管材除了具有一般塑料管质量轻、耐腐蚀、不结垢、使用寿命长等特点外,还具有:①卫生无毒;②耐热保温节能;③连接安装简单、可靠;④不锈蚀、耐磨损、不结垢;⑤防冻裂;⑥原料可回收,加工成本低;⑦管道布设明敷暗敷均可等特点。

2)冷热水用的聚丙烯塑料管材的产品质量要求

① 冷热水使用条件的分级。它是根据对实际应用状况的研究建立了应用条件的五个级别,其中有两个输送热水的级别(即级别1和级别2)和三个输送供暖用水的级别(即级别3、级别4和级别5)。

② 冷热水用聚丙烯塑料管材的设计应力。

③ 冷热水用聚丙烯塑料管材的管系列S值。按下式进行:

$$S_{\max} = \frac{\sigma_s}{P_D}$$

式中 $S_{\max}$——管系列最大值;
　　 P_D——设计压力,MPa。

④ 冷热水用聚丙烯管材壁厚的确定。可用下式计算管材公称壁厚值:

$$e_n = \frac{d_e}{2S+1} = \frac{d_e + P_D}{2\sigma_0 + P_D}$$

式中 e_n——公称壁厚,mm;
　　 d_e——管材公称外径,mm;
　　 S——管系列;
　　 σ_s——设计应力,MPa;
　　 P_D——设计压力,MPa;
　　 σ_0——经圆整后S值相对应的设计应力,MPa。

式中设计压力P_D用于常温冷水输送管道系统时,P_D等于公称压力P_N。

⑤ 冷热水用聚丙烯管材的壁厚公差。在我国,冷热水用聚丙烯管材的壁厚公差是按《冷热水用聚丙烯管道系统 第2部分:管材》(GB/T 18742.2—2002)标准来确定的。

⑥ 冷热水用聚丙烯管材的物理力学和化学性能。《冷热水用聚丙烯管道系统 第2部分:管材》(GB/T 18742.2—2002)标准规定的冷热水用聚丙烯管材的物理力学和化学性能。

3)冷热水用的聚丙烯塑料管材的应用领域。PP-R管道可用于以下领域:①公共及民用建筑,用于输送冷热水、采暖系统,特别是输送热水更具优势。②工业建筑和设施中,用于输送日常用水、油或腐蚀性液体。③用于海边海水设施中的给养管道。④用于食品工业、制药工业制剂的传输。⑤用于空调、太阳能、热水器系统。⑥用于运输工具的内部管道。⑦用于农业工程。

(4)聚丁烯(PB)管

聚丁烯(PB)既有聚乙烯的冲击韧性,又具有高于聚丙烯的耐应力开裂性和出色的耐蠕变性能,同时聚丁烯还带有橡胶的特性。其热变形温度较高,耐热性能好,脆化温度低

（-30℃），可在-30~100℃长期使用，具有可挠性。

1）建筑用PB管材的性能特点。建筑用PB管材具有如下特性：

① 管材无毒无害，卫生性能好。

② 耐腐蚀，不发生化学反应。不结垢，微生物不能渗透，贮水在较长时间内不变质。

③ 抗冻、耐热。在-20℃以内结冰时不会冻裂，90℃热水可长期使用。

④ 管材柔软性能好，弯曲半径仅为R12。

⑤ 质量轻，相当于镀锌管材质量的1/20。

⑥ 施工安装简单、省时省工。

2）建筑用PB管材的产品质量要求。管材内外表面外观光滑、干净、无划痕、无空洞以及无其他表面缺陷。外观可参照聚乙烯管确定。聚丁烯管材在70℃温度、1.0MPa压力下使用年限可达50年。

3）建筑用PB管材的应用领域。聚丁烯管材的应用如图10-1所示。

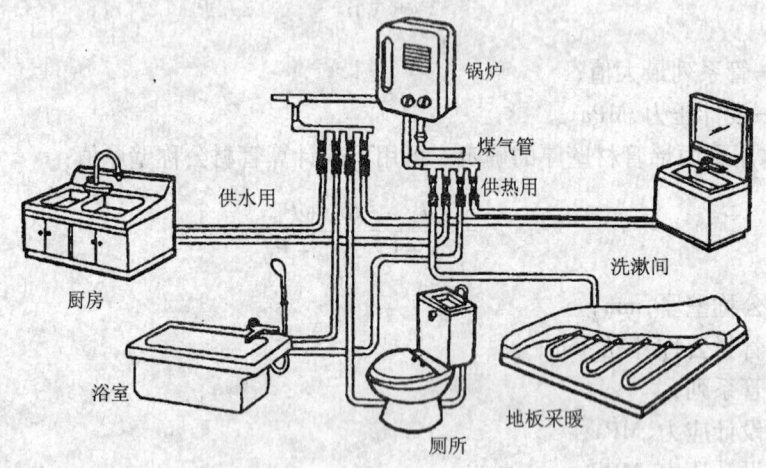

图10-1 聚丁烯管材应用示意图

注意事项：PB管与锅炉之间须保留2m以上连接间隔，以免因过热发生意外。

2. 建筑冷水输配管

(1) 嵌段共聚聚丙烯（PP-B）管

嵌段共聚聚丙烯（PP-B）管的性能特征与PP-R管的性能特征基本相似，但又各有其个性，在它的特性之间又存在着明显的差异。

1）PP-B和PP-R管的共同特性。

① PP-B和PP-R的基础材料都是丙烯，而且在共聚物中所占的比重都在90%以上。

② PP-B和PP-R都是为克服PP-H低温下易脆裂的弱点，通过加入乙烯进行共聚改性的。

③ PP-B和PP-R管在标准规范的温度、应力等使用条件下，都具有抗蠕变和长寿命这一突出特征。

④ PP-B和PP-R管都保留了PP-H的高强度、抗弯曲、耐疲劳、耐腐蚀、无毒卫生等优良性能。

2) PP-B 管和 PP-R 管的性能差别。

① PP-B 和 PP-R 的乙烯加入量不同,使两者的耐低温抗冲击和耐高温抗蠕变性能出现差异。PP-B 较 PP-R 更多地具备了乙烯的耐低温、抗冲击特性;而 PP-R 较 PP-B 更多地保留了 PP-H 耐高温、抗蠕变能力强的特点。

② "嵌段"和"无规"共聚物分子结构的不同,所表现的特性存在着差别。PP-B 具有很高的抗冲击强度,它的分子链是由"链段"式增大的。PP-R 在低温下的抗冲击性能远不如 PP-B,而在较高温度下的抗蠕变能力更接近于 PP-H 而优于 PP-B。

3) PP-B 与 PP-R 管在选择应用上的区别。在一般情况下,当使用温度在 60℃ 以下,设计工作压力在 0.6MPa 以下,PP-B 管材更具应用优势;而当使用温度在 60℃ 以上,设计工作压力在 0.6MPa 以上,PP-R 管材更具应用优势。

就我国的冷热水管道应用领域来看,热水输送、高温采暖领域宜选用 PP-R 管材;冷水输送、低温采暖领域宜选用 PP-B 管材。

(2) 高密度聚乙烯(HDPE)铝塑复合管

1) 高密度聚乙烯铝塑复合管的性能特点。HDPE 或 MDPE 铝塑复合管的基本特性也和交联聚乙烯铝塑复合管基本相同。其不同点有三:一是 HDPE 或 MDPE 铝塑复合管的长期使用温度较交联聚乙烯铝塑复合管低 30℃ ~ 40℃;二是 HDPE 铝塑复合管的耐燃性较交联聚乙烯铝塑复合管差;三是交联聚乙烯废品塑料不能回收再利用,而高密度聚乙烯(或 MDPE)废品塑料能回收再利用。

2) 高密度聚乙烯铝塑复合管的产品质量要求。HDPE 铝塑复合管中铝管成型的焊接是采用超声波振动焊接和钨极针惰性气体保护氩弧焊两种工艺,其中超声波焊适用于铝带厚度 0.8mm 以下的小口径铝塑复合管的生产,为搭接焊成型;而氩弧焊适用于对接焊工艺。

3) 高密度聚乙烯铝塑复合管的主要应用领域。高密度聚乙烯或中密度聚乙烯铝塑复合管主要应用于以下领域:①建材:自来水、饮用水及采暖供应系统用管,采暖包括地面辐射采暖;②煤气、天然气及管道石油气室内输送用管;③船用管材:水上运输工具内各种管路系统用管;④工具用管;⑤化工:各种酸、碱溶液的输送;⑥医药:各种气、液体输送;⑦石化:煤油、汽油等液体的输送;⑧食品工业:输送酒、饮料等;⑨空调系统用管。

值得注意的是,搭接式铝塑复合管不适合于安装明管,而适合于小管径管材用于弯曲较多的应用场合,如地面采暖等。

(3) 高密度聚乙烯(HDPE)管

高密度聚乙烯(HDPE)管材和管件,成为众多塑料管品种中经过应用淘汰后而保留下来的性能优异的塑料管道品种之一。

1) 高密度聚乙烯管的性能特点。高密度聚乙烯管具有如下性能特征:

① 良好的卫生性能,无毒无味。管道生产过程中不添加任何有毒助剂,管道内壁光滑,不结垢,不滋生细菌,摩擦损失小。

② 化学稳定性好,抗各种酸、碱、盐的腐蚀,且有很好的耐腐蚀性和抗老化性,因此 PE 管埋地铺设不需要防腐。

③ 抗冲击性能强,是 PVC-U 管的 5 倍。

④ 耐低温性能好,低温脆化温度可达 -70℃,使用温度不超过 45℃ 为好。

⑤ 保温性能好,导热系数 0.42W/(m·K),仅为镀锌钢管的 1/150。

⑥ 长久的使用寿命,在额定温度、压力下,管道可安全使用 50 年以上。

⑦ 质量轻,仅为镀锌钢管的 1/8,施工方便,安全省时。

⑧ 具有很高的断裂伸长率,一般在 450% 左右,适应复杂、活性频繁的地质结构埋设,管网铺设后管基发生不均匀沉降和错位,甚至发生地震时也不易损坏。

⑨ 具有独特的柔韧性,对管道基础的适应能力强,使其铺设时方便经济,不需开挖工作坑,沟底的平整度要求也不高,且使用年限长,故障率低,施工期短。

⑩ 可采用电或热熔连接,因管材与管件为同质材料,故保证了连接的安全可靠。连接方便简单,可降低施工费用(可省去机械费用)。

⑪ 弯曲半径可以小到管径的 20~25 倍,还具有优秀的耐刮伤能力,铺设时很容易移动、弯曲和穿插。

⑫ 生产废料可以回收再利用,成本较低,价格低于 PP-R 管。

2) 高密度聚乙烯管的产品质量要求。我国给水用聚乙烯管材的产品质量要求应满足国家标准《给水用聚乙烯(PE)管道系统第 2 部分:管件》(GB/T 13663.2—2005)的规定。

3) 高密度聚乙烯管的主要应用领域。高密度聚乙烯管材作为新型化学建材主要应用于市政供水、排水排污、建筑给水、排水、大型场馆、山庄等给排水领域,天然气、液化石油气、人工煤气的输送领域,最具特征的是不开挖地下铺设管网工程和穿越江、河、湖、海的沉管铺设工程。

(4) ABS 管

ABS 塑料管是以丙烯腈-丁二烯-苯乙烯共聚树脂(缩写为 ABS)为原料经挤出加工而制得。ABS 管具有优良的韧性、坚固性,并且具有耐腐蚀性,质量较轻,具有很高的溶剂粘接强度,耐热级的 ABS 牌号树脂还具有很高的耐热性能。

1) ABS 管材的性能特点

① ABS 管的优良物理性能。

② 耐多数化学品腐蚀。

③ 优良的抗老化性能。经 1000h 人工气候加速老化试验,拉伸强度、冲击强度、弯曲强度均无变化。

④ 优良的卫生性能。产品经浸泡试验水质达到对照水水质标准,A_{mes} 试验为阴性,急性径口毒性(LD50)测定属无毒物,小鼠骨髓微核试验为阴性,达到优质卫生产品标准。

⑤ 保温性能优异,使用温度范围广,寿命长。ABS 管的热传导系数小,为金属管的 1/200;在 -40~80℃ 温度范围内使用,保持品质不变,在室内可使用 50 年以上。

⑥ 质量轻,刚性好。ABS 管的密度只有钢管的 1/8,PVC 管的 5/6。刚性比 PVC、PP-R、PP-B 管好,仅次于铜管。

⑦ 内壁光滑、水流阻力小,不生管垢。

⑧ 连接方便、快捷。

2) ABS 管材的主要应用领域。ABS 管材可用于工业生产、建筑给水、食品化工、水处理、冷冻、空调、渔业养殖、温泉、水上运输工具用管等各类工程。

3. 埋地给水塑料管

埋地给水(有的称为室外供水)塑料管,我国优选推荐使用高密度聚乙烯(HDPE)管、硬聚氯乙烯(PVC-U)管和夹砂玻璃钢(RPMP)管。

(1)高密度聚乙烯(HDPE)管

近几年,我国市政给水工程用的聚乙烯管道均为 HDPE 材料制成,其管径一般都为较大口径管,外径在 110mm 以上,其性能特征与建筑给水管并无差别。

1)高密度聚乙烯(HDPE)管的产品质量要求。高密度聚乙烯(HDPE)管的产品质量要求,按现行国家标准《给水用聚乙烯(PE)管道系统 第 2 部分:管件》(GB/T 13663.2—2005)规定执行。

2)高密度聚乙烯(HDPE)管的主要应用领域。大口径高密度聚乙烯管主要应用于市政埋地给水工程。

(2)硬聚氯乙烯(PVC-U)管

硬聚氯乙烯(PVC-U)管与传统用管材相比,具有密度小、表面光滑、摩擦系数小、输水能力强、长期使用不结垢、耐化学腐蚀、具有较高的抗冲击性能和力学强度,且安装方便、成本低廉等特点,在管道系统中,具有很好的适应性。

由于 PE 可以通过挤出法较容易地实现大口径管材料的生产,PE 管的连接也可以通过热熔来实现,所以 PE 管有取代 PVC 管的发展趋势。

1)硬聚氯乙烯管的性能特点

① 热性能:PVC-U 管的使用温度不宜超过 45℃。在低温使用时,要避免 PVC-U 管受冲击、撞击。

② 耐化学腐蚀性能:PVC-U 管有良好的耐化学腐蚀性能,如耐酸、碱、盐雾等。但 PVC-U 管不耐酯和酮类以及含氯芳香族液体、含氯烷烃的腐蚀。

③ 力学性能:PVC-U 管具有较好的抗拉抗压强度,但其柔韧性不如其他塑料管,其强度不如钢管。因此,在要求耐冲击的环境中,一般采用改性耐冲击的 PVC-U 管。

④ 阻燃性:由于 PVC 本身难燃,硬管配方中的助剂也能起到部分阻燃作用,因此,PVC-U 管具有自熄性。

⑤ 耐久性:经世界各国的应用实践证明,经选择合理的配方、在严格工艺的条件下生产的 PVC-U 管,常温使用寿命 50 年以上。

⑥ 毒性:所谓 PVC-U 管的毒性,是指 PVC 树脂中的残留单体氯乙烯和在管材制作过程中所添加的有毒助剂超过规定的限量。

2)硬聚氯乙烯管的主要应用领域。给水用硬聚氯乙烯 PVC-U 管材按国家化学建材协调组的推荐,优选在城镇埋地供水管网中使用。当然,也可作为排水排污管使用。

3)硬质聚氯乙烯管件。硬质聚氯乙烯管件有两种:

① 注压管件:是由聚氯乙烯树脂加入稳定剂、润滑剂、着色剂及少量增型剂后,经捏和塑化切粒,再注压而成。

② 热加工焊接管件:是由硬聚氯乙烯塑料经热加工焊接而成。

(3)夹砂玻璃钢管(RPMP)

所谓夹砂玻璃钢管(简称 RPMP)就是在传统的玻璃钢结构层中铺设砂浆层而制成的多层复合的纤维缠绕玻璃钢管。

1)夹砂玻璃钢管(RPMP)的性能特点是:①具有优良的强度性能;②具有良好的刚度;

③耐腐蚀性能好;④使用寿命长;⑤内表面光滑,输送能力强;⑥质量轻,方便施工;⑦良好的防渗性能;⑧可确保输送水质标准。

2)夹砂玻璃钢管的产品质量要求。应符合国家标准《玻璃纤维增强塑料夹砂管》(GB/T 21238—2007),夹砂玻璃钢管的规定。

3)夹砂玻璃钢管的主要应用领域。RPMP 主要应用于城镇市政埋地给、排水、排污管网系统,它以其他产品无法比拟的优点,在实际工程中越来越多地被采用,而且取得了良好的应用效果。

(4)钢丝网骨架增强 PE 塑料复合管

钢丝网骨架增强 PE 塑料复合管(以下简称钢丝网塑料复合管)是采用经过包覆处理的高强度钢丝对纯 HDPE 管进行缠绕增强,使管材的公称压力得到很大的提升,承受外载压力能力也成倍增加。

1)钢丝网骨架增强 PE 塑料复合管的性能特点是:①管材强度和性能的设计具有灵活性;②压力承受能力大;③原材料成本低;④公称压力起点较高;⑤线膨胀系数小;⑥可采用电、热熔性连接。在管材结构设计时,可以将管材的外层 HDPE 设计得厚一些,这样就可以采用电、热熔接的方法简便连接,且像 HDPE 管一样连接密封可靠;⑦同时具有 HDPE 管的其他性能;⑧缺点是生产中经缠绕包覆了外层后的废品回收困难。

2)钢丝网骨架增强 PE 塑料复合管的产品质量要求。钢丝网塑料复合管的主要技术要求包括:①规格尺寸及公称压力;②物理性能。

3)钢丝网骨架增强 PE 塑料复合管的主要应用领域。钢丝网塑料复合管的用途很广,可用于输送液、气态流体和浆体及固体。作为建材主要应用于市政供排水工程、排污工程、天然气输送工程。此外还可广泛地应用于油、气田工业工程、海水处理工程、水井工程管路、船舶上的管路、食品医药工程等领域。

10.1.2 给水金属管材及管件

建筑给水的金属管材及管件有给水钢管及管件、给水铸铁管及管件、给水铜管及管件和给水不锈钢管及管件等。目前应用较多的室外金属给水管材主要有钢管及管件、给水球墨铸铁管及管件。

1. 给水钢管及管件

钢管有无缝钢管和焊接钢管两种。钢管的特点是能耐高压、耐振动、质量较轻、单管的长度大和接口方便,但承受外荷载的稳定性差、耐腐蚀性差,管壁内外都需有防腐措施,并且造价较高。在给水管网中,通常只在管径大和水压高处,以及因地质、地形条件限制或穿越铁路、河谷和地震地区时使用。

(1)无缝钢管

1)无缝钢管的规格和分类。

① 规格。无缝钢管的规格用外径(mm)×壁厚(mm)表示。

② 无缝钢管的分类。无缝钢管分热轧和冷轧(拔)无缝钢管两类。

热轧无缝钢管分一般钢管、低中压锅炉钢管、高压锅炉钢管、合金钢管、不锈钢管、石油裂化管、地质钢管和其他钢管等。热轧无缝管外径一般大于32mm,壁厚2.5~75mm。

冷轧(拔)无缝钢管除分一般钢管、低中压锅炉钢管、高压锅炉钢管、合金钢管、不锈钢管、石油裂化管及其他钢管外,还包括碳素薄壁钢管、合金薄壁钢管、不锈薄壁钢管、异型钢管。冷轧无缝钢管外径可以到6mm,壁厚可到0.25mm,薄壁管外径可到5mm,壁厚小于0.25mm,冷轧比热轧尺寸精度高。

2)无缝钢管的制造工艺。

① 热轧(挤压无缝钢管):圆管坯→加热→穿孔→三辊斜轧、连轧或挤压→脱管→定径(或减径)→冷却→矫直→水压试验(或探伤)→标记→入库。

② 冷拔(轧)无缝钢管:圆管坯→加热→穿孔→打头→退火→酸洗→涂油(镀铜)→多道次冷拔(冷轧)→坯管→热处理→矫直→水压试验(探伤)→标记→入库。

3)无缝钢管的力学性能。在钢管标准中,根据不同的使用要求,规定了拉伸性能(抗拉强度、屈服强度或屈服点、伸长率)以及硬度、韧性指标,还有用户要求的高、低温性能等。

4)无缝钢管的实际应用。无缝钢管是一种具有中空截面、周边没有接缝的长条钢材。钢管具有中空截面,在建筑水电工程中,大量用作输送流体的管道,如输送石油、天然气、煤气、水及某些固体物料的管道等。

(2)焊接钢管

焊接钢管是指用钢带或钢板弯曲变形为圆形、方形等形状后再焊接成的、表面有接缝的钢管。焊接钢管在越来越多的领域代替了无缝钢管。焊接钢管比无缝钢管成本低、生产效率高。焊接钢管的分类方法有:

1)按焊接方法划分。按焊接方法不同可分为电焊管、炉焊管、气焊管、邦迪管等。

2)按焊缝形状划分。按焊缝形状可分为直缝焊管和螺旋焊管。

3)按用途划分。按用途又分为一般焊管、镀锌焊管、吹氧焊管、电线套管、公制焊管、托辊管、深井泵管、汽车用管、变压器管、电焊薄壁管、电焊异型管和螺旋焊管等。

4)按端部形状划分。按端部形状又分为圆形焊管和异型(方、扁等)焊管。

5)按焊管材质和用途划分。按焊管材质和用途不同可分为:低压流体输送用焊接钢管、矿山流体输送用电焊钢管、低压流体输送用大直径电焊钢管、机械结构用不锈钢焊接钢管和流体输送用不锈钢焊接钢管等。

2. 给水铸铁管及管件

根据铸铁管制造过程中采用的材料和工艺的不同,可分为球墨铸铁管和灰口铸铁管。

(1)灰口铸铁管

灰口铸铁管又称普通铸铁管、灰口铁管,是用含片状石墨的铸铁铸造的铸铁管。与球墨铸铁管相比,灰口铸铁管的机械强度较低,抗振动、冲击和弯曲性能较差,且经常发生接口漏水、水管断裂和爆管事故,故在给水工程中,现已被球墨铸铁管所取代,球墨铸铁管已被我国建设主管部门和供水企业选定为今后首选的管道材料。

(2)给水球墨铸铁管

1)给水球墨铸铁管的特点。球墨铸铁管包括铸铁直管和管件。给水球墨铸铁管的主要成分石墨为球状结构,其质轻、壁薄,耐压、耐冲击、耐腐蚀、耐抗震等性能。管道接口采用柔性接口,柔性接口用橡胶圈密封,而且还有一定的延伸率及偏转角,具有良好的抗震性和密封性,它具备生铁管和钢管材质的优点,避免了铁和钢的缺点。

2)给水球墨铸铁管的技术要求。给水球墨铸铁管的主要技术要求包括力学性能、耐腐性能和抗震性能等。

3)给水球墨铸铁管的选用建议。

① 对球墨铸铁管材的选择应根据敷设场地具体情况,选择直管与配件的接口形式。

② 橡胶圈推荐选用三元乙丙橡胶圈等。

③ 涂层的选择:根据使用时的内、外部条件选择适合的涂层。现有内涂层为环氧树脂、聚氨酯内外涂层、PE 膜涂层等球墨铸铁管新产品,选用时应详细了解其性能。

10.1.3 排水塑料管材及管件

市政排水管道主要包括排水塑料管材及管件、混凝土管、石棉水泥落水管及排污管、排水陶管和排水用柔性接口铸铁管及管件等。

1. 排水排污塑料管材及管件

排水管道材料目前推广采用的是 20 世纪 90 年代才开始使用的硬聚氯乙烯(PVC-U)双壁波纹管、近几年投入使用的聚乙烯(PE)双壁波纹管新型管材和埋地排污用硬聚氯乙烯(PVC-U)管材等。

(1)硬聚氯乙烯管

PVC-U 管系将 PVC 树脂与稳定剂、润滑剂、加工助剂和填充料、改性剂等配混,经造粒后再经挤出成型制得。PVC-U 排水管外观漂亮、光洁、不结露,内壁光滑、不易堵塞,质轻,便于加工、安装,可减轻劳动强度,缩短工期、提高工作效率;采用 PVC-U 排水管,工程造价低于铸铁管;节省金属与能源;耐化学腐蚀,不结垢。

1)PVC-U 建筑排水排污管的性能特点。PVC-U 建筑排水排污管要求必须具备的性能特点是:①要求耐静压 0.5MPa;②具有较好的耐水性、吸湿性能以及抗结露性;③室内下水管道长期使用温度要求适应 -10 ~45℃范围;④保证生产管材用料具有良好的流动加工性和热稳定性能,便于挤出成型;⑤有效地保留聚氯乙烯原有的燃烧自熄性能;⑥在满足使用要求的前提下,使管材售价略低于(或相等)铸铁管。

2)PVC-U 建筑排水排污管的产品质量要求。PVC-U 建筑排水管的产品质量应严格执行国家标准《建筑排水用硬聚氯乙烯(PVC-U)管材》(GB/T 5836.1—2006)的规定。

3)PVC-U 建筑排水排污管的主要应用领域。PVC-U 建筑排水管适用于民用建筑物内排水用管材。在考虑材料的耐化学性和耐热性的条件下,也可用于工业排水用管材。PVC-U 建筑排水管主要用于建筑物室内生活污水和工业废水的排输系统及建筑物外雨、雪水的收集、排输管道。

(2)芯层发泡硬聚氯乙烯管

PVC 芯层发泡复合管也称为三层共挤发泡管,其内外两层为硬质 PVC 皮层,可以保证管材有足够的强度及其他物理性能。PVC 芯层发泡复合管不但具备普通 PVC 实壁管材的所有优点,还具有隔热隔声的效果,可显著地降低流水噪声,同时还在抗冲击性、防震、价廉、施工方便等方面有显著地优于实壁 PVC 管的特点。PVC 芯层发泡管的另一显著特点是质轻。因此被广泛地应用于工程及民用建筑的排水管,特别是高层建筑排水管更为适应。

1)PVC 芯层发泡复合管的性能特点。PVC-U 芯层发泡复合管具有如下特征:

① 冲击强度显著提高,其环向刚性为普通硬质 PVC 的 8 倍。发泡 PVC 管的冲击能量为实壁 PVC 管的 2~4 倍,可大大减少施工应用中管材的意外损坏。

② 使用温度范围宽广,可在 -30~100℃ 之间使用,而且温度变化时尺寸稳定性好。

③ 其特殊的芯层发泡结构提高了管材的隔声性能,发泡芯层能有效地阻隔噪声传播,水流噪声大为降低,更适用于高层建筑排水系统。

④ 隔热性好,比不发泡的实壁管材传热效率低 35%。表面不结露,用于冷热流体保温输送时,可节约保温费用。

⑤ 力学性能好,发泡芯层使其内壁抗压能力大大提高,PVC-U 芯层发泡复合管具有力学性能高、韧性好、抗折能力强等优点,减少了施工和使用中的破碎问题。

⑥ 较实壁管材可节省原料 25% 以上,口径越大时,节省原料更多,质轻、价廉、阻力小,便于运输和安装。

⑦ 具有优越的电气绝缘性能,适用于电线、电缆套管。

⑧ 在弯折状态下的使用寿命比实壁管材要长 10 年以上。

2) PVC 芯层发泡复合管的产品质量要求。PVC-U 芯层发泡复合管的产品质量应严格执行国家标准《排水用芯层发泡硬聚氯乙烯(PVC-U)管材》(GB/T 16800—2008)。PVC-U 芯层发泡复合管按连接形式分为直管、弹性密封圈连接型管材和胶粘剂连接型管材;按环刚度分级,可分 S2、S4 和 S8 三个级别。

3) PVC-U 芯层发泡复合管的主要应用领域。PVC-U 芯层发泡复合管主要应用于工业及民用建筑的排水管(特别是高层建筑)、下水管、工业防护、输送液体及农业排灌等,已成为逐渐取代铸铁管、PVC-U 实壁管等管材的一种新型塑料管材。

(3) 硬聚氯乙烯消声管

具有降噪功能的管子称为消声管。如果在有螺旋筋的消声管的管壁上采用芯层发泡复合结构,又可获得隔声的效果。这种既消声又隔声的双重功能,可最大限度地降低排水管的噪声。

1) PVC-U 消声管的性能特点。PVC-U 消声管与普通 PVC-U 排水立管(包括 PVC-U 芯层发泡管)相比,PVC-U 消声排水立管在改善流态、稳定气压波动、增大道通水能力方面具有显著的作用,是高层建筑排水系统更新换代的合适管道。

PVC-U 消声管与上述管材和铸铁管相比,其突出的不同之处是在排水时所发生的噪声明显下降。在 -30~60℃ 条件下可长期使用,是理想的排水管道。

2) PVC-U 消声管的产品质量要求。发泡 PVC-U 消声管主要质量指标参照 PVC-U 芯层发泡复合管确定。但无论哪种 PVC-U 消声管,其螺旋凸筋的凸出高度 H 都为 3mm,螺旋凸筋的螺旋角为 45°,并以此螺旋角确定螺旋螺距、头数及导程。

3) PVC-U 消声管的主要应用。PVC-U 消声管主要用于建筑排水立管,特别是高层建筑的排水排污立管尤其适用。

(4) 硬聚氯乙烯(PVC-U)管件

硬聚氯乙烯(PVC-U)管件是以聚氯乙烯(PVC)树脂为主要原料,加入适量的添加剂,经注塑成型而成。管件按连接形式不同分为胶粘剂连接型管件和弹性密封圈连接型管件。

2. 埋地排水排污塑料管材及管件

市政工程用排水管道,按其管材特性可分为刚性管和柔性管两大类。

刚性管包括铸铁管、混凝土管、陶制管等，均为传统材料制作的管道。其特点是刚性好、环刚度高，但防腐性能差，用作排污管道须做特殊防腐处理，使用寿命一般为 10～20 年。最大的缺点是易被破碎（铸铁管除外），易腐蚀（陶制管除外），渗漏严重，特别是接口处，周边草木根系易从连接封口的水泥砂浆钻入，形成永久性的不易发现的渗漏，造成严重的二次污染。

柔性管指的是具有塑性的柔性材料——塑料制成的管材，通称塑料管。在排水排污管中，包括结构壁管和实壁管两大品种。塑料管道具备优良的物理和化学性能，质量轻，抗冲击和抗拉强度高，有较好的耐腐蚀性能；管内表面摩擦系数小，输水能耗小，泄漏少，综合节能好；具有一定的柔韧性，运输方便，安装简便；使用寿命长，一般可达 30～50 年。

综合起来，与刚性管相比，柔性管具有以下优势：

(1) 强度和刚度可满足埋地要求。
(2) 水力特性好。
(3) 密封性可靠。
(4) 使用寿命长，耐腐蚀。
(5) 便于铺设安装。
(6) 综合经济性。

我国优先选用的埋地排水塑料管有 PVC-U 管、PVC-U 双壁波纹管和 PVC-U 芯层发泡管；推荐使用的埋地排水塑料管有 PVC-U 管、PVC 双壁螺旋管、PVC-U 加筋管、HDPE 中空壁缠绕管和夹砂玻璃钢管。

(1) 硬聚氯乙烯(PVC-U)双壁波纹管

塑料波纹管是指塑料管的内外壁呈波纹形状的管材，具有一定的可弯曲性，因此，也称其为柔性管或挠性管。根据其成型方法的不同又可分为单壁波纹管和双壁波纹管。单壁塑料波纹管是指塑料管的内、外壁均具有波纹的管材，而双壁波纹管则是指内壁光滑而外壁具有波纹的塑料管。

1) PVC-U 双壁波纹管的性能特点

① PVC-U 双壁波纹管结构参数。PVC-U 双壁波纹管结构参数有：波深系数 K、波纹管壁厚 h、波形、波距 t 和波厚 a、环刚度、弹性极限变形率。

② PVC-U 双壁波纹管的优点。

A. 刚柔兼备，即具有足够的力学性能和刚性的同时，兼备优异的柔韧性。特别是 PVC-U 双壁波纹能够满足较大的刚度要求，同时还具有耐压、耐冲击的功能。如与陶瓷管、水泥管相比不仅质量轻，还有很大的压缩强度和良好的耐冲击性能。

B. 与"板式"管材相比，单位长度的波纹管具有质量轻、省材料、降能耗、价格便宜的特性。

C. 内壁光滑的 PVC-U 双壁波纹管能够减少液体在管内流动阻力，进一步提高输送能力。

D. 耐化学腐蚀性强，可承受土壤中的酸碱的影响，可在特殊场合下使用。

E. 波纹形状能加强管道对土壤负荷的抵抗力，但并不增加管道的曲挠性，可连续敷设在凹凸不平的地面上。

F. 接口连接方便，且密封性好，搬运容易，现场施工极为方便，减轻施工劳动强度，加快施工进度。

2)PVC-U 双壁波纹管的产品质量要求。满足现行国家标准《埋地排水用硬聚氯乙烯(PVC-U)结构壁管道系统 第 1 部分:双壁波纹管材》(GB/T 18477.1—2007)的规定。《埋地排水用硬聚氯乙烯(PVC-U)结构壁管道系统 第 1 部分:双壁波纹管材》(GB/T 18477.1—2007)将 PVC-U 双壁波纹管材按环刚度分为 $SN2$、$SN4$、$SN8$、($SN12.5$)、$SN16$ 五个级别,它们分别对应的环刚度值为 $\geq 2kN/m^2$、$\geq 4kN/m^2$、$\geq 8kN/m^2$、($\geq 12.5kN/m^2$)、$\geq 16kN/m^2$。

3)PVC-U 双壁波纹管的主要应用。PVC-U 双壁波纹管主要适用于无压市政埋地排水、农田排水、建筑物外排水用管材,也可用于通讯电缆穿线用套管。

(2)高密度聚乙烯(HDPE)双壁波纹管

高密度聚乙烯(HDPE)双壁波纹管是以 HDPE 为原料,通过专用设备生产出来的新型化学建材,和 PVC-U 双壁波纹管一样具有强度高,流量大,使用寿命长,施工安装简便的特点,又具有耐腐蚀、不结垢、不渗漏等环保特性。HDPE 双壁波纹管按其用途可分为排水管和排污管。

1)高密度聚乙烯(HDPE)双壁波纹管的产品质量要求。满足国家标准《埋地用聚乙烯(PE)结构壁管道系统 第 1 部分 聚乙烯双壁波纹管材》(QB/T 19472.1—2004)的规定。《埋地用聚乙烯(PE)结构壁管道系统 第 1 部分 聚乙烯双壁波纹管材》(QB/T 19472.1—2004)将高密度聚乙烯(HDPE)双壁波纹管材按环刚度分为 $SN2$、$SN4$、($SN6.3$)、$SN8$、($SN12.5$)、$SN16$ 六个级别,它们分别对应的环刚度值为 $\geq 2kN/m^2$、$\geq 4kN/m^2$、($\geq 6.3kN/m^2$)、$\geq 8kN/m^2$、($\geq 12.5kN/m^2$)、$\geq 16kN/m^2$。

2)高密度聚乙烯(HDPE)双壁波纹管的主要应用领域。HDPE 双壁波纹管可广泛地应用于埋地排水工程、排污工程、雨水收集工程和低压输水工程。

(3)聚氯乙烯双壁螺旋管

塑料螺旋管可分为单壁塑料螺旋管和双壁塑料螺旋管两种类型。塑料螺旋管具有它同等材料管材的一切优良性能,并能随意弯曲,具有较强的力学强度,在螺旋缠绕筋的加强作用下具有较大的耐压性能。

在市政工程中使用的螺旋塑料管主要是用 PVC 树脂生产的双壁塑料螺旋管和用 HDPE 树脂生产的中空壁缠绕管。双壁螺旋管的结构特点和双壁波纹管相似,管体内壁光滑,外部是由分布均匀的螺旋状组成的。

1)PVC 双壁螺旋管的性能特点。PVC 双壁螺旋管所具有的特点是:①随意弯曲;②质轻;③耐压;④耐腐蚀性好;⑤抗震、抗地面下沉;⑥耐磨损性能好;⑦节省施工费用。

2)PVC 双壁螺旋管的产品质量要求。PVC 双壁螺旋管的产品质量要求应考虑外观、规格及公差、技术特性等。

3)PVC 双壁螺旋管的主要应用领域。PVC 双壁螺旋管除广泛地用于市政排水、排污、道路和城市雨水收集等工程外,还可用于化工及矿井的通风管、建筑通风管及农用输水管等。

(4)高密度聚乙烯(HDPE)中空壁缠绕管

高密度聚乙烯(HDPE)中空壁缠绕管,实质上也是一种以 HDPE 为原料,经挤出缠绕成型的双壁螺旋缠绕管。这种管材具有柔韧性好、寿命长、质量轻等优点,防腐性、防蚀性、耐低温性和抗低温冲击性也颇佳,是优秀的市政排水、排污用管材,也是农用给水、低压给水、工业排水、排污的优秀管材。

1) HDPE中空壁缠绕管的性能特点。HDPE中空壁缠绕管与传统的混凝土管道或金属排水管道相比,具有以下优势:耐腐蚀性强、抗外击力强、耐老化性能强、耐寒性好、质量轻、施工简便成本低、连接方便、耐磨、排水流通性好、经济性好、不污染环境。

2) HDPE中空壁缠绕管的产品质量要求。HDPE中空壁缠绕管的产品质量要求应考虑HDPE中空壁缠绕管材环刚度、壁管结构、技术特性等。

3) HDPE中空壁缠绕管的主要应用领域。HDPE中空壁缠绕管因其性能优良,被广泛地应用于城市埋地排水、排污,高速公路、铁路的排水涵洞以及雨水收集工程等领域。

(5) 硬聚氯乙烯(PVC-U)加筋管

硬质聚氯乙烯(PVC-U)加筋管是由PVC树脂经加热挤出,采用特殊模具和成型工艺生产的内壁光滑,外壁带有垂直加强筋的又一种新型PVC-U管道。PVC-U加筋管的特点是减薄了管壁厚度,同时还提高了管材承受外压荷载的能力。管材的外壁带有径向加强筋,从而提高了管材的环刚度。这种管材在相同的荷载能力下,比普通PVC-U实壁管可节约30%左右的材料,冲击强度还有所提高。

1) 硬质聚氯乙烯(PVC-U)加筋管的性能特点。硬质聚氯乙烯(PVC-U)加筋管与传统的排水排污管相比具有如下特征:

① 硬质聚氯乙烯(PVC-U)加筋管属柔性管材,允许较大的轴向弯曲,弹性橡胶圈连接方式,抗渗漏性能良好,当地基产生不均匀沉降时也不会出现渗漏,对软土地基有相当好的适应性。

② 硬质聚氯乙烯(PVC-U)加筋管的环刚度较高,侧向强度大,韧性好,可以承受较大埋土负载和路面上的其他压力。

③ 硬质聚氯乙烯(PVC-U)加筋管质量轻,便于运输、搬运和装卸,给施工带来了极大的方便,减轻了施工人员的劳动强度,而且不用机械吊装作业,提高了施工效率,降低了施工费用。

④ 硬质聚氯乙烯(PVC-U)加筋管内壁光滑,曼宁摩擦系数为0.009,与同口径混凝土管材(曼宁摩擦系数为0.013)相比,加筋管可增加40%左右的流量。同时光滑的管材内壁不易造成阻塞,可相应地减少检查维修用阴井的设置数量,降低工程成本。

⑤ 硬质聚氯乙烯(PVC-U)加筋管连接安装便捷,即使大口径加筋管,2~3个熟练工人完成一个接口仅需要几分钟。加筋管对基础及回填材料的要求较低,但材质好的回填材料可以大幅度提高管材的承载能力。

⑥ 硬质聚氯乙烯(PVC-U)加筋管具有良好的耐腐蚀性能,不受周围土壤、水质及一般输送介质对管材的侵蚀。加强筋还可以嵌入周围的回填材料中,分担了环境温度变化对管材产生的伸缩作用,使加筋管的正常使用寿命可达50年以上。

2) 硬质聚氯乙烯(PVC-U)加筋管的主要技术要求。硬质聚氯乙烯(PVC-U)加筋管应满足国家标准《埋地用硬聚氯乙烯(PVC-U)加筋管材》(QB/T 2782—2006)的要求。硬质聚氯乙烯(PVC-U)加筋管要求内外表面颜色一致,内壁光滑平整,管身不得有裂缝,加强筋的连续缺损不得超过两条。管材内外表面不应有气泡、可见杂质、受热变形的痕迹和其他影响产品性能的表面缺陷。

3) 硬质聚氯乙烯(PVC-U)加筋管的主要应用领域。硬质聚氯乙烯(PVC-U)加筋管主要应用于市政工程、公共建筑室外、住宅小区的埋地排污、排水用管材和通讯线缆管材,也适用于系统工作压力不大于0.2MPa、公称尺寸不大于300m的低压输水灌溉管材。

(6)聚乙烯(PE)管件

聚乙烯(PE)管件是以聚乙烯(PE)树脂为主要原料,加入适量的添加剂,经注塑成型而成的。管件按连接形式不同分为承插口电熔焊接连接型管件和弹性密封圈连接型管件。

10.1.4 混凝土管

混凝土管是用混凝土或钢筋混凝土制作的管子。混凝土管分为素混凝土管、普通钢筋混凝土管、自应力钢筋混凝土管和预应力混凝土管四类。按混凝土管内径的不同,可分为小直径管、中直径管和大直径管。按管子承受水压能力的不同,可分为低压管和压力管。按管子接头形式的不同,又可分为平口式管和承插式管。

1. 混凝土与钢筋混凝土排水管

混凝土和钢筋混凝土管具有抗外压强度高、耐久性好、使用寿命长、易于制造、生产成本低、价格便宜等独特优点,在我国城镇建设、工矿企业建设、农田水利建设中大量用于铺设排水管道,取得了较好的经济效益和社会效益。

(1)混凝土与钢筋混凝土排水管的分类。混凝土与钢筋混凝土排水管按有无钢筋分为混凝土管(CP)和钢筋混凝土排水管(RCP),按外压荷载分级:混凝土管分为Ⅰ、Ⅱ两级;钢筋混凝土管分为Ⅰ、Ⅱ、Ⅲ三级。按连接方式分为柔性接头管和刚性接头管。柔性接头管按接头形式分为承插口管、钢承口管、企口管、双插口管和钢承插口管。刚性接头管按接头形式分为平口管、承插口管、企口管。按施工方法分为开槽施工管和顶进施工管(DRCP)。

(2)混凝土管和钢筋混凝土管的产品质量要求。混凝土管和钢筋混凝土管的产品质量要求应考虑混凝土强度、外观质量、尺寸允许偏差、内水压力、外压荷载和保护层厚度等。

(3)混凝土管和钢筋混凝土管的主要应用领域。混凝土管和钢筋混凝土管主要适用于雨水、污水、引水及农田排灌等重力流管道的管子。

2. 预应力混凝土管

预应力混凝土管是指混凝土管壁内建立有双向预应力的预制混凝土管,包括一阶段管和三阶段管。

(1)预应力混凝土管的分类。预应力混凝土管按管子的成型工艺分为一阶段管和三阶段管;按管子的接头密封形式分为滚动密封胶圈柔性接头和滑动密封胶圈柔性接头。

(2)预应力混凝土管的产品质量要求。预应力混凝土管的产品质量要求应考虑外观质量、尺寸偏差、抗渗性、抗裂性能和管子的接头允许相对转角等。

(3)预应力混凝土管的主要应用领域。预应力混凝土管主要适用于城市给水系统、排水系统、工业和水利输水管线、农田灌溉、工厂管网及深覆土涵管等。

3. 混凝土低压排水管

混凝土低压排水管按制作工艺不同,分为普通混凝土低压排水管、自应力混凝土低压排水管和预应力混凝土低压排水管三种。

(1)混凝土低压排水管的产品质量要求。混凝土低压排水管的质量要求应考虑外观质量和物理力学性能等。

(2)混凝土低压排水管的主要应用领域。混凝土低压排水管主要适用于排放雨水、无腐蚀污水。如用于排放带有腐蚀性的污水时,应采取适当的防腐措施。

10.2 典型题解

【例 10-2-1】 简述在饮用给水工程中塑料管道的优势。

【答】 塑料管道除了它特有的物理性能和优良的化学性能外,还具有良好的卫生性能。在饮用给水工程中,将塑料管道取代传统的镀锌钢管后,能有效地大幅度减少镀锌废液的产生,起到了抑制污染的作用,获得了采取行政措施都难以到位的效果。其次是减少了广大人民在饮用水工程中二次污染对身体健康的危害,提高了人们的生活质量。塑料管道从生产到使用,节约效果也十分显著。生产能耗方面,生产单位体积的聚氯乙烯能耗仅为钢材的 1/4,聚烯烃类的能耗更低;使用能耗方面,塑料给水管取代金属输水管节能可达 50%,节能效益十分明显。此外,由于塑料管道内壁光滑,输送阻力小,水头损失少,比金属管道可提高输水能力 20% 左右,按金属管道降低一个规格档次选用仍能保持同样的通水量。施工工效较金属管提高 50% ~ 60%,还节省大量的机械费用。

【评】 塑料已经被广泛地应用在国民经济建设中的各个领域。

【例 10-2-2】 交联聚乙烯铝塑复合管有哪些主要特性?

【答】 交联聚乙烯铝塑复合管主要特性有以下几个方面:

(1)物理机械性能。
(2)耐腐蚀性能。
(3)耐候性能。
(4)卫生性能。
(5)安装性能。

【评】 交联聚乙烯铝塑复合管的多层复合结构决定了这种管材兼有塑料管与金属管的优异特性。化学性能稳定的交联聚乙烯内外层避免了外界介质的腐蚀,而塑性及强度较好的金属放在中间位置,一方面保护其不受外界物质的侵蚀,另一方面增强了管材的强度、阻隔性及塑性。

【例 10-2-3】 PP-B 管材和 PP-R 管材有哪些特点?

【答】 PP-B、PP-R 管材除了具有一般塑料管质量轻、耐腐蚀、不结垢、使用寿命长等特点外,还具有以下特点:

(1)卫生无毒。
(2)耐热保温节能。
(3)连接安装简单、可靠。
(4)不锈蚀、耐磨损、不结垢。
(5)防冻裂。
(6)原料可回收,加工成本低。
(7)管道布设明敷暗敷均可。

【评】 PP-B 具有较好的柔韧性,特别是在低温下抗冲击性能优良,耐高温性能比 PP-R 差;PP-R 既有良好的刚性强度(但低于 PP-H),低温下又具有一定的抗冲击强度(但又不如

PP-B），同时 PP-R 还具有突出的抗蠕变性能。

【例 10-2-4】 简述给水球墨铸铁管的主要特点，并说明给水球墨铸铁管有哪些技术要求。

【答】 给水球墨铸铁管的主要成分石墨为球状结构，其质轻、壁薄、耐压、耐冲击、耐腐蚀、耐抗震等性能。管道接口采用柔性接口，柔性接口用橡胶圈密封，而且还有一定的延伸率及偏转角，具有良好的抗震性和密封性，它具备生铁管和钢管材质的优点，避免了铁和钢的缺点。

给水球墨铸铁管的技术要求包括力学性能、耐腐性能和抗震性能。

【评】 由于给水球墨铸铁管具备生铁管和钢管材质的优点，避免了铁和钢的缺点；同时，又具有良好的技术要求，决定了球墨铸铁管必然被我国建设主管部门和供水企业选定为今后首选的管道材料。

【例 10-2-5】 如何选用给水球墨铸铁管？

【答】 给水球墨铸铁管可根据下面三个建议选用：

（1）对球墨铸铁管材的选择应根据敷设场地具体情况，选择直管与配件的接口形式。

（2）橡胶圈推荐选用三元乙丙橡胶圈等。

（3）涂层的选择：根据使用时的内、外部条件选择适合的涂层。现有内涂层为环氧树脂、聚氨酯内外涂层、PE 膜涂层等球墨铸铁管新产品，选用时应详细了解其性能。

【评】 近年来，随着工业技术的发展和给水工程质量要求的提高，我国已开始推广和普及使用球墨铸铁管，逐步取代灰口铸铁管。

【例 10-2-6】 不锈钢管有哪些连接方式？

【答】 不锈钢管连接方式有：

（1）常见的管件类型有压缩式、压紧式、推进式、焊接式及焊接与传统连接相结合的派出系列的连接方式。

（2）凡连接方式采用密封圈或密封垫的，其材质大多选择硅橡胶、丁腈橡胶和三元乙丙橡胶等，且应符合对热水输送管橡胶密封圈材料的国家标准。

【评】 不锈钢管这些连接方式，根据其原理不同，其适用范围也有所不同，但大多数均安装方便、牢固可靠。

【例 10-2-7】 PVC-U 建筑排水排污管有哪些具体应用？

【答】 PVC-U 排水管外观漂亮、光洁、不结露，内壁光滑、不易堵塞，质轻，便于加工、安装，可减轻劳动强度，缩短工期、提高工作效率；采用 PVC-U 排水管，工程造价低于铸铁管；节省金属与能源；耐化学腐蚀，不结垢。PVC-U 建筑排水管主要用于建筑物室内生活污水和工业废水的排输系统及建筑物外雨、雪水的收集、排输管道。

【评】 PVC-U 建筑排水排污管是塑料管材在建筑领域里应用最早、用量最大的一个老品种。PVC-U 管系将 PVC 树脂与稳定剂、润滑剂、加工助剂和填充料、改性剂等配混，经造粒后再经挤出成型制得。

【例 10-2-8】 简述硬聚氯乙烯消声管的性能特点。

【答】 PVC-U 消声管与普通 PVC-U 排水立管（包括 PVC-U 芯层发泡管）相比，PVC-U 消声排水立管在改善流态、稳定气压波动、增大道通水能力方面具有显著的作用，是高层建筑排水系统更新换代的合适管道。

【评】 正因为PVC-U消声管具有这些优异的性能特点,所以PVC-U消声管才能广泛地应用于建筑排水立管,特别是高层建筑的排水排污立管尤其适用。

【例10-2-9】 简述硬聚氯乙烯(PVC-U)双壁波纹管的性能特点。

【答】 PVC-U双壁波纹管的性能特点是:

(1)刚柔兼备,即具有足够的力学性能和刚性的同时,兼备优异的柔韧性。特别是PVC-U双壁波纹能够满足较大的刚度要求,同时还具有耐压、耐冲击的功能。

(2)与"板式"管材相比,单位长度的波纹管具有质量轻、省材料、降能耗、价格便宜的特性。

(3)内壁光滑的PVC-U双壁波纹管能够减少液体在管内流动阻力,进一步提高输送能力。

(4)耐化学腐蚀性强,可承受土壤中的酸碱的影响,可在特殊场合下使用。

(5)波纹形状能加强管道对土壤负荷的抵抗力,但并不增加管道的曲挠性,可连续敷设在凹凸不平的地面上。

(6)接口连接方便,且密封性好,搬运容易,现场施工极为方便,减轻施工劳动强度,加快施工进度。

【评】 正因为PVC-U双壁波纹管具有这些优异的性能特点,所以PVC-U双壁波纹管主要适用于无压市政埋地排水、农田排水、建筑物外排水用管材,也可用于通讯电缆穿线用套管。

【例10-2-10】 聚氯乙烯双壁螺旋管的性能特点有哪些?

【答】 PVC双壁螺旋管具有以下特点:

(1)随意弯曲。可避开障碍物,优化施工。

(2)质轻。便于运输和施工,降低施工劳动强度。

(3)耐压。管材的螺旋筋增强了环刚度,埋设后不易变形。

(4)耐腐蚀性好。耐药、耐酸碱腐蚀,使用寿命长。

(5)抗振、抗地面下沉。塑性好,耐压强度高,可抗地震和地面下沉。

(6)耐磨损性能好。

(7)节省施工费用。可提高施工效率、减少施工费用,埋设后保持永久的安全性能。

【评】 由于PVC双壁螺旋管具有这些性能特点,从而决定了PVC双壁螺旋管除广泛地用于市政排水、排污、道路和城市雨水收集等工程外,还可用于化工及矿井的通风管、建筑通风管及农用输水管等。

10.3 习　　题

10.3.1 名词解释

1—1　铝塑复合管　　　1—2　交联聚乙烯管　　　1—3　聚丁烯管材

1—4　无规共聚聚丙烯管　1—5　ABS塑料管　　　1—6　高密度聚乙烯管

1—7　PP-B管　　　　1—8　夹砂玻璃钢管　　　1—9　焊接钢管

1—10　螺旋焊管　　　1—11　灰口铸铁管　　　1—12　无缝钢管

1—13 直缝焊管	1—14 球墨铸铁管	1—15 沟槽连接
1—16 建筑排水排污管道	1—17 PVC-U 管	1—18 消声管
1—19 硬聚氯乙烯消声管	1—20 硬聚氯乙烯管件	1—21 柔性管
1—22 塑料波纹管	1—23 双壁塑料波纹管	1—24 混凝土管

10.3.2 判断题

2—1 （ ）铝塑复合管为五层复合结构（塑料·粘接剂·铝材·粘接剂·塑料）管,即内外层是聚乙烯塑料,中间层是铝材。

2—2 （ ）交联聚乙烯铝塑复合管的阻隔性能差。既透光,又透氧,故无法保证管内不滋生微生物或确保气体输送的安全性。

2—3 （ ）交联聚乙烯铝塑复合管具有良好的防老化性能,冷脆温度低,抗紫外线、热老化能力强。

2—4 （ ）交联聚乙烯管的隔热保温性能差,因此用于供热系统时,必须采取保温措施以加强保温。

2—5 （ ）PP-B、PP-R 管与交联聚乙烯管、聚乙烯管材同被认定为绿色管材,不但可用于冷热水系统,而且可用于纯净饮用水系统。

2—6 （ ）建筑用 PB 管在 -20℃ 以内结冰时极易冻裂,90℃ 热水无法长期使用。说明 PB 管材抗冻、耐热性能差。

2—7 （ ）仅我国的冷热水管道应用领域来看,热水输送、高温采暖领域宜选用 PP-B 管材;冷水输送、低温采暖领域宜选用 PP-R 管材。

2—8 （ ）高密度聚乙烯管可采用电或热熔连接,因管材与管件为同质材料,故保证了连接的安全可靠。

2—9 （ ）ABS 管是卫生洁具系统的下水、排污、放空和冷水（包括饮用水）供给输送系统的理想用管。

2—10 （ ）PVC-U 管有良好的耐化学腐蚀性能,如耐酯和酮类以及含氯芳香族液体、含氯烷烃的腐蚀。

2—11 （ ）夹砂玻璃钢管具有无与伦比的耐腐蚀性能,耐酸、碱、盐和各种气体的腐蚀。

2—12 （ ）钢丝网骨架增强 PE 塑料复合管回收困难。

2—13 （ ）钢管的特点是能耐高压、耐振动、质量较轻、单管的长度大和接口方便,但承受外荷载的稳定性差、耐腐蚀性差,管壁内外都需有防腐措施。

2—14 （ ）一般用无缝钢管要保证强度和压扁试验。热轧钢管以热轧状态或热处理状态交货;冷轧以热处理状态交货。

2—15 （ ）焊接钢管按端部形状又分为圆形焊管和异型（方、扁等）焊管。

2—16 （ ）螺旋焊管有单面焊和双面焊,焊管保证水压试验符合相关规定即可。

2—17 （ ）镀锌钢管分热镀锌和电钢锌两种,热镀锌镀锌层厚,电镀锌成本低。

2—18 （ ）灰口铸铁管的质地较脆、抗冲击和抗震能力较差、质量大,易发生接口漏水、水管断裂和爆管事故。

2—19 （　）可锻铸铁螺纹管件上的螺纹除锁紧螺母及通丝外接头必须采用55°圆锥管螺纹外，其余都采用55°圆柱管螺纹。

2—20 （　）薄壁不锈钢管现已大量应用于建筑给水和直饮水的管路。

2—21 （　）薄壁不锈钢管的材质健康、环保。

2—22 （　）硬聚氯乙烯（PVC-U）双壁波纹管材的防腐性能和接口的密封性能好，施工方便，力学性能、抗压性能好，是目前重点推广使用的管材。

2—23 （　）埋地排水排污用的硬聚氯乙烯（PVC-U）管材是专门用于埋地排污用的管材，综合性能仅次于聚乙烯双壁波纹管。

2—24 （　）PVC-U 排水管外观漂亮、光洁、不结露，内壁光滑、不易堵塞，质轻，便于加工、安装，耐化学腐蚀，不结垢。

2—25 （　）PVC-U 建筑排水排污管材与管材、管材与管件连接后，均必须进行水密性、气密性的系统适用性试验，试验要求无渗漏。

2—26 （　）PVC-U 建筑排水管主要用于建筑物室内生活污水和工业废水的排输系统。而对于建筑物外雨、雪水的收集和排输的管道则不能采用 PVC-U 建筑排水管材。

2—27 （　）PVC-U 芯层发泡复合管，因其特殊的芯层发泡结构，使得管材的隔声性能、隔热性能和电气绝缘性能得到明显的提高；但管材的力学性能、韧性、抗折能力则大大降低。

2—28 （　）一般硬 PVC 管的使用温度范围要比 PVC-U 芯层发泡复合管的使用温度范围宽广，且温度变化时尺寸稳定性也要比 PVC-U 芯层发泡复合管好。

2—29 （　）柔性管与刚性管相比，柔性管的连接为永久性的柔性连接，密封性可靠。

2—30 （　）塑料埋地排水管的耐腐蚀性远胜于金属管，但略逊于混凝土管。

2—31 （　）PVC-U 双壁波纹管刚柔兼备，即具有足够的力学性能和刚性的同时，兼备优异的柔韧性。

2—32 （　）高密度聚乙烯（HDPE）双壁波纹管材的烘箱试验无气泡，无分层，无开裂。其环柔性要求试样圆滑，均无反向弯曲，无破裂，两壁无脱开。

2—33 （　）HDPE 中空壁缠绕管道摩擦阻力系数低，介质输送能力强，耐腐蚀性能远高于金属及混凝土管。

2—34 （　）与传统的混凝土管道或金属排水管道相比，HDPE 中空壁缠绕管道为柔性管道，受到外部冲击时，恢复能力更强，即使在地基沉降情况下也不会破裂。

2—35 （　）硬质聚氯乙烯（PVC-U）加筋管不适用于系统工作压力不大于0.2MPa，公称尺寸不大于300m 的低压输水灌溉管材。

2—36 （　）混凝土和钢筋混凝土管具有抗外压强度高、耐久性好、使用寿命长、易于制造、生产成本低、价格便宜等独特优点。

2—37 （　）制管用的混凝土强度不得低于C40，用于制作顶管的则不宜低于C30。

2—38 （　）混凝土管和钢筋混凝土管在进行内水压力检验时，在规定的检验压力下允许有潮片，但潮片面积不得大于总外表面积的5%，且不得有水珠流淌。

2—39 （　）成品预应力混凝土管的抗渗检验压力值应为管道工作压力的1.5倍,最低的抗渗检验压力应为0.2MPa。

2—40 （　）普通混凝土低压排水管和自应力混凝土低压排水管内表面裂缝宽度不得大于0.5mm。

10.3.3 填空题

3—1 交联聚乙烯铝塑复合管的长期工作温度范围为_____,高密度聚乙烯铝塑复合管的长期工作强度范围为_____。

3—2 交联聚乙烯铝塑复合管材的耐压力应在_____、_____条件下持续10h,管材不失效、不膨胀、不爆裂、不渗漏。

3—3 在PE链上接枝硅烷长链后,经硅烷端基间的脱水缩合而形成立体交联的硅烷交联聚乙烯管材,其耐热性能_____、耐化学性_____、物理力学性能_____和电绝缘性能_____。

3—4 聚丁烯管材在_____、_____下使用年限可达50年。

3—5 夹砂玻璃钢管RPMP接头采用_____承担连接,密封性能好。

3—6 夹砂玻璃钢管的管径分_____和_____。

3—7 建筑给水的金属管材及管件有_____、_____、_____和_____等。

3—8 钢管有_____和_____两种。

3—9 无缝钢管的规格用_____表示。

3—10 球墨铸铁管包括_____和_____。

3—11 给水不锈钢管进行压扁试验时,将水管压至压板间的距离为_____的1/3,压扁后不得出现裂纹和破损。

3—12 给水球墨铸铁管的技术要求主要包括_____、_____和_____三个方面。

3—13 PVC芯层发泡复合管也称为_____,其内外两层为_____,可以保证管材有足够的强度及其他物理性能。芯层也就是中间发泡层是由_____组成,其密度约为_____g/cm³。

3—14 PVC-U芯层发泡复合管具有冲击强度_____,使用温度范围_____,隔声性能_____,隔热性_____,电气绝缘性能_____,使用寿命_____。

3—15 PVC-U芯层发泡复合管材的主要物理力学性能包括_____、_____、_____和_____等几部分内容。

3—16 硬聚氯乙烯(PVC-U)管件的物理力学性能包括_____、_____、_____和_____等几部分内容。

3—17 市政工程用排水管道,按其管材特性可分为_____和_____两大类。

3—18 柔性管在排水排污管中,包括_____和_____两大品种。

3—19 塑料波纹管根据其成型方法的不同可分为_____和_____。

3—20 PVC-U双壁波纹管材的主要物理力学性能包括_____、_____、_____、_____和_____等几部分内容。

3—21 可用于生产双壁波纹管做埋地排水排污管用的材料有_____、_____和_____三大类。

3—22 塑料螺旋管和塑料波纹管一样,可分为_____和_____两种类型,生产用的树脂主要有_____、_____和_____等。

3—23 在市政工程中使用的螺旋塑料管主要是用PVC树脂生产的_____和用HDPE树脂生产的_____。

3—24 PVC双壁螺旋管的主要技术特性包括_____、_____、_____和_____等几部分内容。

3—25 HDPE中空壁缠绕管的主要物理力学性能包括_____、_____、_____和_____等几部分内容。

3—26 硬质聚氯乙烯(PVC-U)加筋管的主要技术性能包括_____、_____、_____、_____、_____和_____等几部分内容。

3—27 聚乙烯(PE)管件的物理力学性能主要考虑_____和_____两个部分内容。

3—28 混凝土与钢筋混凝土排水管按有无钢筋分为_____和_____;按连接方式分为_____和_____。

3—29 预应力混凝土输水管具有_____、_____、_____和_____性能特点。

3—30 预应力混凝土管进行抗渗检验时,要求抗渗检验压力管体不应出现_____、_____、_____。

3—31 混凝土低压排水管按制作工艺不同可分为_____、_____和_____三种。

3—32 预应力混凝土低压排水管(DY-PCCP)内表面纵向裂缝宽度不得大于_____,裂缝长度不得大于_____;管身环向裂缝宽度不得大于_____;距管端300mm范围内出现的环向裂缝宽度不得大于_____。

3—33 混凝土低压排水管主要适用于_____、_____。

3—34 柔性接口铸铁管按接口形式分为_____和_____两大类;按直管的结构形式分为_____和_____两种;按管件的结构形式分为_____、_____和_____三种。

3—35 排水用柔性接口铸铁管的直管及管件的抗拉强度应不小于_____;直管应进行水压试验,其试验压力为_____。

10.3.4 单项选择题

4—1 交联聚乙烯铝塑复合管具有良好的阻隔性能,该性能应归属于交联聚乙烯铝塑复合管的(   )。
   A. 物理机械性能   B. 耐腐蚀性能
   C. 耐候性能   D. 安装性能

4—2 聚乙烯经交联后,其性能上发生了显著的变化。下面关于性能发生显著变化表述错误的是(   )。
   A. 耐热性能提高   B. 耐化学性能更加优异
   C. 物理力学性能有所降低   D. 电绝缘性能更加突出

4—3 关于交联聚乙烯管,下面表述正确的是(   )。
   A. 交联聚乙烯管废品废料不能回收再利用   B. 质地不够坚实,抗内压强度低
   C. 耐化学药品腐蚀性能差   D. 隔热保温性能差

4—4 下列 4 种管材中,耐温性能较差的是(   )。
   A. PVC-U 管   B. PEX 管
   C. 铝塑管   D. PP-R 管

4—5 下列 4 种管材中,节能、环保性能较好的是(   )。
   A. 铝塑管   B. 镀锌管
   C. PVC-U 管   D. 铜管

4—6 关于 PP-B、PP-R 管材和管件,下面表述错误的是(   )。
   A. 卫生无毒   B. 连接安装简单、可靠
   C. 不锈蚀、耐磨损、不结垢   D. 抗老化性能差,适宜暗敷

4—7 关于建筑用 PB 管材,下面表述错误的是(   )。
   A. 管材无毒无害,卫生性能好   B. 管材柔软性能差
   C. 抗冻、耐热   D. 耐腐蚀,不发生化学反应

4—8 关于高密度聚乙烯管,下面表述正确的是(   )。
   A. 不结垢,不滋生细菌,摩擦损失小   B. 化学稳定性差
   C. 抗冲击性能低   D. 使用寿命短

4—9 关于 ABS 管,下面表述正确的是(   )。
   A. 卫生性能差   B. 优良的抗老化性能
   C. 刚性差   D. 保温性能优异,使用温度范围窄

4—10 PVC-U 管有良好的耐化学腐蚀性能,能耐(   )。
   A. 酸、碱、盐雾   B. 酯和酮类
   C. 含氯芳香族液体   D. 含氯烷烃

4—11 在下列建筑给水的管材及管件中,不属于金属管材及管件的是(   )。
   A. 给水钢管及管件   B. 给水铸铁管及管件
   C. 给水塑料管及管件   D. 给水不锈钢管及管件

257

4—12　关于钢管表述正确的是(　　)。
A. 不耐高压　　　　　　　　　　　B. 不耐振动
C. 质量较大　　　　　　　　　　　D. 耐腐蚀性差

4—13　在下列钢管中,属于热轧无缝钢管的是(　　)。
A. 地质钢管　　　　　　　　　　　B. 碳素薄壁钢管
C. 合金薄壁钢管　　　　　　　　　D. 不锈薄壁钢管

4—14　焊接钢管(　　),可分为直缝焊管和螺旋焊管。
A. 按焊接方法划分　　　　　　　　B. 按焊缝形状划分
C. 按用途划分　　　　　　　　　　D. 按端部形状划分

4—15　给水球墨铸铁管的耐腐性能要求其90d自来水腐蚀不超过(　　)g/cm²。
A. 0.066　　　　　　　　　　　　B. 0.0396
C. 0.0103　　　　　　　　　　　D. 0.009

4—16　关于薄壁不锈钢管和双卡压管件表述错误的是(　　)。
A. 耐久及防腐性能好　　　　　　　B. 强度高而又质量轻
C. 耐冲击性能差　　　　　　　　　D. 是目前最环保的管材

4—17　下列是关于硬聚氯乙烯(PVC-U)双壁波纹管材的描述,表述错误的是(　　)。
A. 防腐性能好　　　　　　　　　　B. 接口的密封性能好
C. 施工方便,造价便宜　　　　　　D. 力学性能、抗压性能好

4—18　下列是关于PVC-U芯层发泡复合管性能特点的描述,表述正确的是(　　)。
A. 环向刚性小　　　　　　　　　　B. 使用温度范围窄
C. 隔声性能差　　　　　　　　　　D. 隔热性好,表面不结露

4—19　下列4种市政工程用排水管道,属于柔性管的是(　　)。
A. 塑料管　　　　　　　　　　　　B. 铸铁管
C. 混凝土管　　　　　　　　　　　D. 陶制管

4—20　下列建筑排水管中,(　　)的内壁粗糙率(n值)为0.001。
A. 塑料管　　　　　　　　　　　　B. 钢管
C. 球墨铸铁管　　　　　　　　　　D. 混凝土管

4—21　下列是关于PVC-U双壁波纹管的一些描述,表述错误的是(　　)。
A. 能够满足较大的刚度要求　　　　B. 液体在管内流动阻力大
C. 耐化学腐蚀性强　　　　　　　　D. 接口连接方便,且密封性好

4—22　下列是关于PVC双壁螺旋管性能特点的描述,表述错误的是(　　)。
A. 可随意弯曲　　　　　　　　　　B. 管材的螺旋筋增强了环刚度
C. 使用寿命长　　　　　　　　　　D. 耐磨损性能稍逊

4—23　下列是关于HDPE中空壁缠绕管的描述,表述正确的是(　　)。
A. 管道属于刚性管道　　　　　　　B. 易受污水及废水中的酸、碱及油等腐蚀
C. 在-50℃的环境里管材不会冻裂　　D. 排水速度慢

4—24　混凝土与钢筋混凝土排水管的划分方法很多,按(　　)划分,混凝土与钢筋混凝土排水管有混凝土管(CP)和钢筋混凝土排水管(RCP)。

A. 有无钢筋　　　　　　　　　B. 外压荷载
C. 连接方式　　　　　　　　　D. 施工方法
4—25　制管用的混凝土强度不得低于(　　)。
A. C25　　　　　　　　　　　B. C30
C. C35　　　　　　　　　　　D. C40

10.3.5　多项选择题

5—1　交联聚乙烯铝塑复合管应考虑的主要性能包括(　　)。
A. 物理机械性能　　　B. 耐腐蚀性能　　　C. 耐候性能
D. 卫生性能　　　　　E. 安装性能

5—2　聚乙烯经交联后,以下表述正确的是(　　)。
A. 耐热性能得到提高　　　B. 耐化学性更加优异　　　C. 物理力学性能得到增强
D. 电绝缘性能更加突出　　E. 耐油性得到提高

5—3　关于 ABS 管,以下表述正确的是(　　)。
A. 优良的物理性能　　　B. 抗老化性能差　　　C. 优良的卫生性能
D. 质量大,刚性差　　　E. 保温性能优异

5—4　关于夹砂玻璃钢管,以下表述错误的是(　　)。
A. 强度低　　　　　B. 刚度小　　　　　C. 耐腐蚀性能好
D. 使用寿命长　　　E. 防渗性能差

5—5　下列管材中,节能、环保性较差的管材是(　　)。
A. 铝塑管　　　　　B. 铜管　　　　　　C. PP-R 管
D. 镀锌管　　　　　E. PEX 管

5—6　在下列建筑给水的管材及管件中,属于金属管材及管件的是(　　)。
A. 给水钢管及管件　　　　B. 给水铸铁管及管件　　　C. 给水塑料管及管件
D. 给水不锈钢管及管件　　E. 给水铜管及管件

5—7　按焊缝形状的不同,焊接钢管有(　　)。
A. 电焊管　　　　　B. 直缝焊管　　　　C. 炉焊管
D. 气焊管　　　　　E. 螺旋焊管

5—8　给水球墨铸铁管的力学性能主要包括(　　)。
A. 水压实验　　　　B. 延伸率　　　　　C. 屈服强度
D. 抗拉强度　　　　E. 布氏硬度

5—9　在下列管件中,属于可锻铸铁管路管件的有(　　)。
A. 异径外接头　　　B. 套管接头　　　　C. 活接头
D. 管帽　　　　　　E. 内接头

5—10　关于薄壁不锈钢管和双卡压管件表述正确的是(　　)。
A. 耐久及防腐性能好　　　B. 强度高而又质量轻　　　C. 耐冲击性能差
D. 施工简洁、快速　　　　E. 是目前最环保的管材

5—11　下列是关于 PVC-U 芯层发泡复合管性能特点的描述,表述正确的是(　　)。

A. 冲击强度显著提高　　　　B. 使用温度范围宽广　　　C. 隔声性能差
D. 隔热性好　　　　　　　　E. 电气绝缘性能差

5—12　在硬聚氯乙烯(PVC-U)管件的规格尺寸里,对于弹性密封圈连接型管件承口和插口的直径和长度的规定项目有(　　)。

A. 插口的平均外径　　　　B. 承口端部平均内径　　　C. 承口中部平均内径
D. 承口深度　　　　　　　E. 插口长度

5—13　市政工程用排水管道,按其管材特性可分为刚性管和柔性管两大类。而与刚性管相比,柔性管具有(　　)。

A. 水力特性好　　　　　　B. 密封性可靠　　　　　　C. 便于铺设安装
D. 使用寿命长,耐腐蚀　　E. 强度和刚度无法满足埋地要求

5—14　下列是关于高密度聚乙烯(HDPE)双壁波纹管性能特点的描述,属于环保特性的是(　　)。

A. 耐腐蚀　　　　　　　　B. 使用寿命长　　　　　　C. 不结垢
D. 施工安装简便　　　　　E. 不渗漏

5—15　下列是关于 PVC 双壁螺旋管性能特点的描述,表述正确的是(　　)。

A. 随意弯曲　　　　　　　B. 易变形　　　　　　　　C. 耐药、耐酸碱腐蚀
D. 抗震、抗地面下沉　　　E. 耐磨损性能差

5—16　下列是关于 HDPE 中空壁缠绕管的一些描述,表述错误的是(　　)。

A. 耐腐蚀性强　　　　　　B. 属于刚性管道　　　　　C. 管道摩擦阻力系数大
D. 耐老化性能强　　　　　E. 不污染环境

5—17　聚乙烯(PE)管件的物理力学性能包括(　　)。

A. 冲击性能　　　　　　　B. 烘箱试验　　　　　　　C. 蠕变比率
D. 维卡软化温度　　　　　E. 环刚度

5—18　混凝土管的成型方法有(　　)。

A. 离心法　　　　　　　　B. 振动法　　　　　　　　C. 滚压法
D. 真空作业法　　　　　　E. 滚压、离心和振动联合作用的方法

10.3.6　问答题

6—1　采取交联的方式对聚乙烯进行改性,其性能有什么变化?
6—2　交联聚乙烯铝塑复合管有哪些优异的物理机械性能?
6—3　交联聚乙烯铝塑复合管的耐候性能是怎样体现的?
6—4　为什么说 PB 树脂制造的冷热水用给输管可谓绿色管材?
6—5　如何选择 PP-B 和 PP-R 管?
6—6　搭接式铝塑复合管与对接式铝塑复合管有何不同?
6—7　简述高密度聚乙烯管主要应用领域。
6—8　为什么说 ABS 管是卫生洁具系统的下水、排污、放空和冷水(包括饮用水)供给输送系统的理想用管?
6—9　什么是 ABS 塑料管?ABS 树脂中各种组分的含量有何规定?每一种组分在其中

都起何作用?

6—10 玻璃钢管道有哪些特点?

6—11 简述无缝钢管布氏硬度 120HBS10/1000130 表示的意义。

6—12 无缝钢管是如何分类的?

6—13 简述属于焊接钢管类型的电线套管有哪些具体要求。

6—14 简述灰口铸铁管的局限性。

6—15 在建筑给水系统中,应根据那些因素来决定选哪类管材?

6—16 双卡压接式薄壁不锈钢给水管网为何具有良好的耐久性能和防腐性能?

6—17 为何薄壁不锈钢管和双卡压管件不漏水,耐冲击、耐高压?

6—18 PVC-U 排水管有哪些特点?

6—19 PVC-U 建筑排水排污管应用于排水排污时,必须具备哪些性能特点?

6—20 为什么 PVC 芯层发泡复合管可被广泛地应用于工程及民用建筑的排水管,特别是高层建筑排水管更为适应?

6—21 PVC-U 芯层发泡复合管有哪些性能特点?

6—22 简述作为市政埋地排水管道使用的 PVC 双壁螺旋管的结构特点。

6—23 硬质聚氯乙烯(PVC-U)加筋管有哪些具体特点?

6—24 简述混凝土管的分类。

6—25 简述混凝土与钢筋混凝土排水管的分类。

6—26 试说明混凝土与钢筋混凝土排水管进行内水压力检验时有何规定?

6—27 混凝土低压排水管的表面裂纹有哪些具体规定?

6—28 预应力混凝土管的外观质量有哪些具体要求?

10.4 习题解答

10.4.1 名词解释解答

1—1 【答】 铝塑复合管为五层复合结构(塑料·粘接剂·铝材·粘接剂·塑料)管,即内外层是聚乙烯塑料,中间层是铝材。铝塑复合管具有任何一种纯塑料管无法比拟的综合性能,是一种安全、理想的煤气、天然气、冷热水兼用的给输管道。

1—2 【答】 作为热水、供暖传输系统中使用的交联聚乙烯管材大多是采用硅烷交联法生产的。采用硅烷交联聚乙烯的作用原理是通过引发剂如过氧化物的作用将硅烷的乙烯基跟聚乙烯接枝,生成含有三甲基硅酯基的聚合物,水解后形成硅醇基,再通过硅醇基的缩聚反应产生交联作用而生成交联聚乙烯。

1—3 【答】 聚丁烯(PB)管是由聚丁烯、树脂添加适量助剂,经挤出成型的热塑性加热管,通常以 PB 为标记。

1—4 【答】 PP-R 管又叫三型聚丙烯管、无规共聚聚丙烯管,采用无规共聚聚丙烯经挤出成为管材,注塑成为管件。

1—5 【答】 ABS 塑料管是以丙烯腈-丁二烯-苯乙烯共聚树脂(缩写为 ABS)为原料经挤

出加工而制得的具有优良的韧性、坚固性,并且具有耐腐蚀性,质量较轻,具有很高的溶剂粘接强度,是卫生洁具系统的下水、排污、放空和冷水(包括饮用水)供给输送系统的理想用管。

1—6 【答】 高密度聚乙烯管是一种由乙烯共聚生成的热塑性聚烯烃加工而成的管材。

1—7 【答】 嵌段共聚聚丙烯管是由一些乙烯、丙烯单体共聚生成的具有高抗冲性能的弹性短链段,同主体材料 PP-H 较长链段再均匀地进行嵌段共聚而生成大分子链的嵌段共聚物 PP-B。

1—8 【答】 夹砂玻璃钢管是指就是在传统的玻璃钢结构层中铺设砂浆层而制成的多层复合的纤维缠绕玻璃钢管。

1—9 【答】 焊接钢管是指用钢带或钢板弯曲变形为圆形、方形等形状后再焊接成的、表面有接缝的钢管。

1—10 【答】 螺旋焊管是指将低碳碳素结构钢或低合金结构钢钢带按一定的螺旋线的角度(成型角)卷成管坯,然后将管缝焊接起来制成,它可以用较窄的带钢生产大直径的钢管。

1—11 【答】 灰口铸铁管又称普通铸铁管、灰口铁管,是用含片状石墨的铸铁铸造的铸铁管。

1—12 【答】 无缝钢管就是一种具有中空截面、周边没有接缝的长条钢材。

1—13 【答】 直缝焊管是指用钢板或钢带经过弯曲成型,然后在高频焊接设备直缝焊接的管子。

1—14 【答】 球墨铸铁管是指使用 18 号以上的铸造铁水经添加球化剂后,经过离心球墨铸铁机高速离心铸造成的管道。

1—15 【答】 沟槽连接也称卡箍连接,是指将钢管固定在支吊架上,并将无损伤橡胶密封圈套在一根钢管端部。然后将另一根端部周边已涂抹润滑剂的钢管插入橡胶密封圈,转动橡胶密封圈,使其位于接口中间部位。最后在橡胶密封圈外侧安装上下卡箍,并将卡箍凸边送进沟槽内,用力压紧上下卡箍耳部,在卡箍螺孔位置,上螺栓并均匀轮换拧紧螺母,在拧螺母过程中用木榔头锤打卡箍,确保橡胶密封圈不会起皱,卡箍凸边需全圆周卡进沟槽内的一种先进管道连接方式。

1—16 【答】 建筑排水排污管道是指依附在建筑物室内外排输各用水点所产生的生活、生产污(废)水管道,和收集、排输降落在屋面的雨、雪水的管道。

1—17 【答】 PVC-U 管系将 PVC 树脂与稳定剂、润滑剂、加工助剂和填充料、改性剂等配混,经造粒后再经挤出成型制得的管子。也可以采用双螺杆(异向)挤出机将配混好的粉体料一次成型制得。

1—18 【答】 将具有降噪功能的管子称为消声管。

1—19 【答】 由 PVC 树脂做成的具有降噪功能的硬管,我们称之为硬聚氯乙烯消声管。

1—20 【答】 硬聚氯乙烯(PVC-U)管件是以聚氯乙烯(PVC)树脂为主要原料,加入适量的添加剂,经注塑成型而成的管件。

1—21 【答】 柔性管指的是具有塑性的柔性材料——塑料制成的管材,通称塑料管。

1—22 【答】 塑料波纹管是指塑料管的内外壁呈波纹形状的管材,具有一定的可弯曲性,因此,也称其为柔性管或挠性管。

1—23 【答】 双壁塑料波纹管是指内壁光滑而外壁具有波纹的塑料管。

1—24 【答】 混凝土管是指用混凝土或钢筋混凝土制作的管子。

10.4.2 判断题解答

2—1 (√)	2—2 (×)	2—3 (√)	2—4 (×)	2—5 (√)
2—6 (×)	2—7 (×)	2—8 (×)	2—9 (√)	2—10 (√)
2—11 (√)	2—12 (√)	2—13 (√)	2—14 (√)	2—15 (√)
2—16 (×)	2—17 (√)	2—18 (√)	2—19 (×)	2—20 (√)
2—21 (√)	2—22 (√)	2—23 (√)	2—24 (√)	2—25 (√)
2—26 (×)	2—27 (√)	2—28 (√)	2—29 (√)	2—30 (×)
2—31 (√)	2—32 (√)	2—33 (√)	2—34 (√)	2—35 (×)
2—36 (√)	2—37 (×)	2—38 (√)	2—39 (√)	2—40 (×)

10.4.3 填空题解答

3—1　−40~95℃　　−40~60℃

3—2　2720kPa 压力　　82℃ 温度

3—3　提高　优异　增强　突出

3—4　70℃ 温度　　1.0MPa 压力

3—5　双环橡胶密封胶圈

3—6　内径(ID)系列　　外径(OD)系列

3—7　给水钢管及管件　　给水铸铁管及管件　　给水铜管及管件　　给水不锈钢管及管件

3—8　无缝钢管　　焊接钢管

3—9　外径(mm)×壁厚(mm)

3—10　铸铁直管　　铸铁管件

3—11　水管外径

3—12　力学性能　　耐腐性能　　抗震性能

3—13　三层共挤发泡管　　硬质 PVC 皮层　　特殊配方的 PVC　　0.7~0.9

3—14　高　广　好　好　好　长

3—15　表观密度　　纵向回缩率　　扁平试验　　二氯甲烷浸渍试验　　落锤冲击试验

3—16　密度　　维卡软化温度　　烘箱试验　　坠落试验

3—17　刚性管　　柔性管

3—18　结构壁管　　实壁管

3—19　单壁波纹管　　双壁波纹管

3—20　环刚度　冲击性能　环柔性　烘箱试验　蠕变比率　连接密封性试验

3—21　PVC　　HDPE　　PP

3—22　单壁塑料螺旋管　　双壁塑料螺旋管　　PVC　　HDPE　　ABS

3—23　双壁塑料螺旋管　中空壁缠绕管
3—24　环刚度　爆破内压　拉伸变形　扁平试验　接缝拉伸屈服强度
3—25　纵向回缩率　烘箱试验　冲击性能　蠕变比率　缝的拉伸强度
3—26　环刚度　冲击性能　环柔性　烘箱试验　蠕变比率　维卡软化温度
3—27　烘箱试验　环刚度
3—28　混凝土管（CP）　钢筋混凝土排水管（RCP）　柔性接头管　刚性接头管
3—29　使用寿命长　输水能力强　铺设安装方便　抗地震能力大
3—30　冒汗　淌水　喷水
3—31　普通混凝土低压排水管　自应力混凝土低压排水管　预应力混凝土低压排水管
3—32　0.1mm　150mm　0.25mm　0.4mm
3—33　排放雨水　无腐蚀污水
3—34　机械式接口　卡箍式接口　承插口直管　无承口直管　承插口管件　无承口管件　全承口管件
3—35　150MPa　0.2MPa

10.4.4　单项选择题解答

4—1（A）	4—2（C）	4—3（A）	4—4（A）	4—5（A）
4—6（D）	4—7（B）	4—8（A）	4—9（B）	4—10（A）
4—11（C）	4—12（D）	4—13（A）	4—14（D）	4—15（B）
4—16（C）	4—17（A）	4—18（D）	4—19（A）	4—20（A）
4—21（B）	4—22（D）	4—23（C）	4—24（A）	4—25（B）

10.4.5　多项选择题解答

5—1（A、B、C、D、E）	5—2（A、B、C、D、E）	5—3（A、C、E）
5—4（A、B、E）	5—5（B、D）	5—6（A、B、D、E）
5—7（B、E）	5—8（A、C、E）	5—9（B、C）
5—10（A、B、D、E）	5—11（A、B、D）	5—12（A、B、D、E）
5—13（A、B、C、D）	5—14（A、C、E）	5—15（A、C、D）
5—16（B、C）	5—17（B、E）	5—18（A、B、C、D、E）

10.4.6　问答题解答

6—1　【答】　采取交联的方式对聚乙烯进行改性，可使聚乙烯的耐热性能提高、耐化学性更加优异、物理力学性能增强和电绝缘性能得到较大的提高。交联可以通过辐射交联、过氧化物交联、硅烷交联等方法来实现。

6—2　【答】　交联聚乙烯铝塑复合管优异的物理机械性能有以下几个方面：
（1）具有较高的耐压、耐冲击、抗破裂能力。
（2）具有较强的塑性变形能力，能在一定半径（最小弯曲半径不小于5倍管外径）范围内，

任[...]

（1）[...]良好的阻[...]证管内不滋生微生物或确保气体输送的安全性。

（4）可以盘绕，从而可以[...]上不用接头的需要。

（5）质量轻。相同流道直径的[...]管的 1/3 ~ 1/4，是镀锌铁管的 1/15 ~ 1/17。

（6）具有抗静电性。可输送易燃流[...]

（7）良好的耐燃性能。交联聚乙烯层从理论上讲是不熔、不溶材料，比普通聚乙烯有更好的阻燃性，加上铝层的不燃性，从而使复合管体现出良好的耐燃性能。

（8）良好的保温性能。其导热系数低，为 0.45W/(m·K)，远小于金属管，因而导热不结垢，导冷不结霜。

（9）良好的电磁屏蔽性能。

6—3【答】 交联聚乙烯铝塑复合管的耐候性能是通过以下 3 方面体现的：

（1）耐温性能好。交联聚乙烯铝塑复合管的长期工作温度范围为 -40 ~ 95℃，高密度聚乙烯铝塑复合管的长期工作强度范围为 -40 ~ 60℃。

（2）耐候性能好。具有良好的防老化性能，冷脆温度低，抗紫外线、热老化能力强。

（3）寿命长。国内外高分子材料专家认为，对于聚乙烯类化学性质稳定的高分子材料，在无高热和强紫外线辐射的条件下，50 年寿命是公认的寿命时间。铝塑复合后，在耐压、耐冲击能力方面得以加强，通过长期静液压强度试验表明，这种复合管完全能满足 50 年使用寿命的需求。

6—4【答】 主要是因为 PB 树脂具有良好的环保性能。PB 产品的废品可以一次回收利用，加入量不超过新料的 10%。PB 产品的废弃物经过粉碎重新造粒，可重复使用于质量和卫生要求较低的制品，如制造手柄、工具箱等。PB 废弃物在燃烧时不会产生有害气体，既可利用其热能，又符合环保要求。将 PB 树脂用于制造冷热水用给输管可谓绿色管材。

6—5【答】 在一般情况下，当使用温度在 60℃ 以下，设计工作压力在 0.6MPa 以下，PP-B 管材更具应用优势；而当使用温度在 60℃ 以上，设计工作压力在 0.6MPa 以上，PP-R 管材更具应用优势。

仅我国的冷热水管道应用领域来看，热水输送、高温采暖领域宜选用 PP-R 管材；冷水输送、低温采暖领域宜选用 PP-B 管材。

6—6【答】 由于搭接式铝塑复合管和对接式铝塑复合管采用的焊管工艺不同，决定了它们二者技术性能的不同。

搭接式铝塑复合管由于采用超声波焊管工艺，其铝带较薄，复合管的强度和刚度相对较低，管壁厚度不均匀，难以保证足够的圆度，会影响到与管件连接的密封性和耐压强度，不适合于安装明管，而适合于小管径管材用于弯曲较多的应用场合，如地面采暖等。

对接式铝塑复合管由于采用钨极保护氩弧焊管工艺，其焊接强度远高于超声波焊。采用这种工艺制作的铝塑复合管中间层为焊接密实的高强度、高刚度的铝管、内外层塑管和热熔胶可实现分步挤出成型，从而可将塑料、热熔胶、铝管紧密地胶接熔合在一起，接近于整体，各层壁厚都均匀的铝塑复合管，其各项技术性能都较搭接式复合管优。

6—7【答】 高密度聚乙烯管材作为新型化学建材主要应用于市政供水、排水排污、建筑给水、排水、大型场馆、山庄等给排水领域，天然气、液化石油气、人工煤气的输送领域，最具特征的是不开挖地下铺设管网工程和穿越江、河、湖、海的沉管铺设工程。

6—8 【答】 由于ABS管具有优良的韧性,坚固性,并且具有耐腐蚀性,质量较轻,具有很高的溶剂粘接强度,耐热级的ABS牌号树脂还具有很高的耐热性能。所以,ABS管是卫生洁具系统的下水、排污、放空和冷水(包括饮用水)供给输送系统的理想用管。

6—9 【答】 (1)ABS塑料管是以丙烯腈-丁二烯-苯乙烯共聚树脂(缩写为ABS)为原料经挤出加工而制得的管子。

(2)用于生产ABS管材管件的ABS树脂,丁二烯最少含量为60%,丙烯腈最少含量为15%,苯乙烯最少含量为15%,其余组分单体不超过5%。

(3)每一种组分在其中都起着固定的作用:丙烯腈单体可赋予ABS树脂较高的强度、耐热、耐化学药品的特性;丁二烯可使ABS树脂获得弹性,以提高冲击强度;苯乙烯则使之具有优良的电性能以及良好的成型加工性能。

6—10 【答】 玻璃钢管道属高科技新材料,具有质量轻、强度高、耐腐蚀、无毒、卫生、抗老化、寿命长、节能、综合造价低、安装方便、无需维修等特点,在国内外都已成功地应用于市政给排水工程,管材口径可达2000mm以上,是目前能生产的最大口径的塑料管材。

6—11 【答】 120HBS10/1000130表示用直径10mm钢球在9.807kN试验力作用下,保持30s(秒)测得无缝钢管的布氏硬度值为120N/mm^2(MPa)。

6—12 【答】 无缝钢管分热轧和冷轧(拔)无缝钢管两类。其中热轧无缝钢管又分一般钢管、低中压锅炉钢管、高压锅炉钢管、合金钢管、不锈钢管、石油裂化管、地质钢管和其他钢管等。

冷轧(拔)无缝钢管除分一般钢管、低中压锅炉钢管、高压锅炉钢管、合金钢管、不锈钢管、石油裂化管及其他钢管外,还包括碳素薄壁钢管、合金薄壁钢管、不锈薄壁钢管、异型钢管。

6—13 【答】 电线套管也是普通碳素钢电焊钢管,用在混凝土及各种结构配电工程,常用的公称直径为13~76mm。电线套管管壁较薄,大多进行涂层或镀锌后使用,要求进行冷弯试验。

6—14 【答】 灰口铸铁管又称普通铸铁管、灰口铁管,是用含片状石墨的铸铁铸造的铸铁管。灰口铸铁管的质地较脆、抗冲击和抗震能力较差、质量较大,并且经常发生接口漏水、水管断裂和爆管事故,给生产带来很大的损失。

6—15 【答】 在建筑给水系统中,应根据工程中系统的工作压力、接口形式、管道规格及经济条件等因素决定选哪类管材,即哪类壁厚。在满足系统公称压力前提下,应尽量选用C型壁厚管材。

6—16 【答】 双卡压接式薄壁不锈钢给水管网的使用寿命几乎与现行建筑物的寿命一样长,其耐久及防腐性能主要是因为不锈钢的铬元素在有氧环境下会在表面形成氧化铬保护膜,即使遭到机械破坏也能迅速再生。

6—17 【答】 低流阻镀锌管会发生腐蚀管壁穿透漏水情况,接头更是腐蚀重灾区,PVC和PPR不仅耐冲击性能差,接头也是薄弱环节。而不锈钢双卡压连接稳固,破坏压力超过10MPa,抗机械外力强度是碳钢管的2倍以上,是塑料管的10倍以上,其管内壁光滑,几近镜面,不结垢,阻力低,水力特性好,水头损失小,抗水锤冲击性能良好。

6—18 【答】 PVC-U排水管外观漂亮、光洁、不结露,内壁光滑、不易堵塞,质轻,便于加工、安装,可减轻劳动强度,缩短工期,提高工作效率;采用PVC-U排水管,工程造价低于铸铁管;节省金属与能源;耐化学腐蚀,不结垢。经过多年推广应用,深受用户、设计与施工单位的欢迎。实践证明应用 PVC-U 排水管已取得了明显的使用效果和社会效益。

6—19 【答】 PVC-U 建筑排水排污管应用于排水排污时,必须具备以下的性能特点:

(1)要求耐静压 0.5MPa。

(2)具有较好的耐水性、吸湿性能以及抗结露性。对尿、粪便以及清洗剂中的酸性物质也应有较高的耐蚀作用。

(3)室内下水管道长期使用温度要求适应 $-10 \sim 45℃$ 范围。室外使用(雨水管)时要求防光老化、耐日光晒、能经受风吹雨打,在 $-20 \sim 50℃$ 范围内无人为应力作用下具备使用要求。

(4)保证生产管材用料具有良好的流动加工性和热稳定性能,便于挤出成型。

(5)有效地保留聚氯乙烯原有的燃烧自熄性能。

(6)在满足使用要求的前提下,使管材售价略低于(或相等)铸铁管。

6—20 【答】 PVC 芯层发泡复合管也称为三层共挤发泡管。其内外两层为硬质 PVC 皮层,可以保证管材有足够的强度及其他物理性能。芯层也就是中间发泡层是由特殊配方的 PVC 组成,其密度约为 $0.7 \sim 0.9 g/cm^3$(内外层管材密度约为 $0.9 \sim 1.1 g/cm^3$)。芯层泡沫结构为细微封闭孔状,使得发泡管比实壁管质量约轻 20%~30%。正是因为这种结构,赋予了 PVC 芯层发泡管"质轻"的突出特点。由于其巧妙地利用了材料力学中的工型结构原理,加上具有消能作用的发泡材料,从而使管材不但具备普通 PVC 实壁管材的所有优点,还具有隔热隔声的效果,可显著地降低流水噪声,同时还在抗冲击性、防震、价廉、施工方便等方面具有显著地优于实壁 PVC 管的特点。因此被广泛地应用于工程及民用建筑的排水管,特别是高层建筑排水管更为适用。

6—21 【答】 PVC-U 芯层发泡复合管具有如下特征:

(1)冲击强度显著提高,其环向刚性为普通硬质 PVC 的 8 倍。

(2)使用温度范围宽广,可在 $-30 \sim 100℃$ 之间使用,且温度变化时尺寸稳定性好。

(3)其特殊的芯层发泡结构提高了管材的隔声性能,发泡芯层能有效地阻隔噪声传播,水流噪声大为降低,更适用于高层建筑排水系统。

(4)隔热性好。表面不结露,用于冷热流体保温输送时,可节约保温费用。

(5)力学性能好,发泡芯层使其内壁抗压能力大大提高,具有力学性能高、韧性好、抗折能力强等优点,减少了施工和使用中的破碎问题。

(6)较实壁管材可节省原料 25%以上,口径越大时,节省原料更多,质轻、价廉、阻力小,便于运输和安装。

(7)具有优越的电气绝缘性能,适用于电线、电缆套管。

(8)在弯折状态下的使用寿命比实壁管材要长 10 年以上。

6—22 【答】 作为市政埋地排水管道使用的 PVC 双壁螺旋管是由带有倒"T"形肋的带(板)材卷制而成,带材之间由快速嵌接的自锁结构锁定,在自锁结构中加入粘接剂粘合。其外壁形成的条状螺旋筋起到了加强筋的作用,与实壁管相比,在保持原有的耐外压能力的前提下,还能节省 40%~50%的材料,同时在使用过程中不易产生裂纹。这种制管技术的最大特点是可以按工程需要制成不同直径(可以是较大直径)的管道。

6—23 【答】 硬质聚氯乙烯(PVC-U)加筋管是由 PVC 树脂经加热挤出,采用特殊模具和成型工艺生产的内壁光滑,外壁带有垂直加强筋的又一种新型 PVC-U 管道。作为新一代排水排污管道,其特点是减薄了管壁厚度,同时还提高了管材承受外压荷载的能力。管材的外壁带有径向加强筋,从而提高了管材的环刚度。这种管材在相同的荷载能力下,比普通PVC-U实壁管可节约30%左右的材料,冲击强度还有所提高。PVC-U加筋管以其材质坚固、内壁光滑、产品轻巧等特点在西方发达国家被广泛采用,并逐渐取代了长期以来城市市政排水排污使用的混凝土管道。

6—24 【答】 混凝土管分为素混凝土管、普通钢筋混凝土管、自应力钢筋混凝土管和预应力混凝土管四类。按混凝土管内径的不同,可分为小直径管(内径400mm以下)、中直径管(400~1400mm)和大直径管(1400mm以上)。按管子承受水压能力的不同,可分为低压管和压力管。混凝土管按管子接头形式的不同,又可分为平口式管和承插式管。

6—25 【答】 混凝土与钢筋混凝土排水管按有无钢筋分为混凝土管(CP)和钢筋混凝土排水管(RCP),按外压荷载分级:混凝土管分为Ⅰ、Ⅱ两级;钢筋混凝土管分为Ⅰ、Ⅱ、Ⅲ三级。按连接方式分为柔性接头管和刚性接头管。柔性接头管按接头形式分为承插口管、钢承口管、企口管、双插口管和钢承插口管。刚性接头管按接头形式分为平口管、承插口管、企口管。按施工方法分为开槽施工管和顶进施工管(DRCP)等。

6—26 【答】 混凝土与钢筋混凝土排水管进行内水压力检验时,在规定的检验压力下允许有潮片,但潮片面积不得大于总外表面积的5%,且不得有水珠流淌。

6—27 【答】 混凝土低压排水管表面裂纹的具体规定如下:
(1)管子外表面不得有裂缝。
(2)预应力混凝土低压排水管(不包括DY-PCCP)内表面不得有裂缝。
(3)普通混凝土低压排水管和自应力混凝土低压排水管内表面裂缝宽度不得大于0.05mm。
(4)预应力混凝土低压排水管(DY-PCCP)内表面纵向裂缝宽度不得大于0.1mm,裂缝长度不得大于150mm;管身环向裂缝宽度不得大于0.25mm;距管端300mm范围内出现的环向裂缝宽度不得大于0.4mm。

6—28 【答】 预应力混凝土管外观质量的具体要求是:
(1)管子承口工作面不应有蜂窝、脱皮现象,缺陷凹凸度不大于2mm,面积不大于30mm^2。
(2)管子插口工作面不应有蜂窝、刻痕、脱皮、缺边等。
(3)管体内壁应平整,不应露石,不宜有浮渣;局部凹坑深度不应大于壁厚的1/5或10mm。
(4)管体外部保护层不应有脱落和不密实现象。一阶段管保护层空鼓面积累计不得超过40cm^2。
(5)管子内外表面不得出现结构性裂缝,插口端安装线内的保护层厚度不得超过止胶台厚度高度。
(6)管子承插口工作面的环向连续碰伤长度不超过250mm,且不降低接头密封性能和结构性能时,应予补修。
(7)一阶段管承插口端面外露的纵向钢筋头应清除掉并至少深入5mm,其残留凹坑应采用砂浆或无毒防腐材料填补。
(8)管体所有标准允许修补的缺陷应修补完整,结合牢固,不应漏修。

第11章 电力电缆与通信电缆

电力电缆是由导电线芯、绝缘层、护套、屏蔽层组成。换言之,将一根或数根导电线芯分别裹以相应的绝缘材料,外面包上密闭的铅(或铝、塑料、橡皮等)皮所制成的导线,称为电力电缆。

在电信工程中,人们把用来传输电话、电报、广播、电视、传真、数据信息和其他电信息的绝缘电缆,统称为通信电缆。

11.1 学习指导

11.1.1 电力电缆

电力电缆在电力系统中的主要作用是传输和分配电能,一般用于发电厂、变电站、工矿企业的动力引入和引出线路;也可用于跨越江河、铁路、城市地区的输配电线路和工矿企业内部主干电力电路中。

1. 电力电缆在使用中的特点及要求

(1)承受的工作电压较高,因而要求电缆具有良好的电气绝缘性能。

(2)传输容量较大,因此对电缆的热性能也有较多的考虑。

(3)由于电缆大部分是固定敷设在各种不同的环境条件下,并且要求能可靠运行数十年,因此电缆应具有足够的机械强度和可弯曲度,而且对于护套的材料与结构的要求也较高。

(4)由于电力系统容量、电压、相数等因素的变化以及敷设的条件不同,要求电缆在品种、规格上应有一定的规模产品。

2. 电力电缆的分类

(1)按绝缘材料分,可分为:油浸纸绝缘、塑料绝缘、橡胶绝缘及气体绝缘等。

(2)按结构特征分类:

1)统包型。是指在电力电缆各缆芯外包有统包绝缘,并置于同一护套中。

2)分相型。是指分相屏蔽,一般为用在10~35kV油浸纸绝缘或塑料绝缘的电力电缆。

3)钢管型。是指电缆绝缘外有钢管护套,分钢管充油、充气电缆和钢管油压式、气压式电缆。

4)自容型。是指护套内部有压力的电缆,分自容式充油电缆和充气电缆。

5)扁平型。是指三芯电缆的外形成扁平状,一般用于大跨度海底电缆。

(3)按敷设环境条件分类。根据敷设的环境条件可将电力电缆分为地下直埋、地下管道、空气中、水底、矿井、高海拔、高落差、多移动、盐雾、潮热地区等类型。环境因素一般对护套结构有一些特殊的要求,如机械保护、防腐蚀能力、柔软度等都在考虑的范围内。

(4)其他分类方式:

1)按照电压等级将电力电缆分为高电压电缆和低电压电缆。通常将电压等级在35kV及以下运行的电缆,称为中低压电缆。它是电力工程中用量较大的电缆品种之一。

2)按照电缆的芯数将电力电缆分为单芯、双芯、三芯和四芯四种。

3)按照导体的形状将电力电缆分为圆形、扇形和椭圆形三种。

4)按照电缆导体的填充系数大小还可将电力电缆分为紧压、非紧压两种。

3. 电力电缆型号的命名方式

电力电缆型号的命名方式与电气设备用电线电缆相似,也是由汉语拼音和数字编码组成,共有七个部分。

4. 常用电力电缆的结构及特点

电缆的基本结构主要包括导体线芯、绝缘层和保护层三个部分。

常用电力电缆的品种及主要特点如下:

(1)黏性油浸纸绝缘电力电缆

黏性油浸纸绝缘电力电缆主要用于35kV及以下的电力线路。电缆有单芯、双芯、三芯和四芯结构,导电线芯有铜芯和铝芯两种。电缆的绝缘采用电缆纸绕包和黏性浸渍剂的组合绝缘。黏性浸渍剂主要由电缆油和松香混合而成。

黏性油浸纸绝缘电力电缆具有的优点是:耐压强度高,介电性能可靠稳定,热稳定性能好,工作寿命长,价格便宜,结构简单,制造方便,绝缘材料资源丰富等。其缺点在于:浸渍剂在工作温度下黏性小,油易流淌,不宜用作高落差敷设,并且制造工艺比较复杂。

(2)不滴流油浸纸绝缘电力电缆

不滴流油浸纸绝缘电力电缆也是用于35kV及以下的输电线路,与黏性油浸纸绝缘电力电缆相比,除浸渍剂不同外,结构完全相同。

不滴流油浸纸绝缘电力电缆具有较高的绝缘稳定性,允许长期工作,温度高,不易老化;工作寿命比黏性油浸纸电缆更长,适用于热带地区,但其制造成本高于黏性油浸纸电缆。

(3)聚氯乙烯绝缘电力电缆

聚氯乙烯绝缘电力电缆有单芯、双芯、三芯及四芯等结构,导电线芯同样为铜芯和铝芯。

聚氯乙烯绝缘电力电缆加工简单、质量轻,没有敷设落差的限制,又有较好的耐油、耐酸、耐碱、耐腐蚀等化学性能,并具有非延燃性、维护方便、价格低廉等特点而基本取代油浸纸绝缘电力电缆。聚氯乙烯绝缘电力电缆的不足之处在于:机械性能易受温度影响,同时聚氯乙烯的电气性能低于聚乙烯。

目前,我国生产的聚氯乙烯绝缘电力电缆适于固定敷设在交流50Hz、额定电压为6kV及以下的输配电线路中。

(4)交联聚乙烯绝缘电力电缆

交联聚乙烯绝缘电力电缆可分为中、低压交联电缆(电压等级范围为1~35kV)和高压及超高压交联电缆(电压等级在110kV及以上)。

交联聚乙烯绝缘电力电缆的导电线芯有铜芯和铝芯两种,主要是单芯和三芯结构。

交联聚乙烯绝缘电力电缆具有较好的电绝缘性能,耐击穿强度高,绝缘电阻大,介电常数小。特别是具有较高的热稳定性,允许工作温度较高,长期允许的工作温度可达90℃;由于其载流量大,传输容量可以大大提高,尤其对于电压等级高的电缆,经济效果更为显著。另外,质量轻,宜用于高落差敷设和垂直敷设;耐化学性能好。其缺点在于:抗电晕、游离放电性能差;接头制作工艺较严格,但对于工艺技术水平要求并不高,便于推广使用。因此在中、低压系统中,交联聚乙烯绝缘电力电缆完全可以取代油浸纸绝缘电力电缆。

(5) 橡皮绝缘电力电缆

橡皮绝缘电力电缆适用于固定敷设在额定电压6kV及以下的输配电线路中。电缆有单芯、双芯、三芯及四芯等结构,导电线芯为铜芯和铝芯两种,形状只有圆形。

橡皮绝缘电力电缆柔软性好,可弯曲度大;在很大温度范围内具有弹性,适宜作多次拆装的线路;适用于高落差或弯曲半径小的场合;敷设安装简单,特别适合于移动性的用电和供电装置;有较好的耐寒性和电气性能,但耐电晕、耐臭氧、耐热和耐油性较差。

(6) 关于电力电缆的选择

电力电缆型号的选择应根据环境条件、敷设方式、用电设备的要求以及产品的技术数据等相关因素确定。一般考虑的基本原则如下:

1) 在一般的环境和场所,可以采用铝芯电缆;对于规模较大的公共建筑、重要设备、振动剧烈和有特殊要求的场合,应采用铜芯电缆。

2) 埋地敷设的电缆,适宜采用有外护层的铠装电缆。

3) 在可能发生位移的土壤中(如沼泽、流沙、大型建筑附近)埋地敷设电缆,应采用钢丝铠装电缆。

4) 对于三相四线制的系统应采用四芯电力电缆。在三相系统中,不能将三芯电缆中一芯接地。

5) 架空电缆适宜采用有外护层的电缆或全塑电缆。

电力电缆截面积的选择应根据电缆在使用中所承受的传输容量以及短路电流确定。对于标准系列的电缆应按它的载流量选择标称截面,并按短路电流校核截面范围。

11.1.2 通信电缆

在电信工程中,人们把用来传输电话、电报、广播、电视、传真、数据信息和其他电信息的绝缘电缆,统称为通信电缆。

通信电缆与长途通信的架空明线相比,具有保密性好、性能稳定、传输质量好、复用路数多、使用寿命长等诸多特点。另外,通信电缆多数是地下敷设,不仅减少了地面立杆、建营等建设,对于防止大气影响和外界干扰也比架空明线强,而且很少受到自然灾害的影响。其缺点是通信电缆的衰减(或衰耗)比架空明线要大。

11.1.3 通信光缆简介

1. 光纤通信

在通信领域中,人们利用光波作为信息的载体,以光纤电缆作为通道所进行的各种通信方式,统称为光纤通信。传输通信光波的光缆,称其为通信光缆。光纤通信的系统一般是由光发送机、光接收机、通信光缆以及光处理器和其他连接部分组成。

光纤通信的优点是：频带宽、通信容量大；线径小、损耗低、质量轻、抗化学腐蚀；不受电磁干扰，保密性能极好；成本低、资源丰富、节约有色金属。光纤通信的迅速发展，将世界的通信事业推向了一个新的高峰。

2. 光缆的分类方法

光缆根据光缆的使用要求，可按照网络层次、光纤状态、光纤形态、敷设方式、缆芯结构、使用环境等不同的形式对其进行分类。在表 11-1 中列出了光缆的分类方法及类型。

表 11-1　光缆的分类方法及类型

分类方法	类　型	分类方法		类　型
网络层次	核心网光缆	缆芯结构		中心管式光缆
	中继网光缆			层绞式光缆
	接入网光缆			骨架式光缆
光纤状态	松套光缆	使用环境	室内光缆	多用途光缆
	半松半紧光缆			分支光缆
	紧套光缆			互联光缆
光纤形态	分离光纤光缆		室外光缆	金属加强件室外光缆
	光纤束光缆			非金属加强件室外光缆
	光纤带光缆		特种光缆	缠绕式光缆
敷设方式	架空光缆		电力光缆	光纤复合式光缆
	管道光缆			全介质自承式架空光缆
	直埋光缆		阻燃光缆	室内阻燃光缆
	隧道光缆			
	水底光缆			室外阻燃光缆

3. 光缆的型号组成

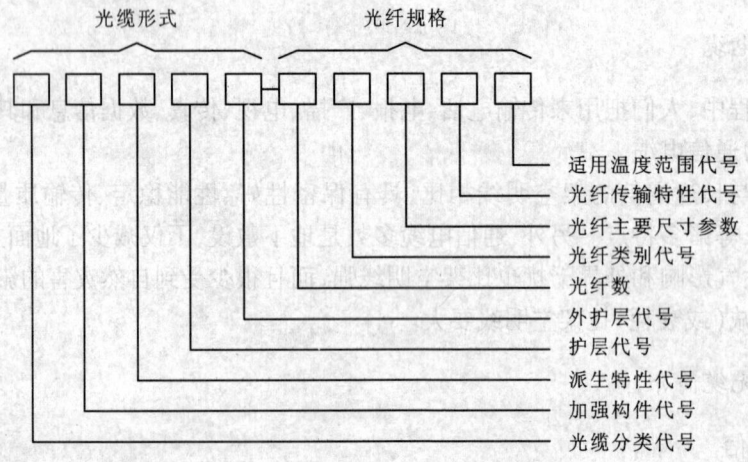

4. 光缆的基本结构及特点

（1）光缆的基本结构

光纤是由石英玻璃（SiO_2）、塑料之类的材料拉制而成。显然，折射率为 n_1 的纤芯部分被

折射率为 $n_2(n_2<n_1)$ 的包层所包裹,使得光在与包层的界面全反射而限定于纤芯层进行传输。同时,为防止水分的吸附,再经过被覆层的处理,涂上塑料一次涂层或尼龙层形成被覆光纤,增强光纤的耐化学性能。其中,被覆光纤是决定光缆传输特性的核心部件。

由于光纤非常细,直径只有几十微米至几百微米,为了保证其传输性能的稳定和可靠,并在各种环境条件下能正常使用,还可以将数根光纤扎起来与张力构件(即加强件)结合制成缆芯,外加对缆芯起着机械保护和环境保护作用的护套组成光缆。

(2)光缆的结构特点

根据光缆的结构特点,可将其分为中心管式光缆、层绞式光缆和骨架式光缆。

1)中心管式光缆。是由1根二次光纤松套管或螺旋形光纤松套管,无绞合直接放在中心位置,纵包阻水带和双面覆塑钢(铝)带,两根平行加强圆磷化碳钢丝或玻璃钢圆棒位于聚乙烯护层中组成。按松套管中放入的芯线的特点,中心管式光缆可分为分离光纤中心管式光缆、光纤束中心管式光缆和光纤带中心管式光缆。

2)层绞式光缆。是由4根或更多根二次被覆光纤松套管(或部分填充绳)绕中心金属加强件绞合成圆缆芯,缆芯外先纵包复合铝带并挤上聚乙烯内护套,纵包阻水带和双面覆膜皱纹钢(铝)带加上一层聚乙烯外护层构成。按松套管中放入的芯线的特点,层绞式光缆可进一步分为分离光纤层绞式光缆、光纤束层绞式光缆和光纤带层绞式光缆。

3)骨架式光缆。是将单根或多根光纤放入骨架的螺旋槽内,骨架的中心是张力构件。

由于光纤在骨架沟槽内具有较大的空间,因此当光纤受到张力时,可在槽内做一定的位移,从而减小光纤芯线的应力应变和微变,故具有耐侧压、抗弯曲和抗拉的特点。

(3)光缆特性参数

成品光缆出厂前,必须对特性指标的主要项目(如拉力、压力、扭转、弯曲、冲击、振动、和温度等)按国家标准规定做例行检验,并按要求给出有关特性。

1)拉力特性。光缆能承受的最大拉力取决于张力构件的材料和光缆的横截面积,要求大于1km光缆的质量,一般为 100~400kg。

2)压力特性。光缆能承受的最大侧压力取决于护套的材料与结构。多数光缆能承受的最大侧压力在 $10~40kg/cm^2$。

3)弯曲特性。弯曲特性主要取决于纤芯和包层的相对折射率差 δ 以及光缆的材料。光缆最小弯曲半径等于或大于光纤的最小弯曲半径,一般为 200~500mm。

4)温度特性。光缆的温度特性是指因温度变化而导致光纤损耗的增加。

11.2 典型题解

【例 11-2-1】 简述交联聚乙烯绝缘电力电缆的特点。

【答】 交联聚乙烯绝缘电力电缆具有较好的电绝缘性能,耐击穿强度高,绝缘电阻大,介电常数小。特别是具有较高的热稳定性,允许工作温度较高,长期允许的工作温度可达 90℃;由于其载流量大,传输容量可以大大提高,尤其对于电压等级高的电缆,经济效果更为显著。另外,质量轻,宜用于高落差敷设和垂直敷设;耐化学性能好。其缺点在于:抗电晕、游离放电性能差;接头制作工艺较严格。

【评】 在中、低压系统中,交联聚乙烯绝缘电力电缆已经完全可以取代油浸纸绝缘电力电缆。

【例 11-2-2】 简述光纤通信的优点。

【答】 光纤通信的优点是:频带宽、通信容量大;线径小、损耗低、质量轻、抗化学腐蚀;不受电磁干扰,保密性能极好;成本低、资源丰富、节约有色金属。光纤通信的迅速发展,将世界的通信事业推向了一个新的高峰。

【评】 在通信领域中,人们利用光波作为信息的载体,以光纤电缆作为通道所进行的各种通信方式,统称为光纤通信。光纤通信的系统一般是由光发送机、光接收机、通信光缆以及光处理器和其他连接部分组成。

11.3 习 题

11.3.1 名词解释

1—1 电力电缆   1—2 通信电缆   1—3 光纤通信
1—4 卷绕不裂倍径   1—5 漆包线的回弹角

11.3.2 判断题

2—1 ( ) 电线电缆的护层(护套)的主要作用是为了使电线电缆在工作中不产生电场、磁场,同时也可防止周围强电场对电线、电缆内所传输电流的影响。

2—2 ( ) 设置屏蔽层的主要目的是为了防止电线、电缆在敷设及使用中,受外界因素作用而伤及绝缘层造成事故。

2—3 ( ) 在电气工程、仪器仪表制造、信号控制等过程中,习惯把常用的电气设备用电线电缆按其结构特征归为绝缘电线和软线、橡套电线电缆和信号、控制电线电缆三种。

2—4 ( ) 电力电缆与绝缘电线的不同之处在于,电力电缆工作运行时电压等级高、电流大、线路长,要求高。

2—5 ( ) 电力电缆在电力系统中的主要作用是传输和分配电能。

11.3.3 填空题

3—1 电力电缆在电力系统中的主要作用是_____和_____电能。

3—2 电力电缆型号的选择应根据_____、_____、_____以及_____等相关因素确定。

3—3 光纤通信的系统一般是由_____、_____、_____以及_____和_____组成。

3—4 光缆按其结构特点,可分为_____、_____和_____。

3—5 电气设备用橡套电缆的导电线芯采用_____,绝缘层一般采用_____。

3—6 电气设备用绝缘电线和软线主要有_____、_____绝缘电线和_____、_____绝缘软线。

11.3.4 单项选择题

4—1 （　　）适用于交流电压 300/500V，长期允许工作温度不应超过 65℃ 的轻型移动电器设备和工具。
　A. 橡皮绝缘电线　　　　　　B. 轻型或户外型轻型橡套软电缆
　C. 聚氯乙烯绝缘电线　　　　D. 重型或户外型重型橡套软电缆

4—2 （　　）适用于交流电压 450V/750V 及以下，长期允许工作温度不应超过 65℃ 的各种移动电器设备，能承受较大的机械外力作用。
　A. 橡皮绝缘电线　　　　　　B. 轻型或户外型轻型橡套软电缆
　C. 聚氯乙烯绝缘电线　　　　D. 重型或户外型重型橡套软电缆

4—3 光缆的（　　）主要取决于纤芯和包层的相对折射率差 δ 以及光缆的材料。
　A. 拉力特性　　　　　　　　B. 压力特性
　C. 弯曲特性　　　　　　　　D. 温度特性

11.3.5 多项选择题

5—1 电线电缆的护层（护套）主要是起到（　　）的作用。
　A. 保护绝缘　　　　B. 不产生电场、磁场　　　C. 延长使用年限
　D. 绝缘作用　　　　E. 防止周围强电场对电线、电缆内所传输电流的影响

5—2 下列类别中，归属于光缆按网络层次分类类别的是（　　）。
　A. 核心网光缆　　　B. 松套光缆　　　　　　　C. 接入网光缆
　D. 紧套光缆　　　　E. 中继网光缆

5—3 下列类别中，归属于电力电缆按结构特征分类类别的是（　　）。
　A. 统包型　　　　　B. 分相型　　　　　　　　C. 钢管型
　D. 自容型　　　　　E. 扁平型

11.3.6 问答题

6—1 简述橡套电缆的使用要求。
6—2 导线与电缆截面的选择应考虑哪些原则要求？
6—3 简述电力电缆在使用中的特点及要求。

11.4 习题解答

11.4.1 名词解释解答

1—1 【答】 电力电缆是指在电气工程中，由导电线芯、绝缘层、护套、屏蔽层组成的，用于输送和分配大功率电能的一种常用导线。

1—2 【答】 在电信工程中，人们把用来传输电话、电报、广播、电视、传真、数据信息和其他电信息的绝缘电缆，统称为通信电缆。

1—3 【答】 在通信领域中,人们利用光波作为信息的载体,以光纤电缆作为通道所进行的各种通信方式,统称为光纤通信。

1—4 【答】 卷绕不裂倍径是指漆包线试样依次绕在直径为试样直径 d 不同倍数的圆棒上(由大到小),直至用放大镜观察到试样漆膜破裂的前一个倍数。

1—5 【答】 漆包线加一定负荷进行卷绕后,去掉负荷缓慢放松漆包线将会产生回弹现象,其回弹的角度称为回弹角。

11.4.2 判断题解答

2—1 (×)　　2—2 (×)　　2—3 (√)　　2—4 (√)　　2—5 (√)

11.4.3 填空题解答

3—1　传输　　分配

3—2　环境条件　　敷设方式　　用电设备的要求　　产品的技术数据

3—3　光发送机　　光接收机　　通信光缆　　光处理器　　其他连接部分

3—4　中心管式光缆　　层绞式光缆　　骨架式光缆

3—5　铜软线复绞方式　　橡皮绝缘

3—6　橡皮　　聚氯乙烯　　橡皮　　聚氯乙烯

11.4.4 单项选择题解答

4—1 (B)　　　　4—2 (D)　　　　4—3 (C)

11.4.5 多项选择题解答

5—1 (A、C)　　　5—2 (A、C、E)　　　5—3 (A、B、C、D、E)

11.4.6 问答题解答

6—1 【答】 橡套电缆的使用要求如下:
(1)电缆使用中,因经常移动、弯曲,所以要求其柔软性好。
(2)由于经常与人体接触,要求电缆绝缘性能优良,运行可靠,并能承受不同的机械外力。户外型电缆还应具有良好的耐候性和一定的耐油性。
(3)轻型橡套电缆作为日用电器、仪器仪表的电源线,一般不直接承受机械外力,要求有极好的柔软性,可以进行多次不定向弯曲。同时,要求电缆本身不打扭、轻巧、外径小。
(4)中型橡套电缆作为移动式动力线、电动工具等移动电气设备的电源线,要求能承受一般的机械外力,应有足够的柔软性,以便移动、弯曲。
(5)重型橡套电缆能承受较大的机械外力和自身拖拽力,护套有高的弹性和强度。为保证移动、弯曲,应有一定的柔软性,可以用作港口机械、林业机械等能承受较大机械外力的移动电气设备的电源线。

6—2 【答】 导线与电缆截面的选择应考虑的原则要求是:
(1)导线与电缆的耐压等级必须符合要求,并注意考虑电压损失的影响。

(2) 导线与电缆载流量的确定。载流量的确定主要是依据设备的工作状况,按照经济电流密度的选择方式。要求导线与电缆在持续工作电流的作用下,不会因过热而引起导线绝缘损坏;防止导线与电缆因短路而造成的设备损坏。

(3) 环境因素的影响。导线与电缆在高温环境中使用应考虑降低载流量或选用耐高温电缆;固定敷设时,需要随时校正载流量,注意将强电线缆和信号线缆分开敷设。

(4) 机械强度选择。为了防止断线,应考虑导线与电缆的机械强度选择;同时注意线缆在敷设或使用时,最小弯曲半径必须符合要求。

6—3 【答】 电力电缆在使用中的特点及要求如下:

(1) 承受的工作电压较高,因而要求电缆具有良好的电气绝缘性能。

(2) 传输容量较大,因此对电缆的热性能也有较多的考虑。

(3) 由于电缆大部分是固定敷设在各种不同的环境条件下,并且要求能可靠运行数十年,因此电缆应具有足够的机械强度和可弯曲度,而且对于护套的材料与结构的要求也较高。

(4) 由于电力系统容量、电压、相数等因素的变化以及敷设的条件不同,要求电缆在品种、规格上应有一定的规模产品。

参考文献

[1] 王云江. 市政工程概论(道路、桥梁、排水)[M]. 北京:中国建筑工业出版社,2007.
[2] 陈宝璠. 土木工程材料学习指导·典型题解·习题·习题解答[M]. 北京:中国建材工业出版社,2008.
[3] 陈宝璠. 建筑装饰材料学习指导·典型题解·习题·习题解答[M]. 北京:中国建材工业出版社,2010.
[4] 陈宝璠. 建筑水电工程材料学习指导[M]. 北京:中国建材工业出版社,2011.
[5] 黄静文等. 城市给排水工程[M]. 郑州:黄河水利出版社,2008.
[6] 李继业等. 公路工程施工技术实用手册[M]. 北京:中国建材工业出版社,2006.
[7] 万德臣. 路基路面工程[M]. 北京:高等教育出版社,2005.
[8] 刘兴昌. 市政工程规划[M]. 北京:中国建筑工业出版社,2006.
[9] 陈宝璠. 土木工程材料[M]. 北京:中国建材工业出版社,2008.
[10] 张银峰. 道路桥梁工程概论[M]. 郑州:黄河水利出版社,2007.
[11] 张奎. 给水排水管道工程技术[M]. 北京:中国建筑工业出版社,2005.
[12] 王钧利. 桥梁施工技术及质量控制[M]. 北京:中国水利水电出版社,2006.
[13] 陈宝璠. 土木工程材料检测实训[M]. 北京:中国建材工业出版社,2009.
[14] 杨嗣信. 建筑业重点推广新技术应用手册[M]. 北京:中国建筑工业出版社,2003.
[15] 陈宝璠. 建筑装饰材料[M]. 北京:中国建材工业出版社,2009.
[16] 张永桃. 市政学[M]. 北京:高等教育出版社,2006.
[17] 刘东辉等. 建筑水暖电施工技术与实例[M]. 北京:化学工业出版社,2009.
[18] 陈宝璠. 建筑水电工程材料[M]. 北京:中国建材工业出版社,2010.
[19] 杨天佑. 建筑装饰工程施工(3版)[M]. 北京:中国建筑工业出版社,2003.
[20] 桂业昆等. 桥梁施工专项技术手册[M]. 北京:人民交通出版社,2005.
[21] 陈宝璠. 建筑水电工程材料安装操作实训[M]. 北京:中国建材工业出版社,2010.
[22] 彭大文等. 桥梁工程(上册)[M]. 北京:人民交通出版社,2007.
[23] 赵兴忠. 市政工程材料与施工现场技术[M]. 北京:化学工业出版社,2010.
[24] 王志勇等. 给排水与采暖工程技术手册[M]. 北京:中国建材工业出版社,2009.
[25] 杨青. 道路工程材料[M]. 重庆:重庆大学出版社,2007.